普通高等教育"十二五"规划教材

环境工程微生物学

袁林江　主编

化学工业出版社

·北　京·

全书内容可分为三部分。第1～7章介绍微生物基础知识，包括环境污染与生物治理工程中涉及的主要微生物类型（即原核微生物、真核微生物和病毒）的个体形态与结构，微生物的营养、生理生化、生长繁殖、遗传变异和环境因素的影响；第8～14章主要描述微生物在环境污染与生物治理中的作用；第15章介绍环境工程微生物学实验方法。

本书适宜作为高等院校环境工程、市政工程、环境监测和环境科学等专业的教材，也可供从事环境保护的科技人员参考。

图书在版编目（CIP）数据

环境工程微生物学/袁林江主编．—北京：化学工业出版社，2011.9（2023.8重印）
普通高等教育“十二五”规划教材
ISBN 978-7-122-12156-1

Ⅰ．环… Ⅱ．袁… Ⅲ．环境生物学：微生物学-高等学校-教材 Ⅳ．X172

中国版本图书馆CIP数据核字（2011）第198802号

责任编辑：满悦芝　　文字编辑：荣世芳
责任校对：周梦华　　装帧设计：尹琳琳

出版发行：化学工业出版社（北京市东城区青年湖南街13号　邮政编码100011）
印　　刷：北京云浩印刷有限责任公司
装　　订：三河市振勇印装有限公司
787mm×1092mm　1/16　印张14¼　字数367千字　2023年8月北京第1版第10次印刷

购书咨询：010-64518888　　售后服务：010-64518899
网　　址：http://www.cip.com.cn
凡购买本书，如有缺损质量问题，本社销售中心负责调换。

定　　价：39.80元

前 言

“环境工程微生物学”是环境类专业必修的一门专业基础课，主要讲述环境污染与治理中微生物的作用及原理。该课程为污废水生物处理、大气污染物生物净化、土壤生物修复、固体有机废物生物处理等环境工程的学习提供必要的理论基础。另外还涉及微污染水体的生物净化、饮用水卫生细菌学检验和消毒等水质工程的内容。

本教材由三所院校具有十多年丰富教学经验的、一直给环境工程和市政工程专业讲述这门课程和“水处理微生物学”课程的七位教师共同编著而成，凝聚了他们在长期教学中总结的宝贵经验和个人心得。在编写中充分考虑到目前多数院校专业基础课程学时短的特点，对教材内容进行了精心筛选和编排，使之能更好地适合本科和大专院校教学。

全书内容全面、深入浅出、简明易懂，有一定的深度和广度，并注意保证基本理论、基本知识及基本操作技能的掌握和训练。在本书编写中，考虑到使用对象多为工科专业背景，在介绍基本微生物学知识作为入门基础的同时，着重瞄准微生物在工程实践中的应用，特别注重将基本知识和实践应用相结合，讲述其在实践中的作用。书中内容既可以满足初学者要求，也可以作为有一定微生物学知识的非工程技术人员学习用。本书适宜作为环境工程、市政工程、环境监测和环境科学等专业的教材，也可供从事环境保护的科技人员参考。

参加本教材编写工作的有西安建筑科技大学环境工程教研室的袁林江教授（第 1 章、第 6、第 7 章）和南亚萍讲师（第 2 章、第 3 章）、西安建筑科技大学市政工程教研室的苏俊峰副教授（第 4 章、第 10 章、第 13 章和第 14 章）和刘永军教授（第 5 章、第 12 章），长安大学环境科学与工程学院的陈爱侠教授（第 8 章、第 9 章）和赵庆副教授（第 11 章），以及西安科技大学地质与环境学院的讲师韩玮（第 15 章），全书由袁林江教授主编和统稿。

在编写过程中，听取了部分有关教师和学生的意见，得到了他们的热情关心和支持，同时本书从立项到顺利出版离不开化学工业出版社的热忱帮助和支持，特此表示感谢！

在本书编著过程中，参考了相关教材和书籍，这些出版物对本书的成稿裨益良多，在此向有关作者表示感谢！

由于编者水平和时间有限，疏漏之处在所难免，欢迎广大读者多提宝贵意见。

编著者

2011 年 8 月于西安

目录

第1章 绪 论

随着人口的增加，人类生产与聚居规模不断扩大，人类活动对自然环境的不良影响就显现出来，环境污染就是这种不良影响的一种突出表现。在人们认识环境污染，揭示环境污染发生机理、环境对污染的自净机制以及污染的工程治理与环境修复过程中，都不可避免地涉及微生物。可以说，环境工程与微生物有着密切的联系。

1.1 微生物的概念及主要类群

微生物，顾名思义就是微小的生物，通常指直接用肉眼看不见、必须借助显微镜才能看见的所有微小生物的统称。因为肉眼的分辨力大多是 0.2mm，所以微生物的大小基本都小于 0.2mm。微生物不是生物学上的生物分类类别。

微生物是形体微小的所有生物的统称。微生物既包括很多大小不足 1μm（微米）的病毒、数微米的细菌、几十微米的原生动物等极其微小的生物，也包括真菌和藻类，以及动物和植物中形体接近数百微米的生物。因此，微生物包含了生物学上多个分类类别（动物界、植物界、病毒界、真菌界、原核生物界）中形体微小的生物。

由于形体微小，微生物的结构通常较简单。有些微生物不具备细胞结构，如病毒，仅由一些大分子有机物构成。绝大多数微生物是以细胞为结构单元组成的单细胞或多细胞生物。

微生物的细胞按细胞核膜、细胞器及有丝分裂等的有无，划分为原核细胞和真核细胞两大类。由原核细胞构成的微生物称为原核（微）生物，由真核细胞构成的微生物称为真核（微）生物。

原核微生物是生物进化进程中早期出现的生物，其细胞较原始，细胞内 DNA 链高度盘曲折叠，直接散布在细胞质中，外面没有核膜包裹，细胞核物质与细胞质之间缺乏明显的"界线"，仅有一个核区，称为拟核或似核，因此，原核细胞内没有明显的"细胞核"。另外原核微生物的细胞内也没有细胞器，只有由细胞质内陷形成的不规则泡沫结构的膜体系，如间体和光合作用层片及其他内折，不进行有丝分裂。原核微生物包括细菌、放线菌、蓝绿细菌、古细菌、支原体、衣原体。

真核微生物是在和原核微生物具有的共同"祖先"基础上进化而来的，但它们的细胞具有发育完好的细胞核。细胞核内有核质和染色质，其最外为核膜，将核质与细胞质分开，使两者之间存在明显的界线。真核细胞具有高度分化的细胞器，如线粒体、中心体、高尔基体、内质网、溶酶体和叶绿体等，进行有丝分裂。真核微生物包括霉菌、酵母菌、除蓝细菌以外的藻类、原生动物、微型后生动物等。

总体上，真核细胞要比原核细胞大。真核生物有单细胞和多细胞生物之分。原核微生物几乎都是由一个原核细胞构成的。

根据我国学者提出的六界说生物分类系统，即病毒界、原核生物界、真核原生生物界、真菌界、动物界和植物界，微生物在生物学分类中的地位见图 1-1。

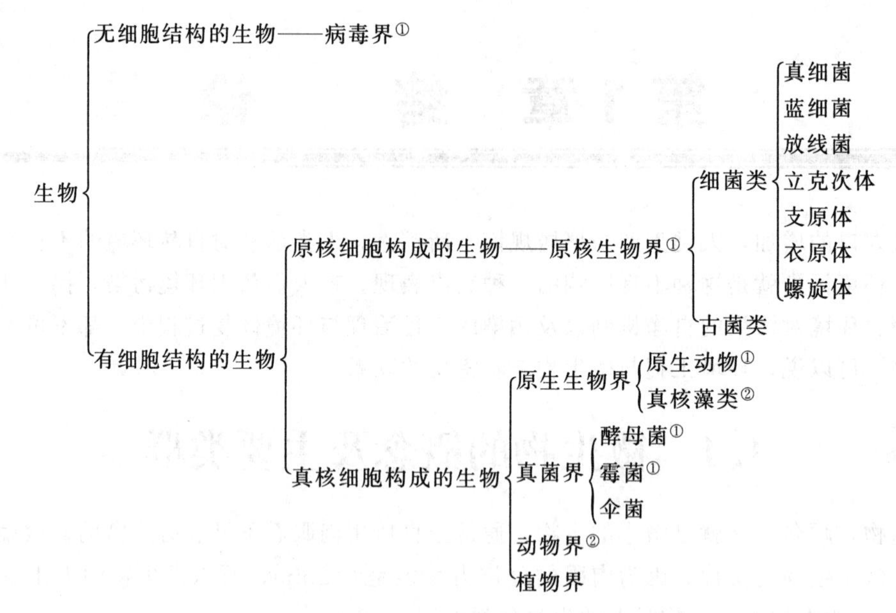

图 1-1　微生物在生物学分类中的地位
① 全部为微生物；② 部分属于微生物

1.2　微生物学的研究内容

微生物学是研究微生物及其生命活动规律的科学。其研究内容包括微生物的形态、构造、生理代谢、遗传变异、生态、分类、进化以及微生物学与生物工程之间的关系等。

1.3　人类对微生物的认识及研究

人类对微生物的认识与研究经历了以下五个阶段。

(1) 经验阶段　自古以来，人类在日常生活和生产实践中，已经觉察到某些微生物的活动所发生的作用。例如 4000 多年前的龙山文化时期，中国古人就知道了利用微生物来酿酒。殷商时代的甲骨文中刻有“酒”字。在古希腊留下来的石刻上，也记有酿酒的操作过程。北魏贾思勰的《齐民要术》(533～544) 中，列有谷物制曲、酿酒、制酱、造醋和腌菜等方法。

春秋战国时期，我国就已经开始利用微生物分解有机物质的作用来进行沤粪积肥。公元 1 世纪的《氾胜之书》提出要以熟粪肥田以及瓜与小豆间作的制度。2 世纪的《神农本草经》中，有白僵蚕治病的记载。6 世纪的《左传》中，有用麦曲治腹泻病的记载。在 10 世纪的《医宗金鉴》中，有关于种痘方法的记载。1796 年，英国人 E. 琴纳发明了牛痘苗，为免疫学的发展奠定了基石。

(2) 形态学阶段　17 世纪，荷兰人列文虎克用自制的简单显微镜（可放大 160～260 倍）观察牙垢、雨水、井水和植物浸液后，发现其中有许多运动着的“微小动物”，并用文字和图画科学地记载了人类最早看见的“微小动物”——细菌的不同形态（球状、杆状和螺旋状等）。过了不久，意大利植物学家 P. A 米凯利也用简单的显微镜观察了真菌的形态。1838 年，德国动物学家 C. G. 埃伦贝格在《纤毛虫是真正的有机体》一书中，把纤毛虫纲分为 22 科，其中包括 3 个细菌的科（他将细菌看作动物），并且创用 bacteria（细菌）一词。1854 年，德国植物学家 F. J. 科思发现杆状细菌的芽孢，他将细菌归属于植物界，这一看法沿袭了百年。

(3) 生理学阶段　微生物学的研究从19世纪60年代开始进入生理学阶段。法国科学家L. 巴斯德对微生物生理学的研究为现代微生物学奠定了基础。他论证酒和醋的酿造以及一些物质的腐败都是由一定种类的微生物引起的发酵过程，并不是发酵或腐败产生微生物；他认为发酵是微生物在没有空气的环境中的呼吸作用，而酒的变质则是有害微生物生长的结果；他进一步证明不同微生物种类各有独特的代谢机能，各自需要不同的生活条件并引起不同的作用；他提出了防止酒变质的加热灭菌法，后来被人称为巴斯德灭菌法，使用这一方法可使新生产的葡萄酒和啤酒长期保存。另一位著名医学专家柯赫（R. Koch）对新兴的医学微生物学做出了巨大贡献。柯赫首先论证炭疽杆菌是炭疽病的病原菌，接着又发现结核病和霍乱的病原细菌，并提倡采用消毒和杀菌方法防止这些疾病的传播；他的学生们也陆续发现白喉、肺炎、破伤风、鼠疫等的病原细菌，导致了当时和以后数十年间人们对细菌的重视；他首创细菌的染色方法，采用了以琼脂作凝固培养基培养细菌和分离单菌落而获得纯培养的操作过程；他规定了鉴定病原细菌的方法和步骤，提出著名的柯赫法则。1860年，英国外科医生J. 利斯特应用药物杀菌，并创立了无菌的外科手术操作方法。1901年，著名细菌学家和动物学家И. И. 梅契尼科夫发现白细胞吞噬细菌的作用，对免疫学的发展做出了贡献。

法国微生物学家C. H. 维诺格拉茨基于1887年发现硫黄细菌，1890年发现硝化细菌，他论证了土壤中硫化作用和硝化作用的微生物学过程以及这些细菌的化能营养特性。他最先发现厌氧自养型固氮菌，并运用无机培养基或选择培养基以及富集培养方法，研究土壤细菌各个生理类群的生命活动，揭示土壤微生物参与土壤物质转化的各种作用，为土壤微生物学的发展奠定了基础。

1892年，俄国植物生理学家Д. И. 伊万诺夫斯基发现烟草花叶病原体是比细菌还小、能通过细菌过滤器、光学显微镜也看不见的生物，称为过滤性病毒。1915～1917年，F. W. 特沃特和F. H. de 埃雷尔观察细菌菌落上出现噬菌斑以及培养液中的溶菌现象，发现了细菌病毒——噬菌体。病毒的发现使人们对生物的概念从细胞形态扩大到了非细胞形态。

在这一阶段中，微生物操作技术和研究方法的创立是微生物学发展的特有标志。

(4) 生物化学阶段　20世纪以来，生物化学和生物物理学向微生物学渗透，再加上电子显微镜的发明和同位素示踪技术的应用，推动了微生物学向生物化学阶段发展。1897年德国学者E. 毕希纳发现酵母菌的无细胞提取液能与酵母一样具有发酵糖液产生乙醇的作用，从而认识了酵母菌酒精发酵的酶促过程，将微生物生命活动与酶化学结合起来。G. 诺伊贝格等在对酵母菌生理的研究中对酒精发酵中间产物进行了分析。比较生物化学的开拓者、著名微生物学家A. J. 克勒伊沃通过对大肠杆菌进行的一系列细菌生理和代谢途径的研究。阐明了生物体的代谢规律和控制其代谢的基本原理，并且在控制微生物代谢的基础上扩大利用微生物，发展酶学，推动了生物化学的发展。从20世纪30年代起，人们利用微生物进行乙醇、丙酮、丁醇、甘油、各种有机酸、氨基酸、蛋白质、油脂等的工业化生产。

1929年，A. 弗莱明发现青霉菌能抑制葡萄球菌的生长，揭示了微生物间的拮抗关系并发现了青霉素。1949年，S. A 瓦克斯曼在他多年研究土壤微生物所积累资料的基础上，发现了链霉素。此后陆续发现的新抗生素越来越多。这些抗生素除医用外，也被用于防治动植物的病害和食品保藏中。

(5) 分子生物学阶段　1941年，G. W. 比德尔和E. L. 塔特姆用X射线和紫外线照射链孢霉，使其产生变异，获得营养缺陷型。他们对营养缺陷型的研究不仅可以进一步了解基因的作用和本质，而且为分子遗传学打下了基础。1944 年，O. T. 埃弗里第一次证实了引起肺炎球菌形成荚膜遗传性状转化的物质是脱氧核糖核酸（DNA）。1953 年，J. D. 沃森和 F. H. C. 克里克提出了 DNA 分子的双螺旋结构模型和核酸半保留复制学说。H. 富兰克尔-康拉特等通过烟草花叶病毒重组试验，证明核糖核酸（RNA）是遗传信息的载体，为奠定分子生物学基础起了重要作用。其后，又相继发现转运核糖核酸（tRNA）的作用机制、基因三联密码的论说、病毒的细微结构和感染增殖过程、生物固氮机制等微生物学中的重要理论，展示了微生物学广阔的应用前景。1957 年，A. 科恩伯格等成功地进行了 DNA 的体外组合和操纵。近年来，原核微生物基因重组的研究不断获得进展，胰岛素已用基因转移的大肠杆菌发酵生产，干扰素也已开始用细菌生产。现代微生物学的研究将继续向分子水平深入，向生产的深度和广度发展。

1.4 环境工程微生物学

环境工程微生物学是建立在微生物学基础上的一门针对环境和污染治理工程中所涉及的微生物的学问，是环境科学与工程专业的一门重要专业基础课程。

环境工程微生物学讲述：微生物的形态、细胞结构及其功能，微生物的营养、呼吸、物质代谢、生长、繁殖、遗传与变异等的基础知识；城市生活污水、工业废水和城市有机固体废物生物处理以及废气生物处理中的微生物及其生态；饮用水卫生细菌学；自然环境物质的循环与微生物转化；水体和土壤的自净，污废水、废气和有机固体废物的生物处理，污染水体和土壤的生物治理与生物修复等环境工程净化原理。

1.5 环境工程微生物学的研究内容和任务

环境工程微生物学的研究内容和具体任务就是充分利用有益微生物资源为人类造福，防止、控制和消除微生物的有害活动，化害为利。利用微生物实现污废水、废气的净化，处理有机固体废物，将污染物转化为有用资源，变“废”为宝，生产出能源和肥料等；加速被污染的环境（如石油污染的土壤、河湖以及海洋）尽快恢复到清洁的状态，防治水体中病原微生物的污染和饮用水的消毒。

在环境工程中处理废水、污染的土壤和固体有机废物的众多方法中，生物处理法都占据着重要位置。与物理、化学法相比，它具有经济、高效的优点，更重要的是可基本达到无害化。微生物是对污染物进行生物处理、净化环境的工作主体，只有全面了解和掌握微生物的基本特性，才能培养好微生物，取得较好的净化效果。

1.6 环境工程微生物学的发展及研究现状

环境工程微生物学是伴随水环境污染的出现而形成的。自西方工业革命起，环境污染问题就开始涌现，并日趋严重，造成所在国环境质量急剧恶化。环境污染问题也逐渐扩展，演变成了世界范围内的共同问题之一。20 世纪 50 年代后，相继发生了一些著名的环境公害事件，如美国洛杉矶的光化学烟雾、英国伦敦烟雾、日本四日市的哮喘病、日本熊本由于汞引起的水俣病及神通川骨痛病，都曾对人类造成极大伤害。20 世纪 80 年代后，由于环境保护工作较工农业生产和城市化发展相对滞后，我国各地地表河湖甚至地下水都遭受到了明显的污染，已严重威胁到人民的生命健康和社会经济的发展。携带有机物的废水和固体废物被排入自然环境，都会造成环境中微生物的快速、大量繁殖，从而导致水体缺氧、黑臭、水生生物消亡、湖泊和海湾的富营养化；垃圾散发出恶臭；土壤和水体等污染现象，使得水体和土壤丧失使用价值。这些污染很多是和微生物的介入密不可分的，要深入了解污染过程就离不开环境微生物学知识。

微生物在环境保护、保持生态平衡和环境治理中起着举足轻重的作用。由于微生物具有容易发生变异的特点，随着新污染物的产生和数量的增多，微生物的种类可随之相应增多，呈现出更加丰富的多样性，这使得它有别于其他生物。在污水和废水处理中，微生物的作用更是独树一帜，环境工程微生物学这门学科也就应运而生并不断发展，废水生物处理已经成为水处理最重要的手段，并发挥出巨大的作用。但目前废水生物处理中仍有很多环境微生物学问题没有完全被搞清楚，有待人类进一步深入研究。

随着微生物学中各个分支学科相互渗透，尤其是分子生物学、分子遗传学的发展促进了微生物分类学的完善，也促进了微生物应用技术的进步，推动了生物工程的发展，酶学和基因工程在各个领域得到应用和长足的发展。在环境工程中也是如此，如固定化酶、固定化微生物细胞处理工业废水，筛选优势菌，筛选处理特种废水的菌种，甚至在探索用基因工程技术构建超级菌用于环境工程事业，这方面已有分解石油烃类的超级菌的实例。

自 20 世纪 70 年代以后，许多在极端环境生活的微生物引起了人们的极大兴趣和关注。在极端环境生活的微生物有专性厌氧的产甲烷菌、极端嗜热菌、极端嗜酸菌、极端嗜碱菌和极端嗜盐菌等古菌。环境工程遇到的废水不少是极端条件下的。如北方的寒冷，南方的炎热，稠油废水、焦化废水和化肥废水水温可达 70～80℃，味精废水的温度有时会很低（2～4℃），pH 在 2～3 之间，盐度也高。还有其他的酸性废水（如矿山酸性废水）、碱性废水和高岩有机废水等。实际上，环境工程面临的此类废水越来越多，处理难度越来越大，因此，开发极端环境微生物资源处理废水有着广阔的前景，但任重道远。

随着人类的物质文明和健康的需要，对环境的要求越来越高，为了达到提高空气质量和水环境质量的要求，环境工程除用常规的处理设备和构筑物处理污（废）水外，还与天然的湿地组合处理；后来又发展到用人工湿地处理污（废）水，或用处理设备、构筑物与人工湿地组合对污（废）水进行深度处理。作为专业基础课的环境工程微生物学要顺应发展趋势，拓宽研究内容，深入研究人工湿地的生态系统及其处理废水的机制，研究与微生物共栖的植物根面、根系与根际的环境生态问题以及微生物与水生植物的关系。

1.7　微生物的特点与其利用

各种微生物虽然千差万别，但有许多共同特点，如形体微小、代谢能力强、繁殖快、易变异、分布广泛等。

（1）个体微小、结构简单　微生物的个体小，要借助显微镜才能看见。1500 个大肠杆菌首尾相连也不过一粒芝麻的长度；在一滴体积不过 0.05mL 的污水中就可能生活着数以百万个细菌。

微生物都是单细胞或无细胞结构（病毒）的生物，只有少数为简单多细胞。

（2）代谢能力强　10 亿～100 亿个大肠杆菌加起来质量不过 1mg，但消耗自身质量 2000 倍食物的时间大肠杆菌只需 1 小时，而我们人类则需 500 年（按 400 斤/年计算）。

微生物获取营养的方式多种多样，其食谱之广是动植物完全无法比拟的！纤维素、木质素、几丁质、角蛋白、石油、甲醇、甲烷、天然气、塑料、酚类、氰化物、各种有机物均可被微生物作为“粮食”。不少无机物如低价态的氮（NH_3、NH_4^+、NO_2^-）、低价态的含硫化合物（S^{2-}、$S_2O_3^{2-}$）、单质硫和亚铁离子、氢、碳酸盐等也可以作为微生物的营养。

微生物个体微小，却相对宏观生物体具有较大的比表面积，使得微生物与环境之间的物质交换更加快速。如果人的比表面积为 1，大肠杆菌的比表面积就高达 30 万。

（3）分布广，种类繁多　因微生物极小，很轻，附着于尘土随风飞扬，漂洋过海，栖息在世界各地，分布极广。在江、河、湖、海、土壤、空气、高山、温泉水、人和动物体内体外、酷热的沙漠、寒冷的雪地、南极、北极、冰川、污水、淤泥、固体废物里等处处都有微生物。自然界物质丰富，品种多样，为微生物提供了丰富的食物。微生物的营养类型和代谢途径呈多样性，从无机营养到有机营养，能充分利用自然资源。其呼吸类型呈多样性，在有氧环境、缺氧环境甚至是无氧环境均有能生活的种类。环境的多样性如高温低温高盐度和极端 pH 造就了微生物的种类繁多和数量庞大。

（4）繁殖快　大多数微生物以裂殖方式繁殖后代，在适宜的环境条件下，十几分钟至二十分钟就可繁殖一代，在物种竞争上取得优势，这是生存竞争的保证。如果环境条件适合，一个大肠杆菌在 24h 内就可以繁殖为高达 2^{72} 个。

（5）易变异　多数微生物为单细胞，结构简单，整个细胞直接与环境接触，易受环境因素影响引起遗传物质 DNA 的改变而发生变异，或变异为优良菌种，或使菌种退化。

微生物的这些特性对于我们在环境工程上利用有益微生物提供了众多便利，也正是微生物具有这些其他宏观生物不具备的特征，才使得微生物在污染环境净化中“一枝独秀”。

由于微生物个体微小，在有限的反应器内微生物的数量可以达到惊人的天文数字。尽管每个微生物“微不足道”，其摄取的物质量也极微，但巨大的数量使其群体代谢即使在很短的时间里就可显现出惊人的变化。

尽管污水和废水中同时含有多种污染物，但由于微生物的多样性，我们都可以筛选出合适的微生物，将这些污染物作为微生物的营养而被“吃掉”，从而实现污水、废水的净化。

尽管有时我们得到很少量的有用微生物，但由于微生物繁殖快，只要给其创造适宜的条件，在很短的时期内，微生物就能繁殖到所需的巨大数量。人类不断生产出各种过去自然界不曾有过的新物质，微生物在初次接触这些物质时，往往不能利用它们，甚至会被毒害，但只要接触时间长了，由于变异快，就会适应并对这些物质加以利用，就如同自然界长期以来就存在的物质一样。

微生物具有这些特点为利用微生物造福人类提供了极大的优势，当然也有不利的地方，如微生物小，就不易于观察和研究；微生物易变异，会造成人类抗生素的效果降低，给抵御病原菌带来不利。

思考题

1. 微生物是什么样的生物？具有什么样的共同特点？
2. 什么是原核生物？什么是真核生物？原核生物包含哪几类微生物？
3. 环境工程微生物学的主要研究对象是什么？
4. 微生物的特点在研究、利用有益微生物和防治有害微生物上有什么帮助和不利？

第2章 原核(微)生物

原核（微）生物（Prokaryoto）都是没有细胞核结构的单细胞微生物。原核微生物的DNA链高度折叠，形成一个核区，外面没有核膜，称为拟核；原核微生物的细胞内也没有细胞器，只有由细胞质膜内陷形成类似于真核生物细胞器的内膜结构。

根据最新的伯杰细菌系统分类，原核微生物被分成两大类群，古菌类群和细菌类群。细菌类群原核微生物又可分为细菌、放线菌、蓝细菌、支原体、衣原体、立克次体和螺旋体。支原体、衣原体、立克次体和螺旋体多是病原微生物，不属于环境工程中的污染治理微生物。

2.1 细　菌

广义上“细菌”（bacterium）是个微生物类别的简称，包含了古菌和真细菌。狭义上细菌是指一类特定微生物，即通常所指的细菌，它们是真细菌类中除了放线菌、支原体、立克次体以及衣原体和蓝细菌外的微生物，是一类单细胞的原核微生物。

2.1.1 细菌的形态与大小

单个细菌的形态主要有球状、杆状和螺旋状三类，相应地称为球菌、杆菌和螺旋菌。在环境中，由于细菌分裂繁殖后并不是个体与个体立即分离，往往出现一定个体聚集在一起的群体，这些群体呈现出与单个个体不同的群体形态。细菌的个体形态和群体形态都由遗传决定，是细菌的一种稳定性状。因此，细菌形态可作为细菌分类鉴定的依据。正常生长情况下，细菌形态是相对固定不变的，但是随着环境变化，如培养基化学组成、浓度、pH、温度、时间等的变化，细菌形态可能发生改变，甚至出现畸形。

2.1.1.1 球菌

个体为球形的细菌称为球菌（coccus），实际观察到的球菌的形态有：①单球菌，如尿素微球菌（*Micrococcus ureae*）；②双球菌，如肺炎双球菌（*Diplococcus pneumoniae*）；③四联球菌，如四联微球菌（*Micrococcus tetragenus*）；④八叠球菌，如藤黄八叠球菌（*Sarcina ureae*）；⑤链球菌，如乳链球菌（*Streptococcus lactis*）；⑥葡萄球菌，如金黄色葡萄球菌（*Staphylococcus aureus*）等。各种球菌形状如图2-1所示。双球菌、四联球菌、八叠球菌、葡萄球菌和链球菌等都是球菌群体。

2.1.1.2 杆菌

个体形状为杆状或者近似的细菌称为杆菌（bacillus），其形态又可分为杆状、梭状、梭杆状等，按细胞排列方式有单杆状、链状及丝状等，还有的杆菌会产生芽孢，如枯草芽孢杆菌（*Bacillus subtilis*）。常见的丝状菌有浮游球衣菌属（*Sphaerotillus natans*）、发硫菌属（*Thiothrix*）、贝日阿托菌属（*Beggiatoia*）等。各种杆菌形状如图2-2所示。链杆菌及丝状菌为杆菌群体。

2.1.1.3 螺旋菌

个体呈螺旋状的细菌称为螺旋菌（spirilla）。螺旋菌中螺旋的个数不满一圈的称为弧菌（vibrio），如脱硫弧菌（*Vibro desulfuricans*）；2～6圈称为螺菌（spirillum）；6圈以上称为螺旋体（spirochaeta）。

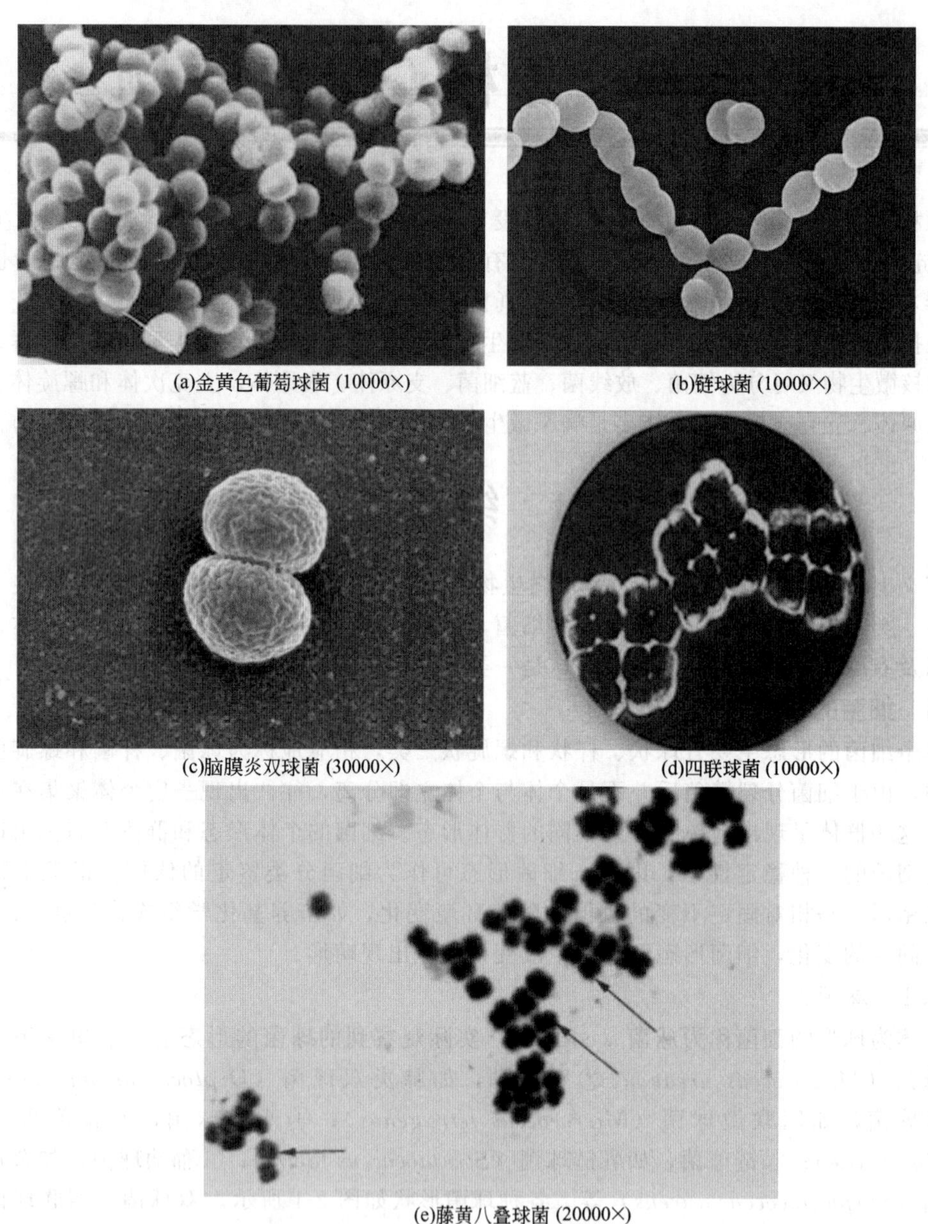

(a)金黄色葡萄球菌 (10000×)　(b)链球菌 (10000×)

(c)脑膜炎双球菌 (30000×)　(d)四联球菌 (10000×)

(e)藤黄八叠球菌 (20000×)

图 2-1　各种球菌

常见的螺旋菌及丝状菌如图 2-3 所示。

细菌的大小通常以微米计。球菌直径通常为 0.2～1.5μm；杆菌以长和宽计，一般杆菌长 1～5μm、宽 0.5～1μm；螺旋菌以螺旋长度和宽度计，螺旋菌一般长 2～60μm、宽 0.25～1.7μm，如大肠杆菌（*E. coli*）平均长度 2μm、宽度 0.5μm，1500 个大肠杆菌头尾相接等于 3mm。

2.1.2　细菌的细胞结构

细菌的细胞结构包括一般结构和特殊结构，一般细菌都具有的结构称为一般结构（也称基本结构），这些结构包括细胞壁、细胞膜、细胞质及其内含物、拟核等。除此之外，部分细菌还具有一些特殊结构，即其他细菌所不具有的结构。细菌的特殊构造有鞭毛、芽孢、荚

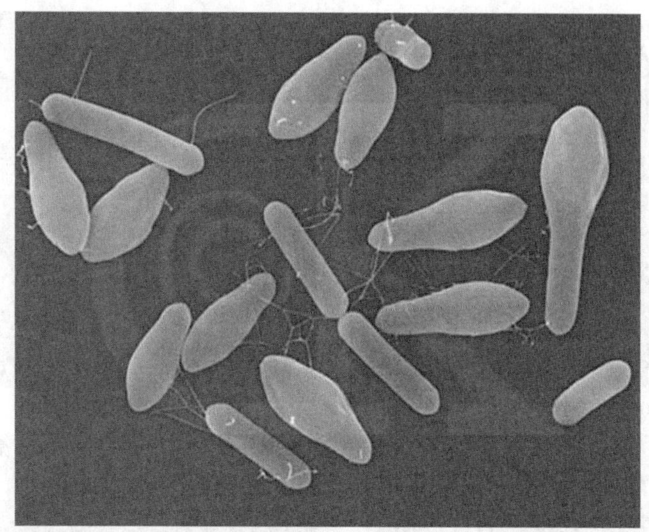

(a)梭状芽孢杆菌 (5000×)

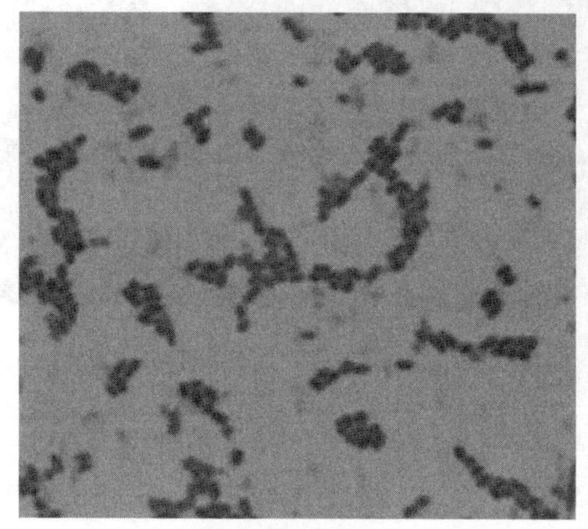

(b)大肠杆菌 (1000×)

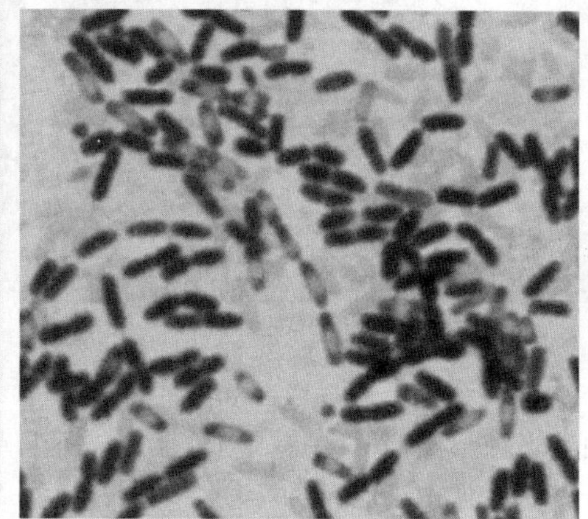

(c)枯草芽孢杆菌 (1000×)

图 2-2　各种杆菌

膜、黏液层、衣鞘等，细菌的特殊构造是细菌分类的重要指标之一。

2.2.2.1　细菌的一般结构

（1）细胞壁　细胞壁是包裹在细菌细胞膜外面的一层坚韧而有弹性的网状结构的薄膜，占菌体干质量 10%～25%。细胞壁的主要功能包括保护细胞免受机械性损伤或渗透压破坏、维持细胞外形；细胞壁对大分子物质进入细胞有阻拦作用；还具有一定的抗原性、致病性以及对噬菌体的敏感性等。

构成细胞壁的主要成分是肽聚糖、脂类和蛋白质。革兰阳性细菌（G^+）和革兰阴性细菌（G^-）的细胞壁组成很不相同，革兰染色后细菌呈现不同颜色也是与这两类细菌细胞壁结构不同有重要的关系。革兰阳性细菌细胞壁的化学组成以肽聚糖为主，还有其他多糖及一类特殊的多聚物——磷壁（酸）质。以最典型的革兰阳性菌金黄色葡萄球菌（*Staphylococcus anreus*）为例说明，金黄色葡萄球菌肽聚糖层厚 20～80nm，由 40 层左右网状分子组成，网状的肽聚糖大分子实际上由大量小分子单体聚合而成。革兰阴性细菌细胞壁的组成和结构比阳性菌复杂，其结构层次分为外壁层和内壁层，外壁层覆盖于肽聚糖层的外部，外壁层又可再分内、中、外三层，最外为脂多糖层，中间为磷脂层，内为脂蛋白层。内壁层紧贴细胞

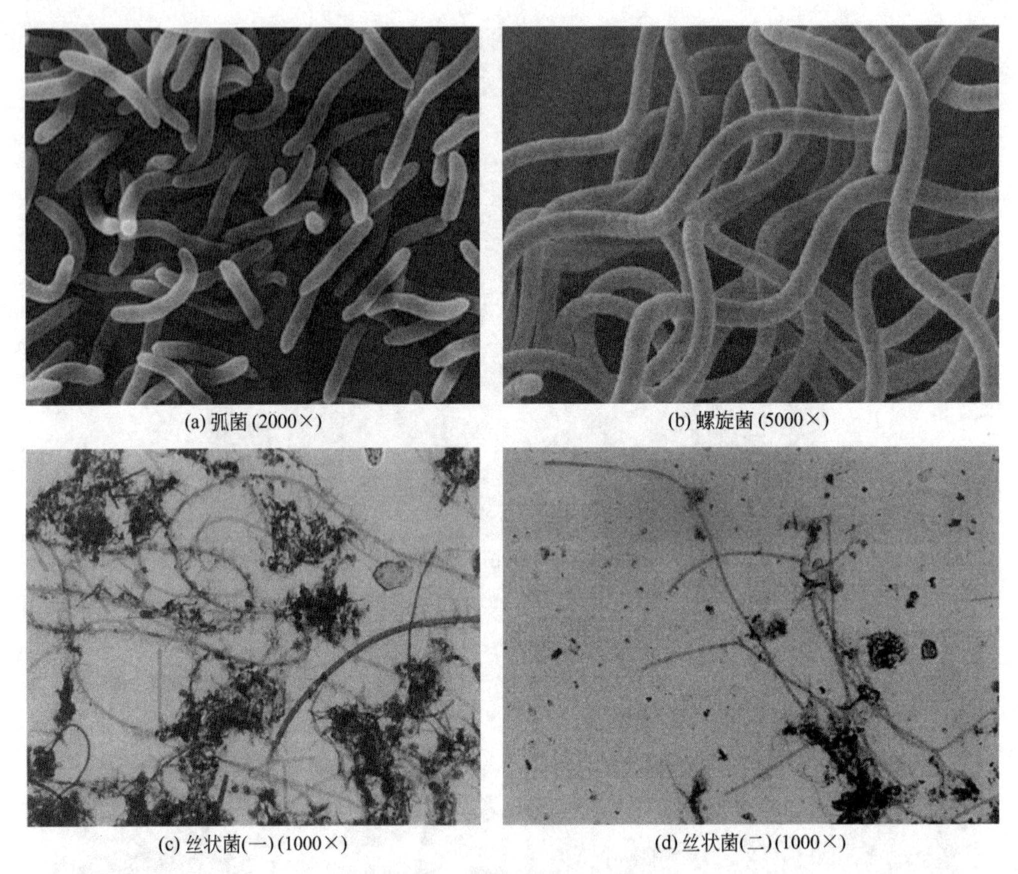

(a) 弧菌(2000×)　(b) 螺旋菌(5000×)

(c) 丝状菌(一)(1000×)　(d) 丝状菌(二)(1000×)

图 2-3　螺旋菌及丝状菌

膜，由肽聚糖组成，但网状结构较疏松，不及革兰阳性菌的坚固，以大肠杆菌为代表说明，大肠杆菌肽聚糖占细胞壁的10%，一般由1～2层网状分子构成，厚度为2～3nm，其结构单体与革兰阳性细菌基本相同，但是与革兰阳性菌肽聚糖单体键连接不同。由于革兰阳性细菌与阴性细菌肽聚糖单体结构的差异及其间相互联系的不同，因此交联形成的肽聚糖网的结构和致密度就有明显的差别。革兰阳性和革兰阴性细菌细胞壁结构及肽聚糖网状结构如图2-4所示，细菌细胞壁结构组成成分见表2-1。

表 2-1　细菌细胞壁结构组成成分

细菌	壁厚度/nm	肽聚糖含量/%	磷壁酸/%	脂多糖/%	蛋白质/%	脂肪/%
G^+	20～80	40～90	+	−	少量(20)	1～4
G^-	10	10	−	+	较多(60)	11～22

注：+有；−，无。

上述革兰染色是1884年由丹麦细菌学家C. Gram创造的一种细菌染色方法，革兰染色属于一种复染色方法，可以用于对细菌的分类鉴定。其主要过程为先用结晶紫初染，然后用碘-碘化钾溶液媒染，然后用酒精脱色处理，最后用番红复染。最终将出现两种染色结果，一类细菌为紫色，另一类细菌为红色，从而将细菌分成两大类。其主要机理是基于细菌细胞壁化学组成成分的不同，其染色机理可以解释为：通过初染和媒染，细菌细胞壁与结晶紫紧密结合形成大分子复合物，革兰阳性细菌由于细胞比较厚、肽聚糖含量较高，分子交联度较紧密，因此用乙醇脱色时，乙醇也具有脱水作用，会使革兰阳性菌肽聚糖网孔由于脱水而明

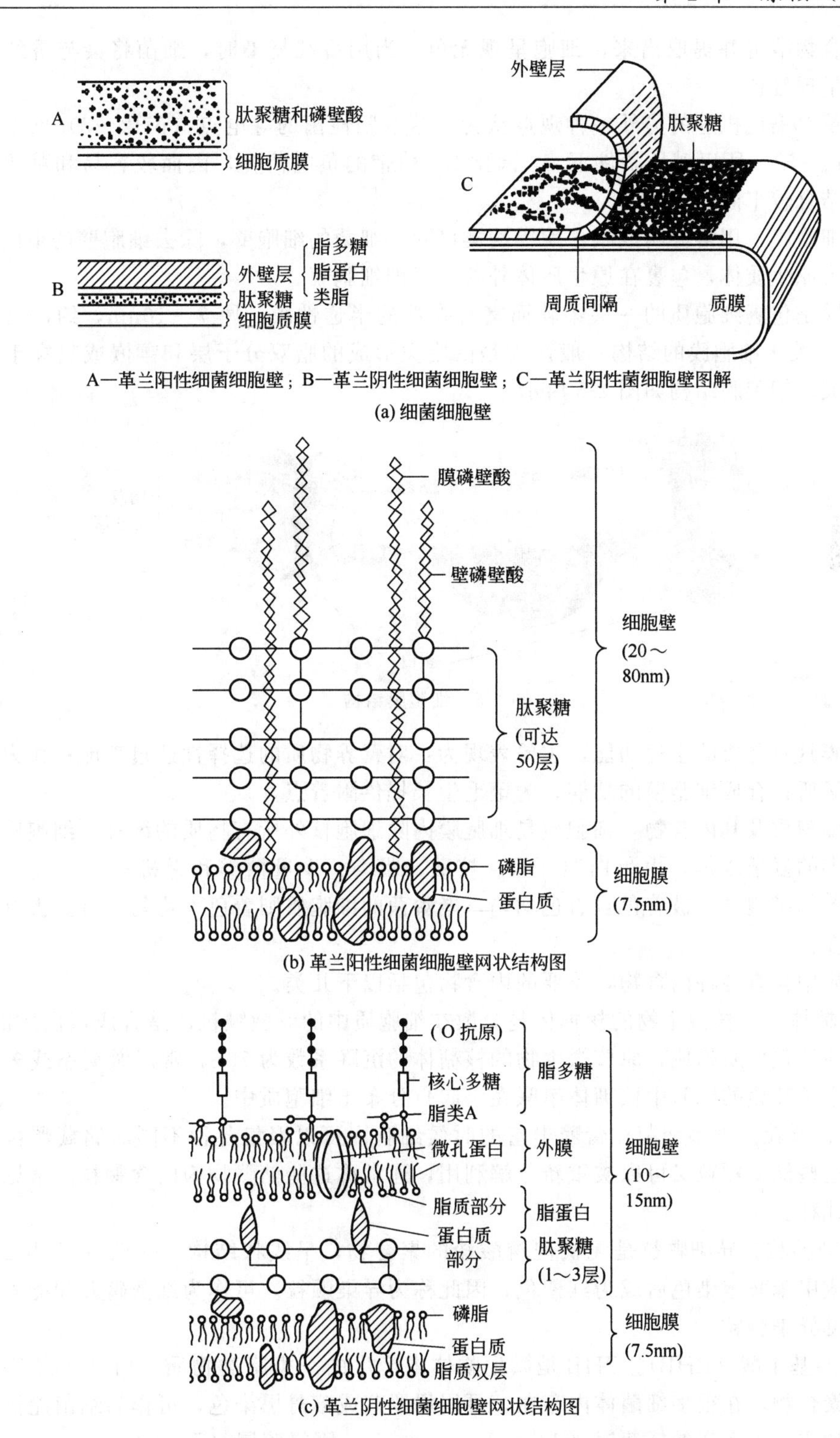

A—革兰阳性细菌细胞壁；B—革兰阴性细菌细胞壁；C—革兰阴性菌细胞壁图解

(a) 细菌细胞壁

(b) 革兰阳性细菌细胞壁网状结构图

(c) 革兰阴性细菌细胞壁网状结构图

图 2-4　革兰阳性和革兰阴性细菌细胞壁结构及肽聚糖网状结构

显收缩，降低细胞壁的通透性，阻止乙醇分子进入细胞，结晶紫复合物不会被乙醇溶解并从细胞中脱出，因此细胞呈现紫色。革兰阴性菌由于细胞壁中肽聚糖含量少而脂类含量高，当用乙醇脱色时，其脂类被乙醇溶解，细胞壁孔径变大，通透性增加，乙醇容易进入细胞中将结晶紫复合物溶解并提取出来，细胞呈现无色，当用番红复染时，细菌将会与番红染料结合，最终呈现红色。

对于革兰染色机理的另外一种观点认为，革兰阳性菌的等电点（pH2～3）低于革兰阴性菌（pH4～5），所以碱性条件下 G^+ 菌比 G^- 菌带的负电荷多，因而较容易和草酸铵结晶紫结合且结合较牢固。

（2）细胞膜　用溶菌酶或蜗牛酶等酶类可除去细菌的细胞壁，除去细胞壁的细菌菌体呈球形，称为原生质体，包裹在原生质体外的薄膜即细胞膜。

细胞膜是包裹细胞质的一层柔软而富有弹性的半透性膜，厚 7～10nm，约占细胞干质量的 10%。关于细胞膜的结构一般认为是由脂类形成的脂双分子层和镶嵌或贯穿于其上的蛋白质构成。细胞膜结构如图 2-5 所示。

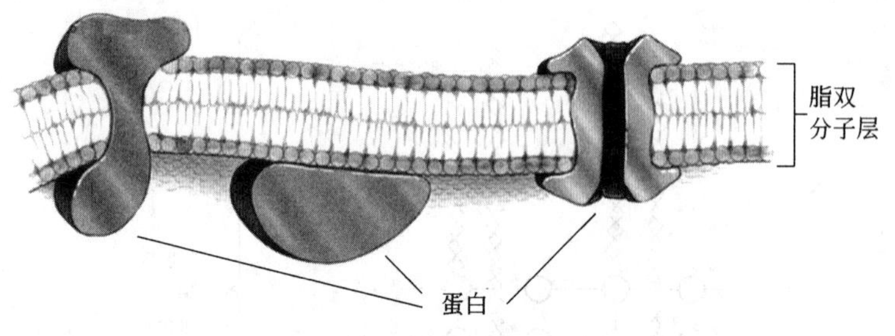

图 2-5　细胞膜结构

细胞膜具有重要的生理功能，主要表现为：对营养物质的选择性透过功能；作为生物呼吸作用的场所；合成细胞壁的功能；为鞭毛生长提供附着点。

（3）细胞质及其内含物　细胞质是细胞膜内除细胞核外所有物质的统称，细胞质呈无色透明、黏稠的复杂胶体，由蛋白质、水、核酸、脂类、少量糖类和无机盐类组成。在染色时，幼龄菌的细胞质易被着色且着色均匀，老龄菌的细胞质则着色不均匀，看上去有颗粒或空泡等存在。

细胞质中含有各种内含物，重要的内含物包括以下几类。

① 核糖体。原核微生物的核糖体是分散在细胞质中的亚微颗粒，是合成蛋白质的部位，由核糖核酸和蛋白质构成，原核微生物的核糖体的沉降系数为 70S，常以游离态或多聚核糖体状态（生长旺盛的细胞中核糖体串联在一起）分布于细胞质中。

② 内含颗粒。很多细菌在营养丰富的时候细胞内可以聚集各种不同的储藏颗粒，当营养缺乏时这些储藏颗粒又可以被重新分解利用，通常称这些储藏物为内含颗粒。常见内含颗粒有以下几种。

a. 异染颗粒。异染颗粒是无机偏磷酸盐的聚合物，呈线状结构，一般 n 值为 $2 \sim 10^6$。用甲烯蓝或甲苯胺蓝染色后成为红紫色，因此称为异染颗粒。可作为细菌磷源和能源。聚磷菌体内常见异染颗粒。

b. 聚羟基丁酸（PHB）。PHB 是微生物体内产生的一类脂类物质，由 β-3-羟基丁酸形成的直链聚合物，在很多细菌体内存在，可用尼罗蓝或苏丹黑染色，可作为细菌能量储存及碳源储存物质。很多产碱杆菌属（*Alcaligenes* spp.）、固氮菌属（*Azotobacter* spp.）、假单胞菌属（*Pseudomonas* spp.）是主要的生产菌种。近年又在一些革兰阳性和阴性好氧菌、光合厌氧细菌中发现了此类物质，甚至一些自养菌也可产生 PHB，有的微生物还可产生聚羟基戊酸 poly-3-hydroxy valerate（PHV），它们与 PHB 的差别主要是 R 基不同，这类化合物统称为聚羟链烷酸（poly hydroxyalkanoate，PHA）。

c. 肝糖原和淀粉粒。糖原可用碘液染成褐色，光学显微镜下可见。但有些细菌如大肠杆菌肝糖粒很小，只能在电子显微镜下看见。淀粉经碘液染色后呈深蓝色。两者都可作为细菌的碳源和能源被利用。

d. 硫粒。贝日阿托菌（*Beggiatoia*）、发硫菌（*Thiothrix*）、紫硫菌及绿硫菌（*Chlorobium*）可利用 H_2S 作能源，氧化 H_2S 使之成为硫粒积累于菌体内。当缺乏营养时，细菌再氧化体内硫粒成 SO_4^{2-}，从中获取能量。硫粒具很强的折光性，光学显微镜下极易观察。

e. 气泡。在很多光合营养性、无鞭毛的水生细菌中存在着充满气体的囊泡状内含物，其主要功能是调节细胞密度以使细胞漂浮在最适水层中获取光能、O_2 和营养物质。

不同细菌的内含物颗粒种类不同，亦可用于细菌分类和鉴别。

（4）拟核　细菌属原核生物，原核生物细胞核无核膜，只是染色体高度折叠后形成一核区，因此称为拟核。它是由一条环状双链的 DNA 分子高度折叠缠绕形成。拟核携带了细菌的遗传信息，决定了细菌的遗传性状。

2.1.2.2　细菌的特殊结构

对于有些细菌而言，还有一些特殊结构，这些特殊结构具有特殊的功能，这些特殊结构也常作为细菌分类的依据。

（1）荚膜　有些细菌在一定营养条件下可向细胞壁外分泌出一层黏性多糖类物质，根据厚度、可溶性及在细胞表面的存在状况不同，荚膜又可分为大荚膜、微荚膜和黏液层。荚膜或称大荚膜厚度大于 200nm，黏滞性大，相对稳定地附着在细胞壁外，具有一定的外形。荚膜很难着色，用负染色法染色后在光学显微镜下可以观察到。染色后荚膜如图 2-6 所示。微荚膜厚度在 200nm 以下，与细胞表面结合较紧，易被胰蛋白酶消化。黏液层比荚膜疏松，无明显形状，易从细胞壁上脱除下来，有些细菌如硫黄细菌、铁细菌、球衣菌的菌体外的黏液层会硬质化，就形成所谓的鞘。

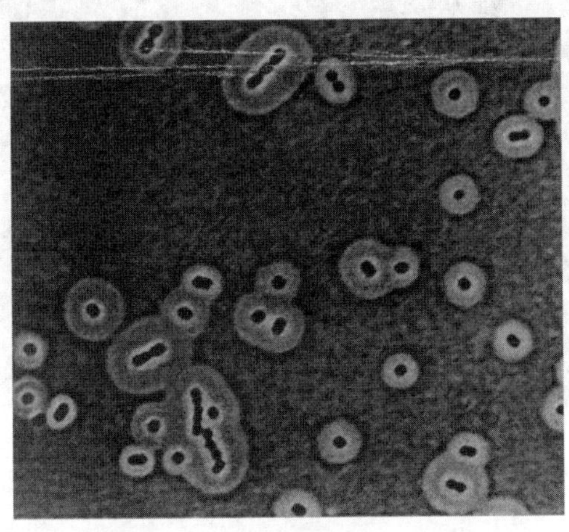

图 2-6　染色后荚膜（1000×）

有的细菌还可形成一定形状的菌胶团，菌胶团是某些细菌一定数目的个体按照特定的排列方式聚集在一起，外边包裹上公共的荚膜所形成的集团。不同细菌的菌胶团形状如图 2-7 所示。菌胶团是废水生物处理活性污泥中细菌存在的主要方式，具有较强的吸附及生物降解功能，因此在活性污泥中具有重要作用。

荚膜可作为细胞外碳源和能源被微生物利用，并可保护细胞使其免受干燥影响。

（2）芽孢　有些细菌在一定生长阶段会在营养细胞内形成一个圆形或椭圆形的结构即芽孢。不同细菌种类形成芽孢位置不同，因此在细菌分类鉴定上有一定意义。细菌芽孢如图

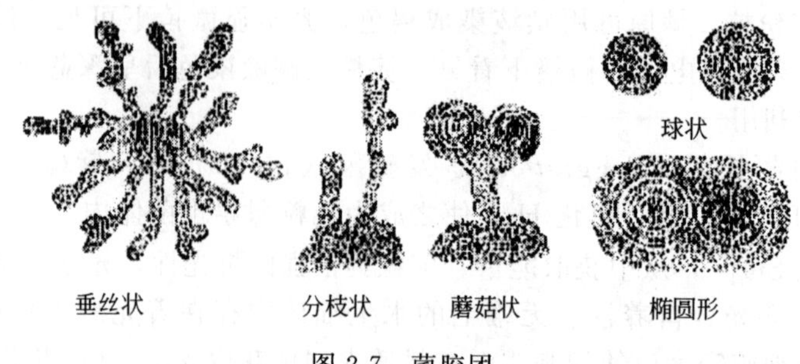

图 2-7　菌胶团

2-8 所示。芽孢具有致密的外皮层结构且含水率低（40%），芽孢中还有一般营养细胞所不具有的吡啶二羧酸物质，同时芽孢还具有耐热性酶，因此芽孢对高温、紫外线、干燥、电离辐射等具有很强的抗性。芽孢在条件适宜时又可重新萌发形成新的生物个体，所以芽孢是细菌抵抗不良环境的休眠体。

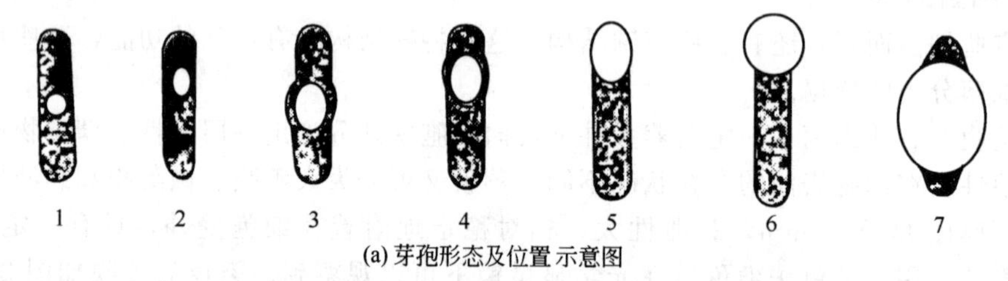

(a) 芽孢形态及位置示意图

1—芽孢球形，在菌体中心；2—卵形，偏离中心，不膨大；3—卵形，近中心，膨大；4—卵形，偏离中心，稍膨大；5—卵形，在菌体极端，不膨大；6—球形，在极端，膨大；7—球形，在中心，特别膨大

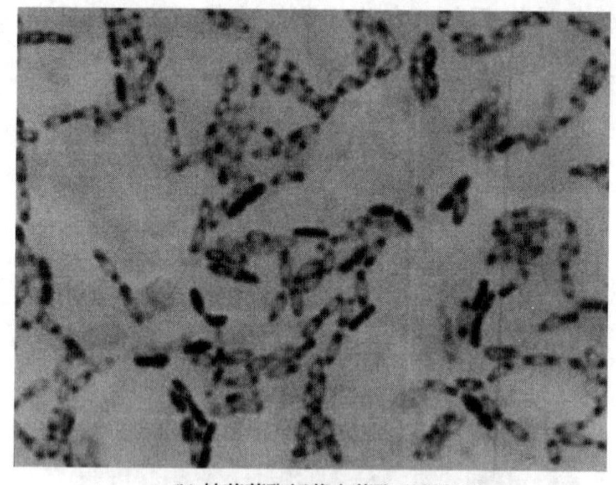

(b) 枯草芽孢杆菌中芽孢 (1000×)

图 2-8　细菌芽孢

（3）鞭毛　某些细菌细胞表面长出的细长、波曲或毛发状的附属物称为鞭毛。其数目为一根至数十根，着生位置也因细菌种类不同而不同，因此鞭毛的多少及着生位置通常也是细菌进行分类鉴定的形态学依据之一。细菌鞭毛具有运动功能，可使细菌依赖鞭毛的运动而趋利避害，获得有利的生存条件。细菌鞭毛形状及着生位置如图 2-9 所示。

2.1.3　细菌的培养特征

细菌在不同的培养基上生长会呈现不同特征，这些特征可用于对细菌进行分类鉴定或判断其呼吸类型。

（1）细菌在固体培养基上的培养特征　细菌在固体培养基上生长，由一个细菌繁殖形成

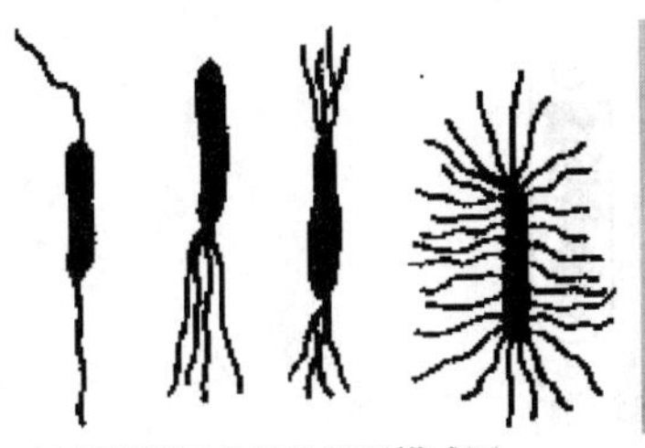

(a) 细菌鞭毛及着生位置模式图

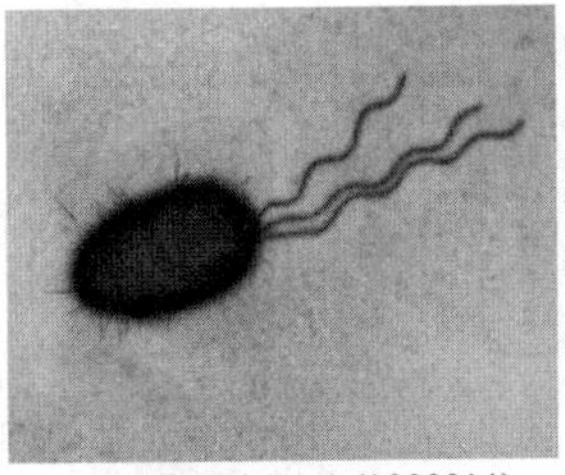

(b) 细菌端生鞭毛 (10000×)

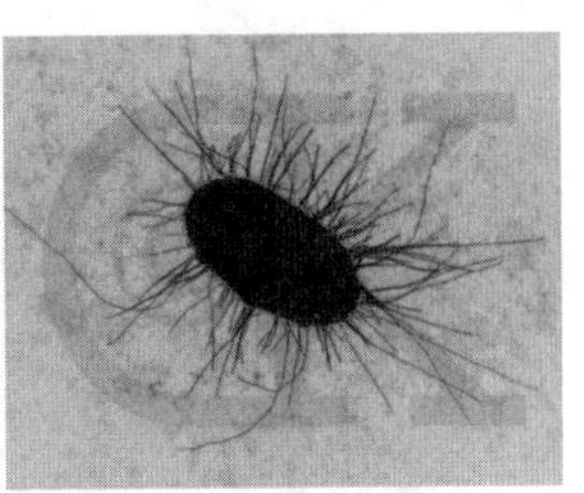

(c) 周生鞭毛 (10000×)

图 2-9　细菌鞭毛

的无数个细菌组成的、肉眼可见的、具有特定形状的集群称为菌落。一个菌落内的各个个体都是同种同宗的，因此菌落应是纯菌的“集落”。不同种类细菌形成菌落特征也不同，包括其形态、大小、光泽、颜色、硬度、透明度、黏稠度等。菌落特征是对细菌进行分类鉴定的依据之一。细菌菌落特征如图 2-10 所示。

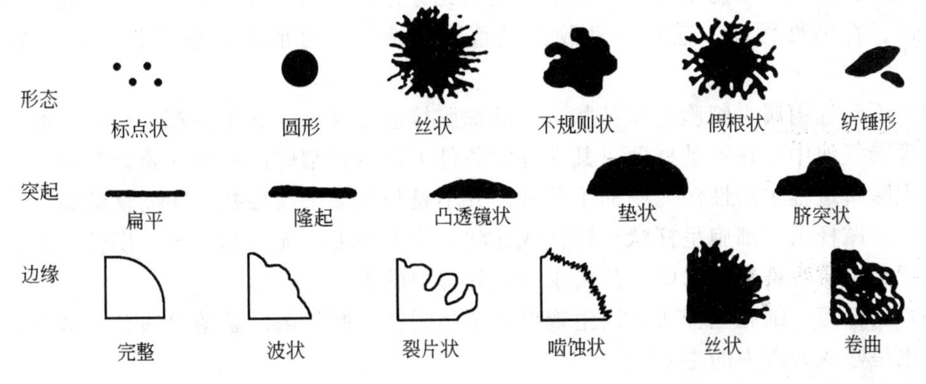

图 2-10　细菌菌落

（2）细菌在液体培养基中的培养特征　细菌在液体培养基中生长时，因细菌种属差异而表现出不同的生长特征，当菌体大量繁殖时，有的形成浑浊液，有的形成沉淀，有的形成菌膜漂浮在液体表面，形成醭，有的还可产生气泡、酸、碱、色素等。细菌在液体中培养特征如图 2-11 所示。

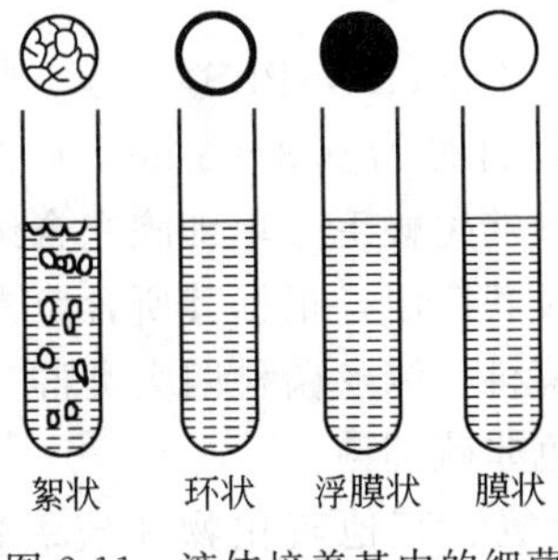

图 2-11　液体培养基中的细菌

（3）细菌在半固体上的培养特征　将细菌用穿刺方法接种到半固体培养基中，细菌在培养基穿刺线周围及培养基表面也将呈现出各种生长状态，如图 2-12 所示，由此也可判断细菌呼吸类型及其运动特点。

2.1.4　环境工程中常见的细菌

（1）埃希菌属　直杆状，单个或成对出现，以周生鞭毛运动或不运动，兼性厌氧，具

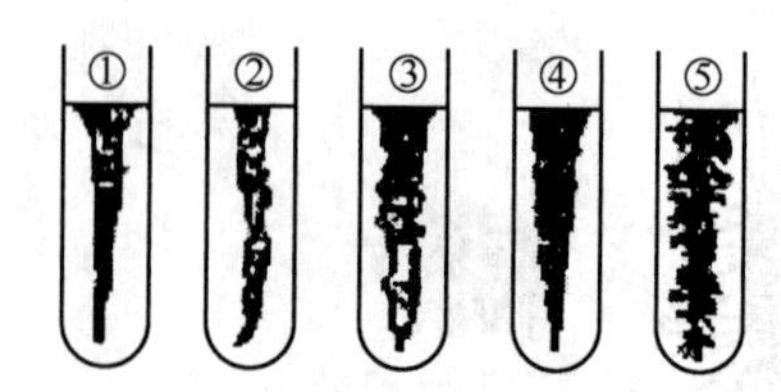

图 2-12 半固体培养基中的细菌

①丝状；②念珠状；③乳头状；④绒毛状；⑤树状

有呼吸和发酵两种代谢类型，最适温度 37℃，能发酵乳糖产气。菌落白色，边缘整齐，表面湿润。它们广泛存在于自然界及人和动物肠道中，常用作水体被粪便或病原菌污染的指示菌种。

（2）假单胞菌属　细胞呈直或弯杆状，端生鞭毛，无芽孢，革兰阴性，专性好氧，是好氧处理中常见菌。

（3）动胶菌属　细胞呈杆状，端生鞭毛，无芽孢，革兰阴性，专性好氧，具荚膜，易形成菌胶团。在活性污泥工艺中，动胶菌是重要杆菌，是对形成絮状活性污泥贡献最大的菌种。

（4）不动杆菌属　细胞呈短杆状，老龄细胞接近球状，无芽孢，革兰阴性，好氧。废水生物处理曝气池中存在不动杆菌，其在好氧条件下可以在细胞内积累大量磷酸盐。但也有人研究发现除磷过程中活性污泥中的不动杆菌并不是积累多聚磷酸盐的主要优势菌。

（5）产碱杆菌　细胞呈杆状、短杆或球状，周生鞭毛，无芽孢，革兰阴性，好氧菌。广泛存在于有机质污染的废水中，是废水好氧处理中的主要菌。

（6）黄杆菌　细胞呈杆状，周生鞭毛，革兰阴性，好氧菌。菌落呈黄色、橘色、红色或棕色，也是好氧处理中的主要菌。

（7）梭状芽孢杆菌　多有周生鞭毛，芽孢呈卵圆到球状，细胞常因芽孢膨大呈梭状或鼓槌状，多为革兰阳性，为严格厌氧菌。分解有机物的能力较强，发酵碳水化合物产酸、产气。在厌氧处理中，是常见的优势水解酸化菌和产乙酸菌。

（8）芽孢杆菌属　直杆状，常以成对或链状排列。在幼龄培养时多呈现革兰阳性，不形成荚膜，以周生鞭毛运动，具有芽孢，能抗许多不良环境，好氧或兼性厌氧。代表种为枯草芽孢杆菌。

（9）光合细菌（Photosynthtic bacteria，PBS）　是一类在厌氧、有光照条件下进行不产氧光合作用的原核生物。光合细胞直径为 0.3～6μm，形态有球状、杆状、弧状、螺旋状、丝状（单列的多细胞）等，大多具端生鞭毛。单细胞光合细菌的运动靠端生鞭毛，丝状光合细菌靠滑行运动。光合细菌分布极其广泛，根据其所含色素和营养类型等特征，光合细菌可被分成着色菌科、红螺菌科、绿菌科、绿丝菌科四大类群。在环境保护中起作用的主要是红螺菌科的光合细菌，也被称为紫色非硫细菌。

（10）硫黄细菌　指能把硫化氢、其他硫化物和硫氧化成硫酸的细菌。在生活污水和含硫工业废水的生物处理中发挥作用的硫黄细菌主要包括透明颤菌属（*Vitreoseilla*）、贝日阿托菌（*Beggiatoa*）、发硫菌属（*Thiothrix*）、亮发菌属（*Leueothrix*）、辫硫菌属（*Thioploca*）。

（11）浮游球衣菌　细胞呈杆状，两端钝圆，串生在鞘内（单个菌体可自衣鞘中游出，活泼运动或黏附于鞘外，革兰染色阴性），丝体长 500～1000μm，丝状鞘的一端固着在固体表面，不运动，稍弯曲，游离端有时可见假分枝。在铁含量极少的正常环境下，鞘薄而无色。在有机物污染的水域中和微好氧条件下能很好地生长，是活性污泥中常见细菌之一。

2.2 放 线 菌

放线菌因其在固体培养基上生长时菌落菌丝呈辐射状而得名。放线菌一般分布在含水率较低、有机营养物质丰富、呈微碱性的土壤环境中，是在土壤中存在，数目仅次于细菌的一类微生物，它可促进土壤团粒结构形成，改良土壤，降解各种难降解的有机物等，因此在自然界物质循环中具有积极作用。还有一些放线菌如链霉菌属中很多可生产抗生素，因此也可用于医药生产行业。

2.2.1 放线菌的形态结构

放线菌的菌体由纤细的长短不一的分枝状菌丝组成，放线菌菌丝体可分为三类：营养菌丝，又称为基内菌丝，深入培养基中摄取营养物质；气生菌丝，由营养菌丝生长出培养基外，伸向空中的菌丝称为气生菌丝，通常比营养菌丝粗；孢子丝，放线菌生长发育到一定阶段，气生菌丝的上部会分化出可形成分生孢子的孢子丝，孢子丝的形状随菌种不同而不同，是放线菌进行分类鉴定的依据。放线菌孢子丝形状见图 2-13。分生孢子可产生各种色素，分生孢子颜色也是放线菌分类的依据。

图 2-13　放线菌孢子丝

放线菌为单细胞含多个拟核的原核微生物。菌丝粗细与杆菌相当，在 0.2～1.4μm 之间，气生菌丝较营养菌丝稍细。菌丝在生长过程中，核物质不断复制分裂，然而细胞不形成横隔膜，也不分裂，形成菌丝体。

2.2.2 放线菌的繁殖方式

放线菌的孢子形成为横割分裂方式，横割分裂可通过两种途径实现：①细胞膜内陷，并逐渐由外向内收缩，最后形成一个完整的横隔膜，通过这种方式可把孢子丝分成很多个分生孢子。②细胞壁和细胞膜同时内陷，并逐渐向内缢缩，并最终将孢子丝缢裂成一串分生孢子。

2.2.3 放线菌的培养特征

放线菌在固体培养基上培养，呈现与细菌不同的菌落特征：干燥、不透明、表面皱缩并呈现紧密的丝绒状，上有颜色鲜艳的干粉；放线菌菌落和培养基连接紧密，不易挑取；菌落正反面颜色也经常不一致。

2.2.4 放线菌常见代表属

放线菌常见代表属主要有链霉菌属、诺卡菌属和小单胞菌属。

链霉菌属菌丝无隔，在气生菌丝顶端发育出各种形态的孢子丝，主要借助分生孢子繁殖，是抗菌素生产的主要属，链霉菌属放线菌也能分解多种有机物。

诺卡菌属在培养基上呈现典型的菌丝体。诺卡菌属放线菌种类繁多，可用于分解石油、石蜡、纤维素等，诺卡菌属也可产生抗生素。

小单胞菌属，菌丝较细，无横隔，不形成气生菌丝，只在基内培养基上长出孢子梗，顶端生一个分生孢子。菌落较小，也能产生抗生素，能分解有机物。

2.3 蓝　细　菌

蓝细菌是一类具叶绿素 a、能够进行光合作用放氧的原核微生物。过去很长一段时间一直被称作蓝藻或蓝绿藻，后来研究发现蓝细菌结构简单，没有其他真核藻类所具有的叶绿体，也无细胞核，但有 70S 核糖体，细胞壁中含肽聚糖，对青霉素和溶菌酶敏感等，因此把它划分为原核生物。

蓝细菌能进行光合作用，但它和另一类红螺菌目的光合细菌有很大不同，前者进行的是类似绿色植物非光合磷酸化作用，反应过程中会释放氧气，这也正是以前在植物分类学中把蓝细菌归入植物的原因。而后者进行较原始的循环光合磷酸化反应，反应过程中不放氧，另外，前者属好氧生物，后者属厌氧生物。

蓝细菌广泛分布于各种河流、湖沼和海洋水体、树皮及岩石中，蓝细菌在污水处理、水体自净中都起积极作用，在氮磷丰富的水体中生长旺盛，可作为水体富营养化的指示生物，某些种属在富营养化的海湾和湖泊中引起海洋赤潮和湖泊水华。

2.4 古　细　菌

古菌细胞形态有球形、杆状、螺旋形、耳垂形、盘状及不规则形状，形态多样，有的很薄、扁平，有的由精确的方角和垂直的边构成直角几何形态，有的以单细胞存在，有的成丝状体或团聚体，直径大小一般在 0.1～15μm，丝状体长度 200μm。

古菌是一类具有独特的基因结构或系统发育大分子序列的单细胞生物，通常生活在地球上极端的生境或生命出现初期的自然环境中，营自养和异养，具特殊的生理功能，如耐超高温、高酸碱度、高盐及无氧环境。它们具独特的细胞结构，如细胞壁骨架为蛋白质或假胞壁酸，细胞膜含甘油醚键，代谢中的酶作用方式既不同于真核生物也不同于原核生物。近年的研究发现，尽管古菌在细胞大小、结构及基因结构方面与细菌相似，但其在遗传信息的传递和可能标志系统发育的信息物质方面却更类似于真核生物，因而目前普遍认为：古菌是细菌的“形式”，真核生物的“内涵”。

古菌分为 5 个类群：产甲烷菌、还原硫酸盐菌、极端嗜盐菌、无细胞壁古菌、极端嗜热和超嗜热代谢元素硫的古菌。

（1）产甲烷菌 产甲烷菌是一群极端严格厌氧、化能自养或化能异养的微生物，其代谢产物均为甲烷。H_2+CO_2、甲酸盐、乙酸盐、甲基化合物（甲醇、甲基胺、甲基硫化物和甲基硒化物）、甲醇$+H_2$、乙醇$+CO_2$等可作为它们的碳源和能源。产甲烷菌在污水厌氧处理过程中具有重要的功能。

（2）还原硫酸盐古菌 细胞呈不规则球形、三角形，直径 0.4～2.0μm，单个或成对存在，鞭毛有或无，菌落略带绿黑色，光滑，直径1～2mm，革兰染色阴性，420nm 波长处产蓝绿色荧光。严格厌氧，化能无机、化能有机或化能混合营养。自养生长时，利用硫代硫酸盐和 H_2。异养生长时，利用甲酸盐、乳酸盐葡萄糖和蛋白质做电子供体，利用硫酸盐、硫代硫酸盐做电子受体，生成 H_2S，有的还产生少量甲烷。

（3）极端嗜盐菌 代表属盐杆菌属（*Halobacterium*）在 9% NaCl 上才生长，12%～25%时最适。细菌呈杆状和球状，膜上存在细菌视紫红质，具有利用光能驱动质子泵的作用，故极端嗜盐菌可利用质子梯度所产生的能量合成 ATP。

（4）极端嗜热菌 这类古细菌的突出特性是高温条件下生活，最适温度在 80℃以上，有的种类为 105℃，如热网菌属（*Pyrodictium*）、古生球菌属（*Archaeoglobus*）、甲烷嗜热菌属（*Methanopyrus*）等。其耐热机制主要是膜上脂肪酸成分中的饱和脂肪酸较多，具有耐高温的酶类 F420，生物大分子有较高的热稳定性。

（5）无细胞壁古菌 这类古菌没有细胞壁，细胞膜中的脂质为植烷基二甘油四醚，专性嗜酸嗜热，只在极低的 pH 下才能生长，当 pH 接近中性时细胞自溶。代表属有热原体属（*Thermoplasma*）。

2.5 其他原核微生物

支原体（Mycoplasma）、立克次体（Rickettsia）和衣原体（Chlamydia）三类革兰阴性细菌，其大小和特性均介于通常的细菌与病毒之间。

2.5.1 支原体

是介于一般细菌与立克次体之间的原核微生物。支原体突出的特征是不具有细胞壁，只有细胞膜，细胞柔软而扭曲，典型的菌落像“油煎荷包蛋”模样。除肺炎支原体外，支原体一般不使人致病，但较多的支原体能引起牲畜、家禽和作物的病害。应用活组织细胞培养病毒或体外组织细胞培养时，常被支原体污染，而且光学显微镜检查也难观察到。现常用含琼脂量少的培养基直接培养法、DAN 荧光染色法、探针杂交法和 PCR 检测法等检测。在动物细胞培养中常需事先加入新霉素或卡那霉素来抑制支原体的生长，防止支原体污染。

2.5.2 立克次体

是一类严格在活细胞内寄生的原核微生物，美国医生 H. T. Ricketts 1909 年首次发现斑疹伤寒的病原体。立克次体主要以节肢动物（虱、蜱、螨等）为媒介，寄生在它们的消化道表皮细胞中，然后通过节肢动物叮咬和排泄物传播给人和其他动物。有的立克次体能引起人类的流行性斑疹伤寒、恙虫热、Q 热等严重疾病，而且立克次体大多是人兽共患病原体。

2.5.3 衣原体

介于立克次体与病毒之间、能通过细菌滤器、专性活细胞内寄生的一类原核微生物。过去误认为“大病毒”，但它们的生物学特性更接近细菌而不同于病毒。衣原体在宿主细胞内生长繁殖，具有独特的生活周期，即存在原体和始体两种形态。具有感染性的原体通过胞饮作用进入宿主细胞，被宿主细胞膜包围形成空泡，原体逐渐增大成为始体。始体无感染性，但能在空泡中以二分裂方式反复繁殖，形成大量新的原体，积聚于细胞质内成为各种形状的包涵体（inclusion body），宿主细胞破裂，释放出的原体则感染新的细胞。衣原体广泛寄生于人类、哺乳动物及鸟类，仅少数致病，如人的沙眼衣原体、鸟的鹦鹉热衣原体，有的还是人兽共患的病原体。

思考题

1. 细菌有几种常见形态？试各举一例代表，查询并写出其拉丁文学名。

2. 细菌的细胞结构是什么样的？有哪些一般结构和特殊结构？这些特殊结构有什么生理功能？

3. 什么是革兰阳性和革兰阴性细菌？其细胞壁结构、组成有何不同？

4. 细胞内含物中，哪些可以给细胞提供能源？哪些可以提供碳源？通过染色方法如何区分？

5. 细菌在不同培养基上有什么培养特征？研究这些培养特征有什么实践意义？

6. 列举一些污水处理中常见的细菌，细菌和污水处理的关系如何？

7. 放线菌的菌体形态是什么样的？和细菌有何不同？

8. 蓝细菌是一类什么样的微生物？蓝细菌和水体富营养化有什么关系？

9. 古菌是一类什么样的微生物？有什么特点？可分为哪几个类群？

10. 支原体、立克次体和衣原体各是什么样的微生物？

第3章 真核微生物

真核微生物是一类细胞中有完整的细胞核，即细胞核有核膜、核仁，进行有丝分裂，细胞中有线粒体或同时存在叶绿体等细胞器的一类微生物的统称。真核微生物包括真菌、藻类和原生动物，在环境工程中还有一些体型较小的后生动物如轮虫等。真核微生物包含了多个界别的生物。

3.1 真　菌

真菌（fungus）种类繁多，它们各自有自己的生活习性和生态环境，要给他们下一个严格的定义是很难的。一般认为真菌是单细胞（包括无隔多核细胞）和多细胞、异养型的真核微生物，有细胞壁结构，细胞壁中含几丁质，它们能进行有性和无性繁殖。真菌从生物分类角度来讲单独归于真菌界，一般将其分成霉菌、酵母菌和大型真菌，在环境工程中主要关注霉菌和酵母菌。

3.1.1 霉菌

霉菌（mold）是丝状真菌（filamentous fungi）的一个通俗名称，通常指那些菌丝体比较发达而又不产生大型子实体的真菌。往往在潮湿的环境下大量生长繁殖，长出肉眼可见的丝状、绒状或网状的菌丝体。霉菌在地球上物质的生物化学循环中扮演着重要角色，有很多霉菌可以分解自然界中存在数量最大的纤维素、半纤维素和木质素等复杂有机物质。霉菌在工农业生产、医疗、环境保护等方面都有重大应用，比如工业中用到的柠檬酸、葡萄糖酸和淀粉酶、蛋白酶、纤维素酶等很多酶制剂以及医疗上用到的头孢霉素等抗生素都需要通过霉菌生产。同时霉菌在生物防治、污水处理和生物测定等方面都有应用。

3.1.1.1 霉菌形态和大小

霉菌菌体基本单位是菌丝（hyphae），直径 3～10μm，大约比细菌和放线菌的细胞粗 10 倍，与假丝酵母细胞粗细相近。根据菌丝是否有隔膜，可把所有菌丝分成无隔菌丝和有隔菌丝两大类（霉菌有隔、无隔菌丝见图 3-1）。

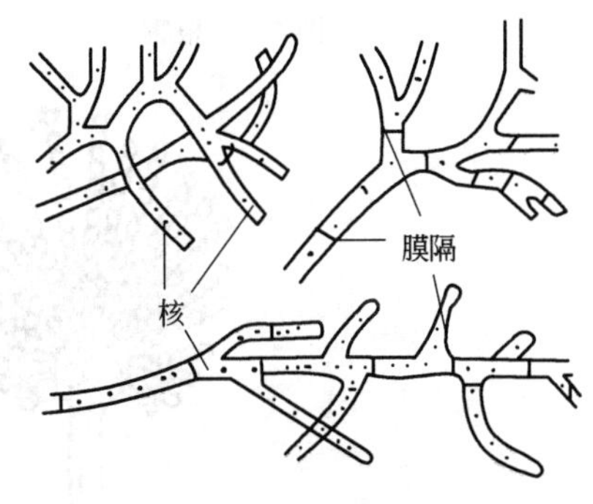

图 3-1　霉菌菌丝

霉菌菌丝分成两种基本类型：密布在营养基质内部主要执行吸取营养功能的称为营养菌丝（vegetative mycelium），伸到空气中的称为气生菌丝（aerial mycelium）。气生菌丝长到一定阶段顶部会膨大形成孢子囊或分生孢子头，里面将会产生孢子，释放出来的孢子遇到合适的环境又可以重新萌发形成新的菌丝体。将霉菌菌丝接种于合适环境下也可以形成新的霉菌菌落。

霉菌的孢子形态色泽各异，具较强的抗逆性。孢子的形状有球形、卵形、椭圆形、肾形、线形、针形、镰刀形等。

3.1.1.2 霉菌菌落

霉菌在固体培养基上培养时有营养菌丝和气生菌丝分化，形成的菌落形态较大，质地比放线菌疏松，外观干燥、不透明，呈现蛛网状、绒毛状或棉絮状。菌落与培养基连接紧密，不易挑起，菌落正反面的颜色和边缘与中心的颜色常不一致。霉菌形成的孢子常呈现不同的颜色，这也正是霉菌正反面颜色不一致的原因。霉菌菌落特征同细菌菌落特征一样也是对霉菌进行分类鉴定的依据之一。

3.1.1.3 霉菌的繁殖

霉菌可进行无性和有性繁殖，霉菌可借助菌丝生长繁殖，但主要是通过无性或有性孢子来进行繁殖。

3.1.1.4 霉菌常见代表属

(1) 毛霉属（*Mucor*） 菌丝体呈白色，分解蛋白质和淀粉能力强，是生产腐乳、豆豉的重要菌属，有些种可生产有机酸、转化甾体物质。

(2) 根霉属（*Rhizopus*） 生长迅速，菌丝可以很快布满平板，菌丝伸到培养基下呈假根状。根霉假根见图 3-2。根霉分解淀粉的能力强，是酿酒的重要菌属。

(3) 青霉属（*Achlya*） 分生孢子梗顶端多次分枝产生几轮小梗，状如扫帚，因此称为帚状分枝，小梗顶端产生成串的分生孢子。青霉帚状分枝见图 3-3，菌落呈密毡状，大多灰绿色。

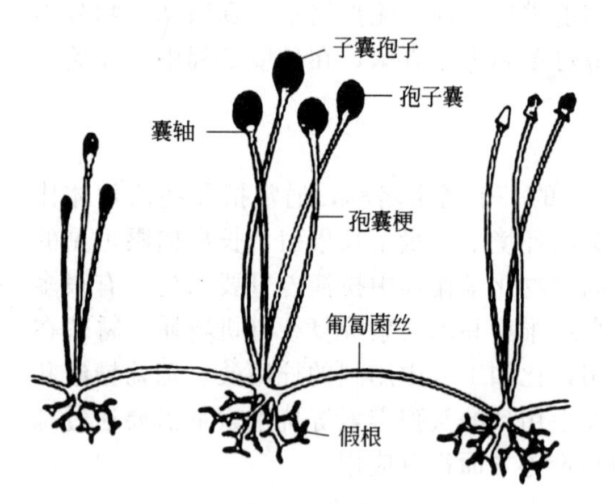

图 3-2 根霉

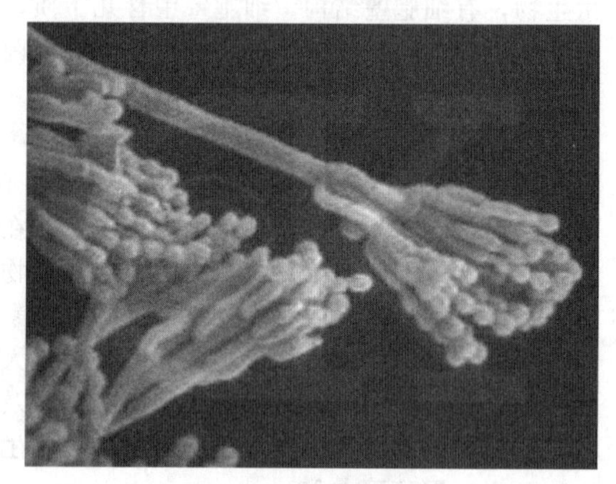

图 3-3 青霉帚状分枝

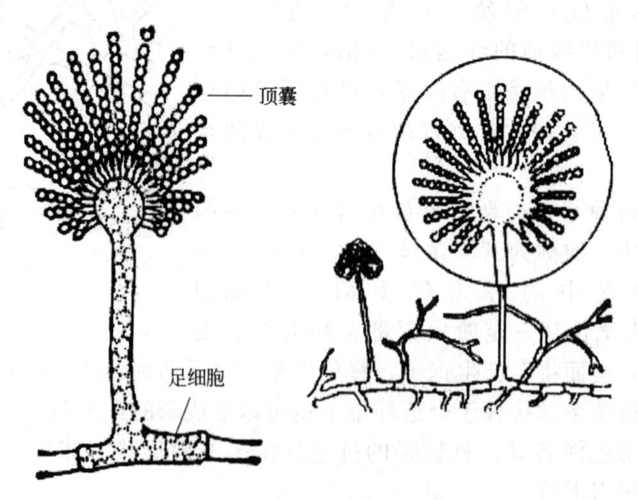

图 3-4 曲霉（足细胞及顶囊）

(4) 曲霉属（*Aspergillus*） 曲霉属的典型特征是菌丝会分化出厚壁的足细胞，足细胞上会长出分生孢子梗，分生孢子梗顶端膨大成为顶囊，顶囊一般呈球状。曲霉足细胞及顶囊见图 3-4。曲霉可产生酶制剂、有机酸，有的曲霉产生毒素可致癌，如霉变的花生产生的黄曲霉可生成黄曲霉毒素，是一种强致癌性物质。

（5）镰刀霉属（*Fusarium*）　镰刀霉属的分生孢子呈长柱状或稍弯曲像镰刀，因此称镰刀霉，镰刀霉及其孢子形态见图 3-5。镰刀霉对氰化物的分解能力强，可用于处理含氰废水，有些可生产酶制剂。

图 3-5　镰刀霉属及其分生孢子

（6）木霉属（*Trichoderma*）　木霉分解纤维素和木质素的能力较强，因此在环境工程中对于含木质素和纤维素废水的处理有重要作用。

3.1.2 酵母菌

酵母个体一般以单细胞状态存在；多数营出芽繁殖，也有的裂殖；能发酵糖类产能；细

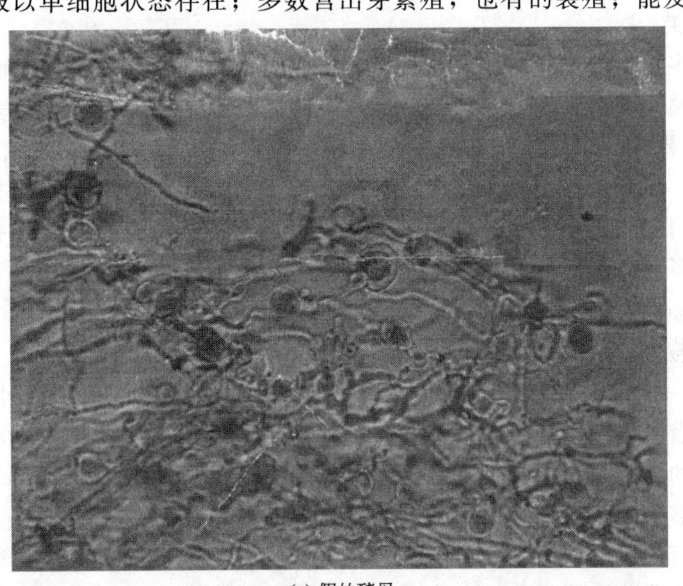

(a) 假丝酵母

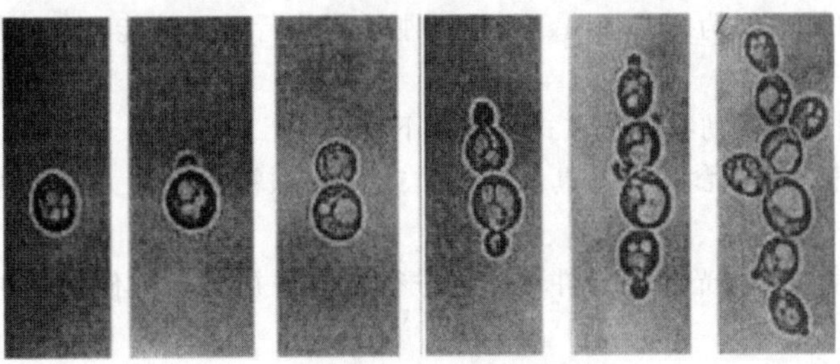

(b) 假丝酵母形成过程

图 3-6　假丝酵母及其形成过程

胞壁含甘露聚糖；喜在含糖量高、酸度较大的环境中生长。

酵母的种类很多，一般可将其分成发酵型酵母和氧化型酵母，发酵型酵母在食品等行业应用较多，而在环境工程中的酵母通常是氧化型酵母，如石油脱蜡中所用的酵母。

3.1.2.1 酵母的形态大小

酵母是典型的真核生物，其细胞直径比细菌大 10 倍，酵母细胞形态通常有球形、卵圆形、椭圆形等，酵母通常通过出芽方式繁殖，也有的通过有性繁殖方式进行繁殖。酵母中有一类称为假丝酵母，假丝酵母也属于单细胞生物，其形成主要是酵母在进行出芽生殖时长大的子细胞与母细胞并不立即分离，最后形成细胞串，形似丝状，因此称假丝酵母。假丝酵母及其形成过程见图 3-6。

酵母细胞中含甘露聚糖和几丁质，这是真菌类生物所特有的特征。

3.1.2.2 酵母的菌落

酵母在固体培养基表面形成的菌落与细菌相仿，湿润、较光滑、有一定的透明度，容易挑起，菌落质地均匀颜色均一。但酵母菌落比细菌菌落稍大且较厚，外观较黏稠，酵母菌落颜色多数为乳白色，少数呈红色。

3.2 其他真核微生物

3.2.1 微型藻类

藻类种类繁多，目前已知的有 3 万种左右。由于藻类含叶绿素能进行光合作用，因此最早将藻类划分为植物界。目前对于藻类分类，不同分类系统结果不同。有学者将真核藻类划分为 10 门，包括裸藻门、绿藻门、金藻门、甲藻门、黄藻门、硅藻门、隐藻门、轮藻门、红藻门、褐藻门。除在原核生物系统中已讲过的蓝藻（即蓝细菌）外，水体中常见的藻类包括绿藻门、甲藻门和硅藻门。藻类可通过光合作用为水中细菌降解有机物提供所需的氧气，但是藻类生长过多可能引起危害。如甲藻、裸藻可引起海洋赤潮，而绿藻可引起淡水水华。因此这几类藻类都可作为水体富营养化的指示生物。

3.2.2 原生动物

原生动物是一类具有运动胞器的单细胞真核微生物。原生动物个体大小一般在几十到几百微米之间，要借助显微镜才能观察到。原生动物为单细胞生物，没有细胞壁，有细胞膜、细胞质，有分化的细胞器，细胞核具有核膜，属于真核生物。

原生动物在形态上只有一个单细胞，但能和多细胞动物一样进行营养、呼吸、排泄、生殖及对刺激的反应等机能。其细胞体内不同部分形成司不同机能的胞器：行动胞器如伪足、鞭毛和纤毛，消化营养胞器如胞口、胞咽等，排泄胞器如伸缩泡，感觉胞器如眼点等，有的细胞器执行多种功能，如伪足、鞭毛、纤毛、刚毛既执行运动功能，又执行摄食功能，甚至还有感觉功能。

废水生物处理中原生动物营养方式具有以下三类。

① 动物性营养：以吞食细菌、真菌、藻类或有机颗粒为主，大部分原生动物采取这种方式。

② 植物性营养：在有光照的条件下，可进行光合作用，少数使用这种方式，如植物性鞭毛虫。

③ 腐生性营养：以死的有机体、腐烂的物质为主。

原生动物根据运动胞器的特征、细胞核和生殖的特征分成四个纲，鞭毛纲、肉足纲、纤毛纲和孢子纲，前三纲存在于水体和（污）废水处理构筑物中，对于（污）废水生物处理具有重要作用。而孢子纲（Sporozoa）生物没有运动胞器，有产生孢子的能力，全部营寄生生活，一般寄生在人体及动物肠道中，可随粪便排到污水中。本书只介绍在废水生物处理中具有重要作用的前三纲原生动物。

（1）鞭毛纲（Mastigophora）　运动胞器是1至多根鞭毛，以纵向分列方式进行无性生殖；鞭毛纲生物可分为植鞭虫纲和动鞭虫纲，植鞭虫纲细胞多数含绿色的色素体，进行植物性营养，少数无色的植鞭虫没有绿色色素体，某些植鞭虫也可进行动物性营养，活性污泥中无色的植鞭虫较多，自然界中绿色的植鞭虫较多。本纲中常见的如隐滴虫目、眼虫目、绿滴虫目等。动鞭虫纲一般体型很小，靠吞噬细菌等微生物和其他固体食物生存，在自然界中，动鞭虫一般生活在腐化有机物较多的水体中，在废水处理曝气运行初期会出现动鞭虫，常见的有梨波豆虫和跳侧滴虫等。污水生物处理初期或水处理效果差时鞭毛虫大量涌现。鞭毛虫见图3-7。

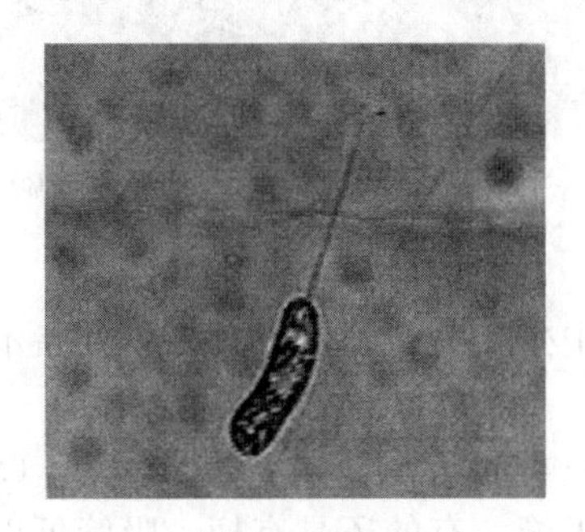

图3-7　鞭毛虫

（2）肉足纲（Sarcodina）　运动胞器是伪足，伪足兼有摄食功能；细胞能形成伪足或发生无明显伪足的运动型原生质流动；虫体裸露或有外壳或有内骨骼结构，以分裂方式进行无性生殖。常见的有变形虫，见图3-8。

肉足虫在自然界的分布很广，土壤和水体中都有，中污带水体是其最适宜的生活环境。因此废水处理系统中，变形虫常在活性污泥培养中期出现。

（3）纤毛纲（Ciliata）　运动胞器是纤毛，纤毛也可作摄食工具。细胞含大核和小核两种细胞核，以横分列进行无性生殖；纤毛虫在原生动物中构造最复杂，不仅有明显的胞口，还有口围、口前庭、胞咽等吞噬和消化器官。可分为游泳型和固着型两种，前者能自由游动，如草履虫；后者固着在其他物体上，如钟虫。

废水处理中常见的游泳型纤毛虫有草履虫（*Paramecium caudatum*）、肾形虫（*Colpoda*）、豆形虫（*Colpidium*）、漫游虫（*Lionotus*）、裂口虫（*Amphileptus*）、楯纤虫（*Aspidisca*）等。污水生物处理中，活性污泥培养中期或处理效果差时游泳型纤毛虫多出现。

常见的固着形纤毛虫主要是钟虫类。钟虫因外形像钟而得名，钟虫前段有环形的纤毛丛构成的纤毛带，纤毛摆动时使水形成漩涡，吞食水中的细菌、有机颗粒等。钟虫后段一般还会有尾柄，它们靠尾柄附着在活性污泥上，钟虫有单个生活的和群体生活的，常见的单个钟虫有小口钟虫、沟钟虫、领钟虫等，群体生活的如累枝虫和盖纤虫。累枝虫的尾柄等分枝或不等分枝，虫体口缘有两圈纤毛环形成的似波动膜，和钟虫相像。盖纤虫的尾柄在顶部相连，虫口有两圈纤毛形成的盖形物，或有小柄托住盖形物，能运动，因此称盖纤虫。单个生活的钟虫有肌原纤维组成的肌丝，在受到刺激时尾柄和虫体都可收缩。等枝虫和盖纤虫尾柄没有肌丝，但虫体基部有肌原纤维，当受到刺激时，虫体基部收缩，前端胞口闭合。钟虫等

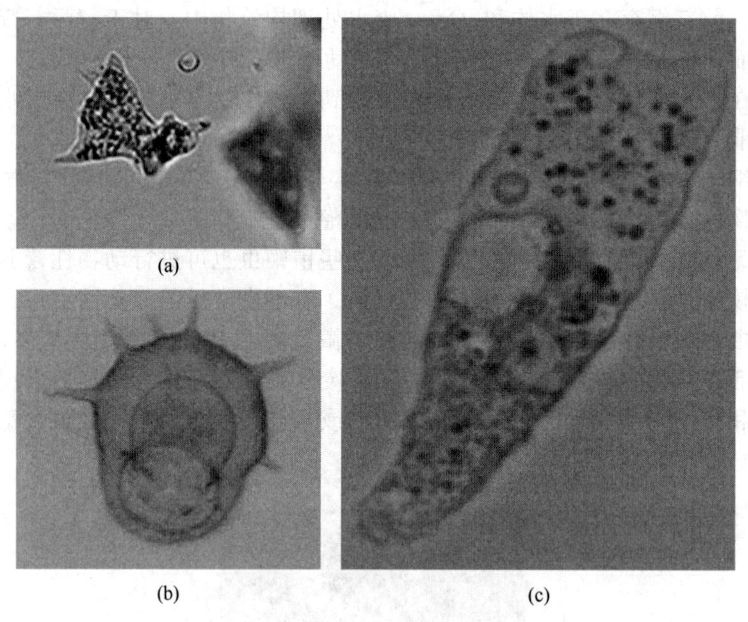

图 3-8 常见的肉足纲变形虫

固着型纤毛虫在污染较少的水中生活，作污水处理好时的指示生物。常见的游泳型纤毛虫和固着型纤毛虫见图 3-9。

水体中原生动物除了上述三类外还有一类称为吸管虫（*Suctoria*）。吸管虫在幼体时期具有纤毛，成体时纤毛退化成吸管，有的还具有柄，吸管可以诱捕食物，柄用来固着在物体上。吸管虫出现预示出水水质好，污泥驯化佳。常见吸管虫见图 3-10。

原生动物在废水生物处理中具有净化和指示作用。

① 原生动物的净化作用。动物营养型的原生动物以吞食细菌为主，特别是游离细菌，但也直接利用水中的有机颗粒；且原生动物占微型动物总数的 95%以上，因此可以大量除去水中游离细菌及有机物颗粒。比如纤毛虫会消耗大量细菌，对有机物及细菌团形成絮凝有作用。曾有人做过试验去除水中纤毛虫，出水浑浊，含有大量细菌，当重新加入少量纤毛虫后，纤毛虫将大量生长，细菌数量明显减少，出水透明度增高。另外，在活性污泥中，细菌本身有生物絮凝作用，有利于生物处理后泥水分离过程中的污泥沉降，从而提高出水水质。

② 原生动物作指示生物。活性污泥生物处理废水过程中，活性污泥中的微生物种类随着处理过程的不同而发生规律性的变化。在活性污泥形成的过程中首先出现的是细菌，原生动物的产生也有明显的顺序性：开始是鞭毛虫（屋滴虫、袋鞭虫、波豆虫），然后是游泳型的纤毛虫（草履虫、尾丝虫等），然后楯纤虫和缘毛虫（主要是钟虫）占优势，此后，后两类纤毛虫在竞争状态下生活。因此在实际废水生物处理过程中可通过观察原生动物种群的演化生长情况，快速判断生物处理运转情况和废水净化效果。

3.2.3 微型后生动物

原生动物外的多细胞动物都叫后生动物，但是在废水处理中常见的后生动物形体非常微小，需用显微镜才能看到，因此在环境工程中将其称为微型后生动物，但是微型后生动物的称呼并不是分类学上的名词。微型后生动物一般在天然水体、潮湿土壤、水体底泥和污水生物处理构筑物中都有存在。

在水处理工作中常见的后生动物主要是多细胞的无脊椎动物，包括轮虫、线虫、寡毛类动物、甲壳类动物和昆虫幼虫等。前三者可以称为微型后生动物，而后两类不属于微型后生

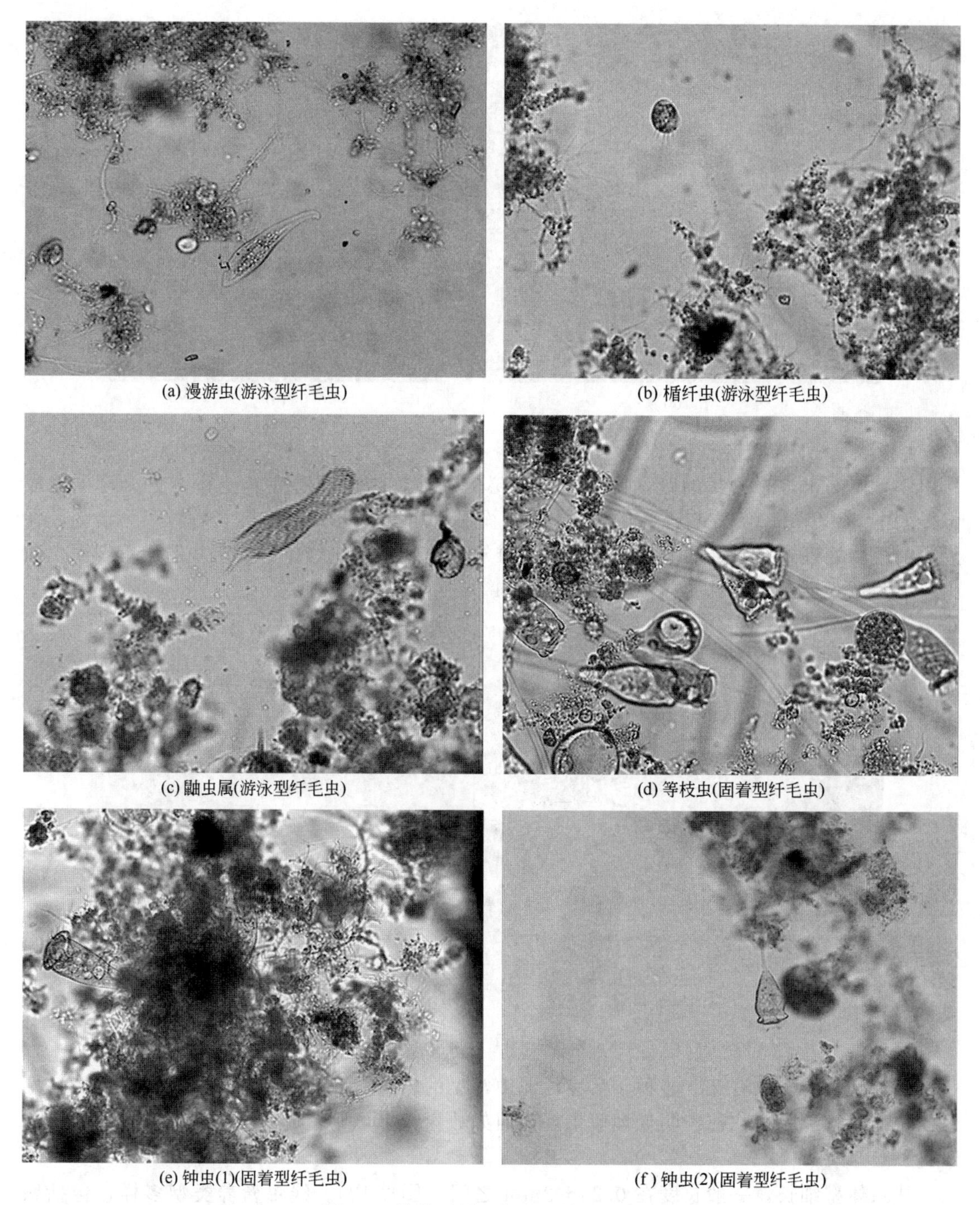

(a) 漫游虫(游泳型纤毛虫)　(b) 楯纤虫(游泳型纤毛虫)

(c) 鼬虫属(游泳型纤毛虫)　(d) 等枝虫(固着型纤毛虫)

(e) 钟虫(1)(固着型纤毛虫)　(f) 钟虫(2)(固着型纤毛虫)

图 3-9　游泳型纤毛虫和固着型纤毛虫

动物，但同样在水处理中有一定作用。现将污水处理水体中常见后生动物介绍如下。

3.2.3.1　轮虫

轮虫多数大小在 500μm 左右，需在显微镜下观察。身体为长形，分头部、躯干和尾部。头部有一个头冠，头冠上有纤毛环，纤毛环摆动时，细菌和有机物颗粒等随水流进入其口部，纤毛环转动可使轮虫运动，因此，纤毛环也是轮虫行动的工具。轮虫正是因为其纤毛环摆动时状如旋转的轮子而得名。轮虫躯干呈圆筒形，背腹扁宽，具刺或棘，外面有透明的角

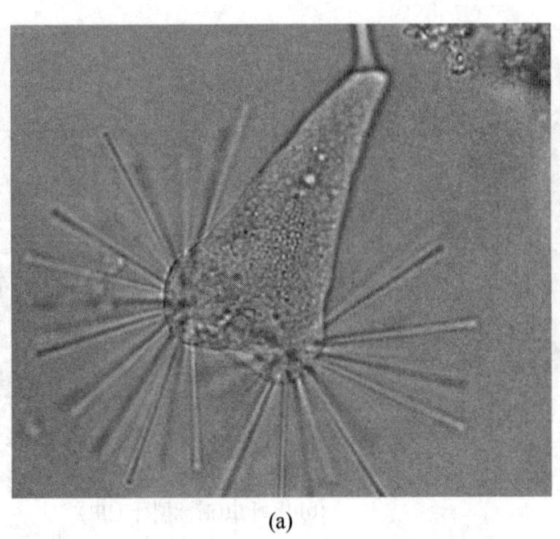

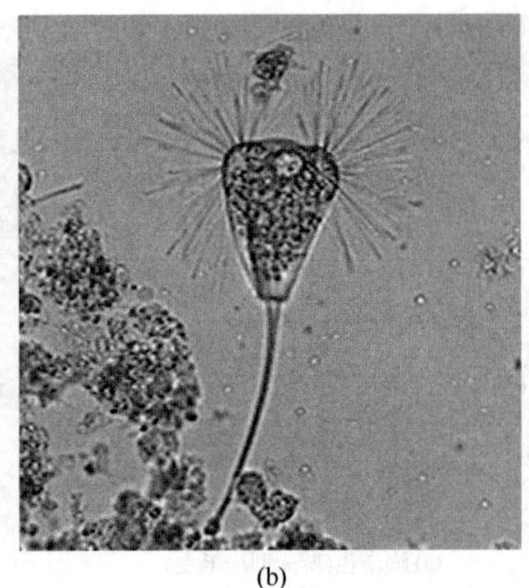

(a) (b)

图 3-10 吸管虫

质甲膜，尾部末端有分叉的趾，内有腺体分泌的黏液，借以固着在其他物体上。轮虫适应pH范围广，以pH6.8左右生活的种类较多。轮虫以小的原生动物和有机颗粒等为食物，在废水的生物处理中有一定的净化作用。轮虫雌雄异体，雄体比雌体小得多并退化，有性生殖少，多为孤雌生殖。常见的各种轮虫见图3-11。

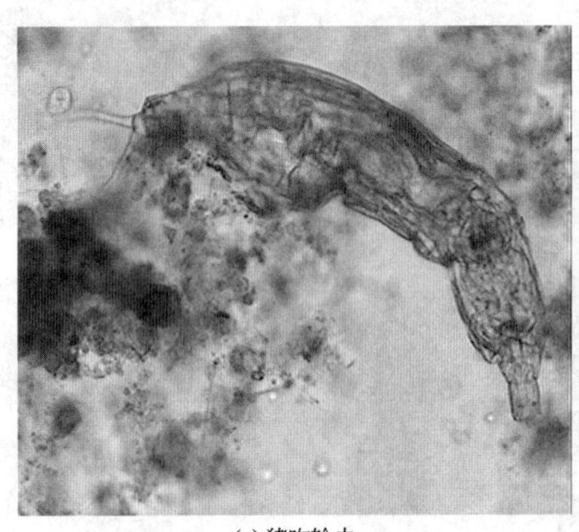

(a) 猪吻轮虫

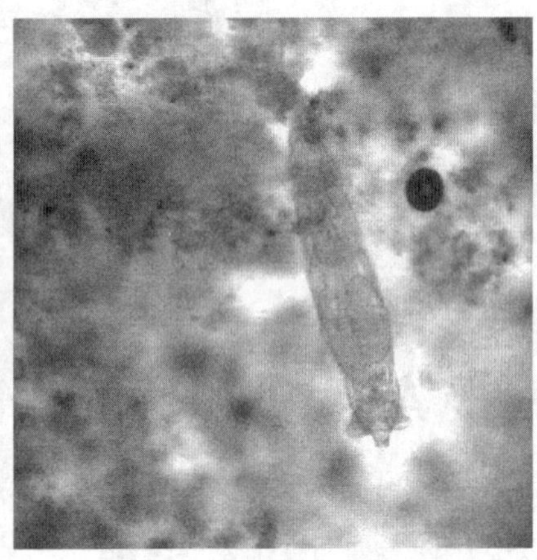

(b) 旋轮虫

图 3-11 轮虫

目前发现的轮虫有250多种，活性污泥中常见的轮虫有玫瑰旋轮虫、转轮虫等。当活性污泥中出现轮虫时，往往表明处理效果好，但如数量太多，则是废水污泥膨胀的前兆。

3.2.3.2 线虫

线虫体型细长，一般长度在0.25～2mm之间（图3-12）。线虫营养类型多样，包括腐食性（以动植物的残体和细菌等为食）、植食性（以绿藻和蓝藻为食）和肉食性（以轮虫和其他线虫为食）。线虫有好氧和兼性厌氧的，兼性厌氧者在缺氧时大量繁殖，线虫是污水净化程度差的指示生物。

3.2.3.3 寡毛类动物

寡毛类动物中常见颗体虫、颤蚓及水丝蚓等，比轮虫和线虫高级。身体细长分节，每节两侧有刚毛，靠刚毛爬行运动。颤蚓长度2～4mm，厌氧生活，以土壤为食，是河流、湖泊底泥污染的指示生物。在污水处理中出现较多的寡毛类动物如红斑颗体虫（图3-13）。寡毛

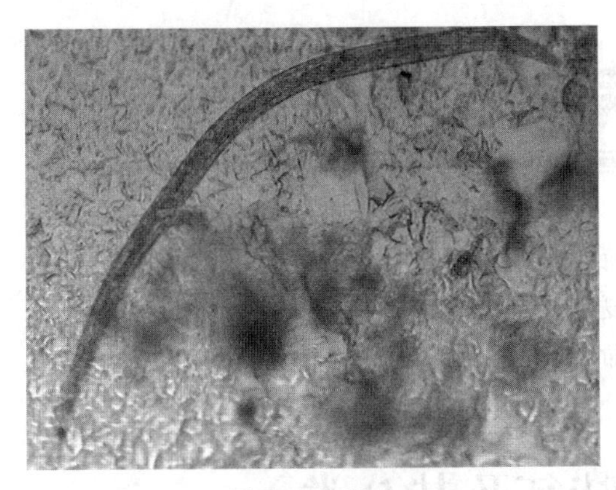

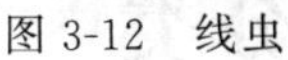

图 3-12　线虫

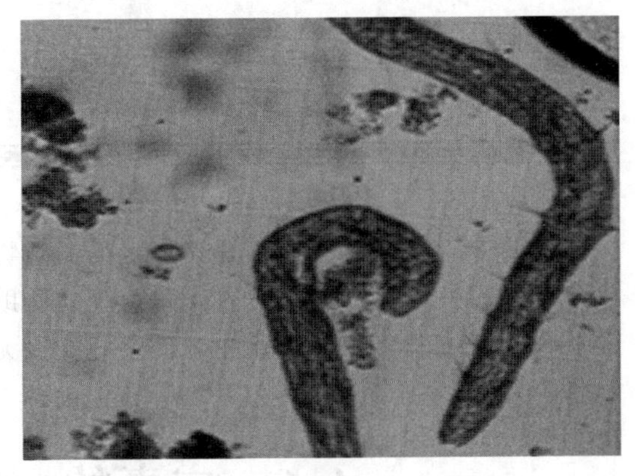

图 3-13　红斑颗体虫（寡毛虫）

类动物过多则会导致污泥絮体解体、污泥量减少。

3.2.3.4　甲壳类动物

甲壳动物是鱼类的基本食料，广泛分布于河流、湖泊和水塘等淡水水体及海洋中，这类生物的主要特点是具有坚硬的甲壳，水生浮游生活，它们可以吞食水中的其他微生物，也可吞食其他微生物不易降解的固体有机物，起到净化水质的作用。有些也可作为指示生物。如水蚤，可根据水蚤颜色判断水体的清洁程度，因为水蚤细胞中普遍含有血红素，血红素含量的高低随环境中溶解氧量的高低而变化。DO 高，水蚤的血红素含量低，颜色浅，水体清洁。DO 低，水蚤的血红素含量高，颜色深，水体污染。

思 考 题

1. 霉菌菌体结构和菌落形态有什么特点？比较霉菌和放线菌的异同。
2. 酵母菌菌体结构和菌落形态有什么特点？
3. 酵母常见的繁殖方式是什么样的？假丝酵母是怎么形成的？
4. 环境工程中的真核藻类有什么作用？
5. 原生动物和原核生物相比有什么特点？
6. 水处理中的原生动物有几个纲，各纲中举几个典型代表。
7. 原生动物在水处理中的作用有哪些？
8. 水处理中常见的微型后生动物有哪几类？它们的主要作用是什么？

第4章　病　　毒

病毒是一类超显微的不具细胞结构的生物。每一种病毒只含有一种核酸；它们只能在活细胞内营专性寄生，靠其宿主代谢系统的协助来复制核酸、合成蛋白质等组分，然后再进行装配而得以增殖；在离体条件下，它们能以无生命的化学大分子状态长期存在并保持其侵染活性。

4.1　病毒的一般特征及其分类

4.1.1　病毒的特征

① 形体极其微小，一般可通过细菌滤器，故必须在电镜下才能观察。

② 无细胞构造，其主要成分仅为核酸和蛋白质两种，故又称分子生物。

③ 每一种病毒只含一种核酸，DNA 或 RNA。

④ 既无产能酶系，也无蛋白质和核酸合成酶系，只能利用宿主活细胞现成代谢系统合成自身的核酸和蛋白质组分。

⑤ 以核酸和蛋白质等“元件”的装配实现其大量繁殖。

⑥ 在离体的条件下，能以无生命的生物大分子状态存在，并可长期保持其侵染活力。

⑦ 对一般抗生素不敏感，对干扰素敏感。

⑧ 有些病毒的核酸还能整合到宿主的基因组中，并诱发潜伏性感染。

4.1.2　病毒的分类

病毒有自己单独的分类系统，其分类依据主要有：病毒的宿主，所致疾病，核酸种类，病毒粒子的大小，病毒的结构，有无被膜等。

根据病毒不同的专性宿主，可把病毒分为动物病毒、植物病毒、细菌病毒（噬菌体）、放线菌病毒（噬放线菌体）、藻类病毒（噬藻类体）、真菌病毒（噬真菌体）。

动物病毒寄生在人体和动物体内引起人和动物疾病，如流行性感冒、水痘、麻疹、腮腺炎、乙型脑炎、脊髓灰质炎、甲型肝炎、乙型肝炎、天花、艾滋病等。

植物病毒寄生于植物体内引起植物疾病，如烟草花叶病、马铃薯 Y 病毒、黄瓜花叶病毒、番茄丛矮病等。

噬菌体寄生在细菌体内引起细菌疾病，1917 年，D. Herelle 在人的粪便中发现噬菌体。大肠杆菌噬菌体广泛分布在废水和被粪便污染的水体中，由于它们比其他病毒较易分离和测定，花费少，有人建议用噬菌体作为细菌和病毒污染的指示生物，环境病毒学已使用噬菌体作为模式病毒。噬菌体与动物病毒之间存在相似性和相关性，故已被用于评价水和废水的处理效率。蓝细菌病毒广泛存在于自然水体，已在世界各地的稳定塘、河流或鱼塘中分离出来。由于蓝细菌可引起周期性的“水华”，产生的毒素可造成水体中鱼类大量死亡，因而有人提出将蓝细菌的噬菌体用于生物防治，从而控制蓝细菌的分布和种群动态。

按核酸分类，可把病毒分为：DNA 病毒（除细小病毒组的成员是单链 DNA 外，其余所有的病毒都是双链 DNA）和 RNA 病毒（除呼肠孤病毒组的成员是双链 RNA 外，其余所有的病毒都是单链 RNA）。DNA 病毒很少，绝大多数都是 RNA 病毒。

4.2　病毒的形态及结构

病毒的形状多样，依种类不同而不同。人、动物和真菌病毒大多呈球状（腺病毒、蘑菇病毒、口蹄疫病毒、脊髓灰质炎病毒等），少数为枪弹状或砖状（狂犬病毒、弹状病毒、痘苗病毒）。

植物病毒和昆虫病毒多数为杆状或丝状（烟草花叶病毒、苜蓿花叶病毒等），也有球状（花椰菜花叶病毒、豇豆花叶病毒、黄瓜花叶病毒等）。

细菌病毒又称噬菌体，细菌病毒有的呈蝌蚪状（T 偶数噬菌体、λ 噬菌体等），有的呈球状（f2、MS2 等），有的呈丝状（fd、f1、M13 等）。

病毒体积极其微小，只有借助于电镜才能观察到，绝大多数病毒能通过细菌滤器，病毒的大小常用纳米（nm）作单位来表示。病毒的大小差异显著，有的病毒较大，如痘病毒为(250～300)nm×(200～250)nm，而口蹄疫病毒的直径为 10～22nm（图 4-1）。

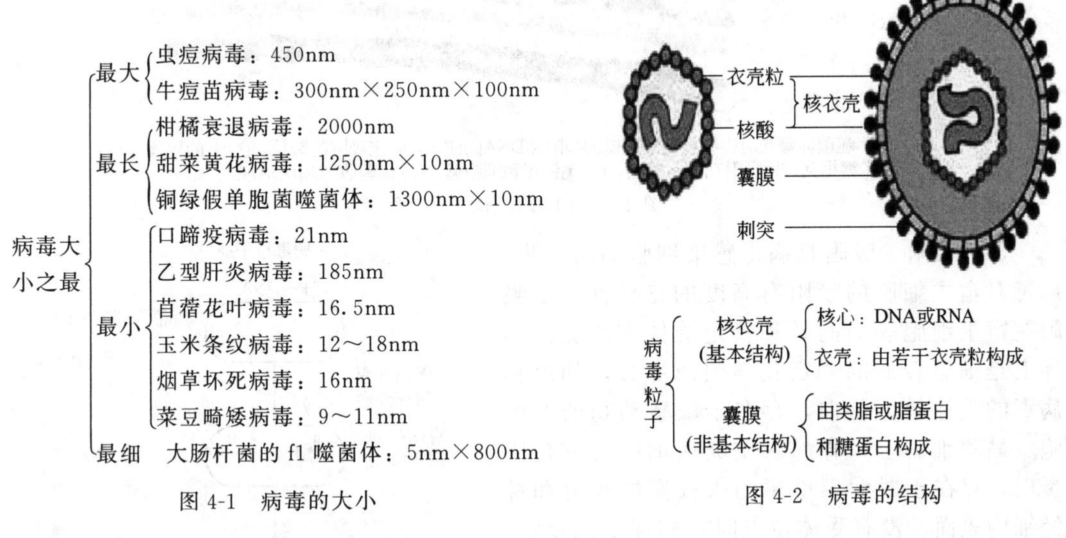

图 4-1　病毒的大小

图 4-2　病毒的结构

病毒的基本组成单位是核酸和壳体，有些病毒还有包膜、刺突等结构（图 4-2）。

(1) 核酸　一种病毒只含有一种类型的核酸（DNA 或 RNA）。核酸可以是线状的，也可以是环状的。大多数病毒粒子中只含有一个核酸分子，少数 RNA 病毒含有两个或两个以上的核酸分子，分别具有不同的遗传功能，它们一起构成病毒的基因组。病毒核酸（基因组）储存着病毒的遗传信息，控制着其遗传变异、增殖和对宿主的感染性等。

(2) 壳体　壳体是包裹在病毒核酸之外的蛋白质外壳，由许多壳粒（eapsomere）组成。壳粒是指在电子显微镜下可以辨认的组成壳体的亚单位，由一个或多个多肽分子组成。病毒蛋白质的作用主要是构成病毒壳粒外壳，保护病毒核酸，决定病毒感染的特异性，与易感染细胞表面存在的受体有特异亲和力，还具有抗原性，能刺激机体产生相应抗体。

(3) 包膜　包膜（envelope）也称封套或囊膜，指包被在病毒核酸壳体外的一层包膜，主要由磷脂、糖脂、中性脂肪、脂肪酸、脂肪醛、胆固醇等组成。囊膜表面往往具有突起物，称为刺突（pike）。有囊膜的病毒有利于其吸附寄主细胞，破坏宿主细胞表面受体，使病毒易于侵入细胞。

4.3 病毒的增殖

病毒在活细胞中的繁殖方式不是二分裂，而是感染细胞后全面“接管”宿主细胞的生物合成机构，使之按照病毒的遗传特性合成病毒的核酸和蛋白质，然后聚集成新的病毒粒子，这种繁殖方式称为病毒的复制。无论是动物、植物病毒或噬菌体，其增殖过程基本相同，大致分为吸附、侵入（及脱壳）、生物合成、装配与释放等连续步骤。

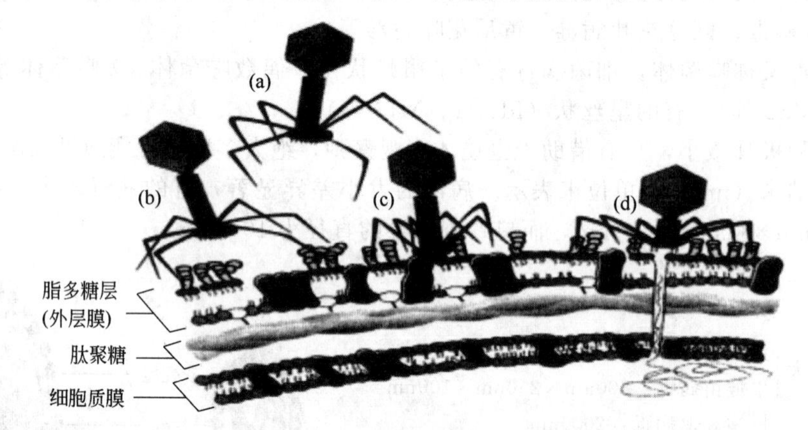

T4噬菌体颗粒对大肠杆菌细胞壁的吸附和DNA的注入：(a) 未吸附的颗粒。(b) 长的尾丝与核心多糖相互作用吸附在细胞壁上。(c) 尾针接触细胞壁。(d) 尾鞘收缩和DNA注入。

图 4-3 T4 噬菌体侵染过程

（1）吸附　吸附是病毒感染细胞的第一步，病毒对宿主细胞的吸附有高度的特异性，是吸附在宿主细胞表面的某种特定受体上。受体实际上是细胞表面的一定化学组成部分，如流感病毒的受体是糖蛋白，存在于敏感动物的红细胞及黏膜细胞上。脊髓灰质炎病毒的受体是脂蛋白，存在于对病毒敏感的人或猴的肠道和神经细胞表面。没有受体位点时，病毒不能吸附，也就不能感染。如果受体位点发生改变，寄主细胞就对病毒感染产生了抗性。

（2）侵入和脱壳　不同病毒粒子侵入宿主细胞内的方式不同，大部分噬菌体吸附在细菌细胞壁的受体上以后，核酸注入细菌细胞中，蛋白质壳体留在外面。从吸附到侵入，时间间隔很短，只有几秒到几分钟。病毒侵入的方式取决于寄主细胞的性质。最复杂的侵入方式是噬菌体对细菌的感染，如大肠杆菌噬菌体 T4 借助其尾部末端附着在敏感细胞的表面，并通过尾丝固着于敏感细胞上，尾部的酶水解细胞壁的肽聚糖产生一小孔。然后尾鞘收缩将尾髓压入细胞，头部的 DNA 通过尾髓被注入细菌细胞，蛋白质外壳则留在细胞外（图 4-3）。

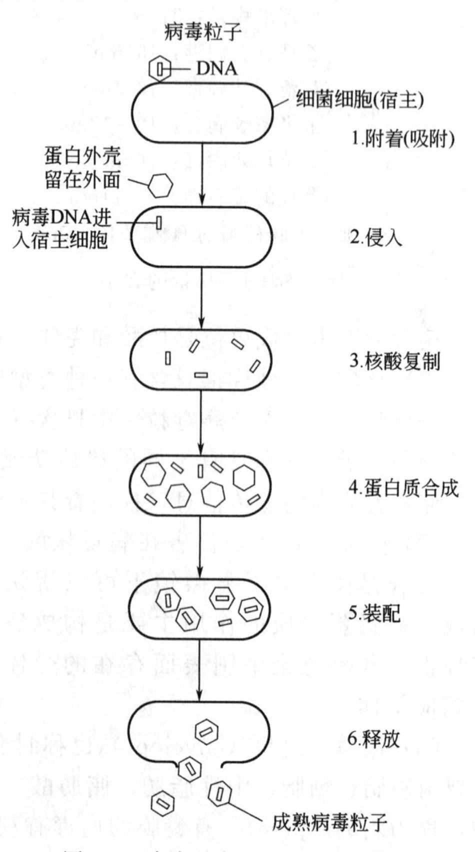

图 4-4 病毒的复制和再侵染过程

(3) 生物合成　病毒的生物合成包括核酸复制和蛋白质合成两部分。病毒侵入宿主细胞后，引起宿主细胞代谢发生改变。细胞的生物合成不再由细胞本身支配，而受病毒核酸携带的遗传信息所控制，利用宿主细胞的合成机制和机构（如核糖体、tRNA、mRNA、酶、ATP 等）复制出病毒核酸，并合成大量病毒蛋白质结构。

(4) 装配与释放　新合成的核酸与蛋白质，在细胞的一定部位装配，成为成熟的病毒颗粒。如大多数 DNA 病毒（除痘病毒等少数外）的装配在细胞核中进行，大多数 RNA 病毒则在细胞质中进行。一般情况下，T4 噬菌体的装配是先由头部和尾部连接，然后再接上尾丝，完成噬菌体的装配。装配成的病毒颗粒离开细胞的过程称为病毒的释放。随种类不同，一个寄主细胞释放 10～1000 个噬菌体粒子，释放出的病毒可再次进行新的感染（图 4-4）。

4.4　病毒的培养和检测

4.4.1　病毒的培养基

由于病毒专性寄生的习性，所以其培养也较为困难，它们只能在活细胞内繁殖，而不能在一般培养基中繁殖。现在培养病毒除用敏感动物（小白鼠、豚鼠、家兔等）、鸡胚培养外，还可用活的组织或细胞培养。

病毒的培养基随病毒种类不同而不同。和各种病毒有特异亲和力的敏感细胞就是病毒的培养基。脊椎动物病毒的敏感细胞有：a. 人胚组织细胞（如人胚肾、肌肉、皮肤、肝、肺、肠等器官的细胞）；b. 人组织细胞（如扁桃体、胎盘、羊膜、绒毛膜等）；c. 人肿瘤细胞（如 Hela 细胞、上皮癌细胞等）；d. 动物组织细胞（如猴肾、心脏、兔肾、猪肾细胞等）。植物病毒用与它相应的敏感植物组织细胞或敏感植株培养，噬菌体则用与之相应的敏感细菌培养，如大肠杆菌噬菌体是用大肠杆菌培养。

4.4.2　病毒的培养特征

在细菌培养液中，细菌被噬菌体感染，细胞裂解，浑浊的菌悬液变成为透明的裂解溶液。在固体培养基上，宿主细菌菌落上出现空斑（噬菌斑）。

将少量噬菌体与大量宿主细胞混合后，将此混合液与 45℃左右的琼脂培养基在培养皿中充分混匀，铺平后培养。经数小时至 10 余小时后，在平板表面布满宿主细胞的菌苔上，可以用肉眼看到一个个透亮不长菌的小圆斑，即噬菌斑。

每一个噬菌斑一般是由一个噬菌体粒子形成的。当一个噬菌体侵染一个敏感细胞后，隔不久即释放出一群子代噬菌体，它们通过琼脂层的扩散又侵染周围的宿主细胞，并引起它们裂解，如此经过多次重复，就出现了一个由无数噬菌体粒子构成的群体——噬菌斑。

4.4.3　病毒的培养

病毒是完全寄生在活细胞内的，利用宿主接种、鸡胚培养和细胞培养，可进行病毒的分离培养。

(1) 宿主接种　分离的标本接种于实验宿主的种类和接种途径主要取决于病毒宿主范围和组织嗜性，同时考虑操作、培养及结果判定的简便。噬菌体标本可接种于生长在培养液或培养基平板中的细菌培养物。植物病毒标本可接种于敏感植物叶片，产生坏死斑或枯斑。动物病毒标本可接种于敏感动物的特定部位，嗜神经病毒接种于脑内，嗜呼吸道病毒接种于鼻腔。常用动物有小白鼠、大白鼠、地鼠、家兔和猴子等。接种病毒后，隔离饲养，每日观察动物发病情况，根据动物出现的症状，初步确定是否有病毒增殖。

(2) 鸡胚培养　不同的病毒可选择不同日龄的鸡胚和不同的接种途径，如痘类病毒接种于10～12d的鸡胚绒毛尿囊膜上，鸡新城疫病毒宜接种在10d尿囊腔和羊膜腔内，虫媒病毒宜接种于5d卵黄囊，继续培养观察。

（3）细胞培养　用机械方法或胰蛋白酶将离体的活组织分散成单个的细胞，在平皿中制成贴壁的单层细胞，然后铺上动物病毒悬液进行培养。

4.4.4　病毒的检测

病毒的检测有直接法和间接法两种。直接法是在电子显微镜下直接观察病毒粒子。间接法是根据病毒感染寄主细胞后所产生的效应进行的。例如，噬菌体在细菌平板上形成噬菌斑，植物病毒在茎叶等组织上产生坏死斑，动物病毒在动物细胞单层培养物上形成病毒空斑，受感染动植物细胞中形成包含体，以及病毒在寄主体内、组织培养或鸡胚中引起细胞病变效应等。

4.5　病毒在环境中的赋存状态及其在污水处理过程中的去除

4.5.1　病毒在环境中的赋存状态

（1）水体中病毒的存活　在海水和淡水中，温度是影响病毒存活的主要因素，与病毒类型也有关。尽管影响病毒在水中存活的因素是多种多样的，但许多肠道病毒具有较强的抵抗力，仍能够较长时间地存活在水中，并由于它们在自然水体及废水中常和悬浮固体颗粒结合在一起，在水中的生存期更长。因此，在处理废水或给水时，不能忽视水中病毒的去除。

（2）在土壤中病毒的存活　土壤由黏土、砂砾、腐殖质、矿物质、可溶性有机物及许多微生物等组成，有一定的团粒结构和孔隙，在土壤中可形成许多毛细管，是很好的过滤层。土壤有净化污染物的功能。在污水和固体废物的土地处理处置过程中，会夹带许多病原菌和病毒到土壤中，这些致病因子或被渗透到地下水，污染地下水，或被截留在土中，污染土壤。土壤截留病毒的能力受土壤的类型、渗滤液的流速、土壤孔隙的饱和度、pH、渗滤液中阳离子的价数（阳离子吸附病毒的能力：3价＞2价＞1价）和数量、可溶性有机物和病毒的种类等的影响。病毒存活时间受土壤温度和湿度的影响最大，低温时的存活时间比在高温时长；干燥易使病毒灭活，其灭活的原因是病毒成分的解离和核酸的降解。土壤水分含量在10％以下，病毒的数量大减。病毒在土地处理场中可存活6个月以上。

（3）空气中病毒的存活　生活污水喷灌和生活污水生物处理都可使病毒气溶胶化。气溶胶进一步与空气中的尘埃结合，随风飘浮于空气中。病毒在空气中的存活受到干燥、相对湿度、太阳光中的紫外辐射、温度和风速等的影响。相对湿度大，病毒存活时间长；相对湿度小，越是干燥，病毒存活时间短。

4.5.2　污水处理过程中对病毒的去除效果

去除和破坏水中的病毒，可采用物理、化学或生物方法。物理方法主要采用加温以及光照破坏水中的病毒，其中加温处理效果较好，沉淀、絮凝、吸附、过滤等虽能够去除水中的病毒，但不能破坏和杀死病毒；化学处理法中，高pH值、化学消毒剂及染料可以破坏和灭活水中的病毒，其中以加石灰、漂白粉或碘的方法较为常用；生物因素对病毒的破坏是由于生物直接吞食病毒、产生生物热、分泌抑制病毒存活的物质或影响pH值而导致病毒失活。在废水处理过程中，各工艺段对病毒的消除情况有所不同。

一级处理是物理过程，以过筛、除渣、初级沉淀除去砂砾、碎纸、塑料袋及纤维状固体废物为目的，所以去除病毒的效果很差，最多去除30％。二级处理是生物处理方法，是生物吸附和生物降解以及絮凝沉降作用过程，以去除有机物、脱氮和除磷为主要目的，同时对污水中病毒的去除率较高，去除率可达 90%～99%。病毒被吸附在活性污泥中，由液相转向固相。虽然活性污泥中黄杆菌、气杆菌、克雷伯菌、枯草杆菌、大肠杆菌、铜绿色假单胞菌有抗病毒活性，但病毒的灭活率不高。三级处理是继生物处理后的深度处理，有生物和化学及物理的处理过程，它包括絮凝、沉淀、过滤和消毒（加氯或臭氧）过程，进一步去除有机物、脱氮和除磷。三级处理可以使病毒数目的指数降低 4～6 个数量级。

思 考 题

1. 病毒是一类什么样的特殊生物？其结构如何？病毒与宿主的关系如何？
2. 病毒有哪些类？环境中病毒的生存方式和状态如何？
3. 环境对病毒的影响如何？

第5章 微生物的营养

5.1 微生物的营养及类型

营养是微生物从环境中获得生存必需的营养物质的过程，是微生物生长的先决条件。在自然界中，微生物从其生存环境中获取生长所需的各种营养组分进行生长繁殖，甚至在含污染物的湖泊、河流、海洋和土壤中，各种微生物也能够将不少的污染物当做营养而摄取、分解利用，并使环境得到一定程度的净化。

不同微生物所需要的营养物差异很大，这主要取决于微生物的营养类型。微生物所需要的营养物均来自环境，然后转化为自身细胞质，因此可以从微生物的化学组成了解微生物的营养。

5.1.1 微生物细胞的化学组成

（1）水分　微生物机体质量的70%～90%为水分，其余10%～30%为干物质。不同类型的微生物水分含量不同，例如细菌含水75～85g/100g，酵母菌含水70～85g/100g，霉菌含水85～90g/100g，芽孢含水40g/100g。

（2）干物质　微生物机体的干物质由有机物和无机物组成。有机物占干物质质量的90%～97%，包括蛋白质、核酸、糖类及脂类。无机物占干物质质量的3%～10%，包括P、S、K、Na、Ca、Mg、Fe、Cl和微量元素Cu、Mn、Zn、B、Mo、Co、Ni等。C、H、O、N是所有生物体的有机元素。糖类和脂类由C、H、O组成，蛋白质由C、H、O、N、S组成，核酸由C、H、O、N、P组成。

（3）微生物细胞内元素的比例　在正常情况下，各种微生物细胞的化学组成较稳定，一般可用实验式表示细胞内主要元素的含量。微生物细胞主要化学元素组成的实验式分别为：细菌为$C_5H_7NO_2$，真菌为$C_{10}H_{17}NO_6$，藻类为$C_5H_8NO_2$，原生动物为$C_7H_{14}NO_3$。

组成微生物细胞的各类化学元素的比例常因微生物种类的不同而各异，也常随菌龄及培养条件的不同而在一定范围内发生变化。幼龄的比老龄的微生物含氮量高，在氮源丰富的培养基上生长的细胞比在氮源相对贫乏的培养基上生长的细胞含氮量高。

5.1.2 营养物质及其生理功能

凡是能够满足机体生长、繁殖和完成各种生理活动所需要的物质称为微生物的营养物质。微生物获得与利用营养物质的过程称为营养。微生物需要从外界获得营养物质，而这些营养物质主要以有机和无机化合物的形式为微生物所利用，也有小部分以分子态的气体形式被微生物利用。这些营养物质在机体中的作用可概括为参与细胞组成、构成酶的活性成分、构成物质运输系统和提供机体进行各种生理活动所需要的能量。根据营养物质在机体中生理功能的不同，可将它们分为碳源、氮源、无机盐、生长因子和水五大类。

5.1.2.1 水分

水是微生物生长必不可少的，水在细胞中的生理功能主要有以下几个方面。

① 作为溶剂和运输介质，营养物质的吸收和代谢产物的分泌以水为介质才能完成。

② 参与细胞内一系列化学反应。

③ 维持蛋白质、核酸等生物大分子稳定的天然构象。

④ 因为水的比热容高，是热的不良导体，所以可以有效地控制细胞内温度的变化。

5.1.2.2　碳源

碳源（source of carbon）是在微生物生长过程中为微生物提供碳元素的物质，即一些含碳化合物。碳源物质在细胞内经过一系列复杂的化学变化后成为微生物自身的细胞物质（如糖类、脂、蛋白质等）和代谢产物，碳可占一般细菌细胞干质量的一半。同时，绝大部分碳源物质在细胞内生化反应过程中还能为机体提供维持生命活动所需的能源，因此碳源物质通常也是能源物质，但是有些以 CO_2 作为惟一或主要碳源的微生物生长所需的能源则并非来自碳源物质。

微生物利用的碳源物质主要有糖类、有机酸、醇、脂类、烃、二氧化碳以及碳酸盐等。微生物利用碳源物质具有选择性，糖类是一般微生物较容易利用的良好碳源和能源物质，但微生物对不同糖类物质的利用也有差别，单糖胜于双糖和多糖，例如在以葡萄糖和半乳糖为碳源的培养基中，大肠杆菌首先利用葡萄糖，然后利用半乳糖，前者称为大肠杆菌的速效碳源，后者称为迟效碳源；己糖胜于戊糖；葡萄糖、果糖胜于甘露糖、半乳糖；在多糖中，淀粉明显地优于纤维素或几丁质等纯多糖；纯多糖则优于琼脂等杂多糖和其他聚合物（如木质素）。

不同种类微生物利用碳源物质的能力也有差别。有的微生物能广泛利用各种类型的碳源物质，而有些微生物可利用的碳源物质则比较少，例如假单胞菌属（*Pseudomonas*）中的某些种可以利用多达 90 种以上的碳源物质，因此假单胞菌属的细菌在废水生物处理中发挥着重要的作用，而一些甲基营养型微生物只能利用甲醇或甲烷等一碳化合物作为碳源物质。

5.1.2.3　氮源

氮源（source of nitrogen）物质为微生物提供氮素来源，这类物质主要用来合成细胞中的含氮物质，一般不作为能源，只有少数自养微生物能利用铵盐、硝酸盐同时作为氮源与能源。在碳源物质缺乏的情况下，某些厌氧微生物在厌氧条件下可以利用某些氨基酸作为能源物质。能够被微生物利用的氮源物质包括蛋白质及其不同程度的降解产物（胨、肽、氨基酸等）、铵盐、硝酸盐、分子氮、嘌呤、嘧啶、脲、胺、酰胺、氰化物等。

根据对氮源要求的不同，将微生物分为以下 4 类。

① 固氮微生物。这类微生物能利用空气中的氮分子（N_2）合成自身的氨基酸和蛋白质，如固氮菌、根瘤菌和固氮蓝细菌。

② 利用无机氮作为氮源的微生物。这类能利用氨（NH_3）、铵盐（NH_4^+）、亚硝酸盐、硝酸盐的微生物有亚硝化细菌、硝化细菌、大肠杆菌、产气杆菌、枯草杆菌、铜绿色假单胞菌、放线菌、霉菌、酵母菌及藻类等。

③ 需要某种氨基酸作为氮源的微生物。这类微生物叫氨基酸异养微生物，如乳酸细菌、丙酸细菌等。它们不能利用简单的无机氮化物合成蛋白质，而必须供给某些现成的氨基酸才能生长繁殖。

④ 从分解蛋白质中取得铵盐或氨基酸的微生物。这类微生物如氨化细菌、霉菌、酵母菌及一些腐败细菌，它们都有分解蛋白质的能力，产生 NH_3、氨基酸和肽，进而合成细胞蛋白质。

5.1.2.4　无机盐

无机盐的生理功能包括：

① 构成细胞组分。

② 构成酶的组分和维持酶的活性。

③ 调节渗透压、氢离子浓度、氧化还原电位等。

④ 供给自养微生物能源。

微生物需要的无机盐有磷酸盐、硫酸盐、氯化物、碳酸盐、碳酸氢盐。这些无机盐中含有除碳、氮源以外的各种元素。凡是生长所需浓度在 10^{-4}～10^{-3} mol/L 范围内的元素，可称为大量元素，例如 P、S、K、Mg、Ca、Na 和 Fe 等，微生物对 P 和 S 的需求量最大。凡是所需浓度在 10^{-8}～10^{-6} mol/L 范围内的元素则称为微量元素，如 Cu、Zn、Mn、Mo 和 Co 等。

5.1.2.5　生长因子

生长因子通常指那些微生物生长所必需而且需要量很小，但有些微生物不能用简单的碳源和氮源自行合成的有机化合物。生长因子分为维生素、氨基酸与嘌呤及嘧啶三大类。维生素主要作为酶的辅基或辅酶参与新陈代谢。有些微生物自身缺乏合成某些氨基酸的能力，必须在培养基中补充这些氨基酸。嘌呤和嘧啶作为酶的辅酶或辅基，以及用来合成核苷、核苷酸和核酸。酵母浸出液、动物肝浸出液和麦芽汁及其他新鲜的动植物组织浸出液含各种生长因子。

各种微生物需求的生长因子的种类和数量是不同的。多数真菌、放线菌和不少细菌等都不需要外界提供生长因子，而是自身能合成生长因子。有些微生物需要多种生长因子，例如乳酸细菌需要多种维生素，许多微生物及其营养缺陷型都需要不同的氨基酸或碱基如嘌呤、嘧啶。还有些微生物在代谢过程中会分泌大量的维生素等生长因子，可作为维生素等的生产菌。

碳源、氮源、无机盐、生长因子及水为微生物共同需要的物质。由于不同微生物细胞的元素组成比例不同，对各营养元素的比例要求也不同，这里主要指碳氮比（或碳氮磷比）。如根瘤菌要求碳氮比为 11.5∶1，固氮菌要求碳氮比为 27.6∶1，霉菌要求碳氮比为 9∶1，土壤中微生物混合群体要求碳氮比为 25∶1。废水生物处理中好氧微生物群体（活性污泥）要求 C（以 BOD_5 计）∶N∶P 为 100∶5∶1，厌氧消化污泥中的厌氧微生物群体对碳氮磷比要求 BOD_5∶N∶P 为 100∶6∶1；有机固体废物、堆肥发酵要求的碳氮比为 30∶1，碳磷比为（75～100）∶1。

正是由于废水和固体废物中含有可以作为微生物营养的物质，微生物才可以“吃掉”这些污染物，从而实现了废水的净化和固体废物的分解。但为了保证废水生物处理和有机固体废物生物处理的效果，还必须考虑废水和固体废物生物处理工程中微生物的营养问题。其一是处理对象中碳氮磷应全面。城市生活污水能满足活性污泥的营养要求，不存在营养不足的问题。但有的工业废水缺某种营养，当营养量不足时，应供给或补足。可用粪便污水或尿素补充氮，用磷酸氢二钾补充磷。其二是要有适当的比例。氮磷过多或过少都不利于微生物的摄取和利用，但碳氮磷比也并非要绝对按上述的比例严格调配，还需要视微生物增长量和物质的循环利用情况，尤其是氮和磷的量。

5.1.3　微生物的营养类型

自然界和废水中多种多样的有机物甚至碳酸盐都可以作为不同微生物的碳源被利用，微生物能利用何种碳源物质，取决于微生物的营养类型。

根据微生物对各种碳源的同化能力不同可把微生物分为无机营养微生物（又叫自养型微生物）和有机营养微生物（又叫异养型微生物），又根据微生物所需的能量来源不同可把微生物分为光能营养型微生物和化能营养型微生物。总之，根据碳源、能源及电子供体性质的不同，可将绝大部分微生物的营养类型分为光能无机营养型（又叫光能自养型）、光能有机营养型（又叫光能异养型）、化能无机营养型（又叫化能自养型）及化能有机营养型（又叫化能异养型）四种基本类型，除此之外还有混合营养型。

（1）光能自养型　这类型的微生物在生长繁殖过程中不需要有机物，能以 CO_2 作为惟一碳源或主要碳源，利用光能作为能源，以水、硫化氢、硫代硫酸钠作为供氢体同化 CO_2 为细胞物质。根据供氢体的不同又可分为两类：一类是各种光合细菌如红硫细菌和绿硫细菌以 H_2S 作为供氢体，依靠叶绿素或细菌叶绿素，利用光能进行循环光合磷酸化，所产生的 ATP 和还原力用于同化 CO_2，这种光合作用是不产氧的光合作用；另一类是蓝细菌和绿色藻类则以 H_2O 作为供氢体，依靠叶绿素，利用光能同化 CO_2 进行非循环光合磷酸化的产氧光合作用。

（2）光能异养型　这种类型的微生物以光为能源，以有机物为供氢体，还原 CO_2 合成有机物。这类细菌又称有机光合细菌，如红螺菌（*Rhodos pirillum rubrum*）可利用简单的有机物异丙醇作为供氢体。这类微生物进行的也是循环光合磷酸化和不产氧的光合作用。

（3）化能自养型　这类型的微生物不具光合色素，不进行光合作用，能利用无机营养物（NH_4^+、NO_2^-、H_2S、S^0、H_2 和 Fe 等）氧化分解释放的能量，以 CO_2 或碳酸盐作为主要碳源或惟一碳源合成有机物，以构成细胞物质，进行生长。绝大多数化能自养菌是好氧菌，常见的化能自养菌有硝化细菌、硫化细菌、氢细菌与铁细菌等。

（4）化能异养型　这类微生物的碳源、能源和供氢体都是有机物。利用有机物氧化分解释放的能量进行生命活动，目前已知的微生物大多数属于这种营养类型。根据它们利用有机物性质的不同，又可分为腐生型和寄生型两类，前者可利用无生命的有机物（如动植物尸体和残体）作为碳源，后者则寄生在活的生物体内吸取营养物质。在寄生型和腐生型之间还存在一些中间类型，如兼性寄生型和兼性腐生型。

应当指出，不同营养类型之间的界限并非绝对的。异养微生物并非绝对不能利用 CO_2，只是不能以 CO_2 为惟一或主要碳源进行生长，而且在有机物存在的情况下也可将 CO_2 同化为细胞物质。同样自养型微生物也并非不能利用有机物进行生长。另外，有些微生物在不同生长条件下生长时，其营养类型也会发生改变，即进行混合营养。如红螺菌在光和厌氧条件下能利用光能同化 CO_2，此时是光能营养型，而在黑暗和有氧条件下则利用有机物分解所产生的能量，此时是化能营养型。

5.2 培　养　基

培养基是人工配制的适合于不同微生物生长繁殖或积累代谢产物的营养基质。配制培养基的原则：a. 选择适宜的营养物质。不同的微生物有不同的营养要求，应根据不同微生物的营养需要配制不同的培养基。如自养微生物有较强的合成能力，能从简单的无机物合成本身需要的糖类、脂类、蛋白质、核酸、维生素等复杂的细胞物质，因此，培养自养型微生物的培养基完全可以由简单的无机物组成。b. 营养协调。微生物对各类营养物质的浓度和比例有一定的要求，只有各种营养物质的浓度和比例合适时，微生物才能生长良好。营养物质浓度过低时不能满足微生物正常生长所需，浓度过高时对微生物生长起抑制作用。在各种营养物质浓度的比例关系中，碳氮比的影响最为重要。c. 控制培养条件。微生物的生长除受营养因素的影响外，还受 pH、渗透压、氧以及 CO_2 浓度的影响，因此为了保证微生物正常生长，还需控制这些环境条件。

根据培养基的物理状态可将培养基划分为固体培养基、半固体培养基和液体培养基三种类型：

（1）固体培养基　在液体培养基中加入一定量的凝固剂，使其成为固体状态即为固体培养基。另外，一些由天然固体基质制成的培养基也属于固体培养基，如马铃薯块、生产食用菌的棉籽壳培养基等。

常用的凝固剂有琼脂、明胶和硅胶。对绝大多数微生物而言，琼脂是最理想的凝固剂，琼脂是由藻类（海产石花菜）中提取的一种高度分枝的复杂多糖。琼脂的熔点是96℃，凝固点是40℃，所以在一般微生物的培养温度下呈固体状态，并且除少数外，微生物不水解琼脂。配制固体培养基时一般需在液体培养基中加入1%～2%的琼脂。明胶是由胶原蛋白制备得到的产物，但由于其凝固点太低，而且某些细菌和许多真菌产生的非特异性胞外蛋白酶能液化明胶，目前较少用它作为凝固剂。硅胶是无机的硅酸钠和硅酸钾被盐酸及硫酸中和时凝聚而成的胶体，它不含有机物，适用于配制培养无机营养型微生物的培养基。

在实验室中，固体培养基一般是加入平皿中制成平板或加入试管中凝成斜面，用于微生物的分离、鉴定、活菌计数及菌种保藏等。

（2）半固体培养基　半固体培养基中含有少量的凝固剂，例如用琼脂作凝固剂时，只加入0.2%～0.7%的琼脂。半固体培养基在微生物实验中有许多独特的用途，如观察微生物的运动、噬菌体效价测定、微生物趋化性的研究、厌氧菌的培养及菌种保藏等。

（3）液体培养基　未加凝固剂呈液态的培养基称为液体培养基。这种培养基的组分均匀，微生物能充分接触和利用培养基中的养料，它常用于大规模的工业生产以及在实验室进行微生物生理代谢等基本理论的研究。

根据培养基的化学成分，可以将它们分为合成培养基、天然培养基和半合成培养基。

（1）合成培养基　合成培养基的各种成分完全是已知的各种化学物质。这种培养基的化学成分清楚，组成成分精确，重复性强，但价格较贵，而且微生物在这类培养基中生长较慢。如高氏一号合成培养基、察氏培养基等。

（2）天然培养基　由天然物质制成，如蒸熟的马铃薯和普通牛肉汤，前者用于培养霉菌，后者用于培养细菌。这类培养基的化学成分很不恒定，也难以确定，但配制方便，营养丰富，所以常被采用。

（3）半合成培养基　在天然有机物的基础上适当加入已知成分的无机盐类，或在合成培养基的基础上添加某些天然成分，如培养霉菌用的马铃薯葡萄糖琼脂培养基。这类培养基能更有效地满足微生物对营养物质的需要。

根据培养基的用途，可以将它们分为基础培养基、选择培养基、鉴别培养基和加富培养基等。

（1）基础培养基　基础培养基是单纯用来培养某类微生物的。如牛肉膏-蛋白胨培养基，可以用来培养大多数异养型细菌，也称普通培养基。

（2）选择培养基　选择培养基是在培养基中加入某种化学物质，以抑制不需要的微生物生长，促进所需要的微生物生长。例如，当需要酵母菌和霉菌时，可以在培养基中加入青霉素，以抑制细菌、放线菌的生长，从而分离到酵母菌和霉菌。又如，在培养基中加入高浓度的食盐可以抑制多种细菌的生长，但不影响金黄色葡萄球菌的生长，从而将该菌分离出来。

（3）鉴别培养基　鉴别培养基是根据微生物的代谢特点，在培养基中加入某种指示剂或化学药品配制而成的，用以鉴别不同种类的微生物，如伊红-亚甲基蓝培养基。在这种培养基上，不同大肠菌群菌的菌落颜色不同。通过菌落颜色就可以识别是哪种菌。

（4）加富培养基　加富培养基是在基础培养基中加入某些特殊物质成分，如血、血清、动植物组织提取液，用于培养一些对营养要求比较苛刻的微生物。

5.3　微生物对营养物质的吸收

除一些原生动物、微型后生动物外，微生物没有专门的摄食器官或细胞器，各种营养物质依靠细胞质膜的功能进入细胞。营养物质进出细胞也受细胞壁的屏障作用的影响。革兰阳性细菌由于细胞壁结构较为紧密，对营养物质的吸收有一定的影响，相对分子质量大于10000 的葡聚糖难以通过这类细菌的细胞壁。真菌和酵母菌细胞壁只能允许相对分子质量较小的物质通过。不同营养物质进入细胞的方式不同，主要有 5 种方式：单纯扩散、促进扩散、主动运输、基团转位、膜泡运输。

5.3.1　单纯扩散

单纯扩散是营养物质通过细胞膜由高浓度的胞外（内）环境向低浓度的胞内（外）进行扩散。单纯扩散是物理过程，营养物质既不与膜上的各类分子发生反应，自身分子结构也不发生变化。扩散过程不需要消耗代谢能，营养物质扩散的动力来自参与扩散的物质在膜内外的浓度差。杂乱运动的、水溶性的溶质分子通过细胞膜中含水的小孔从高浓度区向低浓度区扩散，这种扩散是非特异性的，扩散速度慢。脂溶性物质被磷脂层溶解而进入细胞。

由于膜主要是由磷脂双层和蛋白质组成，并且膜上分布有含水小孔，膜内外表面为极性表面和一个中间疏水层，因此影响扩散的因素有营养物质的分子大小、溶解性（脂溶性或水溶性）、极性大小、膜外 pH、离子强度与温度等。一般是分子量小、脂溶性、极性小、温度高时营养物质容易吸收。而 pH 与离子强度是通过影响物质的电离强度而起作用的。

通过单纯扩散而进入细胞的营养物质的种类不多，水是可以通过扩散进入细胞质膜的分子，脂肪酸，乙醇、甘油、苯、一些气体小分子（O_2、CO_2）及某些氨基酸在某种程度上也可通过扩散进出细胞。还没有发现糖分子通过单纯扩散而进入细胞的例子。单纯扩散不是细胞获取营养物质的主要方式，因为细胞既不能通过这种方式来选择必需的营养成分，也不能将稀溶液中的溶质分子进行逆浓度梯度运送，以满足细胞的需要。

5.3.2　促进扩散

促进扩散与单纯扩散相类似的是物质在进出细胞的过程中不需要代谢能，物质本身分子结构也不发生变化，不能进行逆浓度运输。促进扩散与单纯扩散的一个主要差别是，在物质的运输过程中必需借助于膜上底物特异性载体蛋白（carrier protien）的参与。由于载体蛋白的作用方式类似于酶的作用特征，载体蛋白也称为渗透酶（permease）。载体蛋白可以通过改变构象来改变其与被运送物质的亲和力：在膜的外侧时亲和力大，与营养物质结合，携带营养物质通过细胞质膜；而在膜的内侧时亲和力小，释放此物质，它本身再返回细胞质膜外表面。通过载体蛋白与被运送物质之间亲和力大小的变化，载体蛋白与被运送的物质发生可逆性的结合与分离，导致物质穿过膜进入细胞。载体蛋白加速了营养物质的运输。细胞质膜上有多种渗透酶，一种渗透酶运输一类物质通过细胞质膜进入细胞。促进扩散多见于真核生物，如酵母菌中糖的运输。

5.3.3　主动运输

与简单扩散及促进扩散这两种被动运输方式相比，主动运输的一个重要特点是在物质运输过程中需要消耗能量，而且可以进行逆浓度运输。主动运输与促进扩散类似之处在于物质运输过程中同样需要载体蛋白，载体蛋白通过构象变化而改变与被运输物质之间的亲和力大小，使两者之间发生可逆性结合与分离，从而完成相应物质的跨膜运输。区别在于主动运输过程中的载体蛋白构象变化需要消耗能量。直接用于改变载体蛋白构象的能量是由细胞质膜两侧的电势差产生的，该电势差由膜两侧的质子（或其他离子如钠离子）浓度差形成。厌氧微生物中，ATP 酶水解 ATP，同时伴随质子向胞外排出；好氧微生物进行有氧呼吸时，电子在电子传递链上的传递过程中伴随质子外排；光合微生物吸收光能后，光能激发产生的电子在电子传递过程中也伴随质子外排；嗜盐古菌质膜上的细菌视紫红质吸收光能后引起蛋白质分子中某些化学基团的 pK 值发生变化，导致质子迅速转移，在膜内外建立质子浓度差。膜内外质子浓度差的形成，使膜处于充电状态，即形成能化膜。电势差又促使膜外的质子（或其他离子）向膜内转移，在转移的过程中伴随着渗透酶构象的改变和物质的运输。

主动运输的渗透酶有 3 种：单向转运载体、同向转运载体和反向转运载体。主动运输有三种不同的机制：单向运输、同向运输和反向运输。

单向运输是指在膜内外的电势差消失过程中，促使某些物质（如 K^+）通过单向转运载体携带进入细胞；同向运输是指某些物质（如 HSO_4^-）和质子与同一个同向运输载体的两个不同位点结合按同一方向进行运输，质子作为耦合离子和营养物质耦合；反向运输是指某些物质（如 Na^+）与质子通过同一反向运输载体按相反的方向进行运输。不同的营养物质在不同的微生物中通过不同的主动运输机制进入细胞。

主动运输是广泛存在于微生物中的一种主要的物质运输方式。微生物在生长与繁殖过程中所需要的各种营养物质主要是以主动运输的方式运输的。通过主动运输进入细胞的物质有氨基酸、糖、无机离子（K^+、Na^+）、硫酸盐、磷酸盐及有机酸等。

5.3.4 基团转位

基团转位也是一种既需特异性载体蛋白又需耗能的运输方式，但物质在运输前后会发生分子结构的变化，因而不同于上述的主动运输。基团转位存在于厌氧型和兼性厌氧型细菌中，在好氧型细菌、古菌和真核生物中尚未发现这种运输方式。基团转位主要用于糖的运输，脂肪酸、核苷、碱基等也可通过这种方式运输。基团转位需要一个复杂的运输系统来完成物质的运输。以大肠杆菌对葡萄糖的吸收为例，被运输到细胞内的葡萄糖被磷酸化，其中的磷酸来自细胞内的磷酸烯醇式丙酮酸（PEP）。运输的机制是依靠磷酸烯醇式丙酮酸-己糖磷酸转移酶系统，简称磷酸转移酶系统（phosphotransferase system，PTS）。PTS 通过磷酸基转移反应介导糖的转运，磷酸基转移反应使糖的转运和糖的磷酸化耦联起来，这样 PEP 的磷酸基团最终被转移到糖上。糖可以通过基团转位的方式进入细胞，也可以通过主动运输的方式进入细胞，而主动运输的方式主要存在于好氧细菌及其他好氧的微生物中。

5.3.5 膜泡运输

膜泡运输（memberane vesicle transport）主要存在于原生动物特别是变形虫中。变形虫通过趋向性运动靠近营养物质，并将该物质吸附到膜表面，然后在该物质附近的细胞膜开始内陷，逐步将营养物质包围，最后形成一个含有该营养物质的膜泡，之后膜泡离开细胞膜而游离于细胞质中，营养物质通过这种运输方式由胞外进入胞内。如果膜泡中包含的是固体营养物质，则将这种营养物质运输方式称为胞吞作用（phagocytosis）；如果膜泡中包含的是液体，则称之为胞饮作用（pinocytosis）。

微生物营养运输系统的多样性使一个细胞能同时运输多种营养物质，为微生物广泛分布于自然界提供了可能。

5.4 微生物营养与废水生物处理的关系

5.4.1 污水与污水生物处理

污水中的污染物质成分极其复杂。一般生活污水的主要成分是代谢废物和食物残渣，工业废水可能含有较多酚类、甲醛等化学物质，此外污水中还含有大量非病原微生物和少量病原菌及病毒。利用微生物处理污水具有工艺投资少、运行费用低、最终产物少等优点，是污水处理的首选方法，再者微生物具有体积小、表面积大、繁殖力强等特点，能不断与周围环境快速进行物质交换。污水中有机物含量高，可供给微生物生长繁殖所需要的营养。污水中的微生物多数为腐生型细菌和原生动物，能够在水体的自净和污水处理中发挥作用。

(1) 微生物处理污水的机理　污水的生物处理就是以污水中的混合微生物群体作为工作主体，对污水中的各种有机污染物进行吸收、转化，同时通过扩散、吸附、凝聚、氧化分解、沉淀等作用去除水中的污染物。因此，污水生物处理实际上是水体自净的强化，不同的是，在去除了污水中的污染物后，必须将微生物从出水中分离出来，这种分离主要是通过微生物本身的絮凝和原生动物、轮虫等的吞食作用完成的。

(2) 微生物净化水质的方式　微生物用于污水处理一般主要对污水中的有机物质起降解、转化的作用。其净化方式有以下几种。

① 降解作用。细菌、真菌和藻类都可以降解有机污染物，如好氧革兰阴性杆菌和球菌可以降解石油烃、有机磷农药、甲草胺、氯苯等；霉菌可以降解石油烃、敌百虫、扑草净等；藻类可以降解多种酚类化合物，1989 年，美国阿拉斯加州最早大规模应用微生物降解油轮搁浅后泄漏的 3.8 吨原油，在投入特殊的氮、磷营养盐后，促进了当地石油降解菌的生长和繁殖，加速了油污的分解。

② 共代谢　微生物的共代谢是指微生物能够分解有机物质，但是却不能利用这种基质作为能源和组成元素的现象，这类微生物有假单胞菌属、不动杆菌属、洛卡菌属、芽孢杆菌属等。

③ 去毒作用。微生物通过转化-降解、矿化、聚合等反应，改变污染物的分子结构，从而降低或去除其毒性。但是，微生物的作用是复杂的，有些微生物在净化作用的同时，也有毒化作用。这类微生物可以使无毒物质转化为有毒物质，从而产生新的污染。如三氯乙烯能够在微生物作用下转化为氯乙烯，这是强致癌物质。因此，在利用微生物进行净化的同时，要密切监视系统中有机物分解的中间产物和最终产物及其毒性。

(3) 生化需氧量及其在生物处理中的应用　在污水处理中，通常是以有机物在氧化过程中所消耗的氧量这一综合性指标来表示有机污染物的浓度，如生化需氧量（BOD）和化学需氧量（COD）。生化需氧量是指在特定的温度和时间（通常是 5d、20℃）下，微生物分解污水中有机物所消耗的氧量，称为 BOD_5。BOD_5 约占生化需氧总量的 2/3，故采用 BOD_5 来表示污水中可降解有机物的浓度是比较合适的。但污水中有机物并不是都能较快降解的，在工业废水中，可以结合 COD 等指标表示有机污染物的浓度。

只有 BOD 高的废水才适宜采用生物处理，COD 很高但 BOD 不高的废水不宜采用生物处理。对于有毒的废水，只要毒物能降解，就可用生物法处理，关键是控制毒物浓度和驯化微生物。

5.4.2 微生物营养与污水处理的关系

(1) 微生物营养物质及其在细胞内的含量　这里所说的营养物质既包括大量元素（如 C、O、N、P 等），也包括微量元素（如 Fe、Mn、Cu、Co 等痕量金属）。研究表明，微生物体内碳、氧、氮、氢、磷和硫 6 种元素总量占其干重的 96%左右，而其他元素约为 4%。以大肠杆菌为例，细菌细胞干重计算碳占 50%、氧占 20%、氮占 14%、氢占 8%、磷占 3%、硫占 1%，其他元素占 4%。其他 4%的元素主要包括痕量金属元素，例如钾、镁、钠、铁、锰、钴、铜、镍、锌、钼和钒等，几乎所有微生物的生长都离不开它们。尽管各种微量元素在微生物生长过程中需要的量非常少，但作为其生长中一种必不可少的营养物质，占据了与碳、氮、磷、氧等同样的地位。

(2) 活性污泥微生物营养动力学选择性机理　活性污泥中微生物（包括菌胶团细菌以及丝状菌等）的生长速率受各种营养物质的影响，但是营养物质对各种微生物的影响又是不同的。活性污泥中各微生物群落（主要指菌胶团微生物和丝状菌）的竞争生长关系可用Monod方程来表示和解释：

$$dX/X dt = u = u_{max}[S/(K_S+S)]$$

式中，X 为生物体质量浓度，mg/L；S 为生长限制性基质质量浓度，mg/L；u 为实际的生长速率，d^{-1}；u_{max}为最大生长速率，d^{-1}；K_S 为饱和或半速率常数，d^{-1}。

通常菌胶团的增殖动力学常数 $u_{max,1}$ 以及 $K_{S,1}$ 值均分别比丝状菌 $u_{max,2}$ 和 $K_{S,2}$ 大，这两种类型的细菌比增殖速率和营养物质底物浓度的关系如图5-1所示。从图中可以看出，在高营养物质底物浓度下菌胶团微生物比丝状菌的增殖速率快，在竞争中占优势；而在低营养物质底物浓度下，由于丝状菌的 u_{max} 和 K_S 均比菌胶团微生物的小，亦即在低营养物质底物浓度下，丝状菌的增殖速率快，在竞争中占优势，抑制菌胶团微生物的生长，逐渐形成丝状污泥膨胀。

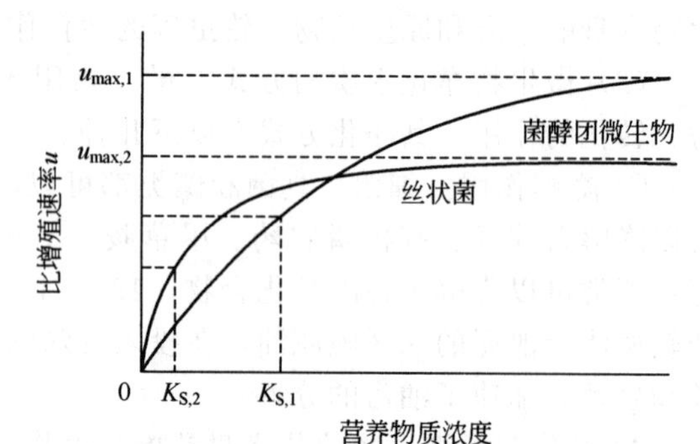

图5-1　丝状菌与菌胶团微生物竞争增殖曲线

(3) 营养物质缺乏与污水生物处理　有研究者发现，用啤酒废水和化工废水研究负荷和污泥膨胀时发现，在试验初始阶段，由于反应时间短，仅1～2.5h，污泥有机负荷高达3.8～10.5kgCOD/(kgMLSS·d)，此时SVI值较低，均在80mL/g以下。在试验后期，1个运行周期的反应时间达到4.5h以上，此时的平均有机负荷小于2.3kgCOD/(kgMLSS·d)，在这一阶段，两种废水的SVI都迅速上升，短短5个周期之后就达到200mL/g以上。

根据营养物缺乏理论，在低负荷下混合液中底物浓度长时间都很低，由于缺少足够的营养底物，菌胶团微生物的生长受到抑制，而丝状菌具有较大的比表面积，当环境不利于微生物的生长时，丝状菌的菌丝会从菌胶团中伸展出来以增加其摄取营养的表面积。一方面，伸出絮体之外的丝状菌更易吸收底物和营养，其生长速率高于絮状菌，从而成为活性污泥中的优势菌种；另一方面，丝状菌越多，其菌丝越长，活性污泥越不易沉降，SVI越高，导致了污泥膨胀。

这种情况下，为了消除污泥膨胀让系统恢复正常，可以根据Monod方程，提高系统中的进水负荷，创造出适合菌胶团微生物生长的生态环境使其取代丝状菌成为系统中的优势菌，直到系统恢复到正常的处理状态。

(4) 微量营养元素缺乏与污水生物处理　微量金属元素是微生物生长的必要营养条件，如果微量金属元素缺乏，则生化处理系统不能维持正常运行，这样便有利于对营养需求相对较小的丝状菌的繁殖，将会出现污泥膨胀等不正常现象。添加微量元素，使菌胶团微生物可以正常生长，重新成为系统的优势菌便可以解决这类问题。

某城市生活污水处理厂长期遭受污泥膨胀困扰，采取多种措施控制均没有成功，其原因是污水厂部分进水通过10km的输水管进入处理系统，污水要在管内停留2～3d，污水处于腐化状态。初沉池出水中含有1～15mg/L的可溶性硫，对活性污泥进行镜检发现了大量的丝状菌，曝气池表面有40cm厚的泡沫，二沉池表面有10cm厚的浮渣层，出水BOD和SS均超标。

在采用微量元素补充法后 10d 左右时间，问题便很快解决。SVI（污泥容积指数）由原来的 310mL/g 下降到 50mL/g 左右。究其原因，在污水处于腐化状态产生还原态的溶解硫后，易与水中的微量金属元素（如 Fe、Cu 等）形成极难溶于水的金属硫化物（FeS 的溶解度为 5×10^{-5} mg/L，CuS 的溶解度为 9×10^{-18} mg/L），最后使水中微量元素缺乏形成有利于对营养要求偏低的丝状菌繁殖的生长环境，形成丝状菌膨胀。其控制方法同前所述。

5.4.3　污水生物处理对水质的要求

污水生物处理是利用微生物的作用来完成的，因此要给微生物的生长繁殖创造适宜的环境条件。在污水生物处理中，水质条件极重要。

(1) pH　好氧生物处理，pH 应保持在 6～9 范围内。厌氧生物处理，pH 应保持在 6.5～8 之间。pH 过低、过高的污水在进入处理装置时应先行调整 pH 值。在运行期间，pH 不能突然变化太大，以防微生物生长繁殖受到抑制或死亡，影响处理效果。

(2) 温度　一般好氧生物处理要求水温在 20～40℃。污泥的厌氧消化需利用高温微生物进行厌氧发酵，温度应提高至 50～60℃之间。

(3) 营养　微生物的生长繁殖需要各种营养。好氧微生物群体要求 BOD_5(C)∶N∶P＝100∶5∶1，厌氧微生物群体要求 BOD_5（C）∶N∶P＝100∶6∶1。城市生活污水能满足活性污泥的营养要求，但工业废水除有机物外一般缺乏某些养料，特别是 N 和 P，故这类污水进行生物处理时，需要投加生活污水、粪尿或氮、磷化合物。但如果工业废水不缺营养，切勿添加上述物质，否则会导致反驯化。

此外，尚需要考虑污水所含的有机物浓度过高过低皆不宜。一般来说，好氧生物处理法进水有机质浓度不宜超过 BOD_5 500～1000mg/L，不低于 50～100mg/L；厌氧生物处理高浓度有机污水，BOD_5 可高达 5000～10000mg/L 甚至 20000mg/L。

(4) 有毒物质　工业废水中往往含有许多有毒物质，如重金属、H_2S、氰、酚等。虽然所有初次接种到某种废水中的微生物群体（活性污泥或生物膜）在培养驯化中都已经历了自然筛选过程，剩下的细菌中绝大部分都是以该种废水中污染物质为主要营养的降解菌，但当污水中的有毒物质超过一定浓度时，仍能破坏微生物的正常代谢，影响污水生物处理效果。因此，对某种污水进行生物处理时，必须根据具体情况确定处理方法，必要时通过试验来确定生物处理中毒物的容许浓度。同时，加强微生物驯化以提高对毒物的耐受力。

(5) 溶解氧　好氧生物处理要保证供应充足的氧气，否则会使处理效果明显下降，甚至造成局部厌氧分解，使曝气池污泥上浮，生物滤池或生物转盘上的生物膜大量脱落。但溶解氧过多也不利于生物处理。

思考题

1. 微生物的营养物质有哪些？其作用是什么？
2. 微生物有几种营养类型？各有什么特点？
3. 微生物吸收营养物质的方式是什么？
4. 什么是培养基？配制培养基的原则是什么？
5. 污水生物处理对水质有哪些要求？污（废）水生物处理与微生物的营养之间有什么关系？

第6章 微生物的代谢

6.1 代谢概述

微生物从外界环境中不断地摄取营养物质，在细胞内经过一系列的生物化学变化，转变成自身的细胞物质，同时氧化某种物质产生能量，并将产生的废物排到体外，微生物所进行的这一系列化学变化称为新陈代谢（metabolism）。新陈代谢是生命的又一基本特征。总体上新陈代谢由两个相辅相成、作用相反的过程——同化作用（合成代谢）（anabolism）和异化作用（分解代谢）（catabolism）组成。异化作用为同化作用提供物质基础和能量，同化作用为异化作用提供基质。微生物通过异化作用和同化作用得以生长和繁殖。

- 新陈代谢
  - 异化作用
    - 物质分解代谢——将营养物质和细胞物质分解的过程
    - 释放能量
  - 同化作用
    - 物质合成反应——将营养物质转变为机体组分的过程
    - 吸收能量

6.2 微生物的酶及酶促反应

新陈代谢由众多的化学反应组成，这些反应几乎都是有机化学反应，在常温常压下迅速而有条不紊地进行着，这主要归功于生物体产生的一种催化剂——酶（enzyme）。新陈代谢的所有化学反应都是在不同酶的催化下完成的，也就是都是酶促反应，可以说，没有酶的参与，生命活动一刻也不能进行。

酶是由活细胞产生的、能在体内或体外起催化作用的一类蛋白质（近年发现个别核酸类物质也具有类似的功能），一旦被从生物体内提取出来，它们就成为了酶制剂，但也具有酶的催化活性。

6.2.1 酶的组成

并非所有酶都是单纯的蛋白质。从化学组成来看，酶可分为单成分酶和全酶两类。前者是单纯的蛋白质，如蛋白酶、淀粉酶、脂肪酶和核酸酶等。全酶除了蛋白质部分（也称酶蛋白）外，还要结合一些被称为辅基或辅酶的非蛋白质部分。辅酶或者辅基都是些小分子的有机物或金属离子。全酶的酶蛋白决定了酶的催化作用，辅酶或辅基起着传递电子、氢、基团的作用，全酶的活性一定要在酶蛋白和辅酶（或辅基）同时存在时才能发挥。各类脱氢酶和转移酶就是全酶。

辅酶或辅基可以是金属离子，如 Fe^{2+}、Co^{2+} 等，也可以是含金属的有机物，如铁卟啉；或者是有机物小分子，如辅酶 A 等。辅酶一般与酶蛋白结合疏松，透析即可分离；而辅基与酶蛋白结合紧密，用透析法无法将两者分开。几种常见的辅酶和辅基见表 6-1。

表 6-1　辅酶与辅基

物质	简称	主要成分	主要作用
烟酰胺腺嘌呤二核苷酸(辅酶Ⅰ)	NAD	烟酰胺	传递氢
烟酰胺腺嘌呤磷酸二核苷酸(辅酶Ⅱ)	NADP	烟酰胺	传递氢
黄素单核苷酸	FMN	核黄素	传递氢
黄素腺嘌呤二核苷酸	FAD	核黄素	传递氢
辅酶 A	CoA	泛酸	传递酰基
硫辛酸	L 或 L(S—S)	6,8-二硫辛酸	传递氢、传递酰基
铁卟啉		铁卟啉	传递电子
辅酶 Q	CoQ	泛　醌	传递氢、传递电子
Co^{2+}			传递电子
Mn^{2+}			传递电子
Zn^{2+}			传递电子

可见，酶的辅酶或辅基多是来自微生物摄取的矿物质和生长因子。

6.2.2　酶的结构与功能

酶蛋白也主要是由 20 种氨基酸组成。这 20 种氨基酸按一定的排列顺序由肽键(—CO—NH—）连接成多肽链，两条多肽链之间或一条多肽链卷曲后相邻的基团之间以氢键（H—H)、双硫键（—S—S—)、盐键［—（NH_3）$^+$（OOC)$^-$—]、酯键（R—CO—OR)、疏水键、范德华引力及金属键等相连。酶的结构可分为一级、二级、三级和四级结构。一般酶蛋白只有三级结构，只有少数酶蛋白才具有四级结构。

一级结构是指多肽链本身的氨基酸排列顺序。酶的大多数特性都与一级结构有关。二级结构是由多肽链盘曲折叠形成的初级空间结构，主要由氢键维持其稳定性，氢键受到破坏时，其紧密的空间结构变得松散，多肽链展开，酶蛋白即变性。三级结构在二级结构的基础上，多肽链进一步弯曲盘绕形成更复杂的构型。由氢键、盐键及疏水键等维持三级结构的稳定性。酶蛋白的四级结构是由几个或几十个亚基形成的。亚基是由一条或几条多肽链在三级结构的基础上形成的小单位，亚基之间也以氢键、盐键、疏水键及范德华引力等相连。酶蛋白的结构见图 6-1。

研究表明，酶的活性与其中一部分结构紧密相关，其余部分都是为了形成这一特定结构，起辅助作用。凡与酶活性密切相关的基团称为必需基团，由必需基团构成的具有一定空间构象的区域称为酶的活性中心，它是酶蛋白分子中能同底物作用或结合，形成酶-底物络合物的区域或部分。有些基团虽然存在于活性中心之外（如—S—S—基)，但对酶活性的维持也是必不可少的，称为活性中心外必需基团，常见的必需基团有丝氨酸的羟基、半胱氨酸的巯基（SH）等。

尽管酶要发挥其活性都离不开上述几部分，但酶与底物的结合则发生在酶的活性中心(图 6-2)。当进行催化反应时，底物首先与酶的活性中心结合形成中间产物，进一步转变成最终产物。

经实验证明：a. 酶的活性中心内直接与底物结合的基团称为“结合基团”或“结合部位”。它决定酶与哪些底物结合，是决定酶专一性的部位。b. 酶活性中心的另一部分活性基

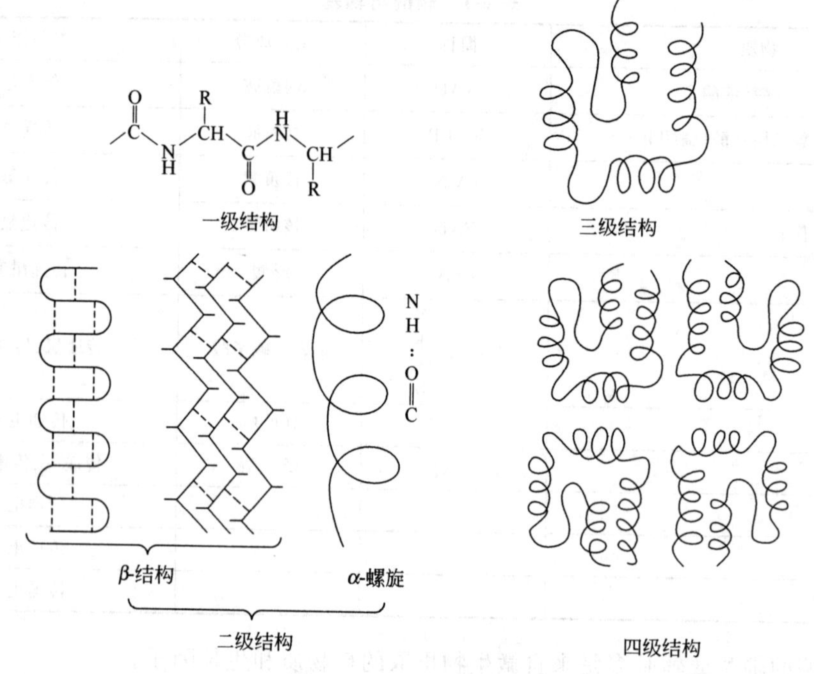

图 6-1 酶蛋白的结构图

团作用于底物的化学键，使底物被催化产生新的产物，此称“催化基团”或“催化部位”，它决定酶的催化能力。总之这两种基团都是酶活性中心的必需基团。因此，必需基团包括活性中心，但必需基团不一定就是活性中心。换句话说，在酶分子结构中，作为活性中心的基团一定是必需基团，但必需基团并不一定都是活性中心的组成部分。酶活性中心是酶起特异催化作用的关键部位，一旦活性中心遭受破坏或被某种物质占据，酶就失去活性。

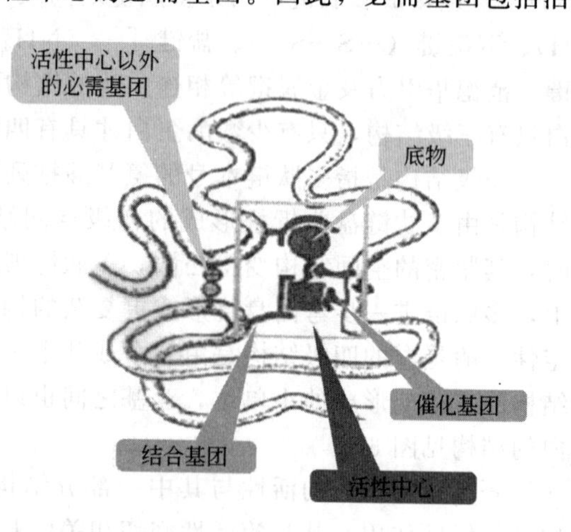

图 6-2 酶活性中心示意图

6.2.3 酶促反应的特点

酶和一般的非生物催化剂相比，有以下几个特点。

（1）酶是生物催化剂　酶积极参与生物化学反应。如同一般化学上的催化剂一样，能够加快反应速度，缩短反应到达平衡点的时间，但不能改变平衡点。酶只能催化化学热力学上许可的生物化学反应，酶在反应前后的数量和性质不变，但酶与底物会结合形成中间产物。

（2）酶促反应条件温和　不同于常用有机反应的化学催化剂，酶发生催化反应要求的条件必须是“温和”的。绝大多数酶不能在高温、高压和强酸碱等剧烈条件下催化反应，这是因为酶是生物产生的具有特殊催化作用的蛋白质，高温、强酸、强碱、重金属和紫外线等都容易使蛋白质变性、失活，所以酶要求环境条件温和。

（3）酶的催化效力高　酶的催化效率是一般无机催化剂的 10^6～10^{13} 倍。例如 1mol 氧化氢酶每秒能催化 10^5 mol 过氧化氢分解成水和氧，而 Fe^{2+} 在同样的 0℃下仅能催化 10^{-5} mol

过氧化氢分解。效率前者是后者的10^{10}倍，可见酶催化效率之高。生物代谢的高效也要归功于酶所具有的高效力。

（4）酶催化具有专一性　不同于一般有机化学反应的催化剂对大多反应都有效，所有的酶都对所催化反应的底物有高度的选择性。通常一种酶只催化一种反应或者一类底物的反应，例如淀粉酶只能催化淀粉水解，而不能催化蛋白质或脂肪水解，这就是酶的专一性或称特异性。

根据酶的专一性程度不同，又可分为以下几类。

① 绝对专一性。一种酶只能作用于一种底物，对其他结构相似的化合物不起作用。

② 相对专一性。有的酶特异性不很严格，对结构类似的一系列化合物均能起作用。例如淀粉酶可以水解不同来源的淀粉。

③ 立体异构专一性。酶对底物的立体异构物有高度的专一性，例如 D-氨基酸氧化酶只能催化 D-氨基酸，对 L 型则无作用。

因此，由于酶具有专一性，生物体内的酶有很多种。一种酶只能催化某种物质或者某类物质的转化，不同的生化反应就由不同的酶来催化，因此酶多不能催化其催化的反应的逆反应。

6.2.4 酶的种类与命名

根据酶催化反应的性质，按照 1961 年国际酶学委员会的规定，把酶分为下列六大类。

（1）氧化还原酶类　催化氧化还原反应的酶。例如细胞色素氧化酶、乳酸脱氢酶。反应通式为：

$$AH_2+B \rightleftharpoons A+BH_2$$

式中，AH_2 为供氢体；B 为受氢体。由于多涉及氢和电子的转移与传递，这类酶多是全酶，含有 NAD、NADP 或者 FAD、FMN 等辅酶。

根据受氢体的不同，氧化还原酶分为氧化酶和脱氢酶两类。

① 氧化酶类。受氢体为 O_2，该酶催化底物脱氢，氢由辅酶传递给氧化合为 H_2O。反应通式为：

$$AH_2+O_2 \longrightarrow A+H_2O$$

细胞色素氧化酶即为此。

② 脱氢酶类。脱氢酶催化底物脱氢，将氢交由辅酶 NAD 等接受。如乙醇脱氢酶催化反应如下：

$$CH_3CH_2OH+NAD \rightleftharpoons CH_3CHO+NADH_2$$

催化该逆向反应的酶有时称为还原酶。

（2）转移酶类　催化一个底物的基团或原子转移到另一底物分子的酶，反应通式如下：

$$A-R+B \rightleftharpoons A+B-R$$

谷氨酸丙酮酸转氨酶即为转移酶。在该酶催化下，谷氨酸上的氨基转移到丙酮酸上，形成 α-酮戊二酸和丙氨酸。转移酶通常转移的基团有氨基、甲基、甲酰基等。

（3）水解酶类　催化底物水解反应，使底物加水分解。例如蛋白水解酶、淀粉酶，反应通式为：

$$A-B+H_2O \longrightarrow AOH+BH$$

（4）裂解酶类　催化一种化合物碳链断裂、分裂为两种化合物的反应。例如脱氨酶、醛缩酶、脱羧酶。其反应通式如下：

$$A-B \longrightarrow A+B$$

（5）变构酶类　催化同分异构体之间互变，例如磷酸葡萄糖变构酶催化磷酸葡萄糖为磷酸果糖。反应通式为：

$$A \rightleftharpoons A'$$

（6）合成酶类　催化较长碳链的反应，将两个小分子底物合成一个新的化合物，通常新物质合成时需要能量（ATP）。反应通式为：

$$A+B+ATP \longrightarrow A-B+ADP+H_3PO_4$$

根据发生催化作用的部位不同，酶可以分为胞内酶和胞外酶两类。胞内酶是产生和催化反应都在细胞内，如各类脱氢酶就属于胞内酶。胞外酶是在细胞内产生（无活性状态的酶原），分泌到细胞外发生催化作用的酶，如一些水解酶。微生物借助这些胞外酶可以将细胞外的不溶性大分子营养物水解为溶解性小分子物质，再吸收利用。因此胞外酶多是单成分酶，且与营养物的获取有关。

根据酶出现的先后，微生物的酶可分为固有酶和适应酶。固有酶是微生物“与生俱有”的酶，多是与基本代谢密切相关的一些酶类。适应酶是微生物在后天生长过程中为了适应新的环境、营养物等而产生的“新”酶。

酶的种类繁多，目前已研究的酶将近 2000 种，国内外应用于生产实践的酶制剂约为 120 种。1961 年国际生化会议酶学委员会提出了酶的统一命名方式，即底物名称＋反应性质＋酶。例如催化淀粉水解的酶称为淀粉水解酶（简称淀粉酶），催化蛋白质水解的酶称为蛋白水解酶（可简称蛋白酶），又如乳酸脱氢酶、谷（氨酸）丙（酮酸）转氨酶、6-磷酸葡萄糖变构酶等。

6.2.5　酶促反应动力学

酶促反应中，酶催化作用的物质称为酶的底物或基质（substrate）。许多研究结果显示，在酶催化的反应中，第一步是酶（E）与底物（S）形成酶-底物中间络合物，当底物分子在酶作用下发生化学变化后，中间复合物再分解成产物（P）和酶，也即：$E+S \rightarrow E-S \rightarrow P+E$。E-S 复合物形成的速率与酶和底物的性质有关。正因为此，酶与底物的结合具有一定的专一性。

有的科学家提出，酶和底物结合时，底物的结构和酶的活性中心的结构十分吻合，就好像一把钥匙配一把锁一样。由于酶的活性中心与底物存在形状上的互补，这使酶只能与对应的化合物契合，从而排斥了那些形状、大小不适合的化合物，这就是所谓的“锁和钥匙学说”。科学家后来发现，当底物与酶结合时，酶分子上的某些基团常常发生明显的变化。另外，不少酶常常能够催化同一个生化反应中正逆两个方向的反应，因此，“锁和钥匙学说”把酶的结构看成是固定不变的，与实际不符合。于是，有的科学家又提出“诱导契合学说”。认为，酶并不是事先就以一种与底物互补的形状存在，而是在受到诱导之后才形成互补的形状，底物一旦结合上去，就能诱导酶蛋白的构象发生相应的变化，从而使酶和底物契合而形成酶-底物络合物。根据这一学说，酶的活性中心是柔软的而非刚性的。当底物与酶相遇时，可诱导酶活性中心的构象发生相应的变化，有关的各个基团达到正确的排列和定向，因而使酶和底物契合而结合成中间络合物，并引起底物发生反应。反应结束当产物从酶上脱落下来后，酶的活性中心又恢复了原来的构象。后来，科学家对羧肽酶等进行了 X 射线衍射研究，研究的结果有力地支持了这个学说。

为了表示整个反应中底物浓度和反应速度的关系，Michaelis 和 Menten 根据中间产物理论提出了表示整个反应中底物浓度与反应速度之间关系的方程式(6-1)，简称为米氏方程：

$$v=\frac{v_{max}[S]}{K_m+[S]} \tag{6-1}$$

式中，v 为反应速率（单位时间产物量），g/h；v_{max} 为最大反应速率（单位时间产物量），g/h；S 为底物浓度，摩尔/升，以 M 表示；K_m 为米氏常数，摩尔/升，以 M 表示。

米氏方程是研究酶反应动力学的一个最基本的方程式，也是废水生物处理动力学模型的基础。

根据中间产物学说，酶反应分为两步进行：

$$E+S \underset{K_2}{\overset{K_1}{\rightleftharpoons}} ES \xrightarrow{K_3} E+P \tag{6-2}$$

$$[Et]-[ES] \quad [S] \qquad\qquad [ES]$$

式中，$[Et]$ 为酶的总浓度；$[S]$ 为底物浓度；$[ES]$ 为酶和底物结合的中间产物浓度；$[Et]$-$[ES]$ 为未与底物结合的游离酶浓度；K_1、K_2 和 K_3 分别表示有关反应的速率常数。

若令 v_1 代表形成 ES 的速率，v_2 代表 ES→E+S 的速率，v_3 代表 ES→E+P 的速率，现做如下推导。

① 根据酶的初始反应速率与 $[E]$ 及 $[S]$ 成正比的关系，则得：

$$v_1=K_1 \cdot [E] \cdot [S]$$
$$v_2=K_2 \cdot [ES]$$
$$v_3=K_3 \cdot [ES]$$

当反应达到平衡时，ES 的形成速率与其分解速率相等。

$$v_1=v_2+v_3$$

即

$$K_1 \cdot [E][S]=K_2[ES]+K_3[ES]=[K_2+K_3][ES]$$

移项得：

$$\frac{[E][S]}{[ES]}=\frac{K_2+K_3}{K_1} \tag{6-3}$$

令 K_m 代表 $\frac{K_2+K_3}{K_1}$，则

$$\frac{[E][S]}{[ES]}=K_m \tag{6-4}$$

② 由于式(6-4) 中 $[E]$ 和 $[ES]$ 的确切数值难以测定，因此必须将这两项从式(6-4)中消除。因游离酶 $[E]=[Et]-[ES]$

所以式(6-4) 可写成：

$$K_m=\frac{[Et-ES][S]}{[ES]}$$

移项得：

$$K_m[ES]=[Et][S]-[ES][S]$$
$$K_m[ES]+[ES][S]=[Et][S]$$

∴

$$[ES]=\frac{[Et][S]}{K_m+S} \tag{6-5}$$

③ 因 v_3 与 $[ES]$ 成正比，即

$$v_3=K_3[ES]$$

∴

$$[ES]=\frac{v_3}{K_3} \tag{6-6}$$

将此式代入式(6-5) 得：

则

$$\frac{v_3}{K_3}=\frac{[Et][S]}{K_m+S} \tag{6-7}$$

v_3 实际上就是整个反应速率 v，因此反应速率快慢的关键在 v_3。

④ 当反应中 S 达到饱和时，全部酶与底物结合，即 $[Et]=[ES]$，这时反应速率达到最大值（以 v_{max} 代表），于是式(6-7) 变为：

$$v_{max}=K_3[Et]$$

将此式代入式(6-7)，即：
$$v=\frac{v_{max}[S]}{K_m+[S]}$$

为了方便起见去掉表示浓度的括号：
$$v=\frac{v_{max}S}{K_m+S} \tag{6-8}$$

这就是表示反应速率与底物浓度关系的米氏方程。

式中，v 为反应速率；S 为底物浓度；v_{max}为最大反应速率；K_m 为米氏常数。

⑤ K_m 是酶的一个很基本的特性常数。

由米氏方程看出，当反应速率相当于最大速率一半时，即 $v=v_{max}/2$，可得：

$$\frac{v}{2}=\frac{v_{max}S}{K_m+S}$$

∴ $$K_m=S$$

由此可见，K_m 表示反应速率达到最大反应速率一半时的底物浓度，以 M 表示。K_m 是酶的一个特征性常数，只与酶的性质有关，与酶的浓度无关。如酶能催化几种不同的底物，对每种底物都有一个特定的 K_m 值，其中 K_m 值最小的称该酶的最适底物。K_m 除了与底物类别有关，还与 pH、温度有关，所以 K_m 是一个物理常数，是对一定的底物、一定的 pH、一定的温度而言的。酶的 K_m 值越小，酶对底物的亲和力越高。

将米氏方程两边取倒数，即得到：

$$\frac{1}{v}=\frac{K_m}{v_{max}}\frac{1}{[S]}+\frac{1}{v_{max}}$$

利用作图法就可以测定 K_m和 v_{max}值。

利用酶的反应动力学，可以简单计算微生物对有机物的分解速率。例如，在某一废水生物处理中，当有机物浓度很高时，有机物可被质量为 1g 的细菌以 20g/d 的最大速率分解，而当有机物浓度为 15mg/L 时，1g 细菌只能以 10g/d 的速率分解有机物。试估计有机物浓度为 5mg/L 时，2g 细菌分解有机物的速率。

解：当有机物以最大速率分解时的 $v_{max}=20g/(d\cdot g)$（细菌），因 K_m 为最大速率值的一半［10g/(d・g)］时的基质浓度，所以本题中 $K_m=15mg/L$。

又因现给细菌总质量 $E_1=2g$

基质浓度　$S=5mg/L$

将上述各项代入米氏方程得：

$$v=\frac{20\times2\times5}{15+5}=10(g/d)$$

6.2.6 影响酶活性的因素

除底物浓度对酶的活性有影响之外，酶浓度、pH、温度、激活剂与抑制剂等因素也对酶活性有影响，下面分别加以介绍。

6.2.6.1 pH 的影响

各种酶都有它的适宜 pH，大多数酶的最适 pH 在 6～7 之间。当环境的 pH 低于或高于酶的适宜 pH 时，酶的活性会受到抑制，甚至会导致酶变性失活。这主要是由于 pH 不同时，酶蛋白上自由羧基和氨基以及底物的电离情况不同，酶蛋白和底物的电性不同，导致酶蛋白的结构以及和底物结合、分离受到影响。pH 对酶活性的影响见图 6-3，由图可见，pH 对酶活性影响的曲线基本左右对称，pH 低于或高于适宜值，对酶活性的影响效应基本相似，极端 pH 可能会导致酶失活。

6.2.6.2 温度的影响

一般化学反应速度常随温度升高而加快，但对于酶促反应，不同温度的影响结果不同。

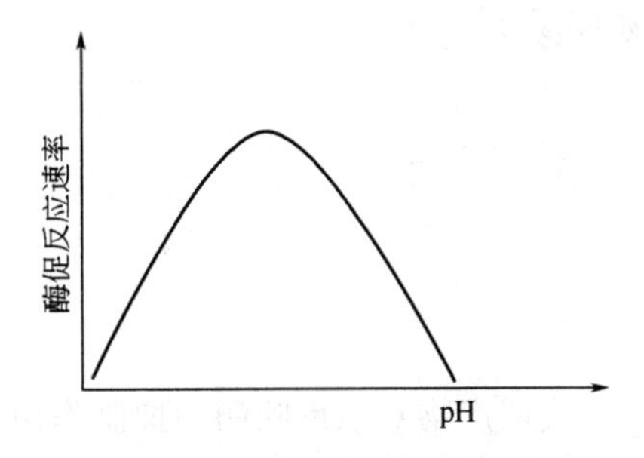

图 6-3 pH 对酶活性的影响

每种酶都存在适宜的温度，在适宜温度下，酶的活性最高。在低于适宜温度下，酶的活性降低，酶受到低温抑制。从低温到适宜温度，温度对酶活性的促进程度可以用温度系数来描述。温度系数（Q_{10}）是指温度每升高 10℃，酶促反应速度随之相应提高的程度。

$$Q_{10}=\frac{\text{在}(T℃+10℃)\text{时的反应速率}}{\text{在 }T℃\text{时的反应速率}}$$

酶促反应的 Q_{10} 通常为 1.4～2 之间，这小于同等温度变化对无机催化剂反应和一般化学反应的影响程度。通常微生物酶的适宜温度在 30～60℃，温度低于酶的适宜温度，酶催化活性受到抑制，因此低温下微生物的代谢变慢。当温度超过酶的适宜温度后，由于酶是蛋白质，随着温度升高，酶蛋白会迅速地、不可逆转地变性失活，直至彻底失去催化活性，因此高温会杀死微生物。图 6-4 是温度对酶活性影响的示意图，由图可见，温度对酶活性的影响的曲线左右不对称，换而言之，低温和高温对微生物的酶活性的影响效应不同。

6.2.6.3 酶浓度的影响

根据酶的催化“中间产物”学说，在底物充足、其他因素一定的情况下，酶的反应速率与酶浓度成正比，即 $v=K\ [E]$。因此微生物可以通过调节细胞内酶的数量来调节代谢的快慢。

6.2.6.4 激活剂与抑制剂的影响

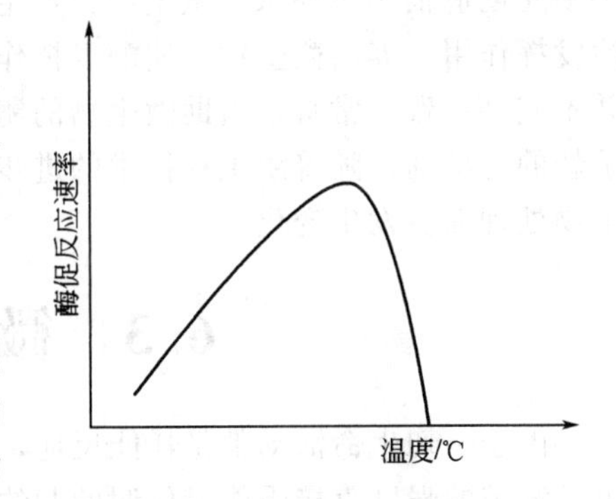

图 6-4 温度对酶活性的影响示意图

除了环境因素外，酶的活性还受激活剂和抑制剂的调控。凡是能使没有活性的酶原转变为有活性的酶，或者使低活性酶变成高活性酶的物质就称为酶的激活剂。胞内酶在细胞内合成时没有活性（酶原），分泌到细胞外时受激活剂的作用，形成可发生催化作用的酶。当仅存酶蛋白时，某些全酶无法发挥其应有的催化功能，当其辅酶出现后，酶活性被激活。

与激活剂相反，使酶的活性下降或暂时、永久性丧失的物质称为酶的抑制剂。根据抑制剂与酶作用的特点，可将抑制作用分为以下两类。

（1）不可逆抑制作用　这类抑制剂与酶的某些基团以共价键方式结合，很难分离，不能用透析等方法解除抑制而恢复酶的活力。如重金属离子、碘乙酸等对 SH—基酶的抑制，有机磷农药对酯酶（胆肝酯酶）的抑制等。由于不可逆抑制中，抑制剂对酶没有选择性，因此属于酶的非竞争性抑制剂。非竞争性抑制剂往往会使酶变性失活。

（2）可逆抑制作用　这类抑制剂与酶的结合是可逆的，用透析法去除抑制剂后，酶的活力即可恢复，原因主要是这种结合是非共价键的结合。可逆抑制作用又可分为以下两种类型。

① 竞争性抑制作用。一些与底物构象相似的物质，可以“冒充”底物，与底物同时争夺酶的活性中心，因而妨碍了酶与底物的“有效”结合，使酶的活性受到抑制，这种现象称为竞争性抑制作用。这类抑制作用可通过增加底物浓度来减轻或解除，该类抑制剂称为酶的竞争性抑制剂。

② 非竞争性抑制作用。这类抑制剂的结构与底物不相似，它与酶结合的部位不是酶与底物结合的部位，所以不妨碍与底物结合，因此可以形成酶、底物、抑制剂三者的复合

物 EIS。

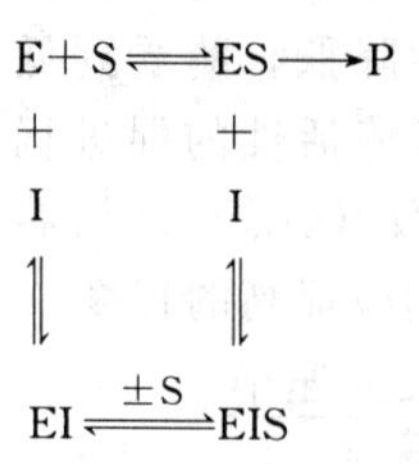

代谢产物对该反映酶的抑制作用称为反馈抑制，这是一种可逆抑制作用。6-磷酸葡萄糖对葡萄激酶的抑制即属此类。

6.2.7 微生物的酶与废水生物处理的关系

目前人类利用微生物，大多情况下是利用微生物体内的酶，比如废水生物处理过程，实质上是借助微生物产生的酶将污染物分解掉。由于目前我们人类尚不能大量获得各种微生物分解多种污染物的酶，换而言之，就是还不能单纯使用酶来催化复杂的物质变化，所以就得利用活着的微生物不断产生酶来净化废水。这也就带来了一系列问题：想利用微生物的酶就必须先创造很多条件保持微生物正常生长，只有微生物活着才能够“借用”其体内的酶，使酶发挥作用。养活微生物、使酶发挥作用与实现污染物的分解之间，在环境控制条件上有时并不完全一致。常常是借助微生物的酶净化了污水，但产生的微生物细胞却给废水处理带来了新的污染物。随着酶工程技术的进步，如酶的合成技术、固相化酶技术的发展，会使废水生物处理面貌发生变化。

6.3 微生物的产能代谢

由于一切生命活动都是耗能反应，因此能量代谢在新陈代谢中占据着核心地位，微生物生长繁殖的强度直接受能量代谢的制约。

微生物的产能方式有将光能转化为生物可利用的化学能以及通过化学氧化反应（氧化无机物或者有机物）获得能量两种，前者是通过光合作用（photosynthesis）来实现，后者是通过微生物的呼吸作用（respiration）来实现的。

6.3.1 生物氧化与呼吸作用

化能型微生物通过呼吸作用来产生代谢所需的能量。所谓呼吸作用是指微生物为产生能量在细胞内所进行的一系列氧化与还原反应，这一系列氧化还原反应也称为生物氧化（biological oxidation），在此过程中除了有能量的产生和转移外，还有还原力［H］的产生以及小分子中间代谢物的产生，这也是微生物进行新陈代谢的物质基础。

在生物氧化中，物质的氧化都是分步进行的，通常包含着很多个氧化还原反应，而且都由酶进行催化，这样伴随着氧化还原反应释放的能量容易被微生物所收集和利用。例如乙醇燃烧时，$C_2H_5OH+O_2 \rightarrow CO_2+H_2O$，此反应进行得很迅速，伴随有大量的光和热释放出来。这是个典型的氧化还原反应，在反应中乙醇被氧化，反应一步进行到底，结果是乙醇被彻底氧化为无机物，将分子中蕴含的化学能全部以热和光的形式释放出来。在微生物体内，很多微生物也能利用乙醇作为基质进行呼吸作用，利用氧将乙醇氧化。但由于进行的是生物氧化，反应会分为很多步，由酶催化，分步一个一个地将分子中的氢脱下，最后使氢与氧结合为水。在不同的脱氢过程以及氢与氧的反应中都有能量的释放，这些能量与微生物细胞内的能量收集与转换系统相耦合，形成新的生物能量载体——ATP，还有一部分能量是以热的形式散发。

由于生物氧化是酶促反应，所以反应温和，能量利用效率较高，并且反应可调控，这样既可以防止生物氧化中骤然释放大量热对生物的损害，也可以及时收集能量转化为生物可以利用的形式。无论是生物氧化还是非生物氧化化学反应，如果反应物和产物相同，那么释放出的总能量是一样的，即使生物氧化中间步骤增多，但由于有酶催化，反应的速度并不比相应的非生物氧化的化学反应慢。

微生物的呼吸作用属于分解代谢。微生物进行呼吸作用时释放的能量，一部分以热的形式散发掉，一部分转化为生物体能量载体——ATP，供合成反应和生命的其他活动所需，或者进一步被贮存，以备生长、运动等活动的需要。在微生物体内，呼吸过程中生物氧化释放出的能量的捕集与转化以及给相关代谢供给能量时，都离不开 ATP。ATP 是生物细胞内能量转移的“中心”。

6.3.1.1　生物能量的转移中心——ATP

ATP 即三磷酸腺苷（adenosine triphosphate），ATP 的结构见图 6-5。

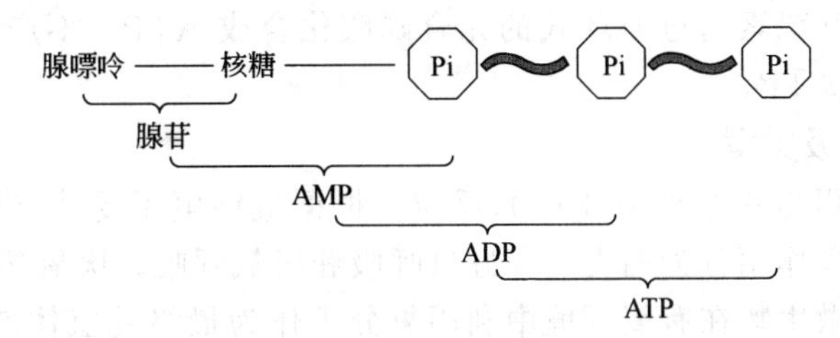

图 6-5　ATP（三磷酸腺苷）分子的结构式和高能键（～）示意图

当 ATP 在酶催化下水解时，会释放出磷酸，并释放 31.4kJ/mol 的能量，形成 ADP（二磷酸腺苷），ADP 进一步水解时形成 AMP（一磷酸腺苷）和磷酸，又释放出 31.4kJ/mol 的能量，但 AMP 水解成为腺苷和磷酸时却需要外界供给能量。因此 ATP 中两个焦磷酸键是“高能”键，ATP 的高能磷酸键每一个含 31.4kJ 的能量。

当细胞内有超过 31.4kJ/mol 的能量释放出时，AMP 和 ADP 在有关激酶的催化下与磷酸结合，形成 ADP 和 ATP 与水，即将有关能量赋存在 ADP 和 ATP 的高能键中。在生物细胞内通常都是 ADP 和 ATP 之间相互转化，形成一个能量收集与供给的循环（图 6-6），达到转运和贮存能量的目的。

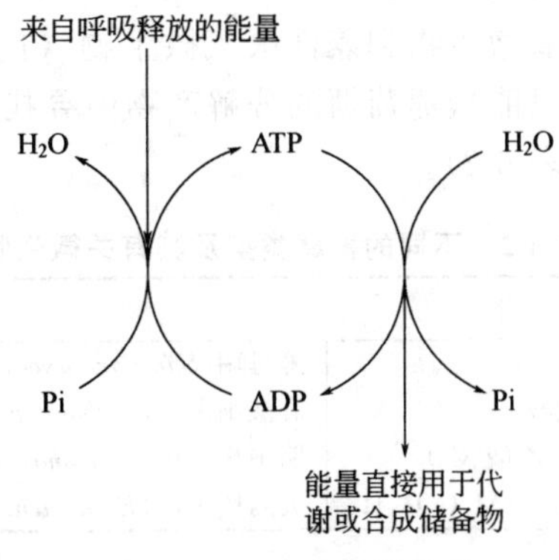

图 6-6　ATP 与能量转移

可见，ADP 是能量的载体，ATP 是能量“库”，但 ATP 只是一种短期的贮能物质，可作为微生物的通用能源。当呼吸作用中能量源源不断地产生时，ATP 将通过合成营养储备物如 PHB、异染粒、脂肪滴、肝糖原等将能量长期贮存于这些物质中。一旦这些物质被微生物在呼吸作用中所氧化，就会释放能量、合成ATP。

6.3.1.2 ATP的生成方式

（1）基质（底物）水平磷酸化　微生物在基质氧化过程中，可形成多种含高自由能的中间产物，如发酵中产生含有高能键的1，3-二磷酸甘油酸，这一中间体将高能键（~）交给ADP，使ADP磷酸化而生成ATP。此过程中底物的氧化与磷酸化反应相偶联并生成ATP，称为底物水平磷酸化（substrate phosphproylation）。EMP途径和TCA循环中都有底物水平磷酸化。

（2）氧化磷酸化　微生物在好氧呼吸和无氧呼吸时，通过电子传递体系产生ATP的过程叫氧化磷酸化（oxidative phosphorylation）。其递氢（电子）和受氢过程与磷酸化反应相偶联，并产生ATP。

（3）光合磷酸化　在光照下，叶绿素、菌绿素或菌紫素释放出电子，通过电子传递产生ATP的过程叫光合磷酸化（photophosphorylation）。产氧光合生物有藻类（包括高等植物）和蓝细菌，它们依靠叶绿素通过非环式的光合磷酸化合成ATP。不产氧的光合细菌则通过环式光合磷酸化合成ATP。

6.3.2 微生物的呼吸类型

微生物的呼吸作用是一系列氧化还原反应。根据最终电子受体（或最终受氢体）的不同，可将微生物的呼吸作用分为两类——好氧呼吸和厌氧呼吸，厌氧呼吸又分为发酵和无机盐呼吸。好氧呼吸是微生物在有氧环境中利用氧分子作为最终受氢体产生能量的呼吸作用。厌氧呼吸是微生物在分子氧不存在的环境中，利用氧分子之外的物质作为最终受氢体的呼吸作用。厌氧呼吸的最终受氢体又包括有机物和无机含氧酸根两种，前一种厌氧呼吸作用也称为发酵，后一种厌氧呼吸称为无机盐呼吸或无氧呼吸。

6.3.2.1　发酵

发酵（fermentation）是指在无外在电子受体时，底物脱氢后所产生的还原力［H］不经呼吸链传递而直接交给某一中间产物接受，以实现底物水平磷酸化产能的一类生物氧化反应。此过程中有机物仅发生部分氧化，以它的中间代谢产物（即呼吸基质酵解产生的低分子有机物）为最终电子受体，释放少量能量，其余的能量保留在最终产物中。由于发酵呼吸实质上是基质分子内部的氢原子进行了位置调整，导致大分子分解，形成了小分子产物，并释放出能量，因此也称其为分子内无氧呼吸。

（1）发酵的类型　对于厌氧微生物和兼性厌氧微生物（包括无氧条件下的好氧微生物）来说由于没有外来的受氢体，只能从葡萄糖的分解产物中寻找受氢体。发酵有多种类型，发酵类型均以其终产物来命名（表6-2）。

表6-2　不同的发酵类型及其有关微生物

发酵类型	产　物	微生物
乙醇发酵	乙醇、CO_2	酵母菌(*Saccharomyces*)
乳酸同型发酵	乳酸	乳酸细菌(*Lactobacillus*)
乳酸异型发酵	乳酸、乙醇、乙酸、CO_2	明串珠菌属(*Leuconostoc*)
混合酸发酵	乳酸、乙酸、乙醇、甲酸、CO_2、H_2	大肠埃希菌(*Escherichia coli*)

以葡萄糖为起始底物，微生物的各种发酵的第一阶段都是先进行糖酵解形成丙酮酸，然后继续发酵。不同类型的微生物，最终发酵产物不同。丙酮酸是EMP途径的关键产物，从丙酮酸开始，在各种微生物的发酵作用下生成各种最终产物。就氢载体而言，葡萄糖的分解和氧化态氢载体（NAD^+、$NADP^+$）的再生是一个连续而完整的过程。例如乙醇发酵从丙

酮酸开始，脱羧后形成乙醛，在乙醇脱氢酶的催化下，乙醛作为受氢体还原为乙醇，此时还原态的 NADH 转变为（再生）氧化态的 NAD^+。

（2）乙醇发酵　乙醇发酵分 2 大阶段，3 小阶段。其中阶段 1 和阶段 2 为糖酵解。阶段 1 包括一系列不涉及氧化还原反应的预备性反应，其结果是生成一种重要的中间产物——3-磷酸甘油醛。阶段 2 发生氧化还原反应，底物脱氢后产生高能磷酸化合物 1，3-二磷酸甘油酸，进而形成磷酸烯醇式丙酮酸，并通过底物水平磷酸化形成 ATP。阶段 3 由丙酮酸开始，发生氧化还原反应，将乙醛还原为乙醇，产生 CO_2。

① 糖酵解作用。糖酵解（glycolysis）途径又称 EMP 或 E-M 途径（Embden-Meyerhof-Parnas pathway），即在无氧条件下，1mol 葡萄糖逐步分解产生 2mol 丙酮酸、2mol NADH+H^+ 和 2molATP 的过程。糖酵解途径几乎是所有具有细胞结构的生物所共有的主要代谢途径，也是人们最早阐明的酶促反应系统。

糖酵解的详细步骤如下：反应一开始消耗 1molATP，用于葡萄糖磷酸化生成 6-磷酸葡萄糖，6-磷酸葡萄糖经同分异构化和再一次磷酸化生成 1,6-二磷酸果糖（为又一重要中间产物）。经醛缩酶催化，1,6-二磷酸果糖裂解成为两种三碳化合物，即 3-磷酸甘油醛和磷酸二羟丙酮，磷酸二羟丙酮转变为 3-磷酸甘油醛，至此，1mol 的葡萄糖转化为 2mol 的 3-磷酸甘油醛。以上的反应均未涉及真正的氧化。由 3-磷酸甘油醛转变成 1,3-二磷酸甘油酸时发生第一次氧化（脱氢，醛基氧化为羧基），失去两个电子，由氧化态的 NAD^+ 接受，形成还原态的 NADH。1,3-二磷酸甘油酸是含高能磷酸键的化合物，在磷酸甘油酸激酶的催化下，将高能键转移到 ADP 分子上，形成 ATP 分子（无机磷酸根变成有机态）。这种与有机物的氧化偶联合成新的高能磷酸键的方式，称为底物水平磷酸化。反应至磷酸烯醇式丙酮酸时，发生第二次底物水平磷酸化，磷酸烯醇式丙酮酸将高能磷酸键的能量转移给 ADP 生成 ATP。两次底物水平磷酸化合成 4molATP，由于阶段 1 的葡萄糖磷酸化消耗 2molATP，故净得 2molATP。反应至此（丙酮酸）属糖酵解途径，糖酵解的总反应式为：

$$C_6H_{12}O_6 + 2NAD^+ + 2Pi + 2ADP \longrightarrow 2CH_3COCOOH + 2NADH + 2H^+ + 2ATP$$

糖酵解最终产物的 2mol（$NADH + H^+$）还可在无氧条件下使丙酮酸还原为乳酸；或使丙酮酸脱羧后，还原乙醛为乙醇；或在有氧条件下可经呼吸链（电子传递体系）的氧化磷酸化反应产生 6molATP（详见好氧呼吸）。而在无氧条件下，EMP 途径产能效率虽低，但生理功能极其重要：提供 ATP 和还原力（$NADH + H^+$）；为生物合成提供多种中间代谢物；也可通过逆向反应合成多糖；是好氧呼吸的前奏，并与 HMP 等途径关系密切。

② 生成乙醇。糖酵解终产物中的 2mol（$NADH + H^+$）把丙酮酸的脱羧产物乙醛还原为乙醇。

乙醇发酵的总反应方程式：

$$C_6H_{12}O_6 + 2Pi + 2ADP \longrightarrow 2CH_3CH_2OH + 2CO_2 + 2ATP + 238.3\text{kJ}$$

1mol 葡萄糖发酵产生 2mol 乙醇、2molCO_2 和 2molATP，释放的自由能 ΔG 为 238.3kJ。计算其能量利用率：

$$\frac{\text{ATP}\times 2}{\Delta G} = \frac{31.4\text{kJ}\times 2}{238.3\text{kJ}} \times 100\% = 26\%$$

可见，只有 26%的能量保存在 ATP 的高能键中，其余的则变成热量散失了，与好氧呼吸相比其能量利用率是很低的。

混合酸发酵（又称甲酸发酵）是大多数肠杆菌（*Enterobacteriaceaae* spp.）的特征，如大肠埃希菌（*Escherichia coli*）的发酵产物有甲酸、乙酸、乳酸、琥珀酸、CO_2 及 H_2。产气肠杆菌（*Enterrobacter aerogenes*）也进行混合酸发酵，其丙酮酸经缩合、脱羧而转变成乙酰甲基甲醇，在碱性环境中易被氧化成二乙酰。二乙酰可与蛋白胨水解出的精氨酸所含胍基起作用，生成红色化合物，这称为 VP 试验（Voges-Proskauer test），产气肠杆菌 VP 试验阳性，大肠埃希菌的 VP 试验阴性。所以，VP 试验常用于区别产气肠杆菌和大肠埃希菌。此外，这两种菌还可用甲基红试验加以区别。产气肠杆菌进行混合酸发酵产生中性的乙酰甲基甲醇，而大肠埃希菌的混合酸发酵产酸，使培养液的 pH 下降至 4.2 或更低。在两者的培养液中加入甲基红，则大肠埃希菌的培养液呈红色，为甲基红反应阳性。产气肠杆菌的培养液呈橙黄色，为甲基红反应阴性。VP 试验和甲基红试验是卫生防疫常用的鉴定方法。

在上述过程中，作为被发酵的底物必须具备两点：a. 不能被过分氧化，也不能被过分还原。假如被过分氧化，就不能产生足以维持生长的能量。假如被过分还原，就不能作为电子受体，因为电子受体会进一步被还原。b. 必须能转变成为一种可参与底物水平磷酸化的中间产物。据此，碳氢化合物及其他具有高度还原态的化合物不能作为发酵底物。

6.3.2.2 好氧呼吸

好氧呼吸（aerobic respiration）是有外在最终电子受体（O_2）存在时对底物（能源）的氧化过程。它是一种最普遍和最重要的生物氧化方式，其特点是底物按常规方式脱氢，经完整的呼吸链（电子传递体系）传递氢，同时，底物氧化释放出的电子也经过呼吸链传递给 O_2，O_2 得到电子被还原，与脱下的 H 结合成 H_2O，并释放能量合成 ATP。

（1）好氧呼吸的两阶段　好氧呼吸以葡萄糖为例，葡萄糖的氧化分解分为两个阶段。

① 葡萄糖的酵解（EMP 途径）。参见乙醇发酵部分。

② 三羧酸循环（tricarboxylic acid cycle，TCA）。三羧酸循环亦称柠檬酸循环（CAC），是丙酮酸有氧氧化过程的一系列步骤的总称。由丙酮酸开始，先经氧化脱羧作用，并乙酰化形成乙酰辅酶 A 和 1mol 的（$NADH+H^+$）。乙酰辅酶 A 进入三羧酸循环，最后被彻底氧化为 CO_2 和 H_2O。三羧酸循环中所形成的许多中间产物与蛋白质、脂肪和淀粉等的代谢关系非常密切，反应过程见图 6-7。乙酰辅酶 A 是乙酸根的活化态，写成 $CH_3CO{\sim}SCoA$，其中的键为高能键。$CH_3CO{\sim}SCoA$ 是又一个重要中间产物，它的乙酰基与草酰乙酸结合生成六碳的柠檬酸，$CH_3CO{\sim}SCoA$ 的高能键推动这一合成反应。接着是脱水、脱羧和氧化（脱氢）反应，脱下 2mol 的 CO_2，最后形成草酰乙酸。草酰乙酸起乙酰基受体的作用，从而完成三羧酸循环。

1mol 丙酮酸进入三羧酸循环产生 3molCO_2：1molCO_2 是在丙酮酸脱羧生成乙酰辅酶 A 时产生，1molCO_2 是在草酰琥珀酸脱羧时产生，1molCO_2 是在 α-酮戊二酸脱羧时产生。

（2）好氧呼吸的产能效率　好氧呼吸的产能效率涉及 TCA 循环和 EMP 途径。

① EMP 途径的产能效率。3-磷酸甘油醛脱氢→2mol（$NADH+H^+$），好氧呼吸可借电子传递体系被氧化生成 6molATP，加上底物水平磷酸化生成的 2molATP，共计 8molATP。

② TCA 循环的产能效率。1mol 丙酮酸经三羧酸循环完全氧化成 CO_2 和 H_2O，生成 4mol（$NADH+H^+$）。1mol（$NADH+H^+$）通过电子传递体系重新氧化成为 NAD^+，可生成 3molATP，则 4mol（$NADH+H^+$）被氧化，可生成 12molATP。在琥珀酰辅酶 A 氧化成延胡索酸时，包含着底物水平磷酸化，由此生成 1molGTP，随后这 1molGTP 转变成 1molATP。这过程还包括不经 NAD^+ 而直接将电子传给 FAD 生成 $FADH_2$ 的反应，$FADH_2$ 经过电子传递体系被氧化可生成 2molATP。那么 1mol 丙酮酸经一次三羧酸循环可生成 15molATP。因为 1mol 葡萄糖经 EMP 途径可生成 2mol 丙酮酸，则总共生成 30molATP。

故好氧呼吸产能综合概括如下：葡萄糖裂解为丙酮酸经 EMP 途径产生 2mol（$NADH+$

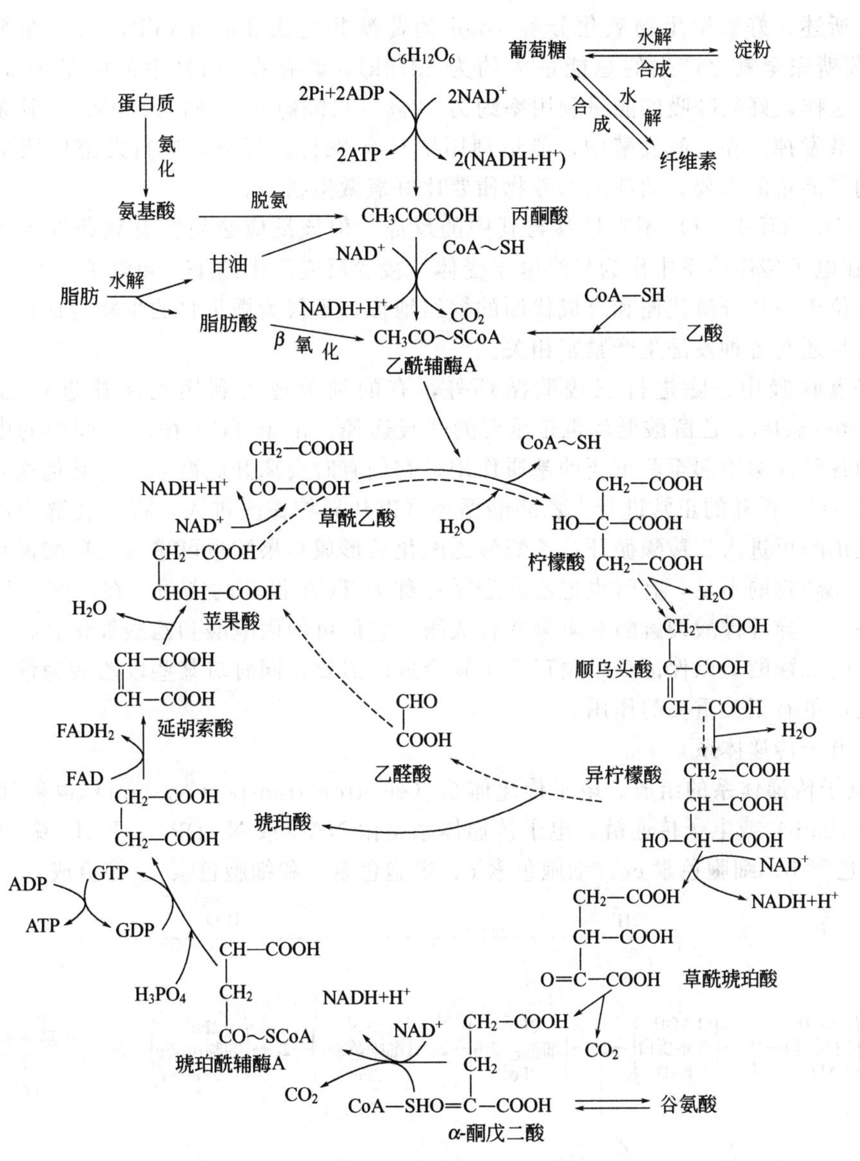

图 6-7　糖、蛋白质和脂肪水解与三羧酸循环

和乙醛酸循环的关系

注：实线表示三羧酸循环，虚线表示乙醛酸循环

H^+)，生成 2mol×3＝6molATP，底物水平磷酸化产生 2molATP，共生成 8molATP。

好氧呼吸总反应方程式：

$$C_6H_{12}O_6+6O_2+38Pi \longrightarrow 6CO_2+6H_2O+38ATP$$

三羧酸循环反应方程式：

$$CH_3COCOOH+4NAD^+ +FAD+GAD+Pi+3H_2O \longrightarrow 3CO_2+4NADH+4H^+ +FADH_2+GTP$$

其中：

$$\begin{cases} \text{底物水平磷酸化：1mol(GDP+Pi)} \rightarrow \text{1molGTP} \rightarrow \text{1molATP} \\ \text{电子传递磷酸化(氧化磷酸化)} \begin{cases} 4mol(NADH+H^+)\times 3=12molATP \\ 1molFADH_2\times 2=2molATP \end{cases} 15molATP \end{cases}$$

则：1mol 葡萄糖完全氧化总共产生 38molATP。

综上所述，好氧微生物氧化分解 1mol 葡萄糖共生成 38molATP，储存在细胞内。而 1mol 葡萄糖完全氧化产生的总能量大约为 2876kJ，贮存在 ATP 中的能量为 $31.4\times38=1193$kJ，这样，好氧呼吸的能量利用率约为 42%（1193kJ/2876kJ×100%），其余的能量以热的形式散发掉。在乙醇发酵中，能量利用率只有 26%。可见，进行发酵的厌氧微生物为了满足同等能量的需要，消耗的营养物质要比好氧微生物多。

在 TCA 循环中，O_2 不直接参与其中的反应，但该反应必须在有氧条件下才能正常运转，O_2 在电子传递体系中作为最终电子受体，接受反应产生的 H^+ 和电子。TCA 循环产能效率高，位于一切分解代谢和合成代谢的枢纽地位，不仅为微生物的生物合成提供各种碳架原料，而且还与各种发酵生产紧密相关。

在好氧呼吸中，除进行三羧酸循环外，有的细菌还可利用乙酸盐进行乙醛酸循环（glyoxylate cycle）。乙醛酸循环也是重要的呼吸途径，由于 TCA 循环过程中的中间产物在微生物的各种代谢中起至关重要的基质作用，它们有时会离开此循环参与其他途径，这时就会影响到 TCA 循环的正常进行。乙醛酸循环可以从异柠檬酸进入，将其裂解为乙醛酸和琥珀酸，琥珀酸可进入三羧酸循环，乙醛酸乙酰化后形成苹果酸也可进入三羧酸循环，由此弥补一些中间产物的不足，有时也把乙醛酸循环称为 TCA 循环的支路。在乙醛酸循环中有两个关键酶——异柠檬酸裂解酶和苹果酸合成酶，它们可使丙酮酸和乙酸等化合物源源不断地合成 4 碳的二羧酸，以保证微生物正常生物合成的需要，同时对某些以乙酸为惟一碳源的微生物来说，更有至关重要的作用。

（3）电子传递体系

① 电子传递体系的组成。电子传递体系（electron transport system）也称呼吸链（respiratory chain）或电子传递链。电子传递体系是由 NAD 或 $NADP^+$、FAD 或 FMN、辅酶 Q、细胞色素 b、细胞色素 c_1、细胞色素 c、细胞色素 a 和细胞色素 a_3 等组成（图 6-8）。

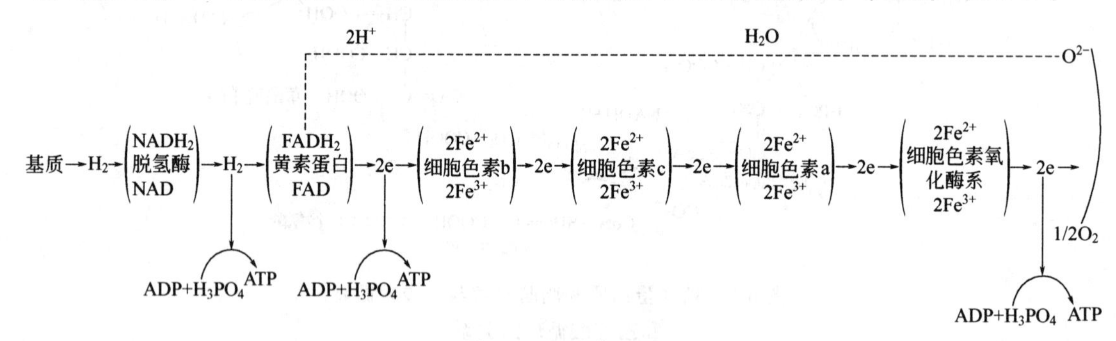

图 6-8 电子传递链

② 电子传递体系的功能。一是接受电子供体提供的电子，在传递体系中，电子从一个组分传到另一个组分，最后借细胞色素氧化酶的催化反应，将电子传递给最终电子受体 O_2；二是合成 ATP，把电子传递过程中释放出的能量贮存起来。

与发酵作用一样，在氧化过程中，从底物所释放出的电子通常首先转移给辅酶 NAD，但是呼吸作用在对还原态的 $NADH+H^+$ 氧化的方式上与发酵作用是特别不同的。从 $NADH+H^+$ 释放出的电子不是转移给一种中间产物（如丙酮酸），而是通过一种电子传递给氧，由此形成氧化态的 NAD 和 H_2O。在 $NADH+H^+$ 得到再生的同时，借氧化磷酸化作用（电子水平、呼吸链水平）产生 ATP。

电子传递体系中各组分氧化能力（或还原能力）的强弱都各不相同，自左到右各组分的氧化能力依次增强。$NADH+H^+$ 氧化能力最弱，O_2 的氧化能力最强。或者说 $NADH+$

H^+ 的还原能力最强，O_2 还原能力最弱。各种还原体系的氧化能力的强弱可以定量地用氧化还原电势（E'，V）来表示。

电子传递体系中各组分严格地按照氧化还原电位的大小进行反应，氧化还原反应电位强的组分并不越级去氧化离它较远的组分。一方面由它们的特异性所决定，另一方面和这些组分在细胞内有秩序地排列有关，保证了这一系列反应顺序地进行。

在原核生物中，电子传递体系作为质膜的一部分；而在真核生物中，电子传递体系存在于线粒体。

好氧呼吸能否进行，主要取决于 O_2 的体积分数能否达到 0.2%［相当于大气中 O_2 的体积分数（21%）的 1%］。O_2 的体积分数低于 0.2%时，好氧呼吸则不能发生。在水环境中，通常溶解性氧（溶解氧，dissolved oxygen，DO）低于 0.5～0.1mg/L 时，微生物不能够进行充分的好氧呼吸。

6.3.2.3　无氧呼吸

无氧呼吸（anoxic respiration）又称无机盐呼吸，是一类以电子传递体系末端的受氢体为外源无机氧化物的生物氧化，这是一类在无氧条件下进行的产能效率比好氧呼吸略低但比发酵较高的特殊呼吸。其特点是底物按常规脱氢后，经部分电子传递体系，最终由氧化态的无机物（个别为有机物）受氢。根据呼吸链末端的最终受氢体的不同，可将无氧呼吸分成硝酸盐呼吸（$NO_3^- \rightarrow NO_2^-$、NO、$N_2O$、$N_2$）、硫酸盐呼吸（$SO_4^{2-} \rightarrow SO_3^{2-}$、$H_2S$）、碳酸盐呼吸（$CO_2$、$HCO_3^- \rightarrow CH_3COOH$、$CH_4$）和延胡索酸呼吸（延胡索酸→琥珀酸）等多种类型。

在电子传递体系中，氧化 $NADH+H^+$ 时的最终电子受体是 O_2 以外的无机化合物，如 NO_2^-、NO_3^-、${SO_4}^{2-}$、${CO_3}^{2-}$ 及 CO_2 等。无氧呼吸的氧化底物一般为有机物，如葡萄糖、乙酸和乳酸等，它们被氧化为 CO_2，有 ATP 生成。

（1）以 NO_3^- 作为最终电子受体　硝酸被还原为 NO_2^-、N_2 和 N_2O（少量），供氢体可以是葡萄糖、乙酸、甲醇等有机物。反应方程式如下：

$$0.5C_6H_{12}O_6 + 2HNO_3 \longrightarrow N_2 + 3CO_2 + 3H_2O + 2[H] + 1756kJ$$

$$CH_3COOH + HNO_3 \longrightarrow 2CO_2 + H_2O + 0.5N_2 + 3[H]$$

$$CH_3OH + HNO_3 \longrightarrow 0.5N_2 + 2H_2O + CO_2 + [H]$$

硝酸盐在接受电子后变成 NO_2^-、N_2 的过程，叫脱氮作用，也叫反硝化作用或硝酸盐还原作用。脱氮分两步进行，先是硝酸还原酶催化 NO_3^- 还原为 NO_2^-，硝酸还原酶被细胞色素 b 还原。第二步是 NO_2^- 被还原为 N_2。无氧呼吸的电子传递体系比好氧呼吸的短，氧化磷酸化仅生成 2molATP。上述两反应有脱氢酶、脱羧酶、硝酸还原酶及细胞色素 b 等参加。脱氮副球菌（*Paracoccus denitrificans*）的电子传递体系又有些不同，还含有细胞色素 c_1、细胞色素 c、细胞色素 a、细胞色素 a_3，在电子传递的过程中，氧化还原电位是不断提高的（图 6-9）。

基质→NAD/$NADH_2$→黄素蛋白→Fe-S 蛋白→Cyt b，c_1→→Cyt c→Cyt a，a_3→→→→NO_3^-

E'_0 −0.40　−0.30　−0.20　−0.1　0　+0.1　+0.2　+0.3　+0.8

图 6-9　反硝化副球菌的电子传递体系

（2）以 ${SO_4}^{2-}$ 为最终电子受体（硫酸盐呼吸）　硫酸盐还原菌在硫酸还原酶催化下，将 SO_4^{2-} 还原为 H_2S，其电子传递体系只有细胞色素 c，在 $SO_4^{2-} \rightarrow S^{2-}$ 中传递电子，生成 ATP。氧化有机物不彻底，如氧化乳酸时产物为乙酸：

$$2CH_3CHOHCOOH + H_2SO_4 \longrightarrow 2CH_3COOH + 2CO_2 + H_2S + 2H_2O + 1125kJ$$

（3）以 CO_2 和 CO 为最终电子受体（碳酸盐呼吸） 产甲烷菌、产乙酸菌利用甲醇、乙醇、甲酸、乙酸、H_2 等作供氢体，其电子传递体系末端的受氢体为 CO_2。根据其还原产物不同，可分为两类：一是产甲烷菌产生甲烷的碳酸盐呼吸；二是产乙酸菌产生乙酸的碳酸盐呼吸。例如：

$$2CH_3CH_2OH + CO_2 \longrightarrow CH_4 + CH_3COOH$$

$$4H_2 + CO_2 \longrightarrow CH_4 + 2H_2O$$

$$3H_2 + CO_2 \longrightarrow CH_4 + H_2O$$

① 参与产甲烷菌产能代谢的酶和辅酶。a. 氢化酶（氢酶）。氢化酶有两种，一种是不需 NAD^+ 的颗粒状氢化酶，它是仅含 6 个铁原子和不稳定硫的铁硫蛋白，它结合在细胞质膜上或位于壁膜的间隙中；另一种是需 NAD^+ 的可溶性氢化酶，通常为一种寡聚铁硫黄素蛋白，它存在于细胞质中。氢化酶是产甲烷末端步骤的电子供给系统。b. F_{420} 氧化还原酶及其他氧化还原酶。c. 辅酶，包括 NAD、$NADP^+$、FAD、FMN、CoM、F_{420}、F_{430}、H_4MPT 及其衍生物。d. 其他，如铁氧还原蛋白及细胞色素 b 和细胞色素 c 等。

② 甲烷形成中的主要反应。产甲烷菌的电子传递系统目前尚无公认的模式，产甲烷菌利用乙酸作最终电子受体的生化代谢模式见图 6-10。

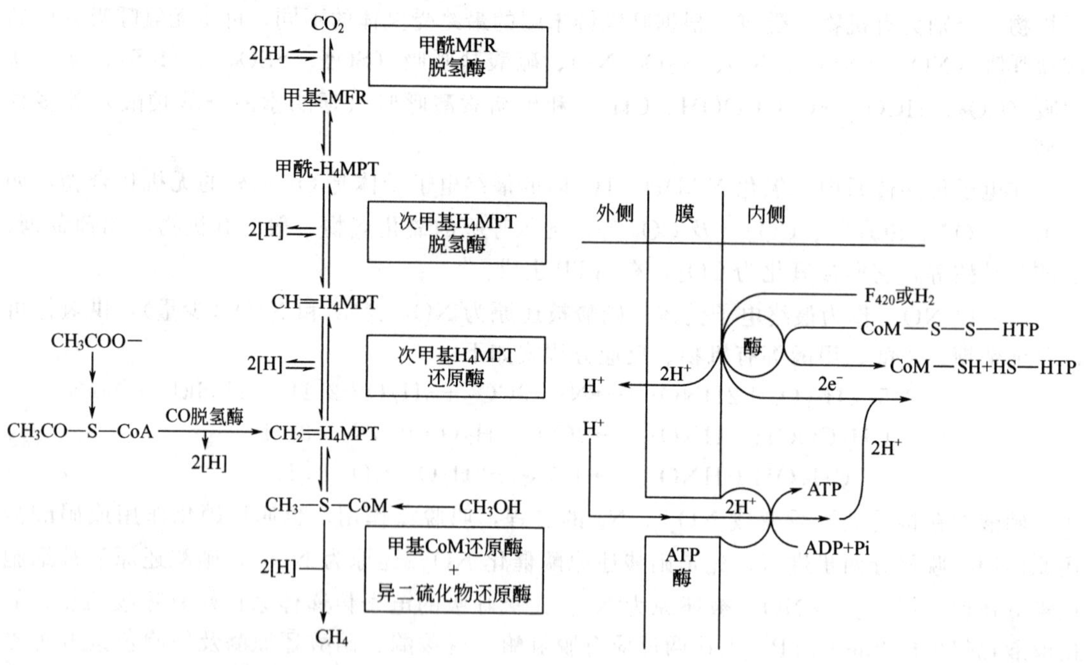

图 6-10 产甲烷菌的生化代谢模式

图 6-11 甲烷形成途径中的产能反应

③ 产甲烷过程中能量的产生。产甲烷菌因只能利用含碳个数较少的化合物，如 CO_2、CO、甲酸、甲醇、甲基胺、乙酸、异丙醇等简单物质，所以，氧化 1mol 上述物质转化为 CH_4 时释放的能量均在 131kJ 以下，远低于好氧呼吸。在甲烷形成途径中，仅最后一步反应产能。目前已经知道的机制是：在由甲基还原酶-F_{430} 复合物催化 CoM-S-CH_3 产生 CH_4 的过程中，还需要 HS-HTP（7-巯基庚酰基丝氨酸磷酸）的参与，因此，在形成甲烷的同时还产生了 CoM-S-S-HTP，后者在异二硫化物还原酶的催化下，可将来自还原态的 F_{420} 或 H_2 的电子传递给 CoM-S-S-HTP，把 H^+ 逐出，由此造成的跨膜电动势推动了 ATP 酶合成 ATP（图 6-11）。

6.3.2.4　外源性呼吸和内源性呼吸

微生物的呼吸作用可分为外源性呼吸和内源性呼吸（图 6-12）。在正常情况下，微生物利用外界供给的能源物质（碳源）进行呼吸作用、产生能量，此时的呼吸作用可称为外源性呼吸，即通常所说的呼吸作用。如果微生物没有外界能源物质可用，而是利用自身内部贮存的能源物质（例如多糖、脂肪、聚 β-羟基丁酸等）进行呼吸作用，则这时的呼吸作用称为内源性呼吸（或内源呼吸）。内源呼吸是一种细胞的自我消耗过程。内源性呼吸的速率取决于细胞的原有营养水平，有丰富营养的细胞具有相当多的能源贮备和高速率的内源呼吸，饥饿细胞的内源呼吸速率很低。

内源性呼吸是细胞代谢的基础。细胞在未获得外界能源物质之前都进行着内源呼吸来满足代谢对能量的需要，因此内源呼吸也称为基本呼吸。实质上内源呼吸与外源呼吸是难以在细胞内截然分清的，因为所有的碳源都是首先被细胞摄取进入细胞内，成为细胞质的一部分。只是当外界营养物充分时，可以认为能量主要来自外源呼吸，反之则主要来自内源呼吸。当内源呼吸为主时，细胞质量不断减少，甚至衰亡。

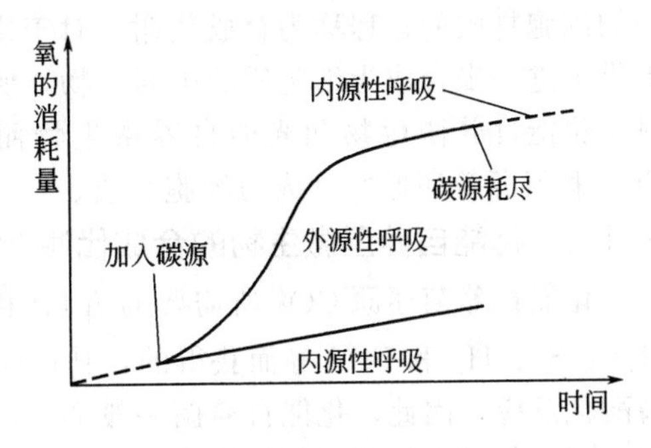

图 6-12　内源呼吸和外源性呼吸的比较

内源呼吸氧化的基质首先是细胞内的能源储备物质，如 PHB、淀粉粒、脂肪滴和糖原、硫粒等，然后是蛋白质等。随着内源呼吸的进行，细胞内物质不断被消耗掉，细胞质量下降，直至细胞死亡。

6.3.3　自养微生物的产能代谢

自养微生物包括化能自养型和光能自养型两种。前者的能量来自呼吸作用，其呼吸作用为好氧呼吸，通过氧化低价态的无机物获取能量，如硝化菌氧化氨（铵）为亚硝酸或硝酸，硫细菌氧化低价态的硫（S^{2-}、S^0、S^{2+}、S^{4+}），铁或锰细菌氧化 Fe^{2+} 或 Mn^{2+} 为三价的离子。

尽管化能自养菌的呼吸作用是好氧呼吸，在氢交给氧分子前，电子也经历不同的电子传递链的传递，但它们的呼吸作用释放的能量很少，因此单位能源支撑的微生物细胞生长量远较异养型好氧呼吸微生物少。

光能型自养微生物能量主要来自光合作用，包括释放氧气的植物光合作用和非释放氧的细菌光合作用两类。该类微生物借助各类光合色素将光能转化为 ATP。如果在无光照的环境下，个别微生物进行呼吸作用［好氧呼吸（如藻类）以及厌氧呼吸（如光能异养菌）］来产能。但不能长期通过呼吸作用作为惟一获得能量的途径。

6.3.4　微生物的产能代谢与废水生物处理的关系

微生物将废水中的污染物当作营养物摄入体内后，实现污染物从水中转移到微生物细胞内，微生物的细胞质量增加，但这并不能算是废水净化的真正完成，因为产生了大量微生物细胞等有机固体废物。实际上，在废水生物处理中，通常都让微生物进一步将其摄取的物质在呼吸作用中氧化分解掉，尽可能少地残留。这些呼吸作用可以是在给微生物供应充足氧的条件下的好氧呼吸，也可以是不供氧的厌氧呼吸（发酵或者无机盐呼吸），尽管微生物将摄取的污染物中的大部分分解掉了，但细胞量仍然会增加。在工程上，可以使微生物进行内源呼吸，进一步将细胞内物质氧化分解。正因为此，根据微生物在污染物分解过程中呼吸类型的不同，将整个废水生物处理分为好氧生物处理和厌氧生物处理两大类。好氧生物处理中必须保证微生物可以得到足够的DO，好氧生物处理进行迅速、无恶臭、污染物分解彻底，净化效果好。厌氧生物处理由于不需要额外供应氧，因此相比好氧生物处理可以节省供氧这部分能耗，但厌氧生物处理速率慢、有恶臭产生、水净化难以彻底，一些厌氧生物处理可以产生甲烷等能源物质，因而日益受到重视。

6.4 微生物的合成代谢

微生物利用能量代谢所产生的能量，将中间产物以及从外界吸收的小分子物质合成为复杂的细胞物质的过程称为合成代谢。对于化能异养微生物而言，产生能量的分解代谢同时也提供了进一步合成为细胞质的中间产物，所以说，合成代谢是在能量代谢的基础上进行的。对于化能自养微生物和光能自养微生物而言，其合成代谢是借助能量将外界摄取的碳源CO_2和氮源等还原并合成为细胞物质。

6.4.1 化能自养型微生物的合成代谢

化能自养菌还原CO_2所需要的ATP和［H］是通过氧化无机底物，如NH_4^+、NO_2^-、H_2S、S^0、H_2和Fe^{2+}等而获得的，其产能的途径主要也是借助于经过电子传递体系的氧化磷酸化反应，因此，化能自养菌一般都是好氧菌。

（1）亚硝化细菌（氨氧化细菌）的合成代谢　其反应式为：

$$NH_4^+ + 1.5O_2 \longrightarrow NO_2^- + 2H^+ + H_2O + 271kJ$$

$$CO_2 + 4[H] \xrightarrow{\downarrow} [CH_2O] + H_2O$$

（2）硝化细菌（亚硝酸氧化细菌）的合成代谢　其反应式为：

$$HNO_2 + 0.5O_2 \longrightarrow NO_3^- + H^+ + 77kJ$$

$$CO_2 + 4[H] \xrightarrow{\downarrow} [CH_2O] + H_2O$$

（3）硫氧化细菌的合成代谢　其反应式为：

$$H_2S + 2O_2 \longrightarrow SO_4^{2-} + 2H^+ + 795kJ$$

$$CO_2 + 4\ [H] \overset{\downarrow}{\rightleftharpoons} [CH_2O]\ + H_2O$$

（4）铁氧化细菌的合成代谢　氧化亚铁硫杆菌及锈色嘉利翁菌通过卡尔文循环固定CO_2。

$$Fe^{2+} + 0.25O_2 + H \longrightarrow Fe^{3+} + 0.5H_2O + 44.4kJ$$

$$CO_2 + 4\ [H] \xrightarrow{\downarrow} [CH_2O]\ + H_2O$$

6.4.2 光能自养型微生物的合成代谢

光能自养型微生物通过光合作用（photosynthesis）将光能转化为化学能，并通过食物链为生物圈的其他成员提供有机物。将太阳能转化为化学能的过程伴随着“CO_2固定”。

（1）藻类的光合作用和呼吸作用

① 藻类的光合作用——非环式光合磷酸化。非环式光合磷酸化（non-cyclic photophosphorylation）是各种绿色植物、藻类和蓝细菌所共有的利用光能产生ATP的磷酸化反应。

在正常环境中，蓝细菌和真核藻类多数在有光和黑暗相交替的条件下生活，藻类在白天，利用体内的叶绿素（a、b、c、d）、胡萝卜素、藻蓝素、藻红素等光合作用色素，进行非环式光合磷酸化。其特点为：a. 电子传递途径属非循环式；b. 在有氧条件下进行；c. 有2个光合系统——PSⅠ和PSⅡ；d. 反应中同时有ATP、还原力、O_2产生；e. 还原力来自H_2O的光解。

从 H_2O 的光解反应中获得 H_2，由 H_2O 经光解产生的 $1/2O_2$ 可及时释放，而电子须经光合系统Ⅰ（PS Ⅰ）和光合系统Ⅱ（PS Ⅱ）接力传递，在 PS Ⅰ中，电子经 Fe-S（铁硫蛋白）和 Fd（铁氧还原蛋白）传递，最终由 $NADP^+$ 接受，形成可用于还原 CO_2 的还原力 $NADPH+H^+$；在 PS Ⅱ中，有 ATP 生成：

$$2NADP^+ + 2ADP + 2Pi + 2H_2O \longrightarrow 2NADPH + 2H^+ + 2ATP + O_2$$

因与植物的光合作用相同，都是利用 CO_2 作为碳源、H_2O 作为供氢体合成有机物，构成自身细胞物质，故称藻类的光合作用为植物性光合作用。其化学反应式为：

$$CO_2 + H_2O \xrightarrow[\text{光合色素}]{\text{光照}} [CH_2O] + O_2$$

在藻类的光合作用中，叶绿素是将光能转变为化学能的基本色素。类胡萝卜素是辅助色素，它和叶绿素紧密结合，不直接参与光合反应，有捕捉光能并将光能传到叶绿素的功能，还能吸收有害光，保护叶绿素免遭破坏。

藻类进行光合作用所产生的氧溶于水或释放到大气中。

② 藻类的呼吸作用。藻类光反应最初的产物 ATP 和 $NADPH+H^+$ 不能长期贮存，它们通过光周期把 CO_2 转变为高能贮存物蔗糖或淀粉，用于暗周期。在夜晚，藻类利用白天合成的有机物作底物，同时利用氧进行呼吸作用，放出 CO_2。

（2）细菌的光合作用

① 环式光合磷酸化。环式光合磷酸化（cyclic photophosphorylation）是在光驱动作用下通过电子的循环式传递而完成的磷酸化，是光合细菌进行光合作用的主要途径。环式磷酸化只有一个光合系统，但不等于光合系统Ⅰ。其特点为：a. 在光能驱动下，电子从菌绿素分子上逐出后，通过类似呼吸链的传递循环又回到菌绿素，其间产生 ATP；b. 产 ATP 与还原力［H］分别进行；c. 还原力来自 H_2S 等供氢体；d. 不产生 O_2。

② 细菌的光合作用。原核生物中的光合细菌进行环式光合磷酸化，它们都是厌氧菌，分类上归于红螺菌目（Rhodospirillales），广泛分布于缺氧的深层淡水或海水中。

因光合细菌种类不同，其光合反应也不同，总的来说，有 3 种生化反应。

a. 绿硫杆菌属（*Chlorobium*）的细菌进行的反应。绿硫杆菌呈绿色，通常存在于含 H_2S 的湖水或矿泉中。在污泥、小型污水厌氧消化试验设备中，因构筑物透光，常有绿硫杆菌出现。

b. 红硫菌科（Thiorhodaceae）的细菌进行的反应。红硫细菌科的细菌呈紫色、褐色和红色。绿硫杆菌和红硫细菌都是光合作用的专性厌氧菌，它们以 H_2S 作为还原 CO_2 的电子供体（或供氢体）；H_2S 被氧化成 S 或 SO_4^{2-}，产生的 S 有的积累在细胞内，有的积累在细胞外，其光合作用反应式如下：

$$CO_2 + 2H_2S \longrightarrow [CH_2O] + 2S + H_2O$$

c. 氢单胞菌属（*Hydrogenomonas*）的细菌进行的反应。这类菌仅以 H_2 作供氢体，常见的如氢细菌（紫色非硫细菌），其光合作用反应式如下：

$$2H_2 + CO_2 \longrightarrow [CH_2O] + H_2O$$

光合细菌通过光周期固定 CO_2，并转变为高能贮存物——聚 β-羟基丁酸等。由于光合细菌可利用有毒的 H_2S 或污水中的有机物（脂肪酸、醇类等）作还原 CO_2 时的供氢体，因此可用于污水净化，所产生的菌体还可作饵料、饲料或食品添加剂等。

③ 有机光合细菌的光合作用。光能异养的厌氧光合细菌叫有机光合细菌。它们以光为能源，以有机物为供氢体还原 CO_2，合成有机物。有机酸和醇是它们的供氢体和碳源。例如，红螺菌科（Rhodospirillaceae）的细菌能利用异丙醇作供氢体进行光合作用，积累丙酮。

光能异养微生物的正常生长需要供给生长因子，它在黑暗时进行好氧氧化作用。

思考题

1. 什么是新陈代谢？新陈代谢主要包含哪些过程？各有什么作用？

2. 什么是酶？酶的组成如何？全酶各部分的作用是什么？酶的结构如何？酶的结构与活性之间有什么关系？辅酶与微生物的营养有什么关系？

3. 酶的催化特性如何？什么是酶的专一性？为什么酶具有专一性？酶与微生物转化分解物质有什么关系？酶在废水生物处理上有什么作用？

4. 什么是酶的活性中心？酶有哪些类别？酶的各种分类之间有什么关联？

5. 微生物的能量来自何处？ATP 与能量代谢有什么关系？微生物呼吸作用的本质是什么？有哪些途径？

6. 微生物呼吸的最终受氢体有哪些？微生物呼吸的最终受氢体与污废水生物处理有什么关系？

7. 化能自养微生物的呼吸作用和同化作用之间是如何联系的？写出相关化学反应方程式。化能自养微生物的呼吸作用在废水处理上有什么作用？

第7章 微生物的生长繁殖及其控制

微生物的生长繁殖是其在内外各种环境因素相互作用下的综合反应，因此，生长繁殖情况就可作为研究各种生理、生化和遗传等问题的重要指标；同时，微生物在生产实践上的各种应用或是对致病、霉腐微生物的防治，也都与它们的生长繁殖和抑制紧密相关。所以有必要对微生物的生长繁殖及其控制的规律作较详细的介绍。

7.1 微生物的生长与繁殖

微生物在适宜的条件下，不断吸收营养物质，按照特定的代谢方式进行新陈代谢活动。正常条件下，同化作用大于异化作用，微生物的细胞不断迅速增长，这一过程称为生长。当细胞个体生长到一定程度时，亲代细胞分裂为两个大小、形状与亲代细胞相似的子代细胞，使得个体数目增加，这即是单细胞微生物的繁殖，此种繁殖方式称为裂殖。微生物的生长与繁殖交替进行的，从生长到繁殖这个由量变到质变的过程称为发育。

细菌两次细胞分裂之间的时间，称为世代时间。在这期间，细胞核物质和细胞质加倍增长，之后平均分到两个新细胞中，每一种微生物由它的遗传性所决定。在一定的培养条件（如营养、pH、温度、微量元素和空气等）下，它的世代时间是一定的；当环境条件发生改变，其世代时间也会改变。一种微生物在实验室培养条件下与在自然条件中或在污水、有机固体废物生物处理构筑物中的世代时间不同。例如：大肠杆菌在37℃的肉汤培养基中培养时，世代时间为15min，在相同温度的牛乳培养基中培养时，世代时间为12.5min。

多细胞微生物的生长只是细胞数目增加，不伴随个体数目的增加。如果不但细胞数目增加，个体数目也增加，则称为多细胞微生物的繁殖，不同种的微生物，其生长繁殖速度不同。原核微生物的繁殖速度一般比真核微生物快，例如，大肠杆菌的世代时间为17min左右，天蓝喇叭虫的世代时间为32h。专性厌氧菌的世代时间多数比好氧菌的长，例如，嗜树木甲烷杆菌（*Methanobacterium arboriphilicum*）的世代时间为6～7h，二氧化碳还原菌的世代时间为2d，索氏甲烷杆菌（*Methanobacterium soebngenii*）在33℃培养时平均世代时间为3.4d。

由于大多单细胞的微生物的世代周期较短（从十几分钟到数天），因此很难用宏观生物的发育过程来描述单个微生物的生长繁殖。对于微生物的生长繁殖规律通常可通过其群体的生长曲线（growth curve）来反映。

微生物的生长曲线是在微生物培养过程中，以微生物数量（活细菌个数或细胞质量）为纵坐标，培养时间为横坐标画得的曲线。一般来说，微生物细胞质量的变化比个数的变化更能在本质上反映出生长的过程。根据微生物培养过程中所采用的培养方式不同，有批式培养（batch culture）和连续培养（continous culture）两种。

7.1.1 微生物的分批培养

分批培养是将一定量的微生物接种在一个封闭的盛有一定量新鲜液体培养基的容器内，保持一定的温度、pH和溶解氧，使微生物在其中生长繁殖，结果出现微生物数量由少变多，达到高峰后又由多变少，直至死亡的变化过程。

以细菌纯种培养为例，将少量细菌接种到一种新鲜的定量液体培养基中进行分批培养，定时取样（例如，每隔 2h 取样一次）计数。以细菌个数或其对数或细菌的干重为纵坐标，以培养时间为横坐标，连接坐标系上各点成一条曲线，即细菌的生长曲线（图 7-1）。一般讲，细菌质量的变化比个数的变化更能在本质上反映生长的过程，因为细菌个数的变化只反映了细菌分裂的数目，质量则包括细菌个数的增加和每个菌体细胞物质的增长。各种细菌的生长速率不一，每一种细菌都有各自的生长曲线，但各细菌的生长曲线在形状上都基本相同，都呈倒“S”形。其他微生物也有类似的生长曲线。污（废）水生物处理中混合生长的活性污泥微生物群体也有着与纯种微生物类似的生长曲线。

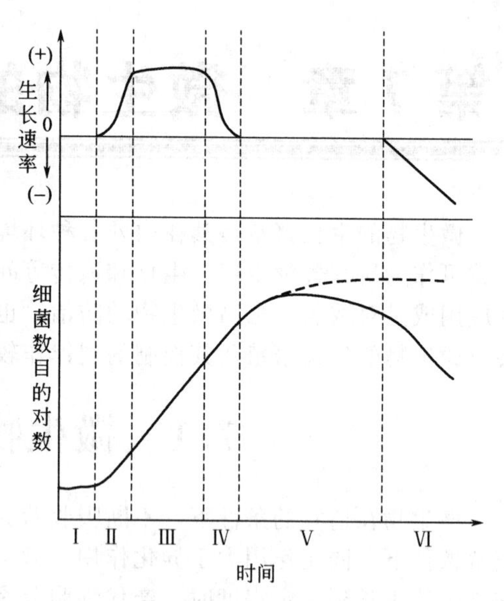

图 7-1 批式培养的细菌的生长曲线

根据曲线变化，可将细菌的生长曲线粗分为停滞期（适应期）、对数期、静止期和衰亡期 4 个时期。

7.1.1.1 停滞期（迟滞期或适应期）(lag phase)

将少量细菌接种到新的培养基中后，细菌不会立即开始生长繁殖，经适应后才能在新的培养基中生长繁殖。在这个阶段的初期，即图 7-1 中Ⅰ阶段，有些细菌产生适应酶，细胞物质开始增加，细胞总数尚未增加；有些个体不能适应新的环境而死亡，故细菌数有所减少。适应的细菌到某个程度便开始细菌分裂，进入停滞期的第二个阶段，即加速期（图 7-1 中Ⅱ阶段），此时，细菌的生长繁殖速率逐渐加快，细菌总数有所增加。

不同种细菌的停滞期长短不同，因受某些因素的影响，细菌的停滞期经历的时间会改变。影响因素如下：a. 接种量。接种量大，停滞期短。b. 接种群体的菌龄。将处于对数期的细菌接种到新鲜、成分相同的培养基中，则不出现停滞期，而以相同速率继续其指数增长。如果将处于对数期的细菌接种到另一种培养基中，则其停滞期可大大缩短。将处于静止期或衰亡期的细菌接种到另一种不同成分的培养基中，其停滞期则相应延长；即使将他们接种到与原来成分相同的培养基中，其停滞期也比接种处于对数期细菌的长。这是因为，处于静止期和衰亡期的细菌常常耗尽了各种必要的辅酶或细胞成分，需要时间合成新的细胞物质，或它们因代谢产物过多积累而中毒，需要时间来修补损失。c. 营养。一个群体从丰富培养基中转接到贫乏培养基中也出现停滞期，因为细胞在丰富的培养基中可直接利用其中的各种成分，而在贫乏培养基中，细菌产生新的酶类以便合成所缺少的成分。

因此，如果接种量适中、群体菌龄小（对数期）、营养和环境条件适宜，停滞期就短。世代时间短的细菌，其停滞期也短。

7.1.1.2 对数期（又叫指数期）(exponential or log phase)

经过停滞期后，细菌的生长速率大增，细菌数量开始以几何级数增加。当细菌总数与时间的关系在坐标系中成直线关系时，细菌即进入对数期（图 7-1 中阶段Ⅲ）。对数期的细胞个数按几何级数增加：1→2→4→8→16→32……，$2^0 \to 2^1 \to 2^2 \to 2^3 \to 2^4 \to \cdots \to 2^n \cdots$。指数 n 为细菌分裂的次数或增殖的代数，一个细菌繁殖 n 代后产生 2^n 个细菌。如果知道 t_1 时细菌

数为 X_1，经过一段时间到 t_2 时，繁殖 n 代后的细菌数 $X_2=2^n X_1$，可通过下式求出细菌的世代时间（G）：

$$G=\frac{t_2-t_1}{n}$$

因为

$$n=3.3(\lg X_2-X_1)$$

所以

$$G=\frac{t_2-t_1}{3.3\lg\dfrac{X_2}{X_1}}$$

式中，n 表示繁殖世代数；X_1 为对数期 t_1 时的菌数；X_2 为对数期 t_2 时的菌数。

处于对数期的细菌得到丰富的营养，细胞代谢活力最强，合成新细胞物质的速率最快，细菌生长旺盛。这时的细胞数量不但以几何级数增加，而且细胞每分裂一次的时间间隔最短。在一定时间内菌体细胞分裂次数越多，世代时间 G 越小，分裂速率就越快。由于营养物质足以供给合成细胞物质用，而有毒的代谢产物积累不多，对生长繁殖影响较小，所以细胞很少死亡或不死亡。此时，细菌细胞物质合成速率与活菌数的增长速率同步，细菌总数的增加率和活细菌数的增加率一致，细菌对不良环境的抵抗力强。如果将处于对数期的细菌接种到新配的成分相同的培养基中，则细菌不经过停滞期就可进入对数期，并大量繁殖。如果要保持对数增长，需要定时、定量地加入营养物，同时排出代谢产物，或改用连续培养，这样，就可以在最短的时间内得到最多的细菌量。对数期的细菌不但代谢活力强，生长速率快，而且群体中细胞的化学组分及形态生理特性都比较一致。可以认为，这一时期的每个细菌都处于“幼龄”阶段。

7.1.1.3　静止期（stationary phase）

由于处于对数期的细菌生长繁殖迅速，消耗了大量营养物质，菌体数目极大增加，导致每个个体可获得的潜在营养物质量大大减少，同时，代谢产物大量积累对菌体本身产生毒害，pH、氧化还原电位等均有所改变，或溶解氧供应不足，这些因素对细菌生长不利，使细菌的生长速率逐渐下降甚至到零，死亡速率渐增，进入静止期（图 7-1 中阶段Ⅳ、Ⅴ）。静止期的细菌总数达到最大值，并恒定一段时间，新生的细菌数和死亡的细菌数相当。这一时期的细菌相当于进入“中年”。细菌数量达到最大。

导致细菌进入静止期的主要原因是营养物质浓度降低，营养物质成了生长限制因子。静止期细菌仍然具有较旺盛的代谢能力，只是随着外界营养的匮乏，代谢速率下降。处于静止期的细菌开始积累贮存物质，如异染粒、聚 β-羟基丁酸（PHB）、肝糖、淀粉粒、脂肪粒等，芽孢杆菌形成芽孢，有些菌开始形成荚膜和菌胶团。

7.1.1.4　衰亡期（death phase）

静止期细菌对营养物的进一步消耗，外界营养所剩无几。细菌因缺乏营养而利用胞内贮备物质进行内源呼吸，细菌死亡率增加，活菌数减少，甚至死菌数大于新生菌数，细菌群体进入衰亡期（图 7-1 中阶段Ⅵ）。

活性污泥中微生物的生长规律和纯菌种的一致，它们的生长曲线相似。一般将其划分为三个阶段：生长上升阶段、生长下降阶段和内源呼吸阶段。

活性污泥法中的序批式反应器（SBR）是将分批培养的原理应用于废水的生物处理。SBR 中活性污泥的生长规律与纯菌种的类似。

批式培养的微生物生长曲线呈现倒“S”形的原因是在批式培养中，随着微生物数目的增加，生长限制因素出现，如营养物不足。如果营养物尚充足，但其他生长所需因素出现限制，也会导致微生物生长下降，如DO、出现有毒物质等。

7.1.2 微生物的连续培养

连续培养有恒浊连续培养和恒化连续培养两种。

（1）恒浊连续培养　是一种使培养液中细菌的浓度（细胞密度）保持恒定，以浊度为控制指标的培养方式。根据微生物增长情况，通过调节进水（含一定浓度的培养基）流速来使培养器中浊度达到恒定。当浊度较大时，加大进水流速，以降低浊度；浊度较小时，降低流速，提高浊度。

（2）恒化连续培养　维持进水中的营养成分恒定，以恒定流速进水，以相同流速流出代谢产物，使细菌处于特定的生长状态的培养方式。

在连续培养中，微生物的生长状态和规律与分批培养不同，它们往往相当于分批培养中生长曲线的某一阶段，也就是生长曲线为一直线。恒浊培养的微生物的生长曲线为平行于时间轴的直线，恒化培养的微生物的生长曲线为与时间轴相交的直线（对数生长期或衰亡期）或平行于时间轴的直线（静止期）。

7.2 不同废水生物处理法中微生物的生长特点及控制生长的意义

在污（废）水生物处理中，除了在序批式反应器（SBR）中采用类似微生物的批式培养方式外，其余的污水生物处理法均采用类似微生物的恒化连续培养方式。

在废水生物处理设计时，按废水的水质情况（主要是有机物浓度）可利用不同生长阶段的微生物处理废水。如，常规活性污泥法利用生长下降阶段的微生物，包括减速期和静止期的微生物；生物吸附法利用生长下降阶段（静止期）的微生物；高负荷活性污泥法利用生长上升阶段（对数期）的微生物；而对于有机物含量低，BOD_5与COD的比值小于0.3，可生化性差的废水，可用延时曝气法处理，即利用内源呼吸阶段（衰亡期）的微生物处理。不同污废水生物处理通常控制的微生物生长阶段见图7-2。

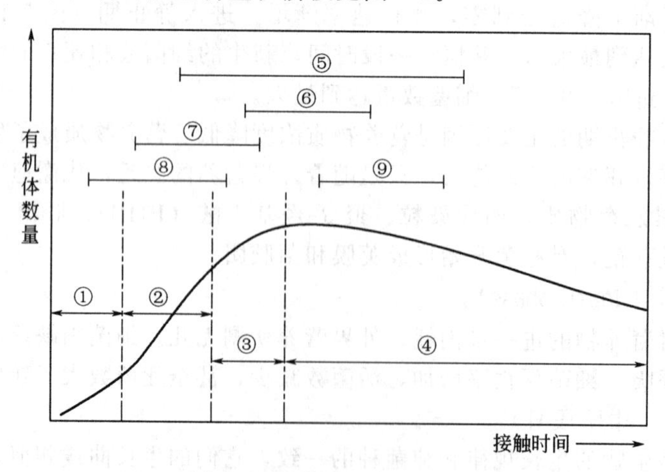

图7-2　活性污泥的生长曲线及其应用

①～④—活性污泥生长曲线4个时期；⑤—常规活性污泥法；⑥—生物吸附法；⑦—高负荷活性污泥法；⑧—分散曝气；⑨—延时曝气

之所以常规活性污泥法不利用对数生长期的微生物而利用静止期的微生物，是由于尽管对数生长期的微生物生长繁殖快，代谢活力强，能大量摄取废水中的有机物，微生物对有机物的去除能力很高，但相应要求进水有机物浓度高，则出水有机物的绝对值也相应提高，不易达到排放标准。又因为对数期的微生物生长繁殖旺盛，细胞表面的黏液层和荚膜尚未形成，运动很活跃，不易自行凝聚形成菌胶团，沉淀性能差，致使出水水质差。而处于静止期的微生物代谢活力虽然比对数生长期的差，但仍有相当的代谢活力，去除有机物的效果仍然较好。其最大特点是体内积累了大量的贮存物，如异染粒、聚β-羟基丁酸、黏液层和荚膜等，强化了微生物的生物吸附能力，自我絮凝、聚集能力强，在二沉池中泥水分离效果好，出水水质好。

用延时曝气法处理低浓度有机废水时，不用静止期的微生物，而利用衰亡期的微生物的原因是低浓度有机物满足不了静止期微生物的营养要求，处理效果不会好。若采用延时曝气法，通常延长曝气时间在8h以上，甚至24h，延长水力停留时间，以增大进水量。提高有机负荷，满足微生物的营养要求，从而取得较好的处理效果。

对于连续流污水处理系统，进水浓度和投加的微生物量就基本决定了反应器内微生物的生长状态，所以在设计时需要确定合理的负荷（单位时间内进水中有机物量与微生物量的比值），以期达到最佳的处理效果。对于SBR反应器，由于其内微生物是批式培养，因此只要设定合理的反应时间，微生物就可以经历完整的生长过程，实现污染物的去除和污泥与水的良好分离。

在SBR反应器中，只要在污泥和水分离阶段，反应期内微生物处于静止期或者衰亡阶段就可以获得较好的沉淀和净化效果。

7.3　环境因素对微生物生长的影响

微生物生长繁殖除了需要满足营养外，还需要有其他合适的环境因子，例如温度、pH、渗透压、氧化还原电位、光照（光能型微生物）、有无有毒物质存在等。如果仅营养条件合适而其他环境条件不正常，微生物的生长繁殖也会受到影响。

7.3.1　温度

温度是影响微生物的重要因子。在适宜的温度范围内，温度每升高10℃，酶促反应速度将提高1～2倍，微生物的代谢速率和生长速率均可相应的提高。适宜的培养温度使微生物以最快的生长速率生长，过高或过低的温度均会降低代谢速率及生长速率。

根据微生物对最适生长温度的需求不同，可将微生物分为四类：嗜冷微生物、嗜中温微生物、嗜热微生物及嗜超热微生物。大多数细菌是嗜中温菌，嗜冷菌和嗜热菌占少数（表7-1）。

表7-1　细菌的生长温度范围

细菌种类	最低温度/℃	最适温度/℃	最高温度/℃
嗜冷菌	−5～0	5～10	20～30
嗜中温菌	5～10	25～40	45～50
嗜热菌	30	50～60	70～80
嗜超热菌	>55℃	70～105	110～113

原生动物的最适温度一般在16～25℃；工业废水生物处理过程中原生动物的最适温度为30℃左右。大多数放线菌的最适温度23～37℃，其高温类型在50～65℃生长良好。霉菌的温度范围和放线菌的差不多。在实验室培养放线菌、霉菌和酵母菌时经常采用的温度为

28～32℃。多数藻类的最适温度在28～30℃。废水生物处理中微生物的适宜温度在30℃左右。

嗜冷微生物（亦叫低温性微生物）尤其是专性嗜冷微生物能在0℃生长，有的在摄氏零下几度甚至更低也能生长，它们的最适宜温度在5～15℃之间。所以，在低温冷藏甚至冷冻状态下的生鲜食品仍有可能由于嗜冷细菌或嗜冷霉菌引起变质甚至腐烂。

低温对嗜中温和高温的微生物生长不利。在低温条件下，微生物的代谢将受到抑制，代谢缓慢甚至处于休眠状态，但低温甚至极低温都难以致死微生物。低温对微生物的影响主要与对酶活性的抑制有关，另外还包括对水分状态和化学反应的影响，因此低温常被用于食品保鲜、菌种保藏等。

高于微生物的适宜温度即为高温。随着温度升高，微生物的活性急剧下降。高温对微生物的酶和蛋白质具有强烈的破坏作用，往往可使活性物质变性，永久地失去活性，因此高温常常会杀死微生物。正是利用这一点，在微生物研究、医学和小规模饮用水处理上采用高温消毒或者灭菌。

消毒是指杀死处理对象上的致病菌。经消毒后，物品或水中没有活着的致病菌，仅存在少量无害微生物。灭菌则是杀灭所有活着的微生物以及孢子，灭菌后物品上或水中没有任何存活的微生物。

通常利用加热来实现灭菌。加热灭菌包括干热灭菌法和湿热灭菌法两大类。

（1）干热灭菌法　干热灭菌法是指在干燥环境（如火焰或干热空气）中通过高热来进行灭菌的技术，包括干热空气灭菌和火焰灼烧灭菌。

① 火焰灭菌法。火焰灭菌法是指用火焰直接灼烧的灭菌方法。该方法灭菌迅速、可靠、简便，包括：a. 焚烧。用火焚烧是一种彻底的灭菌方法，破坏性大，仅适用于废弃物品或动物尸体等。b. 烧灼。直接用火焰灭菌，适用于实验室的金属器械（镊、剪、接种环等）、玻璃试管口和瓶口等耐火焰材料的灭菌。

② 干热空气灭菌法。干热空气灭菌法是指用高温干热空气灭菌的方法。该法适用于耐高温的玻璃和金属制品、不允许湿热气体穿透的油脂（如油性软膏、注射用油等）和耐高温的粉末化学药品的灭菌，不适合橡胶、塑料及大部分药品的灭菌。

细菌的繁殖体在干燥状态下，80～100℃ 1h可被杀死；芽孢需要加热至160～170℃ 2h才被杀灭。

空气干热灭菌通常在电热烘箱（hot air sterilizer）内进行，加热至160～170℃维持2h，可杀灭包括芽孢在内的所有微生物，也可在红外线烤箱（infrared）内进行。常用于碗、筷等食具的灭菌。

（2）湿热灭菌　湿热灭菌法是指用饱和水蒸气、沸水或流通蒸汽进行灭菌的方法。由于蒸汽潜热大，穿透力强，热传导效果好，容易使蛋白质变性或凝固，所以该法的灭菌效率比干热灭菌法高，是含水物质和物品的常用灭菌方法。

在干热状态下，由于热穿透力较差，微生物的耐热性较强，必须长时间受高温的作用才能达到灭菌的目的。因此，干热空气灭菌法采用的温度一般比湿热灭菌法高。为了保证灭菌效果，一般规定135～140℃灭菌3～5h；160～170℃灭菌2～4h；180～200℃灭菌0.5～1h。而湿热灭菌一般采用121℃，灭菌20～30min，如果是产孢子的微生物则应于灭菌后在适宜温度下培养几小时，再灭菌一次，以用于杀死刚刚萌发的孢子。

湿热灭菌法可分为煮沸灭菌法、高压蒸汽灭菌法、流通蒸汽灭菌法和间歇蒸汽灭菌法。

① 煮沸灭菌法。将水煮沸至100℃，保持5～10min可杀死细菌繁殖体，保持1～3h可杀死芽孢。在水中加入1%～2%的碳酸氢钠时沸点可达105℃，能增强杀菌作用，还可去污

防锈。此法适用于食具、刀、载玻片及注射器等。

② 流通蒸汽灭菌法。是指在常压条件下，采用 100℃流通蒸汽加热杀灭微生物的方法，灭菌时间通常为 30～60min。该法适用于不耐热制剂的消毒。但不能保证杀灭所有芽孢，因此，不是非常可靠的灭菌方法。

③ 间歇蒸汽灭菌法。利用反复多次的流通蒸汽加热，杀灭所有微生物，包括芽孢。方法同流通蒸汽灭菌法，但要重复 3 次以上，每次间歇是将要灭菌的物体放到 37℃保温箱过夜，目的是使芽孢发育成繁殖体。若被灭菌物不耐 100℃高温，可将温度降至 75～80℃，加热延长为 30～60min，并增加次数。适用于不耐高热的含糖或牛奶的培养基。

④ 高压蒸汽灭菌法。高压蒸汽灭菌法（autoclaving）可杀灭包括芽孢在内的所有微生物，是灭菌效果最好、应用最广的灭菌方法。此方法是将需灭菌的物品放在高压锅（autoclave）内，加热时蒸汽不外溢，高压锅内温度随着蒸气压的增加而升高。在 103.4kPa（$1.05kg/cm^2$）蒸气压下，温度达到 121.3℃，维持 15～20min。适用于普通培养基、生理盐水、手术器械、玻璃容器及注射器、敷料等物品的灭菌。可分为下排式压力蒸汽灭菌器和预真空压力蒸汽灭菌器两大类。下排式压力蒸汽灭菌器又包括手提式和卧式两种，下排式压力蒸汽灭菌器下部有排气孔，灭菌时利用冷热空气密度的差异，借助容器上部的蒸气压迫使冷空气自底部排气孔排出。灭菌所需的温度、压力和时间根据灭菌器类型、物品性质、包装大小而有所差别。当压力在 102.97～137.30kPa 时，温度可达 121～126℃，15～30min 可达到灭菌目的。预真空压力蒸汽灭菌器配有真空泵，在通入蒸汽前先将内部抽成真空，形成负压，以利蒸汽穿透。在压力 105.95kPa 时，温度达 132℃，4～5min 即可灭菌。

影响湿热灭菌的主要因素有微生物的种类与数量、蒸汽的性质、药品性质和灭菌时间等。

7.3.2 pH

不同的微生物要求不同的 pH。大多数细菌藻类和原生动物的最适 pH 为 6.5～7.5，它们的 pH 适应范围在 4～10 之间。细菌一般要求中性和偏碱性。某些细菌，例如氧化硫硫杆菌和极端嗜酸菌，需要在酸性环境中生活，其最适 pH 为 3，在 pH 为 1.5 时仍可生活。放线菌在中性和偏碱性的环境中生长，pH 以 7.5～8.0 最适宜。酵母菌和霉菌要求在酸性或偏碱性的环境中生活，最适 pH 范围在 3～6，有的在 5～6，其生长极限在 1.5～10 之间。工业废水的 pH 多会偏离 6～9 的范围。在生物法净化这类酸性或者碱性有机废水前，必须用酸或碱加以调节，使 pH 维持在 7 左右后方可与微生物接触。事实上，净化污（废）水的微生物适应 pH 变化的能力比较强，曝气池中的 pH 维持在 6.5～8.5 均可，大多数细菌、藻类、放线菌和原生动物等在这种 pH 下均能生长繁殖，尤其是形成菌胶团的细菌能互相凝聚形成良好的絮状物，取得良好的净化效果。有机固体废物的 pH 为 5～8，堆肥初期 pH 下降至 5 以下，以后上升至 8.5，成熟堆肥的 pH 在 7～8 之间。

污（废）水生物处理的 pH 宜维持在 6.5 以上至 8.5，是因为 pH 在 6.5 以下的酸性环境不利于细菌和原生动物生长，尤其对菌胶团细菌不利。相反，对霉菌及酵母菌有利。如果活性污泥中有大量霉菌繁殖，由于多数霉菌不像细菌那样分泌黏性物质于细胞外，就会降低活性污泥的吸附能力，其絮凝性能较差，结构松散不易沉淀，处理效果下降，甚至导致活性污泥丝状膨胀。

在培养微生物的过程中，随着微生物的生长繁殖和代谢活动的进行，培养基的 pH 会发生变化，有的由碱性变酸性，有的由酸性变碱性，其原因是多方面的。例如，大肠杆菌在 pH 为 7.2～7.6 的培养基中生长，分解葡萄糖和乳糖产生有机酸，这会引起培养基的 pH 下降，培养基变酸。微生物在含有蛋白质、蛋白胨及氨基酸等中性物质的培养基中生长，这些物质可经微生物分解产生 NH_3 和胺类等碱性物质，使培养基的 pH 上升。另外，由于细胞选择性地吸收阳离子或阴离子，也会改变培养基的 pH。如用 $(NH_4)_2SO_4$ 作无机氮源时，当 NH_4^+ 被菌体吸收用于合成氨基酸和蛋白质后 pH 下降，以及用 $NaNO_3$ 作氮源时，NO_3^- 被吸收后，培养基的 pH 会上升。因此，在考虑培养基成分时，要加入缓冲性物质，如 KH_2PO_4 和 K_2HPO_4 等。

在废水和污泥厌氧消化过程中，要控制好产酸阶段和产甲烷阶段的平衡，pH 很关键。通常 pH 应控制在 6.6～7.6，最好控制在 6.8～7.2 之间。城市生活污水、污泥中含蛋白质，在处理时可不加缓冲性物质，如果不含蛋白质等物质，处理之前就要投加缓冲物质。若是连续运行，不但在运行之前，而且在运行期间也要注意投加缓冲物质，所加的缓冲性物质有碳酸氢钠、碳酸钠、氢氧化钠、氢氧化铵及氨等，以碳酸氢钠为佳。

7.3.3 氧化还原电位

有氧环境下，水体氧化还原电位（E_h）为正值，还原环境 E_h 为负值。在自然界中，高浓度氧（O_2）的环境中 E_h 的上限是＋820mV，充满氢（H_2）的环境中 E_h 下限是－400mV。

一般好氧微生物要求的 E_h 为 300～400mV；E_h 在 100mV 以上，好氧微生物生长。兼性厌氧微生物在 E_h 为 100mV 以上时进行好氧呼吸，在 E_h 为 100mV 以下时进行无氧呼吸。专性厌氧细菌要求 E_h 为－250～－200mV，专性厌氧菌的产甲烷菌要求的 E_h 更低，为－400～－300mV，最适 E_h 为－330mV。

氧化还原电位受氧分压的影响。氧分压高，氧化还原电位高；氧分压低，氧化还原电位低。在培养微生物的过程中，由于微生物的生长繁殖消耗了大量氧气，分解有机物产生氢气，使得氧化还原电位降低。

环境中的 pH 对氧化还原电位也有影响。pH 低时，氧化还原电位低；pH 高时，氧化还原电位高。

氧化还原电位可用一些还原剂加以控制，使微生物体系中的氧化还原电位维持在低水平上。这类还原剂有抗坏血酸（维生素 C)、硫二乙醇钠、二硫苏糖醇、谷胱甘肽、硫化氢及金属铁。铁可将 E_h 维持在－400mV。微生物在代谢过程中产生的 H_2S 可将 E_h 降至－300mV。

污水中有机物和还原性无机物（硫化物、氨）在好氧生物净化中被不断氧化分解，溶解氧含量上升，水中 E_h 会不断升高。在有机物的厌氧发酵过程中会有越来越多的还原性物质（H_2、H_2S、NH_3、CH_4、挥发酸）产生，溶解氧不断减少甚至为零，E_h 就不断降低，至负几百毫伏。因此，废水生物处理中 E_h 的变化可以反映污水的净化情况。

7.3.4 溶解氧

根据微生物与氧分子的关系，将微生物分为好氧微生物（包括专性好氧微生物和微量好氧微生物)、兼性厌氧微生物（或叫兼性好氧）以及厌氧微生物。专性好氧微生物是指在氧分压为（0.003～0.2)×101kPa 的条件下生长繁殖良好的微生物。厌氧微生物包括专性厌氧微生物和兼性厌氧微生物。专性厌氧微生物是指只能在氧分压小于 0.005×101kPa 的琼脂表面生长的微生物。而兼性厌氧微生物是指既可在有氧条件下，又可在无氧条件下生长的微生物。这三种类型微生物对氧的反应不同。

7.3.4.1 好氧微生物与氧的关系

在有氧存在的条件下才能生长的微生物叫好氧微生物。大多数细菌（芽孢杆菌、假单胞菌属、动胶菌属、黄杆菌属、微球菌属、无色杆菌属、球衣菌属、根瘤菌、固氮菌、硝化细菌、硫化细菌、无色硫黄细菌)、大多数放线菌、霉菌、原生动物、微型后生动物等都属于好氧性微生物。好氧微生物利用分子氧进行好氧呼吸获得能量。蓝细菌和藻类等白天进行光合作用，从阳光中获得能量，合成有机物，放出氧；夜间和阴天则利用氧进行好氧呼吸，分解自身物质获得能量。

氧对好氧微生物有两个作用：a. 作为微生物好氧呼吸的最终电子受体；b. 参与甾醇类和不饱和脂肪酸的生物合成。

好氧微生物和微量好氧微生物需要氧分子作为呼吸的最终电子受体，并参与部分物质合成，因此它们必须在有氧的条件下才能正常生长繁殖。

好氧微生物需要的是溶于水的氧，即溶解氧。氧在水中的溶解度与水温及大气压有关。低温时，氧的溶解度大；高温时，氧的溶解度小。以纯水为例，0℃时溶解氧的质量浓度为 14mg/L；10℃时溶解氧的质量浓度为 7.7mg/L。含有机物的废水，由于微生物的作用，其中溶解氧浓度较低。冬季水温低，污（废）水好氧生物处理中溶解氧量能保证供应。夏季水温高，氧不易溶于水，常造成供氧不足。常因夏季缺氧，促使适合低溶解氧生长的丝状细菌（如微量好氧的发硫菌和贝日阿托菌等）优势生长，从而造成活性污泥丝状膨胀。

好氧微生物需要供给充足的溶解氧。在污水生物处理中需要设置充氧设备充氧，例如，通过表面叶轮机械搅拌、鼓风曝气、压缩空气曝气、溶气释放器曝气、射流器曝气等方式充氧。在试验中可用振荡器（摇床）充氧。充氧量与好氧微生物的生长量、有机物浓度等成正相关性。因此，在废水生物处理中，溶解氧的供给量要根据好氧微生物的数量、生理特性、基质性质及浓度等综合考虑。例如，污水好氧生物处理进水的 BOD_5 为 200～300mg/L，曝气池混合液悬浮固体（MLSS）的质量浓度为 2～3g/L 时，溶解氧的浓度要维持在 2mg/L 以上。经伍赫尔曼（Wuhrmain）研究，曝气池中溶解氧的质量浓度在 2mg/L 时，直径为 500μm 的絮凝体中心点处溶解氧的质量浓度只有 0.1mg/L，仅有絮凝体表面的微生物得到较多的溶解氧，絮凝体内多数微生物处于缺氧状态。因此，溶解氧的质量浓度维持在 3～4mg/L 为宜。若供氧不足，活性污泥性能较差，导致废水处理效果下降。

好氧微生物中有一些是微量好氧的，它们在溶解氧的质量浓度为 0.5mg/L 左右时生长最好。微量好氧微生物有贝日阿托菌、发硫菌、浮游球衣菌（在充氧充足和缺氧条件下均可生长良好）、游动性纤毛虫（扭头虫、棘尾虫、草履虫）及微型后生动物（如线虫）等。

7.3.4.2　兼性厌氧微生物与氧的关系

兼性厌氧微生物既具有脱氢酶也具有氧化酶，所以，既能在无氧条件下，又可在有氧条件下生存。然而，微生物在这两种不同条件下所表现出的生理状态是很不同的。在好氧条件下生长时，氧化酶活性强，细胞色素及电子传递体系的其他组分正常存在。在无氧条件下，细胞色素和电子传递体系的其他组分减少或全部丧失，氧化酶无活性；一旦通入氧气，这些组分的合成很快恢复。

兼性厌氧微生物除酵母菌外，还有肠道细菌、硝酸盐还原菌、人和动物的致病菌、某些原生动物、微型后生动物及个别真菌等。兼性厌氧微生物在许多方面起积极作用。在污（废）水好氧生物处理中，在正常供氧条件下，好氧微生物和兼性厌氧微生物两者共同起积极作用；在供氧不足时，好氧微生物不起作用，而兼性厌氧微生物仍起积极作用，只是分解有机物不如在有氧条件下彻底。兼性厌氧微生物在污水污泥厌氧消化中也是起积极作用的，他们多数是起水解发酵作用的细菌，能将大分子蛋白质、脂肪、碳水化合物等水解为小分子的有机酸和醇等。

反硝化细菌，如某些假单胞菌、伊氏螺菌、脱氮小球菌及脱氮硫杆菌等，在通气的土壤和有溶解氧的水中进行好氧呼吸，在缺氧环境中又有 NO_3^- 存在时，进行无氧呼吸，利用 NO_3^- 作为最终电子受体进行反硝化作用，使 NO_3^- 还原为 NO_2^-，进而产生 N_2。

7.3.4.3　厌氧微生物与氧的关系

在无氧条件下才能生存的微生物叫厌氧微生物，它们进行发酵或者无氧呼吸。厌氧微生物分为两种：一种是要在绝对无氧条件下才能生存，一遇氧就死亡的厌氧微生物，叫专性厌氧微生物。如梭菌属（*Clostridium*）、拟杆菌属（*Bacteriodes*）、梭杆菌属（*Fusobacterium*）、脱硫弧菌属（*Desulfovibrio*）、所有产甲烷菌［如甲烷杆菌科（*Methanobacteriaceas*）、甲烷球菌属（*Methanococces*）、甲烷单胞菌科（*Methanomonadaceae*）及甲烷八叠球菌属（*Methanosarcina*）］等。另一种是氧的存在与否对他们均无影响，存在氧时它们进行产能代谢，不利用氧，也不中毒。例如，大多数的乳酸菌，不论在有氧或无氧条件下均进行典型的乳酸发酵。

厌氧微生物的栖息处为湖泊、河流和海洋沉积处，泥炭、沼泽、积水的土壤，灭菌不彻底的罐头食品中，油矿凹处及污水、污泥厌氧处理系统中。

专性厌氧微生物生境中绝对不能有氧，因为有氧存在时，代谢产生的 $NADH_2$ 和 O_2 反应生成 H_2O_2 和 NAD，而专性厌氧微生物不具有过氧化氢酶，它将被生成的过氧化氢杀死。O_2 还可产生游离 O_2^-，由于专性厌氧微生物不具有破坏 O_2^- 的超氧化物歧化酶（SOD）而被 O_2^- 杀死。耐氧的厌氧微生物虽具有超氧化物歧化酶，能耐 O_2，然而它们缺乏过氧化氢酶，仍会被过氧化氢杀死。

培养厌氧微生物需在无氧条件下进行。在接种和移种传代时，可用氦气、氢气和氮气驱赶氧气，氮气用得比较多。通入氮气驱赶培养基中的氧以后，用不透氧的橡皮塞塞紧瓶口以防氧气进入，并加入氧化还原性颜料——甲基蓝或刃天青（resazurin）指示培养基内的氧化还原电位。甲基蓝和刃天青在还原态时为无色，在氧化态时显色，所以，培养基变色表明培养管内有氧。为确保厌氧微生物的生长，可将培养管、培养瓶、培养平板放在无氧培养罐内培养。可把专性厌氧微生物和兼性厌氧微生物混合培养，一旦有氧气，可被兼性厌氧菌利用掉，以保证厌氧环境，从而较易得到专性厌氧菌。

7.3.5　重金属及其化合物

重金属汞银铜铅及其化合物可有效地杀菌和防腐，它们是蛋白质沉淀剂，其杀菌机理是与酶的—SH 基结合，使酶失去活性；或与菌体蛋白结合，使之变性或沉淀。

当二氯化汞（$HgCl_2$）的质量浓度为 20～50mg/L 时，对大多数细菌有致死作用。自然界中有些细菌能耐汞，甚至能转化汞。例如，腐臭假单胞菌能耐质量浓度小于 2mg/L 的汞；带 MER 质粒的腐臭假单胞菌耐汞能力更强，能在质量浓度为 50～70mg/L 的 $HgCl_2$ 环境中生长。可用耐汞菌处理含汞废水。耐汞菌可将无机汞转化有机汞并成为菌体的一部分，然后再从菌体中回收汞。

$$2[\text{酶—SH}] + Hg^{2+} \longrightarrow \text{酶—S—Hg—S—酶} + 2H^+$$

（有活性）　　　　　　　　（无活性）

硫酸铜对真菌和藻类的杀伤能力较强。用硫酸铜与石灰配制成的波尔多液，在农业上可用以防治某些植物病。在废水生物处理过程中，用化学法测定曝气池混合液中的溶解氧时，可在 1L 混合液中加 10mL 质量浓度为 1g/L 的硫酸铜抑制微生物的呼吸。

铅对微生物有毒害，将微生物浸在质量浓度为 1～5g/L 铅盐溶液中几分钟内就会死亡。

7.4 对有害微生物生长的控制

在我们周围的环境中，到处都有各种各样的微生物存在着，其中有一部分是对人类有害的微生物，它们通过气流、相互接触或人工接种等方式，传播到基质或生物对象上而造成种种危害。例如，食品和工农业产品的霉腐变质；实验室中微生物或动植物组织、细胞纯培养物的污染；培养基或生化试剂的染菌；微生物工业发酵中的杂菌污染；以及人体和动、植物受病原微生物的感染而患各种传染病，等等。在环境工程和市政工程中，通常要防止污水中存在的病原微生物污染水体、土壤、空气，需要消灭饮用水中可能存在的病原微生物，有时也需要对特殊场合（病房、无菌室、超净间甚至居室）内环境空气中的有害微生物进行控制。在活性污泥处理系统，引起污泥膨胀、导致处理效果下降的微生物也算是"有害微生物"，也需要适当控制。在利用有益微生物的同时，很多时候也需要对一些有害微生物进行控制，采取有效的措施来抑制或消灭它们。

下面是几个涉及有害微生物控制的术语，代表了控制的不同对象和程度。

① 防腐（antisepsis）。它是一种抑菌作用。利用某些理化因子，使物体内外的微生物暂时处于不生长、不繁殖但又未死亡的状态。这是一种防止食品腐败和其他物质霉变的技术措施，如低温、干燥、盐液、糖渍等。

② 消毒（disinfection）。是指杀死或消除所有病原微生物的措施，可达到防止传染病传播的目的。例如将物体煮沸（100℃）10min 或 60～70℃加热处理 30min，就可杀死病原菌的营养体，但绝非杀死所有的芽孢，常用于牛奶、食品以及某些物体表面的消毒。也可利用具有消毒作用的化学药剂又叫消毒剂（disinfectant）进行。

③ 灭菌（sterilization）。是指用物理或化学因子，使存在于物体中的所有生活微生物永久性地丧失其生活力，包括最耐热的细菌芽孢。这是一种彻底的杀菌措施，通过灭菌的物品不再存在任何有生命的有机体。

④ 化疗（chemotherapy）。是指利用某些具有选择毒性的化学药物（如磺胺）或抗生素对生物体的深部感染进行治疗，可以有效地消除宿主体内的病原体，但对宿主却没有或基本上没有损害。

⑤ 抑制（inhibition）。抑制是在亚致死计量因子作用下导致微生物生长停止，但在移去这种因子后生长仍可恢复的生物学现象。

⑥ 死亡（death）。对微生物来说，就是不可逆地丧失了生长繁殖的能力，即使再放到合适的环境中也不再繁殖。要直接判断非活细胞和死亡细胞是较困难的，因它们在形态、染色特性以及酶活力等方面可能有所不同，也可能差别不大，因此，在检查理化因素对微生物的致死作用时，通常是将处理后的微生物接种到适宜的固体或液体培养基中，看其能否再生长繁殖为标志。

必须明确：不同的微生物对各种理化因子的敏感性不同；同一因素不同剂量对微生物的效应也不同，或者起灭菌作用，或者可能只起消毒或防腐作用；有些化学因子，在低浓度下是微生物的营养物质或具有刺激生长的作用。在了解和应用任何一种理化因素对微生物的抑制或杀死作用时，还应考虑多种因素的综合效应。例如在增高温度的同时加入另一种化学药剂，则可加速对微生物的破坏作用；大肠杆菌在有酚存在的情况下，温度从 30℃增至 42℃时明显加快死亡；微生物的生理状态也影响理化因子的作用。营养细胞一般较孢子抗逆性差，幼龄的、代谢活跃的细胞较之老龄的、休眠的细胞易被破坏。微生物生长的培养基以及它们所处的环境对微生物遭受破坏的效应也有明显的影响，如在酸或碱中，热对微生物的破坏作用加大；培养基的黏度影响抗菌因子的穿透能力；有机质的存在干扰微生物化学因子的效应，或者由于有机物与化学药剂结合而使之失效，或者有机质覆盖于细胞表面，阻碍了化学药剂的渗入。

理化因子对微生物生长是起抑菌作用还是杀菌作用并不是很严格分开的，因为理化因子的强度或浓度不同，作用效果也不同，例如有些化学物质低浓度有抑菌作用，高浓度则起杀菌作用，就是同一浓度作用时间长短不同，效果也不一样。不同微生物对理化因子作用的敏感性不同，同一种微生物所处的生长时期不同，对理化因子作用的敏感性也不同。

7.4.1 物理控制方法

控制微生物的物理因素主要有温度、辐射作用、过滤、渗透压、干燥和超声波等，它们对微生物生长能起抑制作用或杀灭作用。

（1）高温　当温度超过微生物生长的最高温度或低于生长的最低温度都会对微生物产生杀灭作用或抑制作用，因此高温是最常用的物理控制手段。当然，高温需要消耗能量来加热，对于污水的消毒等不大适合，少量饮用水可以采用煮沸加热的办法来消毒。

（2）辐射作用　辐射灭菌（radiation sterilization）是利用电磁辐射产生的电磁波杀死大多数物质上的微生物的一种有效方法。用于灭菌的电磁波有微波、紫外线（UV）、X 射线和 γ 射线等，它们都能通过特定的方式控制微生物生长或杀死它们。例如微波可以通过热产生杀死微生物的作用；紫外线（UV）使 DNA 分子中相邻的嘧啶形成嘧啶二聚体，抑制 DNA 复制与转录等功能，杀死微生物；X 射线和 γ 射线能使其他物质氧化或产生自由基再作用于生物分子，或者直接作用于生物分子，通过打断氢键、使双键氧化、破坏环状结构或使其某些分子聚合等方式破坏和改变生物大分子的结构，以抑制或杀死微生物。即使可见光在长时间照射后，也能损害微生物或杀死它们，因为所有光合生物含有叶绿素（或细菌叶绿素）、细胞色素、黄素蛋白等光敏感色素，它吸收光能变成激发态或被活化，并将吸收的能量转移到氧，产生自由基作用于细胞，导致机体突变或死亡。辐射灭菌的效果受其他因子制约，例如光照可使嘧啶二聚体解体，降低紫外线作用效果，氧可提高 X 射线 γ 射线作用的效果等。

（3）过滤作用　高压蒸汽灭菌可以除去液体培养基中的微生物，但对于空气和不耐热的液体培养基的灭菌是不适宜的，为此设计了一种过滤除菌的方法。过滤除菌有三种类型：一种最早使用的是在一个容器的两层滤板中填充棉花、玻璃纤维或石棉，灭菌后空气通过它就可以达到除菌的目的；为了缩小这种容器的体积，后来改进为在两层滤板之间放入多层滤纸，灭菌后使用也可以达到除菌的目的，这种除菌方式主要用于发酵工业；第二种是膜滤器，它是由醋酸纤维素或硝酸纤维素制成的比较坚韧的具有微孔（0.22～0.45μm）的膜，灭菌后使用，液体培养基通过它就可将细菌去除，用这种滤器处理比较少，主要用于科研；第三种是核孔（nucleopore）滤器，它是用核辐射处理得很薄的聚碳酸胶片（厚 10μm）再经化学蚀刻制成，溶液通过这种滤器就可以将微生物除去，这种滤器也主要用于科学研究。

（4）高渗作用　细胞质膜是一种半渗透膜，它将细胞内的原生质与环境中的溶液（培养基等）分开，如果溶液中的浓度高于细胞原生质中水的浓度，那么水就会从溶液中通过细胞质膜进入原生质，使原生质和溶液中的浓度达到平衡，这种现象为渗透作用，即水或其他溶剂经过半渗透性膜而进行扩散的现象称为渗透（osmosis）。在渗透时溶剂通过半透膜时受到的阻力称为渗透压（osmotic pressure）。渗透压的大小与溶液浓度成正比，如纯水的 a_w 值是 1，溶液中溶质趋向于降低 a_w 值，即溶液中含的溶质愈多，溶液中的 a_w 值愈低，而溶液的渗透压愈高。细菌接种到培养基里以后，细菌通过渗透作用使细胞质与培养基的渗透压力达到平衡。如果培养基的渗透压力高（即 a_w 值低），原生质中的水向培养基中扩散，这样会导致细胞发生质壁分离，使生长受到抑制，因此提高环境的渗透压，即降低 a_w 值，就可以达到控制微生物生长的目的。例如用盐（浓度通常为 10%～15%）腌制的鱼、肉等食品就是通过加盐使新鲜鱼、肉脱水，降低它们的水活性，使微生物不能在它们上面生长；新鲜水果通过加糖（浓度一般为 50%～70%）制成果脯、蜜饯也是降低水果的 a_w 值，抑制微生物生长与繁殖，起到防止腐败、变质的效果。

微生物的生长对环境的渗透压有一定的要求，使微生物细胞质膜所承受的压力在允许的范围之内，当微生物接种在渗透压低的培养基里时，细胞吸水膨胀，细胞质膜受到一种向外的压力，即膨胀力。正常条件下，G^+ 细菌的膨胀压力为 $(1.52\sim2.03)\times10^6$ Pa（15～20 个大气压），G^- 细菌的膨胀压力为 $8.11\times10^4\sim5.07\times10^5$ Pa（0.8～5 个大气压），由于细胞壁的保护作用，这种膨胀压力不会影响细菌的正常生理活动。当培养基的渗透压力高时，细胞质失水，发生质壁分离，导致生长停止。大多数微生物通过胞内积累某些能够调整胞内渗透压的相容溶质（compatible solutes）来适应培养基的渗透压变化，这类相容溶质可以是某些阳离子（如 K^+）、氨基酸（如谷氨酸）、氨基酸衍生物（甘氨酸的衍生物，如甜菜碱）或糖（如海藻糖）等，这类物质被称为渗透保护剂或渗透调节剂或渗透稳定剂。

（5）干燥　水是微生物细胞的重要成分，占其质量的 90%以上，它参与细胞内的各种生理活动，因此说没有水就没有生命。降低物质的含水量直至干燥，就可以抑制微生物生长，防止食物、衣物等物质的腐败与霉变。因此干燥是保存各种物质的重要手段之一。

（6）超声波　超声波处理微生物悬液可以达到消灭它们的目的。超声波处理微生物悬液时由于超声波探头的高振动，引起探头周围水溶液的高频振动；当探头和水溶液两者的高频率振动不同步时能在溶液内产生空穴，空穴内处于真空状态，只要悬液中的细菌接近或进入空穴区，由于细菌内、外压力差，导致细胞裂解，达到灭菌的目的，超声波的这种作用称为空穴作用；另一方面，由于超声波振动，机械能转变成热能，导致溶液温度升高，使细胞产生热变性以抑制或杀死微生物。目前超声波处理技术广泛用于实验室研究中的破碎细胞和灭菌。

7.4.2　化学控制方法

（1）抗微生物剂　抗微生物剂（antimicrobial agent）是一类能够杀死微生物或抑制微生物生长的化学物质，这类物质可以是人工合成的，也可以是生物合成的天然产物。根据它们抗微生物的特性可分为以下几类。a. 抑菌剂（bacteriostatic agent）。它们能抑制微生物生长，但不能杀死它们，作用机理是这类物质结合到核糖体上抑制蛋白质合成，导致生长停止，由于它们同核糖体结合不紧，它们在浓度降低时又会游离出来，核糖体合成蛋白质的能力恢复，使生长恢复。b. 杀菌剂（bactericide）。它们能杀死细胞，但不能使细胞裂解，由于它们是紧紧地结合到细胞的作用靶上，即使在浓度降低时也不能游离出来，因此生长不能恢复。c. 溶菌剂（bacteriolysant）。它们能通过诱导细胞裂解的方式杀死细胞，将这类物质加到生长的细胞悬浮液里以后会导致细胞数量或细胞悬浮液的浑浊度降低，能抑制细胞壁合成或损伤细胞质膜的抗生素就属于溶菌剂。

抗微生物剂又称杀菌剂（germicide），通常又将它们分为消毒剂（disinfectant）和防腐剂（antisepsic），前者通常用来杀死非生物材料上的微生物，后者具有杀死微生物或抑制微生物生长的能力，但对于动物或人体的组织无毒害作用。杀菌剂广泛用于热敏感的其他物质或用具，如温度计、带有透镜的仪器设备、聚乙烯管或导管等的灭菌；在食品、发酵工业、自来水厂等部门常用杀菌剂杀死墙壁、楼板与仪器设备等表面和自来水中的微生物；对于空气中的微生物则用甲醛、石炭酸（酚）、高锰酸钾等化学药剂进行熏、蒸、喷雾等方式杀死它们。

（2）抗代谢物　在微生物生长过程中常常需要一些生长因子才能正常生长，可以利用生长因子的结构类似物干扰机体的正常代谢，以达到抑制微生物生长的目的。例如磺胺类药物是叶酸组成部分对氨基苯甲酸的结构类似物，被微生物吸收后取代对氨基苯甲酸，干扰叶酸的合成，抑制转甲基反应，导致代谢紊乱，从而抑制生长。同样，对氟苯丙氨酸、5-溴氟尿嘧啶和5-溴胸腺嘧啶，分别是苯丙氨酸、尿嘧啶和胸腺嘧啶的结构类似物。因此生长因子等的结构类似物又称为抗代谢物（antimetabolite），它在治疗由病毒和微生物引起的疾病上起着重要作用。

（3）抗生素　抗生素（antibiotics）是由某些生物合成或半合成的一类次级代谢产物或衍生物，它们是能抑制其他微生物生长或杀死它们的化合物。抗生素主要是通过抑制细菌细胞壁的合成、破坏细胞质膜、作用于呼吸链以干扰氧化磷酸化、抑制蛋白质和核酸合成等方式来抑制微生物的生长或杀死它们。在这些抗生素中，每种都可以起到抑制细菌的生长或杀死它们的作用。

抗生素与其他一些代谢药物如磺胺类药物通常是临床上广泛使用的化学治疗剂，但多次重复使用会使一些微生物变得对它们不敏感，作用效果也越来越差。根据对某些抗生素不敏感的抗性菌株的研究表明，抗性菌株具有以下特点：a. 细胞质膜透性改变，如抗四环素的委内瑞拉链霉菌的细胞质膜透性改变，阻止四环素进入细胞；b. 药物作用靶改变，二氢叶酸合成酶是磺胺类药物作用的靶，抗磺胺药物的菌株改变了二氢叶酸合成酶基因的性质，合成一种对磺胺药物不敏感的二氢叶酸合成酶；链霉素是通过结合到核糖体30S亚基的一种蛋白质上干扰蛋白质合成，以达到抑制生长的目的；抗链霉素的抗性菌株合成了一种蛋白质不能结合链霉素，由这种蛋白质组建的30S亚基就不能结合链霉素，因此对链霉素产生抗性；又如通过23S tRNA上甲基化，即在核糖体上的甲基化，或在嘌呤第6位上的甲基化，或在16S rRNA的3′-末端发生的甲基化作用等都可以使抗生素失去应有的效果；c. 合成了修饰抗生素的酶，这些酶有转乙酸酶、转磷酸酶或腺苷酸转移酶等，在这些酶的作用下，分别使氯霉素乙酰化，链霉素与卡那霉素磷酸化或链霉素腺苷酸化，这些被修饰的抗生素也失去了抗菌活性；d. 抗性菌株发生遗传变异，发生变异的菌株导致合成新的多聚体，以取代或部分取代原来的多聚体，如有些抗青霉素的菌株细胞壁中肽聚糖含量降低，但合成了另外的细胞多聚体等。抗性菌株所具特征表明了它耐药性的机理。

抗生素在临床上用来治疗由细菌引起的疾病时，为了避免出现细菌的耐药性，使用时一定要注意：a. 第一次使用的药物剂量要足；b. 避免在一个时期或长期多次使用同种抗生素；c. 不同的抗生素（或与其他药物）混合使用；d. 对现有抗生素进行改造；e. 筛选新的更有效的抗生素。这样既可以提高治疗效果，又不会使细菌产生抗药性。

7.5　微生物的遗传与变异

遗传（inheritance）和变异（variation）是生物体最本质的属性之一。遗传性是指生物的亲代传递给其子代一套遗传信息的特性。遗传性是一种潜力，只有当子代生活在适宜的环境条件下时，通过代谢和发育才能使其后代出现与亲代相同的具体性状。生物体所携带的全部遗传因子或基因的总称，即遗传型（genotype）。具有一定遗传型的个体，在特定的外界环境中通过生长和发育所表现出来的种种形态和生理特征的总和，即为其表型（phenotype）。

同样遗传型的生物，在不同的外界条件下，会呈现不同的表型。这类表型上的差别，只能称适应或饰变（modification），而不是真正的变异，因为它是群体中任一个体都可变的，并不能遗传给下一代，在这种个体中，其遗传物质的结构未发生变化。例如，黏质沙雷菌

(*Serretiamarcescens*，又称黏质赛杆菌) 在 25℃下培养时，会产生一种深红色的灵杆菌素，把菌落染成似鲜血那样 (因此过去称它为神灵色杆菌或灵杆菌)，可是当培养在 37℃下时，群体中所有细胞都不产色素，如果重新降温至 25℃，产色素能力又得到恢复。只有遗传型的改变，即生物体遗传物质结构上发生的变化，才称为变异。在群体中，发生变异的概率是极低的 (例如上述黏质沙雷菌产色素形状的突变率为 1/10000)，但一旦发生后即是稳定的、可遗传的。

从遗传学研究的角度来看，微生物有着许多重要的生物学特性：个体的体制极其简单，营养体一般都是单倍体，易于在成分简单的合成培养基上大量生长繁殖，繁殖速度快，易于累积不同的最终代谢产物及中间代谢物，菌落形态特征的可见性与多样性，环境条件对微生物群体中各个体作用的直接和均匀，以及存在着处于进化过程中多种原始方式的有性生殖类型等。对微生物遗传变异规律的深入研究，不仅促进了现代生物学的发展，而且还为微生物育种工作提供了丰富的理论基础。

7.5.1 遗传物质在细胞中的存在方式

核酸尤其是 DNA 是生物体的遗传物质基础，它们在生物体中有多种多样的存在方式，为便于全面了解和运用这些知识，下面从 7 个方面来加以叙述。

(1) 细胞水平　从细胞水平来看，不论是真核微生物还是原核微生物，它们的大部分或几乎全部 DNA 都在细胞核或核质体中。在不同的微生物细胞或是在同种微生物的不同类型细胞中，细胞核或细胞质的数目可能不同。

(2) 细胞核水平　从细胞核水平来看，真核生物与原核生物之间存在着一系列明显的差别。前者的核有核膜包裹，形成有完整的形态的核，核内的 DNA 与组蛋白合成显微镜下可见的染色体；而后者的“核”则无核膜包裹，呈松散的核质体状态存在，DNA 不与蛋白质相结合等。

不论是真核生物还是原核生物，它们除了具有集中着大部分 DNA 的核或核质体外，在细胞质中还存在着一些能自主复制的另一类遗传物质，即广义上的质粒 (Plasmid)。例如真核生物中的各种细胞质基因 (叶绿体、线粒体、中心体等) 和共生生物 (如草履虫放毒者品系中的卡巴颗粒等)；原核生物中如细菌的致育因子 (即 F 因子，fertilityfactor)、抗药因子 (即 R 因子，resistancefactor) 以及大肠杆菌素因子 (Col，colicinogenicfactor) 等。微生物核外染色体的存在形式如图 7-3 所示。

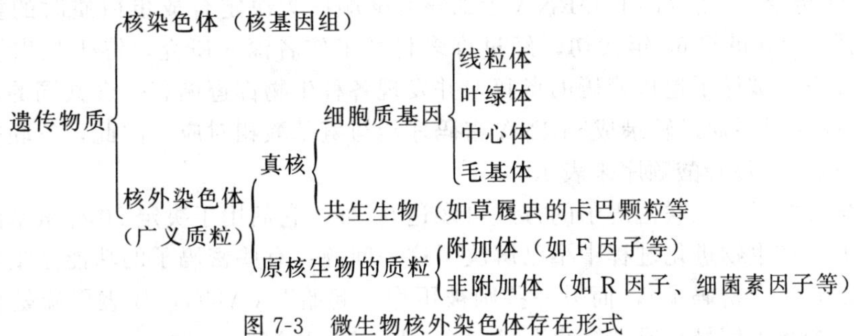

图 7-3　微生物核外染色体存在形式

(3) 染色体水平　不同生物体在一个细胞核内，往往有不同数目的染色体。真核微生物常有较多的染色体，如酵母菌属 (*Saccharomyces*) 有 17 条，汉逊酵母属 (*Hansenula*) 有 4 条，脉孢菌属有 7 条等；而在原核微生物中，每一个核质体只是由一个裸露的、光学显微镜下无法看到的环状染色体组成。因此，对原核生物来说，所谓染色体水平，实际上就是核酸水平。

除染色体的数目外，染色体的套数也有不同。如果在一个细胞中只有一套相同功能的染色体，它就是一个单倍体。在自然界中发现的微生物多数都是单倍体的，高等动植物的生殖细胞也都是单倍体；反之，包含有两套相同功能染色体的细胞，就称为双倍体。例如高等动植物的细胞、少数微生物（如酿酒酵母）的营养细胞以及由两个单倍体的性细胞通过接合或体细胞融合而形成的合子，都是双倍体。在原核生物中，通过转化、转导或接合等过程而获得外来染色体片段时，只能形成一种不稳定的称作部分双倍体的细胞。

（4）核酸水平　从核酸的种类来看，大多数生物的遗传物质是DNA，只有部分病毒(其中多数是植物病毒、还有少数是噬菌体）的遗传物质是RNA。在真核生物中，DNA缠绕着组蛋白，两者一起构成了复合物——染色体，而原核生物的DNA都是单独存在的，在核酸的结构上，绝大多数微生物的DNA是双链的，只有少数病毒为单链结构（如大肠杆菌的Φ×174和fd噬菌体等)；RNA也有双链（大多数真菌病毒）与单链（大多数RNA噬菌体）之分。从DNA的长度来看，真核生物要比原核生物长得多，但在不同生物间的差别很大，如酵母菌的DNA长约6.5mm，大肠杆菌1.1～1.4mm，枯草杆菌（*Bacillus subtilis*）约1.7mm，嗜血流感菌（*Haemophilusinfluenzae*）为0.832mm。可以设想，这样长的DNA分子，其所包含的基因数量是极大的。例如，枯草杆菌约有10000个，大肠杆菌约有7500个，T_2噬菌体有360个，而最小的RNA噬菌体MS_2却只有3个。此外，同样是双链DNA，其存在状态也有不同，多数呈环状，但有的呈线状（如在病毒粒子中时)，如果是细菌质粒，还可是超螺旋（“麻花”）状。

（5）基因水平　在生物体内，一切具有自主复制能力的遗传功能单位都可称为基因，它的物质基础是一个具特定核苷酸顺序的核酸片段。基因有两种，其中的结构基因用于编码酶的结构，为细胞产生蛋白质提供了可能；而调节基因则用于调节酶的合成，它使该细胞在某一特定条件下合成蛋白质的功能得到了实现。每一基因的相对分子质量约为6.7×10^5，即约含1000对核苷酸，每个细菌一般含有5000～10000个基因。

（6）密码子水平　遗传密码就是指DNA链上各个核苷酸的特定排列顺序。每个密码子(codon）是由3个核苷酸顺序决定的，它是负载遗传信息的基本单位。生物体内的无数蛋白质都是生物体各种生理功能的具体执行者，可是，蛋白质分子并无自主复制能力，它是按DNA分子结构上遗传信息的指令而合成的。当然，其间要经历一段复杂的过程：大体上要先把DNA上的遗传信息转移到mRNA分子上去，形成一条与DNA碱基顺序互补的mRNA链（即转录)，然后再由mRNA上的核苷酸顺序去决定合成蛋白质时的氨基酸排列顺序（即转译)。20世纪60年代初，经过许多科学工作者深入研究，终于找出了转录与转译间的相互关系，破译了遗传密码的奥秘，并发现各种生物都遵循着一套共同的密码。由于DNA上的三联密码要通过转录成mRNA密码才能与氨基酸相对应，因此，三联密码一般都用mRNA上的3个核苷酸顺序来表示。

由4种核苷酸组成三联密码子的方式可多达64种，它们用于决定20种氨基酸是绰绰有余了。事实上，在生物进化过程中早已解决了这一问题：有些密码子的功能是重复的（如决定亮氨酸的就有6个密码子)，而另一些则被用作“起始”(AUG，代表甲硫氨酸或甲酰甲硫氨酸，是一个起始信号）或“终止”(UAA，UGA，UAG）信号。

（7）核苷酸水平　上面所讲到的基因水平，实际上是一个遗传的功能单位，密码子水平是一种信息单位，而这里提出的核苷酸水平（即碱基水平）则可认为是一个最低突变单位或交换单位。在绝大多数生物的DNA组分中，都只有腺苷酸（AMP)、胸苷酸（TMP)、鸟苷酸（GMP）和胞苷酸（CMP）4种脱氧核苷酸，但也有少数例外，它们含有一些稀有碱基，例如，T偶数噬菌体的DNA上就含有少量5-羟基胞嘧啶。

7.5.2　基因突变

突变（mutation）就是遗传物质核酸（DNA 或 RNA 病毒中的 RNA）中的核苷酸顺序突然发生了稳定的可遗传的变化。

突变包括基因突变（gene mutation，又称点突变）和染色体畸变（chromoso malaberration）两类，其中尤以前者为常见，故作为讨论的重点。基因突变是由于 DNA 链上的一对或少数几对碱基发生改变而引起的。而染色体畸变则是 DNA 的大段变化（损伤）现象，表现为染色体的添加（即插入，insertion）、缺失（deletion）、重复（duplication）、易位（translocation）和倒位（inversion）。由于重组或附加体等外源遗传物质的整合而引起的 DNA 改变，则不属于突变的范围。

在微生物中，突变是经常发生的。研究突变的规律，不但有助于对基因定位和基因功能等基本理论的了解，而且还为诱变育种或医疗保健工作中有效地消灭病原微生物等问题提供必要的理论基础。

（1）基因突变的特点　整个生物界，由于它们的遗传物质基础是相同的，所以显示在遗传变异的本质上都遵循着同样的规律，这在基因突变的水平上尤为明显。以下拟以细菌的抗药性为例，来说明基因突变的一般特点。

细菌抗药性的产生可通过 3 条途径，即基因突变、抗药性质粒（R 因子）的转移和生理上的适应性（即群体中所有个体都可同时产生，但适应范围不大，且不能遗传）。这里要讨论的只是第一类情况。

① 不对应性。这是突变的一个重要特点，也是容易引起争论的问题。即突变的性状与引起突变的原因间无直接的对应关系。例如，细菌在有青霉素的环境下，出现了抗青霉素的突变体；在紫外线的作用下，出现了抗紫外线的突变体；在较高的培养温度下，出现了耐高温的突变体等。表面上看来，会认为正是由于青霉素、紫外线或高温的“诱变”，才产生了相对应的突变性状。事实恰恰相反，这类性状都可通过自发的或其他任何诱变因子诱发而得，这里的青霉素、紫外线或高温仅是起着淘汰原有非突变型（敏感型）个体的作用。如果说它有诱变作用（例如其中的紫外线），则可以诱发任何性状的变异，而不是专一地诱发抗紫外线的一种变异。

② 自发性。各种性状的突变可以在没有人为的诱变因素处理下自发地发生。

③ 稀有性。自发突变虽可随时发生，但突变的频率是较低和稳定的，一般在 10^{-9}～10^{-6}间。所谓突变率，一般指每一细胞在每一世代中发生某一性状的概率，也有用每单位群体在繁殖一代过程中所形成突变体的数目来表示的。例如，突变率为 1×10^{-8}者，就意味着当 10^8 个细胞群体分裂成 2×10^8 个细胞时，平均会形成一个突变体。由于突变率极低，所以非选择性突变型的突变率很难测定，只有测定选择性突变才可能获得有关数据。

④ 独立性。突变的发生一般是独立的，即在某一群体中，既可发生抗青霉素的突变型，也可发生抗链霉素或任何其他药物的抗药性，而且还可发生其他不属抗药性的任何突变。某一基因的突变，既不提高也不降低其他基因的突变率。例如，巨大芽孢杆菌（*B. megaterium*）抗异烟肼的突变率是 5×10^{-5}，而抗氨基硫酸的突变率是 5×10^{-6}，对两者都具有双重抗性的突变率是 8×10^{-10}，正好近乎两者的乘积。这就指出两基因突变是独立的，亦即说明突变不仅对某一细胞是随机的，且对某一基因也是随机的。

⑤ 诱变性。通过诱变剂的作用，可提高自发突变的频率，一般可提高 10～10^5 倍。不论是自发突变或诱发突变得到的突变型，它们之间并无本质上的差别，因为诱变剂仅起着提高突变率的作用。

⑥ 稳定性。由于突变的根源是遗传物质结构上发生了稳定的变化，所以产生的新性状

也是稳定的、可遗传的。

⑦ 可逆性。由原始的野生型基因变异为突变型基因的过程，称为正向突变（forward mutation），相反的过程则称为回复突变或回变（back mutation 或 reverse mutation）。实验证明，任何性状既有正向突变，也可发生回复突变。

（2）突变的机制　突变的原因是多种多样的，如图 7-4 所示，一般概括如下。

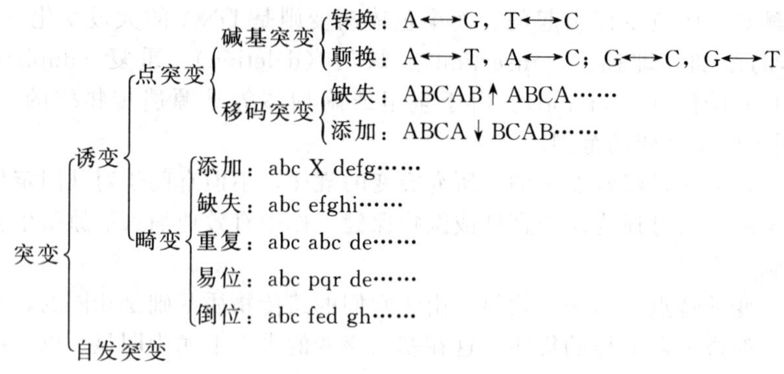

图 7-4　突变的原因

① 诱变机制。凡能显著提高突变频率的理化因子，都可称为诱变剂（mutagent）。诱变剂的种类很多，作用方式多样，即使是同一种诱变剂，也常有几种作用方式。以下拟从遗传物质结构变化的特点来讨论各种代表性诱变剂的作用机制。

a. 碱基对的置换（substitution）。对 DNA 来说，碱基对的置换属于 DNA 微小损伤，有时也称点突变（point mutation）。它只涉及一对碱基被另一对碱基所置换。置换又可分为 2 个亚类，一类叫转换（transition），即 DNA 链中的一个嘌呤被另一个嘌呤或是一个嘧啶被另一个嘧啶所置换；另一类叫颠换（transversion），即一个嘌呤被另一个嘧啶或是一个嘧啶被另一个嘌呤所置换。对于某一种具体诱变剂来说，既可同时引起转换与颠换，也可只具其中的一个功能。

b. 移码突变（frame-shift mutation，reading frame-shift mutation 或 phase-shift mutation）。这是指由一种诱变剂引起 DNA 分子中一个或少数几个核苷酸的增添（插入）或缺失，从而使该部位后面的全部遗传密码发生转录或转译错误的一类突变。由移码突变所产生的突变体称为移码突变体。与染色体畸变相比，移码突变也属于 DNA 分子的微小损伤。

c. 染色体畸变（chromosomal aberration）。某些理化因子，如 X 射线等的辐射和烷化剂、亚硝酸等，除了能引起点突变外，还会引起 DNA 的大损伤——染色体畸变，它既包括染色体结构上的缺失（deletion）、重复（duplication）、倒位（inversion）和易位（translocation），又包括染色体数目的变化。

染色体结构上的变化，又可分染色体内畸变和染色体间畸变两类。染色体内畸变只涉及一个染色体上的变化，例如发生染色体的部分缺失或重复时，其结果可造成基因的减少或增加；又如发生倒位或易位时，则可造成基因排列顺序的改变，但数目却不改变。其中的倒位是指断裂下来的一段染色体旋转 180°后，重新插入到原来染色体的位置上，从而使它的基因顺序与其他基因的顺序方向相反；易位则是指断裂下来的一小段染色体顺向或逆向地插入到原来的一条染色体的其他部位上。至于染色体间畸变，系指非同源染色体间的易位。

染色体畸变在高等生物中一般很容易观察，在微生物中，尤其在原核生物中，只是近年来才证实了它的存在。

② 自发突变的机制。自发突变是指微生物在没有人工参与下所发生的突变，称它为

“自发突变”决不意味着这种突变是没有原因的，而只是说明人们对它们还没有很好认识而已。通过对诱变机制的研究，启发了人对自发突变机制的了解。下面讨论几种自发突变的可能机制。

a. 背景辐射和环境因素的诱变。不少“自发突变”实质上是由于一些原因不详的低剂量诱变因素长期的综合效应。例如充满宇宙空间的各种短波辐射、高温的诱变效应以及自然界中普遍存在的一些低浓度的诱变物质（在微环境中有时也可能是高浓度）的作用等。

b. 微生物自身代谢产物的诱变。过氧化氢是微生物的一种正常代谢产物。过氧化氢对脉胞菌具有诱变作用，它可以通过加入过氧化氢酶而降低，但如果同时再加入抑制剂(KCN)，则又可提高突变率。此外，还证明 KCN 可以提高自发突变率，这就说明，过氧化氢可能是自发突变中的一种内源诱变剂，在许多微生物的陈旧培养物中易出现自发突变株，可能也是由于这类原因。

7.6 菌种的保藏

菌种保藏是重要而细致的基础工作，与生产科研教学关系密切。选育出来的优良性状菌株要妥善保藏，不使其污染退化死亡。保藏的原理是根据微生物的生理生化特性创造人工条件如低温、干燥、缺氧、贫乏培养基和添加保护剂等，使微生物处于代谢极微弱缓慢、生长繁殖受抑制的休眠状态。保藏方法有如下几类。

(1) 定期移植法　此法简便易行，不需要特殊设备，能随时发现所保存的菌种是否死亡变异退化和受杂菌污染。斜面培养、液体培养和穿刺培养均可，保存的温度和时间各菌种不一。例如，细菌于 4～6℃保存，芽孢杆菌每 3～6 个月移植一次，其他细菌每月移植一次。若贮存温度高，则移植间隔时间要短。放线菌于 4～6℃保存，每 3 个月移植一次；酵母菌于 4～6℃保存，每 4～6 个月移植一次；霉菌于 4～6℃保存，每 6 个月移植一次，于 20℃保存，则 2 周需要移植一次。

(2) 干燥法　将菌种接种到适当的载体上，如河沙、土壤、硅胶及滤纸等，以保藏菌种。以砂土保藏法用得较普遍，通常把接种菌种的砂土放在干燥器内于常温或低温下保藏，芽孢杆菌、梭状芽孢杆菌、放线菌及霉菌均可用此法保藏。

(3) 隔绝空气法　该法是定期移植法的辅助方法。它能抑制微生物代谢，推迟细胞老化，防止培养基水分蒸发，从而延长微生物的寿命。例如，用液体石蜡封住半固体培养物来保藏菌种，将待保存的斜面菌种用橡皮塞代替原有的棉塞塞紧，这样可使菌种保藏较长时间。

(4) 蒸馏水悬浮法　这是一种最简单的保藏法，只要将菌种悬浮于无菌蒸馏水中，将容器封好便可达到目的。如球衣菌就可用此法保藏。

(5) 综合法　利用低温干燥和隔绝空气等几个保藏菌种的重要方法的综合作用，使微生物的代谢处于相对静止的状态，可使菌种保存较长时间，此法是目前最好的菌种保藏法。先用保护剂制成细胞悬浮液（细菌悬液含细胞数目以每毫升 10^8～10^{10}个为宜）并分装于安瓿管内，将悬液冻结成冰（温度为－40～－25℃），大量制备时于－35℃预冻 1h。若每次只制备几管，用干冰液氯预冻 15min 即可抽气进行真空干燥，控制真空泵的真空度在 13.3×26.7Pa，样品水分大量升华，待样品水分升华 95%以上时，目视冻干样品呈现酥丸状或松散的片状即可。样品残留水分达 1%～3%时安瓿管可封口，置室温或低温保藏均可。

此外，还有其他菌种保藏方法，可参阅菌种保藏手册。

思考题

1. 什么是微生物的生长曲线？纯种微生物和混合微生物群体的生长曲线有什么异同？生长曲线分为哪几个阶段？各阶段有什么特征？
2. 微生物的培养方式有哪几种？不同培养方式对微生物的生长繁殖有什么影响？
3. 批式培养的微生物生长曲线为“倒 S”形的原因是什么？
4. 微生物生长曲线是如何在污废水生物处理上应用的？
5. 环境因素对微生物生长有什么影响？有哪些手段可以控制有害微生物？
6. 什么是微生物的遗传变异？微生物的遗传变异有什么独特的特点？

第 8 章　微生物的生态

8.1　微生物生态学

8.1.1　微生物生态学的定义

生态学是一门研究生物系统与其环境条件间相互作用规律的科学。根据研究对象的不同，可把生态学分为动物生态学、植物生态学、微生物生态学、人类生态学等。因此，微生物生态学是生态学的一个分支。

8.1.2　微生物生态学的任务

微生物生态学的主要任务是研究各种环境中微生物的分布规律，微生物与周围动植物和无机环境之间的相互关系，以及微生物在生物地球化学循环中的作用。通过研究微生物的分布规律，有助于开发丰富的菌种资源，防止有害微生物的活动；有助于开发新的微生物农药、微生物肥料以及积极防治人和动植物病虫害；有助于阐明地球进化和生物进化的原因；也可促进探矿、冶金、保护环境、开发生物能等生产和生活事业的发展。

8.1.3　微生物在生态系统中的作用

生态系统（ecology system）是在一定空间中共同栖居着的所有生物（即生物群落）与其环境之间相互影响、相互联系、相互作用而不断地进行物质循环、能量流动和信息传递过程所构成的统一整体。自然界中生态系统种类多样，大小不一，小至一滴水，大至森林、草原、湖泊、海洋甚至整个地球生物圈，从天然的池塘、小溪、花丛，到人工的水库、城市、农田、污（废）水处理系统、固体废物处理系统等都是生态系统。

生态系统由生物成分和非生物成分构成，其中生物成分包括生产者、消费者和分解者。

- 生态系统
  - 非生物成分（环境条件）
    - 能源：太阳辐射
    - 生物代谢物质：CO_2、H_2O、O_2、无机盐
    - 媒质：水、大气、土壤
    - 基质：泥土、岩石、砂
    - 其他因素：温度、pH 值、氧化还原电位、渗透压等
  - 生物成分（生物群落）
    - 生产者：包括绿色植物、藻类、光合细菌、化能自养细菌等
    - 消费者：包括草食动物、肉食动物等在内的动物群落
    - 分解者或还原者：包括异养微生物、原生动物、微型后生动物

（1）微生物是生态系统中的生产者　蓝细菌、微型藻类、光合细菌及化能自养菌都是自养微生物，它们可将无机物转变为有机物，为高等生物提供食物。

（2）微生物是有机物的主要分解者　绝大多数微生物都能利用自然环境中的复杂有机物质，并将其氧化、还原、转化或分解为简单的无机物，使生产者固定下来的无机物又重新归还到自然环境中。由于微生物对环境具有极强的适应性，所以长期生存在某一含人工污染物环境中的微生物便能够将其分解转化。如果没有分解者，动植物尸体将会堆积成灾，物质不能循环，生态系统也就毁灭了。因此，微生物又被称为“清道夫”，其作为分解者的功能被广泛应用于环境污染治理各领域。

（3）微生物是生物地球化学循环中的重要成员　微生物在使元素从一种形式转化为另一

种形式的生物地球化学循环过程中起着重要作用，例如碳、氮、硫等元素的循环中，离开了微生物的作用，这些循环将无法进行。

8.2　自然环境中的微生物

微生物具有种类多、数量大、代谢类型多样、易变异等共同特点，对环境的适应能力极强，广泛分布于各种自然环境中。无论是高山平原、江河湖海、动植物体内外，乃至一般生物无法生存的臭氧层、海洋底和岩芯中，都有微生物存在。本节主要介绍微生物在自然环境中的分布特征。

8.2.1　土壤环境中的微生物

自然界中，土壤是微生物生长的天然培养基，它具有微生物生长繁殖和生命活动所需的各种营养物质和环境条件。栖息在土壤中的微小生物统称为土壤微生物，主要种类包括细菌、放线菌、真菌和原生动物等。

8.2.1.1　土壤的生态条件

（1）营养　土壤中有大量动植物残体、植物根系分泌物，还有人和动物的排泄物，这些有机物为微生物提供了良好的碳源、氮源和能源；土壤中还含有丰富的硫、磷、钾、铁、钙、镁等大量元素，以及硼、钼、锌、锰、铜等微量元素，可满足微生物生长繁殖对矿质营养的需求。土壤的营养状况是影响微生物活力的一个重要因素。微生物大都集中存在于有机质丰富的土壤表层以及与植物根部相邻的部位，而在无机土壤的深层，微生物的数量和活力就受到很大限制。

（2）pH　土壤 pH 范围在 3.5～10.5 之间，多数为 5.5～8.5，适合大多数微生物的生长繁殖需求。即便是在强酸性和强碱性土壤环境中，也有适应的微生物种群存在。

（3）渗透压　土壤内的渗透压一般为 0.3～0.6MPa，而在革兰阳性菌体内的渗透压为 2.0～2.5MPa，革兰阴性菌体内的渗透压为 0.5～0.6MPa。所以，土壤对于微生物是等渗或低渗溶液，有利于微生物对营养物质的摄取与吸收。

（4）氧气和水　土壤具有团粒结构，有无数的小孔隙为土壤创造通气条件，土壤中氧的含量比大气少，平均为土壤空气体积的 7%～8%，通气良好的土壤，含氧量较高，有利于好氧微生物的生长。土壤的团粒结构中的小孔隙还起毛细管的作用，具有持水性，为微生物提供水分。土壤的孔隙率一般为 30%～50%，在排水良好的土壤中，土壤、水和空气三者的体积分数约为 50%、40%和 10%。水与空气会争夺土粒间的空隙，雨水能驱走空气，所以淹水的土壤里，溶解于水中的氧会被微生物迅速消耗而形成厌氧环境，这将导致土壤微生物区系发生重大变化。

（5）温度　土壤的温度与大气温度有关，与空气温度较为激烈的变化相比，土壤具有较强的保温性，使得土壤内部一年四季的温度变化不大，即使冬季地面冻结，一定深度土壤中仍保持着一定温度，不会对微生物产生伤害。

（6）保护层　土壤最上面几毫米厚的表土层一般为保护层。表土层中的微生物数量极少，但它的存在可以使下面的微生物免受太阳光中紫外线的直接照射。

8.2.1.2　土壤中微生物的种类和数量

土壤中的微生物的数量和种类与土壤的性质有关，其中土壤中有机物的含量是一个重要的影响因素。土壤中的有机物越多，土壤肥力越高，其中的微生物也就越多。据统计，在每克肥土中，微生物数为几亿到几十亿个；在每克贫瘠土中，微生物数为几百万到几千万个。

土壤中以细菌数量最多，达 70%～90%，其次为放线菌、真菌、藻类、原生动物和微型后生动物等。土壤微生物通过其代谢活动可改变土壤的理化性质，进行物质转化，因此，土壤微生物是构成土壤肥力的重要因素。

土壤中的微生物多以中温好氧和兼性厌氧菌为主。按生化功能来分，土壤中的微生物有氨化细菌、硝化细菌、反硝化细菌、固氮细菌、纤维素分解菌、硫细菌、磷细菌及铁细菌等，其中以芽孢杆菌最多，腐生性球状菌群也较多；此外，放线菌中有诺卡菌属、链霉菌属和小单胞菌属等；霉菌有分解纤维素、木质素、果胶及蛋白质的属和种。酵母菌以糖类为碳源，多在果园、养蜂场、葡萄园等的土壤中生存；土壤藻类有硅藻、绿藻和固氮的蓝藻（蓝细菌）。表 8-1 为 1g 土壤中不同生化功能的细菌数量。

表 8-1　1g 土壤中各种生化功能的细菌数量　　单位：10^4 个/g 土

细　菌　种　类	Hiltner 的测定结果	Lohnis 的测定结果
分解蛋白质的异养细菌(氨化细菌)	375	437.5
尿素分解细菌	5	5
硝化细菌	0.7	0.5
脱氮细菌	5	5
固氮细菌	0.0025	0.0388

摘自：(日) 须藤隆一. 水环境净化及废水处理微生物学. 俞辉群等编译. 1988：21.

8.2.1.3　土壤中微生物的分布

土壤微生物具有明显的水平分布和垂直分布的特征。

(1) 水平分布——不同类型的土壤中所含的微生物不同　土壤的营养状况、温度和 pH 等对微生物的分布有很大影响，这些因素在不同类型的土壤中是不一样的，特别是微生物生长所需要的碳源。例如在油田地区，土壤中有着较多的碳氢化合物，以它们为碳源的微生物就较多；含动植物残体较多的土壤中氨化细菌、硝化细菌较多。表 8-2 列出了我国不同土壤的微生物数量。

表 8-2　我国不同土壤的微生物数量　　单位：万个/g 干土

土　壤　类　别	细菌	放线菌	真菌
黑龙江黑土	2121	1020	20
浙江红壤	1107	127	4
宁夏棕钙土	144	10	4
江苏滨海盐土	463	42	0.4
黑龙江暗棕壤	2331	631	15
沈阳棕壤	1297	35	33
广东砖红壤	527	37	11
黑龙江草甸土	7861	29	23
西沙磷质石灰土	2229	1150	16

注：摘自岳莉然，2009。

(2) 垂直分布——同一土壤的不同深度，微生物的分布不同　在土壤的不同深度，水分、养料、通气、温度等环境因子的差异以及微生物本身的特性，会造成微生物的垂直分布差异。

表层土因受紫外线照射和缺水，微生物容易死亡而数量减少；在 5～20cm 深处，微生物的数量最多，每克土可含 6.5×10^5 个微生物，如果有植物根系，其周围的微生物数量更多；自 20cm 以下，微生物数量随深度增加而减少；到 1m 深处，微生物的数量减少到每克土含 3.5×10^4 个微生物；到 2m 深处，由于缺少营养和氧气，微生物的数量极少，每克土中仅有几个。

8.2.2 水环境中的微生物

江、河、湖泊、水库、池塘、下水道、各种污水处理系统等水体是微生物生存的重要场所，无论是天然水体，还是人工水体，水中多溶解或悬浮着多种无机或有机物质，供给微生物营养而使其生长繁殖。因此，水体是微生物生存的第二天然培养基。

8.2.2.1 水体中微生物的来源

（1）水体中固有的微生物　这部分微生物是水体中原来就有的，包括有荧光杆菌、产红色和产紫色的灵杆菌、不产色的好氧芽孢杆菌、产色和不产色的球菌、丝状硫球菌、球衣菌及铁细菌等。

（2）来自土壤的微生物　通过雨水径流，可把土壤中的微生物带入水体中，这些微生物包括枯草芽孢杆菌、巨大芽孢杆菌、氨化细菌、硝化细菌、硫酸还原菌、蕈状芽孢杆菌和霉菌等。

（3）来自生产和生活的微生物　人类在生产和生活过程中所产生的各种工业废水、生活污水、固体废物以及牲畜的排泄物夹带着各种微生物进入水体，包括大肠菌群、肠球菌、产气荚膜杆菌、各种腐生性细菌、厌氧梭状芽孢杆菌，致病的微生物如霍乱弧菌、伤寒杆菌、痢疾杆菌、立克次体、病毒和赤痢阿米巴等。

（4）来自空气中的微生物　雨水降落时，将空气中的微生物夹带进入水体。初雨尘埃多，微生物也多；雨后空气中的微生物少。雪的表面积大，与尘埃接触面大，故所含微生物比雨水多。

8.2.2.2 水体中微生物的数量和种类

由于不同水域的光照度、酸碱度、渗透压、温度、溶解氧和其中的有机物、无机物及有毒物质种类、含量等均有较大差异，因而使各种水域中的微生物种类和数量呈明显差异。

（1）淡水微生物　淡水水域主要靠近陆地，因此，土壤中大部分细菌、放线菌和真菌在水体中几乎都能找到，但多数进入水域的土壤微生物由于不适应水体环境而逐渐死亡，仅有部分能在水体中居留下来，成为水体微生物。水体中的微生物数量和种类一般比土壤中的少得多。在江、河、湖和水库等淡水中，若按其中有机物含量的多寡及其微生物的关系，可分为以下两类。

① 清水型水生微生物。在洁净的湖泊和水库蓄水中，有机物含量低，微生物数量很少。典型的清水微生物以化能自养微生物和光能自养微生物为主，如硫细菌和铁细菌等少量异养微生物也可生长，但都属于只在低浓度（1～15mg/L）的有机质培养基上就可正常生长的贫营养细菌。

② 腐败型水生微生物。流经城市的河水、滞留的池水以及下水道的沟水中，由于流入了大量的人畜排泄物、生活污物和工业废水等，因此有机物的含量大增，同时也夹入了大量外来的腐生细菌，使腐败型水生微生物尤其是细菌和原生动物大量繁殖，每毫升污水的微生物含量达到 10^7～10^8 个。其中数量最多的是无芽孢革兰阴性细菌，如产气肠杆菌和产碱杆菌属等，还有各种芽孢杆菌属、弧菌属和螺菌属的一些种。原生动物有纤毛虫类、鞭毛虫类和肉足类。

（2）海洋微生物　海洋占地球总水体的97%，其中微生物的种类和数量很大。但是由于海水具有含盐高（一般在3.2%～4.0%）、温度低、有机质含量少、深海处静水压高等特点，形成了独特的生态环境，生长在其中的微生物有别于淡水环境。

海洋中微生物以藻类最多，细菌种类与土壤和淡水中的差别不大，95%以上为革兰阳性好氧或兼性厌氧菌，球菌和放线菌较少。海洋细菌有喜盐特性，最适盐浓度为3.3%～3.5%。大多数细菌在12～25℃之间生长最好，温度高过30℃时很少能够生长。90%的海水静压力在100～1160atm（大气压），许多深海细菌具有耐压性，如水活微球菌（*Micrococcus aquivivus*）和浮游植物弧菌（*Vibrio phytoplanktis*）等可以在600atm下生长，而浅海细菌的耐压性则与陆上细菌差别不大。大部分海洋微生物最适pH为7.2～7.6，海水的pH为7.5～7.8，比淡水高，适于海洋微生物的生长。

8.2.2.3 水体中微生物的分布

(1) 淡水中微生物分布 微生物在淡水中的分布常受到许多环境因子的影响，其中营养物质是决定微生物分布的主导因素，其次是溶解氧和温度。水体内有机物含量高，则微生物数量大；中温水体内微生物数量比低温水体内多；深层水中的厌氧微生物较多，而表层水内好氧微生物较多。因此水体中微生物常成层分布。

在较深的湖泊或水库等淡水生境中，因光线、溶解氧和温度等差异，微生物呈明显的垂直分布带。

① 上层水体。阳光充足，溶解氧量大，溶解性有机物质浓度可达2～9g/L，所以是水体中微生物的一个重要活动场所。该层每毫升水中可含10^8个细菌个体，主要有好氧性的假单胞菌属、柄杆菌属、噬纤维菌属中的某些种类和浮游球衣菌（*Sphaerotilus*）等。在水体表面则有多种进行光合作用的藻类。

② 深水区。因光线微弱、溶解氧量少、硫化氢含量较高和营养物质贫乏等原因，只有一些厌氧光合细菌和若干兼性厌氧菌可以生长，如着色菌属（*Chromatium*）、绿硫菌属（*Chlorobium*）以及其他一些浮游性细菌。

③ 湖底区。底泥严重缺氧，但有机质较丰富，生活着如脱硫弧菌属（*Desulfovibrio*）、甲烷杆菌属（*Methanobacterium*）和甲烷球菌属（*Methanococcus*）等。

微生物具有表面附着特性，在水体各种相界面处大多是营养物质富集之处，这些界面也成为微生物很好的生长繁殖生境。

(2) 海水中微生物分布 海洋中的微生物也具有水平和垂直分布特性。

① 水平分布。近海和海湾水域含有大量的有机物，海面阳光充足，温度适宜，微生物数量大，港口海水每毫升含菌1×10^5个。远海由于有机质含量低，细菌总数亦较低，主要为一些贫营养菌。日本多贺等观测了东京湾细菌和外洋细菌分布情况，发现湾口处活细菌数是外洋活细菌数的1000倍左右。

海洋微生物的水平分布除受内陆气候、降雨量等影响外，还受潮汐的影响。当涨潮时，因海水受到稀释，含菌量明显减少，退潮时含菌量增加。

② 垂直分布。海洋细菌的垂直分布特性亦很明显，从海面到海底依次为：透光区，此处光线充足，水温高，适合多种海洋微生物生长，分布着大量浮游藻类和细菌，微生物数量随海水深度增加而增加；无光区，有一些微生物在海平面以下25～200m之间活动着，一般50m以下微生物的数量随海水深度增加而减少；深海区，位于200～6000m深处，特点是黑暗、寒冷和高压，只有少量微生物存在；超深海区，只有少数耐压菌才能生长。

因此就某一区域微生物群落的垂直分布而言，海面有阳光照射，藻类生长，溶解氧量高，有好氧的异养菌，再往下为兼性厌氧微生物，海底有兼性厌氧菌、厌氧异养菌及硫酸还原菌等。

8.2.3 空气中的微生物

空气中具有较强的紫外辐射、缺乏微生物生长繁殖所需的营养物质和水分、温度变化幅度大等特点，决定了空气不是微生物生长繁殖的良好场所，但空气中仍分布着从病毒到真菌，甚至藻类和原生动物等各种微生物，它们主要是在空气中短暂停留，并且可随气流到处传播，对人类产生各种影响。

8.2.3.1　空气中微生物的来源

空气中的微生物来源是多种多样的，主要有来自带有微生物或微生物孢子的土壤尘埃、水面吹起的扬沫（小水滴）、人和动物体表干燥脱落物、呼吸道的排泄物等，这些细菌都可飘散到空气中。由于空气的相对湿度、紫外辐射的强弱、尘埃颗粒的大小和数量的不同，微生物的适应性及对恶劣环境的抵抗能力，微生物在空气中的存活时间长短不一，有的很快死亡，有的存活几天、几个星期、几个月或更久。

8.2.3.2　空气中微生物种类和数量

空气微生物没有固定的类群，在空气中存活时间较长的微生物，主要是有芽孢的细菌、有孢子的酵母菌、霉菌、放线菌及原生动物和微型后生动物的各种胞囊。

空气中微生物的数量取决于空气中的尘埃总量，一般人口密集和人流较多的地方，空气微生物量也多。室内空气中的微生物数量和种类与人员密度和活动情况、空气流通程度及卫生状况有密切关系；室外空气微生物数量与环境卫生状况、环境绿化程度等有关，一般室内空气中的微生物数量比室外高很多；城市空气中的微生物数量比农村多；畜舍、公共场所、医院、宿舍、街道空气中微生物也相对较多；海洋、森林、终年积雪的山脉、高纬度地带的空气中微生物数量少；雨、雪过后空气干净，微生物极少。不同地区上空的微生物数量见表 8-3。

表 8-3　不同地区空气中的微生物数量　　单位：个/m^3 空气

地点	畜舍	宿舍	城市街道	市区公园	海洋上空	北纬 80°
数量	$(1\sim2)\times10^6$	2×10^4	5×10^3	200	1～2	0

空气中微生物的数量和种类还受到温度和湿度的影响，一般温度不太高、湿度不太大的条件利于微生物存活，如在黄梅季节物品最易发霉就是由于空气中的各种霉菌孢子散落于物品上繁殖生长所致。在这种环境中，空气霉菌数量会超过细菌数量。

空气是传播疾病的媒介，空气中微生物的数量直接关系到人的身体健康。因此，一般以室内 $1m^3$ 空气中的细菌总数为 500～1000 个以上作为空气污染的指标。

8.2.3.3　空气中微生物的分布

空气中微生物的分布与气流速度、微生物附着粒子的大小、大气温度、光照强度和微生物本身的特性等多种因素有关，其中气流是主要决定因素。静止的气流中，微生物随尘埃受重力作用而下落，所以越近地面空气中含菌量越高；缓慢流动的气流可使吸附着微生物的尘埃粒子长期悬浮于空气中而不下沉。气流使微生物在空气中横向传布的距离几乎是无限的，因而微生物许多种的分布具有世界性。气流还可以将微生物送到大气圈很高的高度，随着航空技术的发展，微生物在高空中的分布纪录一次次被刷新。如在 20 世纪 30 年代，人们首次用飞机证实在 20km 的高空存在着微生物；70 年代末，人们用地球物理火箭在 84km 的高空找到了微生物；目前又发现太空中也有微生物存在。

8.2.4　极端环境中的微生物

地球上存在着一些极端的环境，如高温、低温、高盐、高酸、高碱、高压、强辐射、寡营养等。这种极端环境是高等生物和大多数微生物所无法忍受的，但仍有一些微生物生长其中，这就是“极端微生物”（extreme microorganisms）。极端环境中的微生物为了适应生存，逐步形成了独特的结构、机能和遗传因子，在极端生态环境条件下成为优势种群。

研究极端环境微生物在理论上有重要的学术价值。极端环境下微生物的生态、结构、分类、代谢、遗传等均与一般微生物有别，极端环境微生物的基因是构建遗传工程菌的资源宝库。它们可应用于冶金、采矿、石油开采和特殊酶制剂生产之中，亦是研究生命起源与进化的重要资源，所以引起了许多研究者的兴趣和关注。

8.2.4.1　高温环境中的微生物

高温环境中的微生物即嗜热微生物，是一类能在较高温度下生长的微生物。嗜热微生物主要分布在火山口、海底火山、热泉（温度高达 100℃），高强度太阳辐射的土壤，岩石表面（温度高达 70℃），各种堆肥、煤渣堆，家用热水器及工业冷却水之中。

热泉（酸性热泉和碱性热泉）是嗜热微生物的最重要生境，大部分嗜热微生物都是从热泉中分离得到的。在冰岛，有一种嗜热菌可在 98℃的热泉中生长；在美国黄石国家公园的含硫热泉中，曾经分离到一株嗜热的兼性自养细菌——酸热硫化叶菌（*Sulfolobus*），它们可以在高于 90℃的温度下生长。

在一些污泥、温泉和深海地热海水中，生活着能产甲烷的嗜热细菌，生活的环境温度高，盐浓度大，压力也非常高，在实验室很难分离和培养。嗜热真菌通常存在于堆肥、干草堆和碎木堆等高温环境中，有助于一些有机物的降解。

按耐热程度的不同可将嗜热微生物分为以下五个不同类群。

① 耐热菌。最高生长温度在 45～55℃之间，低于 30℃也能生长。

② 兼性嗜热菌。最高生长温度在 50～65℃之间，也能在低于 30℃条件下生长。

③ 专性嗜热菌。最适生长温度在 65～70℃，不能在低于 40～42℃条件下生长。

④ 极端嗜热菌。最高生长温度高于 70℃，最适温度高于 65℃，最低生长温度高于 40℃。

⑤ 超嗜热菌。最适生长温度在 80～110℃，最低生长温度在 55℃左右。

嗜热微生物的对数生长期持续时间短，代谢快，代时短，发育速度很快；细胞膜富含饱和脂肪酸，使膜能在高温下保持稳定；酶和蛋白质具有较高的热稳定性，核糖体抗热性高。因此，研究嗜热微生物具有广阔的应用前景，如嗜热菌可用于细菌浸矿、石油及煤炭的脱硫；在发酵工业中，嗜热菌可用于生产多种酶制剂，例如纤维素酶、蛋白酶、淀粉酶、脂肪酶、菊糖酶等，由这些微生物产生的酶制剂具有热稳定性好、催化反应速率高、易于保存、不易污染等特点，嗜热微生物还可用于污水处理。嗜热菌研究中最引人注目的成果之一就是已将水生栖热菌（*Thermus aquaticus*）中的耐热 Taq DNA 聚合酶用于基因和遗传工程的研究中。

8.2.4.2　低温环境中的微生物

在地球的南北极地区、冰窖、终年积雪的高山、深海和冻土地区以及保藏食品的低温环境中生活着一些嗜冷微生物（psychrophilic microorganisms），它们能在较低的温度下生长。嗜冷微生物可以分为专性和兼性两类，专性嗜冷菌适应在低于 20℃以下的环境中生活，高于 20℃即死亡，可以在 0℃或低于 0℃条件下生长；兼性嗜冷菌生长的温度范围较宽，最高温度达到 30℃时还能生活。

专性嗜冷菌的细胞壁厚，细胞膜内含有大量不饱和脂肪酸，而且会随温度的降低而增加，从而保证了细胞膜在低温下的流动性，酶活性在低温下较高，这样，细胞就能在低温下不断从外界环境中吸收营养物质。有一种专性嗜冷菌，在温度超过 22℃时，其蛋白质的合成就会停止。有研究者从天山乌鲁木齐河源区的多年冻土中分离到 36 株耐冷菌，最适生长温度在22℃左右，在37℃下不生长。

已开发的嗜冷微生物最适低温酶在工业和日常生活中显示出重要应用价值。如从嗜冷微生物中获得低温蛋白酶用于洗涤剂，不仅能节约能源，而且能明显地改善洗涤效果。嗜冷微生物还是导致低温保藏食品腐败的根源。

8.2.4.3 酸性环境中的微生物

在酸性矿水、酸性热泉、火山湖、地热泉等极端酸性环境（pH在4以下）中生长着一些在中性环境条件下不能生长的微生物，称之为嗜酸微生物（acidophilic microorganisms）。而与之相对比，将那些能在高酸条件下生长但最适pH值接近中性的微生物称为耐酸微生物（acidotolerant microorganisms）。

嗜酸微生物中以细菌最多，也有部分霉菌和酵母。如氧化硫硫杆菌（*Thiobacillus thiooxidans*）、氧化亚铁硫杆菌（*Thiobacillus ferrooxidans*）、氧化亚铁钩端螺旋菌（*Leptospirillum ferrooxidans*）等是典型的嗜酸性细菌，都属化能自养型。在酸性环境中，还生活着许多嗜酸的真核微生物，如椭圆酵母、红酵母等。有一种头孢霉（*Cephalosporium*），能在1.25mol/L的硫酸中生长，并要求培养基中含有4%的硫酸铜，它是迄今发现的抗酸能力最强的微生物。

研究发现，嗜酸性微生物的胞内pH值从不超出中性大约2个pH单位，其胞内物质及酶大多数接近中性。嗜酸性微生物之所以耐酸，是因为其具有维持细胞内外pH梯度的能力。一般认为它们的细胞壁、细胞膜具有将细胞内H^+外排的机制，嗜酸性微生物需要高H^+来维持其结构。

多年来，一些嗜酸细菌被广泛用于铜、锌、铀、黄铁矿等金属的细菌浸出和煤的脱硫。另外，人们也在尝试利用硫杆菌分解磷矿粉，通过提高其溶解度来增加磷矿粉的肥效。利用硫杆菌属嗜酸菌脱除城市污泥中重金属的研究也越来越深入。

8.2.4.4 碱性环境中的微生物

地球上有许多碱性环境，如自然的碳酸盐湖及碳酸盐荒漠、极端碱性湖（如埃及的Wady Natrun湖等pH值达10.5～11.0），人为的碱性环境如石灰水和众多的碱性污水，中国的青海湖也是典型的碱性环境。一般把最适生长pH值在9以上的微生物称为嗜碱微生物（alkaliphilic microorganisms）。可在pH值为11～12的条件下生长，但在中性pH值条件下不能生长的微生物称为专性嗜碱微生物；最适生长pH值≥10，而在中性pH值条件下亦能生长的称为兼性嗜碱微生物；还有一些微生物最适生长pH值≥9，而在中性条件甚至酸性条件下都能生长的称为耐碱微生物（alkalitolerant microorganisms）或碱营养微生物（alkalitrophic microorganisms）。

嗜碱微生物生长最适pH值在9以上，但胞内pH值都接近中性。细胞外被是细胞内中性环境和细胞外碱性环境的分隔，是嗜碱微生物嗜碱性的重要基础。其控制机制是具有排出OH^-的功能，同时还可产生大量的碱性酶。

嗜碱菌在发酵工业中，可作为许多种酶制剂的生产菌。例如嗜碱芽孢杆菌产生的弹性蛋白酶适宜用作弹性蛋白，而且在高pH值条件下裂解该种蛋白质的活性可以大大提高。由于嗜碱细菌产生的蛋白酶具有碱性条件下催化活力高、热稳定性强的优点，常作为洗涤剂的添加剂，如蛋白酶（活性pH值10.5～12）、淀粉酶（活性pH值4.5～11）、果胶酶（活性pH值10.0）、支链淀粉酶（活性pH值9.0）、纤维素酶（活性pH值6～11）、木聚糖酶（活性pH值5.5～10）。利用嗜碱菌处理碱性废液不仅经济、简便，且可变废为宝。日本已有利用嗜碱细菌将碱性纸浆废液转化成单细胞蛋白的报道。嗜碱细菌还有望用于化工和纺织工业中某些废液的处理。

8.2.4.5　高盐环境中的微生物

嗜盐微生物通常分布在晒盐场、盐湖、腌制品中。根据对盐的不同需要，嗜盐微生物（halophilic microorganisms）可以分为弱嗜盐微生物、中度嗜盐微生物和极端嗜盐微生物。弱嗜盐微生物的最适生长盐浓度（NaCl）为 0.2～0.5mol/L，大多数海洋微生物都属于这个类群；中度嗜盐微生物的最适生长盐浓度为 0.5～2.5mol/L；极端嗜盐微生物的最适生长盐浓度为 2.5～5.2mol/L；可以在高盐浓度下生长，但最适生长盐浓度较低的称为耐盐微生物（耐受 NaCl 浓度为 0.2～2.5mol/L）。嗜盐微生物能够在盐浓度为 15%～20%的环境中生长，有的甚至能在 33%的盐水中生长。已分离出的极端嗜盐菌有盐杆菌（*Halobacterium*）和盐球菌（*Halococcus*），盐杆菌细胞含有红色素，所以在盐湖和死海中大量生长时，会使这些环境出现红色；已经分离出来的藻类主要有盐生杜氏藻、绿色杜氏藻。

国内在自然环境嗜盐微生物方面也进行了相关研究，如崔恒林、潘海莲、柴丽红等分别从新疆、内蒙古、青海等地的盐湖中分离和研究了不同类群的嗜盐古菌。

8.2.4.6　高压环境中的微生物

在海洋深处以及深油井中，还分布着一些微生物，它们生存的环境压力达 1000 多个大气压，在常压下却不能生存，因此将需要高压才能生长良好的微生物称为嗜压微生物（barophilic microorganisms）。将最适生长压力为正常压力，但也能耐受高压的微生物称为耐压微生物（barotolerant microorganisms）。有人曾经从太平洋靠近菲律宾的 10897m 深的海底分离到嗜冷嗜压细菌（*Psudomonas bathycetes*），将其在 3℃下培养，经潜伏期四个月后开始繁殖，33d 后菌量倍增，一年后达到静止期。从深 3500m，压强约 4.05×10^{7}Pa，温度为 60～105℃的油井中分离到一种嗜压并嗜热的硫酸盐还原菌。已知嗜压的细菌还有微球菌属、芽饱杆菌属、弧菌属、螺菌属等的种类，还发现了嗜压的酵母菌。耐高温和厌氧生长的嗜压菌有望用于油井下产气增压和降低原油黏度，借以提高采收率。

8.3　微生物与微生物之间的关系

在天然生态系统和人工生态系统中，微生物不仅与环境因素密切相关，而且与其他生物之间也有密切关系。在污（废）水生物处理和固体废物生物处理中存在微生物之间的关系以及微生物与植物之间的关系。在江、河、湖、海和土壤中存在微生物与微生物之间，微生物与动、植物之间，微生物与人类之间的关系。这些关系复杂，彼此制约，相互影响，共同促进生物的发展与进化。

微生物之间的关系有种内关系和种间关系，相同种内的关系有竞争和互助，不同种间的关系有以下 6 种。

8.3.1　竞争关系

竞争关系（competition）是指不同的微生物种群在同一环境中，对食物等营养、溶解氧、空间和其他共同需求的物质互相竞争，互相受到不利影响。种内微生物和种间微生物都存在竞争。如在好氧生物处理中，当溶解氧或营养成为限制因子时，菌胶团细菌和丝状细菌表现出明显的竞争关系。在厌氧消化罐内的硫酸盐还原菌和产甲烷菌争夺 H_2 也是一例。

8.3.2　原始合作关系

原始合作关系（或称原始共生、互生，protocooperation），是指两种可以单独生活的生物共存于同一环境中，相互提供营养及其他生活条件，双方互为有利，相互受益，当两者分开时各自可单独生存。例如，固氮菌具有固定空气中氮气（N_2）的能力，但不能利用纤维素作为碳源和能源，而纤维素分解菌将纤维素分解为有机酸，产物有机酸对其生长繁殖却不利。若两者共同生活时，固氮菌固定的氮为纤维素分解菌提供氮源，纤维素分解菌分解纤维素的产物有机酸可被固氮菌作为碳源和能源，同时又为纤维素分解菌解毒。在废水生物处理过程中原始合作关系也是普遍存在的。以炼油厂为例，废水中含有酚、H_2S、氨等，系统中的食酚细菌、硫细菌分别分解酚和 H_2S，它们互相解毒，也相互提供营养，食酚细菌为硫细菌提供碳源，硫细菌氧化 H_2S 为 SO_4^{2-}，为食酚细菌提供硫元素。天然水体、污水生物处理及土壤中的氨化细菌、亚硝化细菌和硝化细菌之间也存在原始合作关系。氨化细菌分解含氮有机物产生的氨是亚硝化细菌的营养；亚硝化细菌将氨转化为亚硝酸，为硝化细菌提供营养；生成的硝酸盐能被其他微生物和植物利用。亚硝酸对大多数生物都有害，但由于硝化细菌将亚硝酸转化为硝酸，即为其他微生物解了毒。氧化塘中的细菌与藻类之间也表现为原始合作关系，细菌将污水中的有机物分解为 CO_2、NH_4^+、H_2O、PO_4^{3-} 及 SO_4^{2-}，为藻类提供了碳源、氮源、磷源和硫源等；藻类得到上述营养，利用光能合成有机物组成自身细胞，放出氧气供细菌用于分解有机物。

8.3.3 共生关系

共生关系（symbiosis）是指两种不能单独生活的微生物共同生活于同一环境中，各自执行优势的生理功能，在营养上互为有利而组成的共生体，这两者之间的关系就叫共生关系。地衣是藻类和真菌形成的共生体，藻类利用光能将 CO_2 和 H_2O 合成有机物供自身及真菌营养；真菌从基质吸收水分和无机盐供两者营养。根瘤菌和豆科植物根系共生也是突出的例子。原生动物中的纤毛虫类、放射虫类、有孔虫类与藻类共生。绿草履虫使草履虫体内充满小球藻，袋状草履虫有趋光性使小球藻容易得到光，小球藻进行光合作用合成有机物供草履虫营养，两者共生互为有利。藻类海域水螅共生成绿水螅。

在厌氧生物处理中的S-菌株和M. O. H（即布氏甲烷杆菌，*Methanobacterium bryantii*）共生于厌氧污泥中，S-菌株将乙醇转化为乙酸和氢，布氏甲烷杆菌利用 H_2 和 CO_2 合成 CH_4。正因为有布氏甲烷杆菌将乙酸和 H_2 及时转化为 CH_4，乙醇才得以在种间转移。

8.3.4 偏害关系

偏害关系（amensalism）也称拮抗关系（antagonism）是指两类微生物群体生长在一起时，其中的一类群体产生一些对另一类群体有抑制作用或有毒的物质，结果造成另一类群体生长受到抑制或被杀死，而产生抑制物或有毒物质的群体不受影响，或者可以获得更有利的生长条件。偏害关系可以分为非特异性偏害和特异性偏害两种。

（1）非特异性偏害　例如，在制造泡菜时，乳酸杆菌产生乳酸使 pH 值下降，抑制其他腐败细菌的生长；海洋中的红腰鞭毛虫产生的代谢产物毒死其他生物。

（2）特异性偏害　某种微生物产生抗菌性物质对另一种微生物有专一性的抑制或杀死作用。例如，青霉菌产生青霉素对革兰阳性菌有致死作用，链霉菌产生的链霉菌素能够抑制酵母菌和霉菌等。

8.3.5 捕食关系

有的微生物不是通过代谢产物对抗对方，而是吞食对方，这种关系称为捕食关系（predation）。如原生动物吞食细菌、藻类、真菌等，大原生动物吞食小原生动物，微型后生动物吞食原生动物、细菌、藻类、真菌等微生物。裂口虫属喜欢捕食周毛虫属。甲壳动物吞食微型后生动物及比其更低等的微生物。

8.3.6 寄生关系

一种生物需要在另一种生物体内生活，从中摄取营养才得以生长繁殖，这种关系称为寄生关系（parasitism）。前者称为寄生物（parasite），后者称为宿主或寄主（host）。

微生物之间的寄生关系表现为：a. 噬菌体与细菌以及噬菌体分别与放线菌、真菌、藻类之间的关系，这种寄生关系专一性很强。②细菌与细菌之间、真菌与真菌之间也存在寄生关系，如蛭弧菌属（*Bdellovibrio*）有寄生在假单胞菌、大肠杆菌、浮游球衣菌等菌体中的种。蛭弧菌侵害宿主的过程见图 8-1。

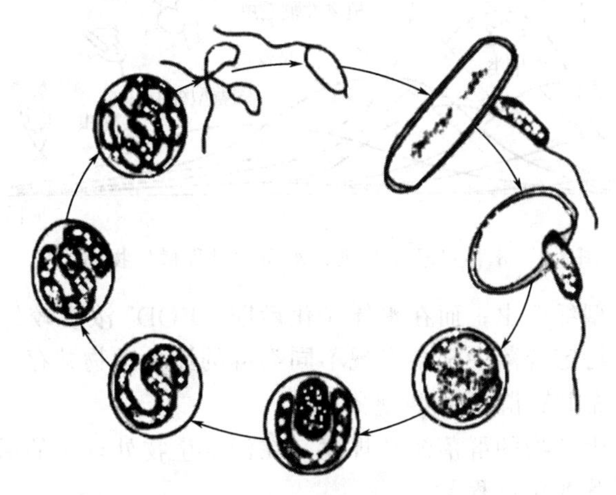

图 8-1　蛭弧菌的生活史示意图

有的寄生菌不能离开寄主而生存，叫专性寄生；有的寄生菌离开寄主后能营腐生生活，叫兼性寄生。寄生的结果一般都会引起寄主的损伤或死亡。

微生物还可以寄生在动物体内，如发光细菌位于发光红眼鲷属（*Photoblepharon*）鱼鳃，发光细菌发出极亮的绿色光，使鱼鳃呈现绿色。有的发光细菌还可位于鱼的内脏生存。

8.4　环境中的微生物群落的演替

8.4.1　微生物群落演替的概念

生物群落（biotic community）是指在一定时间内生活在一定区域或生境内的各种生物种群相互联系、相互影响的一种有规律的结构单元。由于微生物的微观性，微生物群落（microbial community）的研究相对植物群落（plant community）和动物群落（animal community）的研究较滞后。生态学中有关群落发展和演替的理论大部分来自于植物群落和动物群落。

8.4.2　群落的生态演替

8.4.2.1　群落演替的概念

生物群落常随环境因素或时间的变迁而发生变化。所谓群落的演替（community succession）是指群落经过一定的发展时期及生境内生态因子的改变，而从一个群落类型转变成另一类型的顺序过程，或是一个群落被另一个群落所取代的过程。

群落在物种组成上动态变化是必然的，而在结构上的稳定则是相对的。研究演替不仅可判明群落动态的机理及推理群落的未来状况，而且可利用各种群落中常存在的某些特定生物（即指示性生物）来了解自然环境条件。这是因为生态演替具有一定的方向性，随着生态环境中各生物因子的变化，群落也必然随之按着一定的序列演变，某些种群的出现代替了原有种群构成，如自然水体（包括污水生物处理系统）净化过程中微生物的演替现象（图 8-2）。在水体净化初期，BOD_5 浓度较高，常出现大量游泳型纤毛虫；在水体净化中期，BOD_5 浓

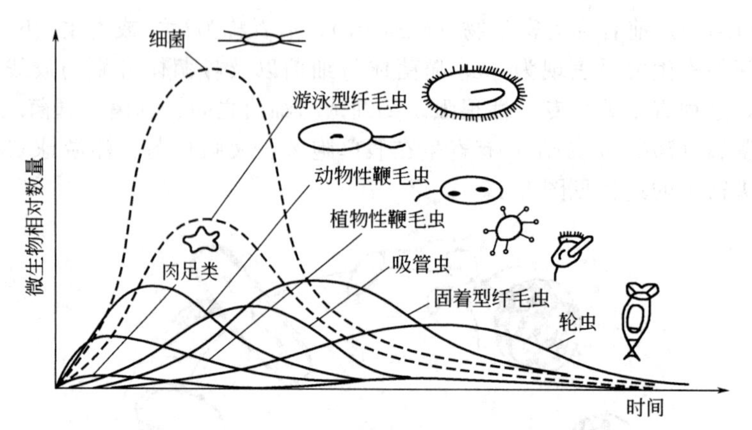

图 8-2　水体自净及有机废水净化过程微生物的演替

度有所降低，常见固着型纤毛虫；而在水体净化后期，BOD_5 浓度较低，常出现轮虫。值得注意的是，往往在某一特定群落中常会发现不同类群的原生动物共存。

8.4.2.2　污水处理系统中的群落演替现象

（1）活性污泥中原生动物的群落演替规律　在污水生物处理法的活性污泥系统中，可以观察到如下的微生物群落变化过程。

① 原生废水进入曝气池后，在废水处理的初期阶段，由于营养充足，细菌、肉足虫类和部分鞭毛虫大量繁殖，在微生物群落中占据优势地位。其中，鞭毛类能通过细胞表膜的渗透作用，将溶于水中的有机质吸收到体内作为营养物质；异养菌分泌胞外酶使大分子有机物降解为小分子并加以利用；而肉足虫靠吞食有机颗粒、细菌为生，也得以大量生长繁殖。

② 由于溶解性有机质的消耗、菌胶团的形成、游离菌的减少，加之微型动物群的增殖扩大，曝气池内营养体系发生了巨大变化。在这种情况下，各类微生物（细菌、植鞭毛虫、动鞭毛虫和肉足虫）为了生存，就以食物为中心进行竞争。细菌和植鞭毛虫争夺溶解性有机营养，植鞭毛虫竞争不过细菌而被淘汰，而肉足虫在与动鞭毛虫竞争过程中因竞争力差也很快被淘汰。

③ 由于异养细菌的大量繁殖，为纤毛虫提供了食料来源，纤毛虫掠食细菌的能力大于动鞭毛虫，因此，动鞭毛虫继纤毛虫之后成为优势类群，随之以诱捕纤毛虫为生的吸管虫也大量出现。

④ 由于有机质被氧化，营养缺乏，游离菌减少，游泳型纤毛虫和吸管虫数量相应减少，优势地位被固着型纤毛虫取代，因为它可以生长在细菌少、有机质含量很低的环境中。

⑤ 水中的细菌和有机质越来越少，固着型纤毛虫得不到足够的食物和能量，便出现了以有机残渣、死细菌及老化污泥为食料的轮虫，它的适量出现指示着一个比较稳定的生态系统的形成。

在以上群落演替过程中，各类微生物出现的顺序主要受食物因子约束，反映了一个有机物-细菌-原生动物-后生动物的演替规律。

（2）生物膜中原生动物的演替规律　在污水生物处理的生物系统中，微生物群落的演替现象在如下两方面得到了体现。

① 沿污水流向的群落演替。沿污水流向的演替主要受营养因子的限制。以生物滤池为例，在生物滤池的上层，有机物浓度高，生物膜厚，主要由菌胶团细菌组成；在中层，有机物浓度开始降低，丝状菌逐渐发展壮大，并伴有少量的原生动物出现，如鞭毛虫、游泳型纤毛虫等；在滤池的下层，有机物浓度更低，生物膜变薄，微生物种类多，但数量少，其中固

着型纤毛虫和轮虫占优势。可见，沿水流方向，生物膜上的微生物呈现种类依次增多、数量依次减少的变化。微型动物基本上按照鞭毛虫-游泳型纤毛虫-固着型纤毛虫-轮虫、线虫的顺序大量出现。当有毒物或有机物发生变化时，会引起生物膜上种群特征的上下（或前后）移动，由此可判断废水浓度或污泥负荷的变化。

② 生物膜上的群落演替。生物膜是由各种微生物类群先后附着在填料表面而形成的膜状结构，典型的生物膜由 3 层组成：a. 表层（或外层），可直接接触水体中大量的溶解氧和各种营养物质，微生物以好氧性的为主，包括各种细菌、真菌、藻类、原生动物和微型后生动物；b. 中层，营养物质来自表层微生物的代谢产物，不能直接接触水中的溶解氧，群落结构以兼性微生物（兼性好氧或兼性厌氧）为主体；c. 底层（或内层），由于表层和中层微生物的作用，溶解氧几乎无法渗入该层，营养物质也受到一定限制，栖息的微生物以各种厌氧细菌为主。所以，生物膜上的微生物基本上是按好氧-兼性-厌氧的顺序变化。另外，生物膜的微生物群落组成会因水质和水量的改变而发生相应的变化。

8.5　环境污染与自净

8.5.1　土壤污染与土壤自净

8.5.1.1　土壤污染

（1）土壤污染的概念　土壤污染是指人类在生产和生活中所产生的环境污染物，通过多种途径进入土壤，其数量和速度超过了土壤的环境容量和土壤净化速度的现象。

（2）土壤污染源的主要污染物

① 土壤污染源。土壤污染物主要来自两个方面：人为污染源和自然污染源。在自然界中某些矿床或物质的富集中心周围，经常形成自然扩散“晕”，而使其附近土壤中某些物质的含量超出土壤的正常含量范围，这种土壤污染是自然的而且较少发生。土壤的主要污染源来自人类的生产和生活过程，例如工业和城市废水和固体废物、农药和化肥、畜禽排泄物、生物残体和大气沉降物等。

根据人为污染物的来源不同，土壤污染源又可以分为工业污染源、农业污染源和生物污染源。工业污染源主要是指工矿企业排放的废水、废气、废渣。一般直接由工业“三废”引起的土壤环境污染仅限于工业区周围，属点源污染。农业污染源主要是指由于农业生产本身的需求而施入土壤的化学农药、化肥、有机化肥以及残留于土壤中的农用地膜等。生物污染源是指含各种病原微生物和寄生虫的生活污水、医院污水、垃圾以及被病原微生物污染的河水等，这些是造成土壤生物污染的主要污染源。

② 主要污染物。根据污染物的性质，可以把除生物污染以外的土壤环境污染物质大致分为无机污染物和有机污染物两大类。a. 无机污染物。土壤中的无机污染物包括对生物有危害作用的元素和化合物，主要是重金属、放射性物质、营养物质和其他无机物质等。其中尤以重金属和放射性物质的污染危害最为严重，因为这些污染物都是具有潜在威胁的，而且一旦污染了土壤，则难以彻底消除，并较易被植物吸收，通过食物链而危及人类的健康。b. 有机污染物。污染土壤环境的有机物，主要有化学农药、酚类物质、氰化物、石油、多环芳烃、洗涤剂以及高浓度耗氧有机物等，其中有机农药、有机汞制剂、多环芳烃等化合物的性质稳定，在土壤中很难被分解且易累积，污染危害很大。

（3）土壤污染的不良后果　土壤一经污染后，除部分有害物质可以通过土壤中的生化过程而减轻，或通过挥发逸失，还有不少有害物质长时期存留在土壤中，难以消除，特别是一些重金属化合物，残留时间长，危害作用大，经作物吸收、富集后通过食物链危害人畜健康。再者，进入土壤的污染物具有较强的隐蔽性，常被人们忽视，其危害性可能要远远大于大气和水体的污染。土壤污染的不良后果集中体现在以下 3 个方面。

① 有机、无机毒物在土壤中的过多滞留和积累，会改变土壤的理化性质，使土壤盐碱化和板结，毒害植物和土壤微生物，破坏土壤生态平衡。

② 土壤中的毒物被植物吸收、富集、浓缩，随食物链迁移，最终会转移到人体；也可以被雨水冲刷流入河流、湖泊或渗入地下水，进而造成水体污染，当被污染的水体被用作水源水时，污染物就会进入人体，造成毒害。

③ 污水和其他废物中含有的各种病原微生物，例如病毒、立克次体、病原细菌及寄生虫卵等，虽然有些在土壤中不适应而死亡，但有些可在土壤中长期存活，并可以通过各种途径转移到水体，进而进入人体，引起人类疾病。

8.5.1.2 土壤自净

(1) 土壤自净的概念　土壤对施入一定负荷的无机物或有机污染物具有吸附和生物降解的能力，通过各种物理、化学过程自动分解污染物使土壤恢复到原有水平的净化过程，称土壤自净。

土壤自净能力的大小取决于土壤中微生物的种类、数量和活性，也取决于土壤结构、通气状况等理化性质。土壤有团粒结构，并栖息着极为丰富、种类繁多的微生物群落，这使土壤具有强烈的吸附、过滤和生物降解作用。当污（废）水、有机固体废物施入土壤后，各种物质（有毒和无毒）先被土壤吸附，随后被微生物和小动物部分或全部降解，使土壤恢复到原来状态。

(2) 土壤自净的原理　土壤的自净主要包括以下作用过程：a. 绿色植物根系的吸收、转化、降解和生物合成作用；b. 土壤中的细菌、真菌和放线菌等微生物的降解、转化和生物的固定化作用；c. 土壤的有机、无机胶体及其复合体的吸收、络合和沉淀作用；d. 土壤的离子交换作用；e. 土壤和植物的机械阻留作用；f. 土壤的气体扩散作用。

8.5.1.3 污染土壤的微生物生态

污染物进入土壤，造成土壤的各种理化性质发生变化，这种变化也会对生活在土壤中的微生物产生影响。由于污染物的长时间驯化，土壤中的微生物种类和数量发生改变，并会诱导产生能分解污染物的微生物新品种。例如土壤中的诺卡菌经过长时间驯化后，具有了分解聚氯联苯的能力。

由于土地具有自净能力，它也可以成为一个天然的生物处理厂，可用土地法处理废水和固体废物。生活污水和易被微生物降解的工业废水经土地处理后得到净化；固体废物通过填埋，经长时间的生物作用，也可以被逐渐稳定化。由此发展出的污水灌溉是个很有实践意义的技术。

8.5.2 水体污染与水体自净

8.5.2.1 水体污染

由于人类活动而排放的污染物进入水体，使水体和水体底泥的物理、化学性质或生物化学性质发生变化，从而降低了水体的使用价值，这种现象称为水体污染。据统计，目前全世界每年排放的废水、污水量达到了 16000 亿～21000 亿吨。水体污染的最主要原因是工业废水的排放。废水中的污染物种类极多，按其种类和性质一般可分为四大类，即无机无毒物、无机有毒物、有机无毒物和有机有毒物。此外，对水体造成污染的还有放射性物质、生物污染物质和热污染等。

8.5.2.2　水体自净

（1）水体自净的概念　水体自净（self purification of water body）是指水体在接纳了一定量的污染物后，通过物理、化学和水生生物（微生物、动植物）等因素的综合作用后得到净化，水质恢复到受污染前的水平和状态的现象。但水体自净能力是有限度的，当进入水体的污染物总量超过了其自净容量时，就会导致水体污染。水体的自净容量是指水体在正常生物循环中能够同化有机污染物的最大数量，又称同化容量。影响水体自净过程的因素很多，包括受纳水体的地形和水文条件、水中微生物的种类和数量、水温和复氧状况、污染物的性质和浓度等。

（2）水体自净过程　水体自净是一个物理、化学和生物作用的综合过程。为叙述方便，一般可以把水体的自净过程分为如下几步（图 8-3）。

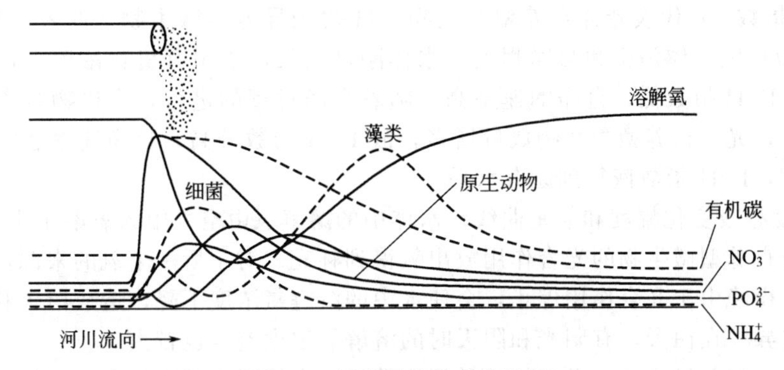

图 8-3　河流污染和自净过程

① 污染物被稀释或沉淀。污染物排入水体后被水体稀释，有机和无机固体物沉降至河底。虽然单纯的稀释实际上并未减少污染物的总量，但它可以降低污染物浓度，有利于后面的生物降解。稀释作用与废水量与污水体的水文参数等因素有关。

② 微生物作用。水体中好氧细菌利用溶解氧把复杂有机物分解为简单有机物和无机物，并用以组成自身有机体，此时水中溶解氧急速下降，甚至到零，鱼类绝迹，原生动物、轮虫、浮游甲壳动物死亡（图 8-4），厌氧细菌大量繁殖，对有机物进行厌氧分解。有机物经细菌完全无机化后，产物为 CO_2、H_2O、PO_4^{3-}、NH_3 和 H_2S。NH_3 和 H_2S 继续在硝化细菌和硫化细菌作用下生成 NO_3^- 和 SO_4^{2-}。研究酚在巢湖施口水域的自净规律表明，在无水流稀释的情况下，水体中微生物的生化作用对酚的自净过程起着主导作用。

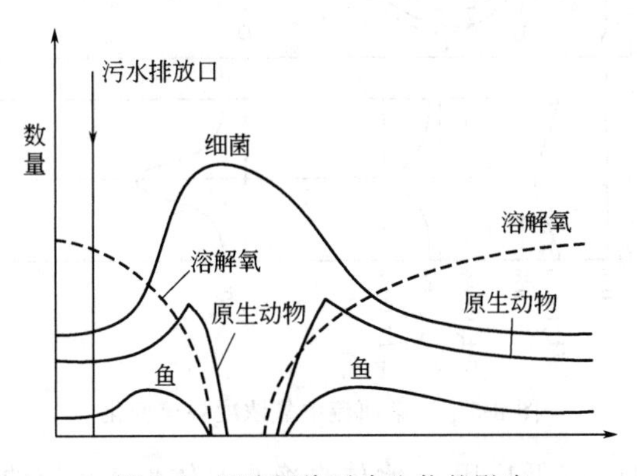

图 8-4　河流污染对水生物的影响

③ 溶解氧恢复。溶解氧是微生物好氧分解有机物必不可少的条件，水体中的溶解氧主

要通过大气扩散和光合作用进行补充。当污染物浓度很高时，水体中溶解氧在异养菌分解有机物时被消耗，大气中的氧刚溶于水就迅速被消耗掉，尽管水中藻类在白天进行光合作用放出氧气，但复氧速度仍小于耗氧速度，氧垂曲线下降。在最缺氧点，有机物的耗氧速度等于河流的复氧速度，而后有机物渐少，复氧速度大于耗氧速度，氧垂曲线上升。如果河流不再被有机物污染，河水中溶解氧会恢复到原有浓度，甚至达到饱和。

④ 水体自净的完成。随着水体的自净，有机物缺乏和其他原因（例如阳光照射、温度、pH 变化、毒物及生物的拮抗作用等）使细菌死亡。据测定，细菌死亡率为 80%～90%。水体中水生植物、原生动物、微型后生动物甚至鱼类等相继出现，表明水体自净过程完成。

（3）衡量水体自净的指标　水体自净是一个很复杂的过程，在实际工作中，可以用一些生物或相关的指标来衡量水体的自净速率或自净进行的程度，常用的有以下几种。

① P/H 指数。P 代表光合自养型微生物，H 代表异养型微生物，两者的比即 P/H 指数。P/H 指数反映水体污染和自净程度。水体刚被污染，水中有机物浓度高，异养型微生物大量繁殖，P/H 指数低，自净的速率高。随着自净过程的进行，有机物减少，异养型微生物数量减少，光合自养型微生物数量增多，故 P/H 指数升高，自净速率逐渐降低，在河流自净完成后，P/H 指数恢复到原有水平。

② 氧浓度昼夜变化幅度和氧垂曲线。水体中的溶解氧由空气中的氧溶于水而得到补充，同时也靠光合自养型微生物的光合作用放出氧得到补充。对于后一个氧的来源，阳光的照射是关键因素，夜晚由于光合作用停止，会使水中的溶解氧浓度下降，造成白天和夜晚水中溶解氧浓度的差异。在白天，有阳光和阴天时的溶解氧浓度差异也较大。

氧浓度昼夜的差异取决于微生物的种群、数量或水体断面及水的深度。如果光合自养型微生物数量多，P/H 指数高，则溶解氧昼夜差异大。河流刚被污染时，P/H 指数下降，光合作用强度小，溶解氧浓度昼夜差异小。随着自净过程的进行，自养型微生物数量增加，光合作用强度增加，溶解氧浓度昼夜差异增大。当增大到最大值后又回到被污染前的原有状态，即完成自净过程。

氧垂曲线同样被用来直接描述水体的自净过程（图 8-5）。

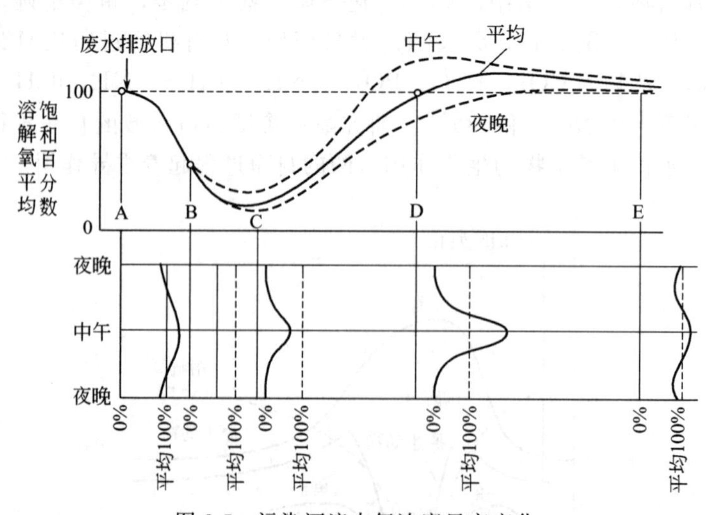

图 8-5　污染河流中氧浓度昼夜变化

（4）研究水体自净的意义及应用　水体自净是水体生态系统的基本特性，是生态系统对外界干扰的一种自我调节、保持自我平衡的特性的体现，也是水环境与水生生物（微生物及动植物）共同作用的结果。

理论上水体可以自净的污染物是生物可降解的物质，如耗氧污染物（BOD 类）。只有这些污染物可以在水体中被微生物完全分解从而去除掉、使水体恢复到污染前的状态，其他污染物，如含氮、磷的污染物，以及不能被微生物所分解的污染物，如某些人工合成有机污染物（塑料、多氯联苯等）和重金属离子，则不能从水体中彻底去除，只能在水体和底泥之间进行迁移转化或被稀释，降低污染物的浓度，直到对环境的影响消失。

在水体自净中，主要是靠生物氧化作用。没有微生物等对污染物的分解，就难以实现真正意义上的“自净”。在水体自净过程中，关键环境因素是水中的溶解氧。微生物分解有机物时，如果水体中始终都有充足的溶解氧，微生物就可以一直进行好氧呼吸，那么污染物分解就快，就彻底，水体也不会出现无溶解氧时的黑臭和水生好氧生物死亡的重度污染现象。

对水体自净机理的认识，为人类开创废水生物处理提供了指引。正是基于认识到水体自净的关键是生物的作用以及限制性环境条件是 DO，1914 年人类开创了人工废水处理方法——活性污泥法。活性污泥法就是师法于河水自净。在活性污泥处理系统中，工程师在曝气池中人工增加了微生物的数量、强化了生物氧化作用，并不断人工增氧，使得河流需要流经很长距离（数日）才能完成的净化，在一个几十米的长条池子中污水从一端进入从另一端出来就完成了净化（数个小时内）。而且在曝气的过程中，微生物会形成可以自行沉淀的“（活性）污泥”。

另外，水体自净也是合理排污、确定污水排放标准的基础。只要在河流自净容量范围内，河流接纳的污染物都可以被自行净化，而不会造成污染。因此废水处理后无需达到纯水的标准，只要符合水体自净容量许可的污染物含量即可。这也正是我国制定地表水体污染物排放标准的主要依据之一。

8.5.2.3　污染水体的微生物生态

（1）污化系统　污染物排入水体后水质发生一系列变化，接近污染源往往污染较严重，因河水有自净能力，随距离增加河水逐渐净化。根据这个原理，可以将水体划分为一系列污染带：多污带、α-中污带、β-中污带和寡污带。各污染带会存在相应的生物群落，耐污的种类及其数量按以上顺序逐渐减少，而不耐污的种类和数量逐渐增多。污化指示生物包括细菌、真菌、藻类、原生动物、轮虫、浮游甲壳动物、底栖动物如寡毛类的颤蚯蚓、软体动物和水生昆虫。

① 多污带。多污带位于排污口之后的区段，水呈暗灰色，很浑浊，含大量有机物，BOD_5 高，溶解氧极低（或无），为厌氧状态。在此处，有机物厌氧分解，产生 H_2S、CO_2 和 CH_4 等气体。由于环境恶劣，水生生物的种类很少，以厌氧菌和兼性厌氧菌为主，种类多，数量大，每毫升水含有几亿个细菌。它们中间有分解复杂有机物的菌种，有硫酸还原菌、产甲烷菌等。这一区域的水底沉积许多由有机和无机物形成的淤泥，有大量寡毛类（颤蚯蚓）动物，水面上有气泡、异味，无显花植物，鱼类绝迹。

② α-中污带。α-中污带在多污带的下游，水体呈灰色，溶解氧少，为半厌氧状态，有机物量减少，BOD_5 下降，水面上有泡沫和浮泥，有 NH_3、氨基酸及 H_2S，生物种类比多污带稍多。α-中污带处细菌数量较多，每毫升水约有几千万个，有蓝藻、裸藻、绿藻，原生动物有天蓝喇叭虫、美观独缩虫、椎尾水轮虫、臂尾水轮虫及节虾等。此处的底泥已部分无机化，滋生了很多颤蚯蚓。

③ β-中污带。β-中污带在 α-中污带之后，有机物较少，BOD_5 和悬浮物含量低，溶解氧浓度升高，由于 NH_3 和 H_2S 分别氧化为 NO_3^- 和 SO_4^{2-}，两者含量均减少。此处的细菌

数量减少，每毫升水只有几万个，藻类大量繁殖，水生植物出现。β-中污带处，原生动物的固着型纤毛虫如独缩虫、聚缩虫等活跃，且有轮虫、浮游甲壳动物及昆虫出现。

④ 寡污带。寡污带在β-中污带之后，它标志着河流自净过程已完成，有机物全部无机化，BOD_5 和悬浮物含量极低，H_2S 消失，细菌极少，水的浑浊度低，溶解氧恢复到正常含量。寡污带的指示生物有鱼腥藻、硅藻、黄藻、钟虫、变形虫、旋轮虫、浮游甲壳动物、水生植物及鱼。

应用污化系统，可以对水体污染及恢复过程有全面的认识。但需要指出的是，污化系统的划分主要是依据水体内生物（微生物）的种类、数量等指标，这些描述一般只能进行定性描述，四个带的划分也是连续性和过渡性的，而且只适用于有机污染物（无毒）的情况。

有研究表明，在废水处理反应器中，原生动物的出现存在明显的顺序性：开始时是鞭毛虫，几天后是自由游泳的纤毛虫（草履虫、尾丝虫等），数周后是爬行的纤毛虫占优势；鞭毛虫和草履虫易生于中污至清洁水体中，四膜虫则较适应多污水体的环境。

（2）水体有机污染指标　在实际工作中，可以通过测定水体内的生物情况考察水体的污染状况。将这些指标与其他物理、化学水质指标结合起来，可以更好地了解和掌握水体有机污染的情况。

① BIP 指数

$$\mathrm{BIP}=\frac{B}{A+B}\times 100$$

式中，A 为有叶绿素的微生物数；B 为无叶绿素的微生物数。所以 BIP 的含义是无叶绿素的微生物数占总微生物数的百分比。无叶绿素的异养型微生物在水体中的比例越高，表明水体中有机物的含量越高。一般可以按照下列标准（表 8-4）对水体进行评价。

表 8-4　BIP 水质评价标准

污染程度	清洁水	轻度污染水	中度污染水	严重污染水
BIP 值	0～8	8～20	20～60	60～100

② 细菌菌落总数（CFU）。细菌菌落总数是指 1mL 水样在营养琼脂培养基中，于 37℃ 培养 24h 后所生长出来的细菌菌落总数。它用于指示被检的水体受有机物污染的程度，为生活饮用水做卫生学评价提供依据。

在中国规定 1mL 生活饮用水中的细菌菌落总数应在 100 个以下（表 8-5）。

表 8-5　各种水质细菌卫生标准

水样来源	细菌菌落数/(CFU/mL)	总大肠菌群数(MPN法)/(个/L)	霉菌及酵母菌	致病菌	标准来源
生活饮用水	≤100	0/100mL	不得检出	不得检出	GB 5749—2006
优质饮用水①	≤20	≤3			GB 17324—98
矿泉水	≤5(水源水)	0/100mL			GB 8537—1995
矿泉水	≤50(罐装水)	0/100mL			GB 8537—1995
人工游泳池水		0/100mL			国际竞赛标准
人工游泳池水	≤100	≤18			GB 9667—88
地表水(Ⅲ类)	≤1000	≤10000			GB 8978—88
农田灌溉用水		≤10000			GB 5084—85
中水回用水(生活杂用水)		≤3			GB/T 18920—2002

① 优质饮用水是指自来水经深加工，除去“三致”（致畸、致癌、致突变）物或其前体物，保留人体内必需的矿物质和微量元素的饮用水。

在饮用水中所测得的细菌菌落总数除说明水体被生活废物污染程度外，还指示该饮用水能否饮用，但水源水中的细菌菌落总数不能说明污染的来源。因此，结合大肠菌群数以判断水的污染源和安全程度更全面。

③ 总大肠菌群（大肠菌群、大肠杆菌群）。粪便污染是水体中致病性微生物的主要来源，引起人类肠道疾病的传染性微生物（图 8-6）包括痢疾杆菌——痢疾志贺菌（*Shigella dysenteriae*）、副痢疾志贺菌（*Shigella para dysenteriae*），伤寒杆菌——伤寒沙门菌（*Salmonella typhi*）、副伤寒沙门菌（*Salmonella paratyphi*），霍乱弧菌（*Vibrio cholerae*）以及一些病毒等。这些致病微生物数量少，检测手段复杂，一般情况下很难对其一一检测，因此，常选用和它相近的其他非致病微生物作为间接指标，目前多选用总大肠菌群作致病微生物的指示菌。

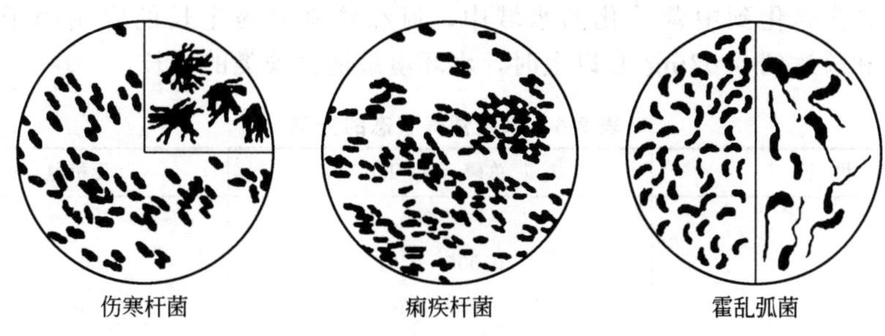

图 8-6　几种致病菌

大肠菌群被选作致病菌的间接指示菌的原因是：大肠菌群是人肠道中正常寄生菌，数量最大，对人较安全，生理特性和在环境中的存活时间与致病菌相近，而且检验技术较简便。大肠菌群（coliform group，或简称 coliform）是指一大群与大肠杆菌相似的好氧及兼性厌氧的革兰阴性无芽孢杆菌，包括埃希菌属（*Escherichia*）、柠檬酸杆菌属（*Citrobacter*）、肠杆菌属（*Enterbacter*）和克雷伯属（*Klebsiella*）等十几种肠道杆菌，它们能在 37℃、48h 下不同程度地发酵乳糖产酸产气。为了说明水体刚被粪便污染，有时可用粪大肠杆菌作指示菌，用 EC 培养基[1]在 (44.5±0.2)℃、(24±2)h 培养。

测定大肠杆菌群的常用方法有发酵法和滤膜法，具体内容见教材实验部分。

④ 微型生物监测。水体中的微型生物包括原生动物、藻类及微型后生动物，与水体污染情况有着密切关系。人们多采用 PFU 的方法，对水体内的微型生物富集后进行测定。本方法采用人工基质以大小为 5.0cm×6.0cm×7.5cm 的聚氨酯泡沫塑料块（Polyurethane Foam Unit，PFU）群集水体中的微型生物群落，在水中暴露一定时间后，把 PFU 内的水（含微型生物群落）挤出来，置于烧杯中，测定微型生物群落中各种结构功能参数，根据参数的变化评价水质。测定参数包括结构参数和功能参数等。

结构参数有种类组成和种类数、指示种类、多样性指数、异养性、叶绿素 a 等。功能参数有群集过程、功能类群（光合作用自养者 P、食菌者 B、食藻者 A、食肉者 R、腐生者 S、杂食者 K）、光合作用速度、呼吸作用速度等。

本测定方法已经于 1992 年公布为中华人民共和国国家标准，称为《水质-微型生物群落监测-PFU 法》（GB/T 12990—91）。

8.5.3　水体富营养化

8.5.3.1　水体富营养化的概念

水体富营养化（eutrophication）是指大量溶解性盐类（主要是 NH_3、NO_3^-、NO_2^-、

[1] EC 培养基：胰蛋白胨 20g，乳糖 5g，胆盐混合物 1.5g，K_2HPO_4 4g，KH_2PO_4 1.5g，NaCl 5g，H_2O 1000mL。

PO_4^{3-}）进入水体，使水体中藻类等浮游生物大量繁殖，而后引起异养微生物代谢活动旺盛，耗尽了水中的溶解氧，水质变差，导致其他水生生物死亡，破坏水体生态平衡的现象。

当水体形成富营养化时，水体中藻类的种类减少，而个别种类的个体数量猛增。如淡水水域富营养化时，测得水华铜锈微囊藻（*Microeystis aeruginosa*）及水华束丝藻（*Aphanizomenon flosaquae*）的数量可达到 13.6×10^5 个/L。由于占优势的浮游藻类所含的色素不同，使水体呈现蓝、红、绿、棕、乳白等不同的颜色。富营养化发生在湖泊中将引起水华（water bloom），发生在海洋中将引起赤潮（red tide）。

水质达到什么样的状态会出现富营养化？这是一个许多人一直在研究的问题。一般认为，水体中的总磷大于 0.02mg/L、无机氮超过 0.3mg/L 以上就会出现富营养化。表 8-6 数据表明，在从贫营养化到中营养化的水域中，氮和磷是藻类生长的限制因子，当氮达到 0.3mg/L 以上和磷达到 0.02mg/L 以上时，水环境最适合藻类的生长。

表 8-6　水域营养状态的分类

营养状态	总磷/(mg/L)	无机氮/(mg/L)
极贫营养	<0.005	<0.2
贫-中营养	0.005～0.01	0.20～0.40
中营养	0.01～0.03	0.3～0.65
中-富营养	0.03～0.1	0.5～1.5
富营养	>0.1	>1.5

摘自：［日］须藤隆一．水环境净化及废水处理微生物学．俞辉群等编译．1988：244。

湖泊的富营养化除了与水体内的营养盐浓度有关外，还与水温和营养盐负荷有关。表 8-7 列出了湖泊营养盐的容许负荷和危险负荷。

表 8-7　湖泊的氮、磷负荷

平均水深/m	容许负荷/[kg/(m² · a)]		危险负荷/[kg/(m² · a)]	
	N	P	N	P
5	1.0	0.07	2.0	0.10
10	1.5	0.10	3.0	0.20
50	4.0	0.25	8.0	0.50
100	6.0	0.40	12.0	0.80
150	7.5	0.50	15.0	1.00
200	9.0	0.60	18.0	1.20

注：引自 Vollenweider，1971。

湖泊、水库、内海、河口以及水网地区，水流缓慢，既适宜于营养物质的积聚，又适宜于水生植物的繁殖，因此比较容易发生水体富营养化。在富营养化的水体中，当阳光和水温处于适宜状态时，藻类的数量可达 10^6 个/L 以上，水体表层藻类过量繁殖，溶解氧处于饱和状态；其下层由于处在贫光状态下，不仅没有光合作用以增加溶解氧，相反，藻类尸体及其他有机物的分解会耗尽氧气，出现厌氧状态，使浮游动物、鱼类无法生存，加上藻类分泌致臭、致毒物及其本身的死亡、腐败，严重影响水质。富营养化的水体底部沉积着很丰富的有机物，在水体缺氧的情况下，加剧了水体底泥的厌氧发酵，相应地引起微生物种群、群落的演替。

富营养水体中这种情况对鱼类和其他水生生物的生长十分不利，在藻类大量繁殖季节往往会出现大批死鱼的现象。水域一旦出现富营养化，即使外界营养物质来源切断，水生生态系统也难以恢复。

8.5.3.2 水体富营养化的评价

评价水体富营养化的方法有：观察蓝藻等指示生物；测定生物量；测定原初生产力；测定透明度；测定 N、P 等营养物质。一般将五方面的指标综合起来对水体的富营养化状态做出全面、充分的评价。

AGP（藻类潜在生产力）是一种生物测试方法，它把特定藻类接种在所测的水样中，在一定光照和温度条件下培养，使藻类增长到稳定期，通过藻类细胞干质量或细胞数来测定增长量。AGP 可以确定水体主要限制或刺激藻类增长的营养物质，通过 AGP 实验，可以了解水体中与藻类增长有关的营养物质，以便采取适当的措施来防止水体富营养化的发生和危害。

AGP 的实验方法如下。

① 实验藻种。羊角月芽藻、小毛枝藻、小球藻属、衣藻属、谷皮菱形藻、裸藻属、栅列藻属、纤维藻属、实球藻属、微囊藻属及鱼腥藻属等。

② 实验方法。将培养液用滤膜（孔径为 1.2μm）或高压蒸汽灭菌（121℃，15min）除去 SS 和杂菌。取 500mL 水样置于 L 型培养管（1000mL）中，接入测试藻种，将培养管放在往复式振荡器上（30～40r/min），在 20℃、光照度为 4000～6000lx 的条件下培养 7～20d（每天明培养 14h，暗培养 10h），然后取适量培养液用滤膜过滤，经 105℃烘干至恒重，称干质量，计算 1L 藻类液中藻类的干质量，即为 AGP。

日本天然水体贫营养湖的 AGP 在 1mg/L，中营养湖 AGP 为 1～10mg/L，富营养湖 AGP 为 5～50mg/L。若加入生活污水处理水，AGP 明显增加。

8.5.3.3 水体富营养化的控制措施与方法

控制水体富营养化最根本的措施是加强对环境生态的管理，制定法规，对污水排放一定要严格控制，一般应达到二级处理排放标准，并应逐渐达到深度（三级或接近三级）处理标准，以去除 N 和 P。如果水体一旦发生了富营养化，应采取以下方法加以治理。

（1）化学药剂控制　采用化学药剂来控制藻类的生长，对于水体面积小的水域、蓄水池、池塘是很适用的。在化学除藻方面，应用较为广泛的是用硫酸铜来防止藻类的过度生长。硫酸铜对蓝藻尤为有效，使用硫酸铜须在春天藻类生长繁殖之前及早加入，抑制藻类的生长，否则水体中的鱼类会大量死亡。这是因为大量的藻类死亡细胞悬浮在水体中，被异养性微生物分解而造成水体缺氧状态，同时藻类释放出毒素也会毒死鱼类。

杀死藻类所需要的硫酸铜浓度应对人体和鱼类都是无毒的。喷洒硫酸铜后，水体中的硫酸铜浓度通常为 0.1～0.5mg/L，可根据总水体体积计算出硫酸铜的用量。

（2）生物学控制　可利用藻类病原菌抑制藻类生长。有人设想在湖、河中接种寄生于藻类的细菌，以抑制藻类生长。现已发现藻类的病原菌主要属于黏细菌，它专一性小，寄生范围较广，能使藻类的营养细胞裂解，但对异形胞无效。也有人考虑利用蓝细菌的天然病原真菌，主要是壶菌（*Chyevidius*）来控制蓝细菌，但该菌寄主范围很窄，有时甚至只局限于寄生在寄主的某一特定结构。

也可利用病毒来控制藻类的生长。据报道，侵噬蓝细菌的病毒已分离出来，从形态上看，这种病毒类似于细菌的噬菌体，称为蓝细菌噬菌体（*Cyanophages*）。试验表明，蓝细菌接种病毒后能明显降低藻类个体的数量，但此法目前尚未在天然水体范围内试验。

（3）搅动水层　在天然湖泊中，水体有分层现象。夏季由于阳光照射，表层水为暖水区，水温可达 25℃以上。底层水为冷水区，水温一般不超过 9℃。表层水为藻类生长区，可以通过人工搅动破坏水体的分层现象，来控制藻类生长。一般可通过强烈通气达到搅动的目的。

在破坏水体分层过程中，表层水温度降低，同时使水体变浑浊，影响了表层水的透光度，藻类的生长也受到了影响。经过人工搅动，也可改变藻类在湖泊中的优势种群，如经搅动后，使蓝细菌群体减少，而绿藻数目相对增加。

（4）对二级生化处理的排出水进行脱氮和除磷　经二级生化处理后的排放水中所存在的氮与磷是藻类生长的重要因素，其中氮素更是藻类生长的关键。因此，对排放水应做进一步的深度处理，去除氮与磷，可限制藻类生长。

目前所用的除磷方法，主要是用化学混凝沉淀除磷，即用钙盐、铁盐和铝盐等对磷化物进行凝聚沉淀。用量分别为生石灰（CaO）300mg/L 以上，硫酸铝［$Al_2(SO_4)_3 \cdot 12H_2O$］100mg/L 以上，三氯化铁（$FeCl_3 \cdot 6H_2O$）100mg/L 以上。通过化学凝聚沉淀之后，水体中的含磷量大大降低，可使藻类数量明显下降（表 8-8）。除上述的化学凝聚除磷外，国内外正深入研究利用生物除磷，基本原理是利用细菌的合成代谢作用把水中的磷去除。

表 8-8　未加凝聚剂与加凝聚剂总磷含量和藻类生长量比较

凝聚剂名称	加药量/(mg/L)	总磷量/(mg/L)	藻类增殖量/(mg/L)
CaO	0	1.29	324
	300	0.12	13
［$Al_2(SO_4)_3 \cdot 12H_2O$］	0	1.35	344
	100	0.11	12
$FeCl_3 \cdot 6H_2O$	0	1.4	248
	100	0.07	5

（任南琪，2004）

（5）采收藻类，综合利用　有人设想利用富营养化的水体来养殖藻类，并加以采收利用，同时达到了控制富营养化的目的，但在实际工作中会遇到一定的困难。首先碰到的问题是如何大规模地采收这些藻类，若利用离心机收集，则量太大，难以实现，如果用微孔滤器过滤，则滤膜易堵；其次，如何才能克服藻类存在毒性代谢物的有害影响，这些问题尚待深入探讨和加以解决。

（6）生态防治法　生态防治法是指运用生态学原理，利用水生生物吸收利用氮、磷元素进行代谢活动的过程，以达到去除营养元素的目的。其优点是投资少，有利于建立合理的水生生态循环。如在浅水型富营养湖泊种植高等植物（莲藕、蒲草等）；根据鱼类不同的食性放养以浮游藻类为食的鱼种，有效地去除氮和磷。

8.5.3.4　富营养化水体中常见的藻类

在富营养化的淡水水体中，发现的微型藻类主要是蓝细菌。虽然蓝细菌种类很多，但在水体富营养化时，能大量繁殖的仅有 20 种左右。其中，水华鱼腥藻（*Anabaena flosaqua*）、铜色微囊藻（*Microeystis aeruginosa*）、水华束丝藻（*Aphanizomenon flosaquae*）、居氏腔球藻（*Coelosphaerium kuetzingianum*）、细针胶刺藻（*Glowotrichia echinulata*）、泡沫节球藻（*Nodularia spmigena*）等常出现于水华情况下，均产生水华毒素。蓝细菌有一个共同的特点，即大多数具有气胞，这种气胞由中空的气囊排列而成。气囊成堆排列在一起，囊壁由不溶性蛋白质构成。其能承受 200kPa 压力，超过这一压力，气囊即破裂。气胞随藻龄的增大而加大，主要功能是为藻类在水面的漂浮提供浮力，使藻类便于在水体中散布。

在海岸或海湾中，引起“赤潮”的藻类主要是甲藻，如角藻属（*Ceratium*）、环沟藻属（*Gymnodinium*）、膝沟藻属（*Gonyaulax*）等，这些藻类过度增殖可使海水染成红色或褐色，并能造成鱼类和其他生物死亡。

思考题

1. 为什么说土壤是微生物生长的天然培养基？土壤中的微生物有什么特点？
2. 水体中微生物有几方面来源？微生物在水体中的分布有什么规律？
3. 空气微生物有哪些来源？空气中有哪些微生物？
4. 微生物与微生物之间的关系包括哪几种？
5. 什么是群落演替？解释污水处理系统中群落演替的现象。
6. 什么是土壤自净？简述土壤自净的原理。
7. 什么是水体自净？请描述水体自净的过程。
8. 什么是水体富营养化？简要论述防止水体富营养化的措施和方法。
9. AGP 是何意？如何测定 AGP？
10. 描述水体有机污染有哪些指标？

第9章 微生物在物质循环中的作用

9.1 物质循环与微生物的矿化作用

在自然界中，生物所需要的各种化学元素，通过生物的生命活动，一方面被合成为有机物，组成生物体，另一方面，这些有机物质又被分解成无机物质返回自然界。这些组成生命物质的所有元素，不断地从非生命物质状态转化为生命物质状态，然后再从生命物质状态转化为非生命物质状态，如此不断循环，组成了地球上的物质循环，即生物地球化学循环。

在生物地球化学循环中，生物所需要的能量和营养物质主要来自光能自养生物（绿色植物、微型藻类、蓝细菌及光合细菌等），但他们的合成代谢需要CO_2，而大气中的CO_2含量仅有0.03%，如果大气中的CO_2不能源源不断地补充，将在几十年内被用尽，于是物质循环将会中断，进而使地球上的生物无法生存。而微生物是自然界将有机物质无机化的执行者，它们的矿化作用可使有机碳化物转化成CO_2，这是自然界CO_2的主要来源，从而保证了光能自养生物的合成代谢不断地进行。因此，微生物在自然界物质循环中具有非常重要的作用。

微生物在有机物矿化作用中的重要作用与其生理和生态特性有关。例如，微生物分布的普遍性，可以使各种自然环境中的死亡有机体被分解氧化；微生物惊人的繁殖速度和代谢强度，可以使死亡的有机体得到及时分解；微生物代谢类型的多样性保证了各种天然有机物都能被分解矿化；微生物易变异的特性为人工合成有机物的降解提供了可能。

总之，不断进行着的物质循环是生物圈得以维系的重要条件，是生物界不断向前发展的基础。而在物质循环过程中，微生物的代谢作用至关重要。

9.2 碳素循环

9.2.1 自然界的碳素循环

碳素是生物体最重要的一种组成元素，是细胞结构的骨架物质。植物组织及微生物细胞所含碳素约占细胞干质量的40%～50%，而它的主要来源是大气中的二氧化碳，但大气中的CO_2含量处于一种永远供应不足的状态，只有通过生物所推动的碳素循环，特别是微生物进行的分解作用，使不同形态的碳素相互转化，大气中的CO_2才不会被耗竭，生命才能维持。

在自然界中，含碳物质主要包括CO_2、碳水化合物（糖、淀粉、纤维素等）、脂肪、蛋白质等。如图9-1所示，绿色植物和微生物通过光合作用固定自然界中的CO_2，合成有机碳化物，同时把光能转化为化学能，进而转化为各种有机质；植物和微生物进行呼吸作用获得能量，同时释放出CO_2。动物以植物和微生物为食物，进行碳物质转换，并在呼吸作用中释放出CO_2。当动物、植物和微生物尸体等有机碳化物被微生物分解时产生大量的CO_2，回到大气。而后，CO_2再一次被植物利用进入循环，形成完整的碳素循环。

在水体中（图9-2），由好氧区生活的藻类和绿色植物通过光合作用产生的有机物，如纤维素、淀粉、几丁质、果胶质、糖类等，被多种多样的细菌和真菌通过呼吸作用而分解，并释放出 CO_2。沉入厌氧区的有机物和由异养光合细菌所合成的有机物，通过厌氧微生物的发酵作用而产生有机酸、CH_4、H_2 和 CO_2。产甲烷菌在厌氧区可以将 CO_2 转化为 CH_4，甲烷氧化菌在好氧区将 CH_4 氧化成 CO_2。

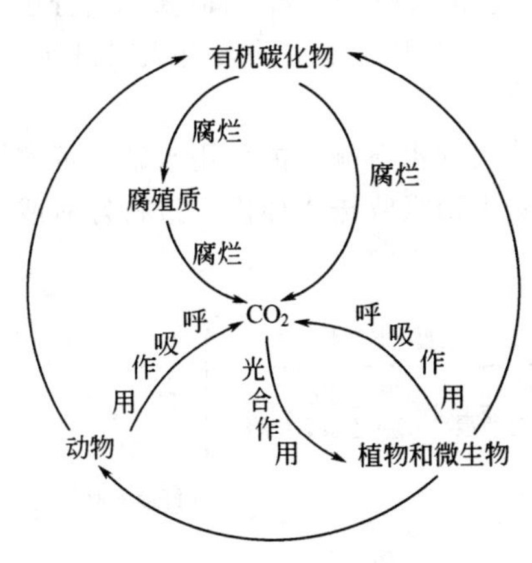

图 9-1　自然界碳的循环

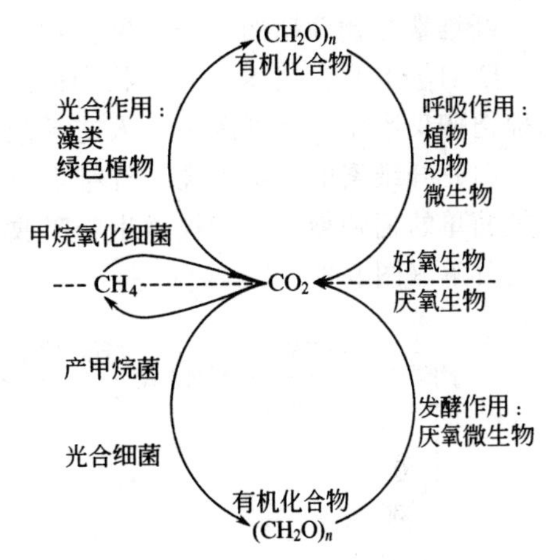

图 9-2　水体中物质循环

总之，碳素的循环是以 CO_2 为中心的，包括大气中的 CO_2 和水中溶解的 CO_2，它们都是以 CO_2 的固定和 CO_2 的再生为主的物质循环。

9.2.2　微生物在碳素循环中的作用

从图 9-1 和图 9-2 所示的碳素循环中可以了解到，微生物既参与固定 CO_2 的光合作用，又参与再生 CO_2 的分解作用。

9.2.2.1　光合作用

参与光合作用的微生物主要是藻类、蓝细菌和光合细菌，它们通过光合作用，将大气中和水体中的 CO_2 合成为有机碳化物。特别是在大多数水生环境中，主要的光合生物是微生物，在有氧区域以蓝细菌和藻类占优势，而在无氧区域则以光合细菌占优势。

9.2.2.2　分解作用

自然界有机碳化物的分解，主要是微生物的作用。有机碳化物在陆地和水域的有氧条件中通过好氧或兼氧微生物分解，被彻底氧化为 CO_2；在无氧条件中通过厌氧微生物发酵，被不完全氧化成有机酸、CH_4、H_2 和 CO_2。能分解有机碳化物的微生物很多，包括细菌、真菌和放线菌。

分解有机碳化物的典型好氧性细菌主要有枯草芽孢杆菌（*Bacillus subtilis*）、假单胞菌属细菌（*Pseudomonas* spp.）、噬纤维菌属细菌（*Cytophaga* spp.）、黏球生孢噬纤维菌（*Sporocytophaga myxoxoccoides*）、椭圆生孢噬纤维菌（*S. ellipsospora*）、纤维多囊菌（*Polyangium cellulosum*）和高温单胞菌属细菌（*Thermomonospora* spp.）等。

厌氧细菌主要是梭菌属（*Clostridium*）中的一些种类，常见的有热纤梭菌（*C. thermocellum*）、淀粉梭菌（*C. amylobacter*）、蚀果胶梭菌（*C. pectinovorum*）和多黏梭菌（*C. polymyxa*）等。

真菌主要有曲霉属（*Aspergillus*）、青霉属（*Penicillium*）、毛霉属（*Mucor*）、根霉属（*Rhizopus*）、木霉属（*Trichoderma*）、毛壳属（*Chaetomium*）等中的一些种类，还有某些嗜热真菌等。

放线菌主要有链霉菌属（*Neurospora*）、小单胞菌属（*Micromonspora*）、诺卡菌属

(*Nocardia*)、高温放线菌属(*Thermoactinomyces*)、游动放线菌属(*Actinoplanes*)、小双胞菌属(*Microbispora*)和链孢囊菌属(*Streptosporangium*)中的一些种类。

9.2.3 微生物对主要含碳化合物的转化和分解过程

9.2.3.1 纤维素的转化

纤维素是葡萄糖的高分子聚合物,每个纤维素分子含1400～10000个葡萄糖基,分子式为$(C_6H_{10}O_5)_n$。树木、农作物和以这些物质为原料的工业产生的废水均含有大量纤维素,如棉纺印染废水、造纸废水、人造纤维废水、城市垃圾等。

(1) 纤维素的分解途径 纤维素首先经过微生物胞外酶(水解酶)的作用水解成可溶性的较简单的葡萄糖,才能被微生物吸收分解,葡萄糖被微生物吸收进入体内,进行好氧或厌氧的分解(图9-3)。

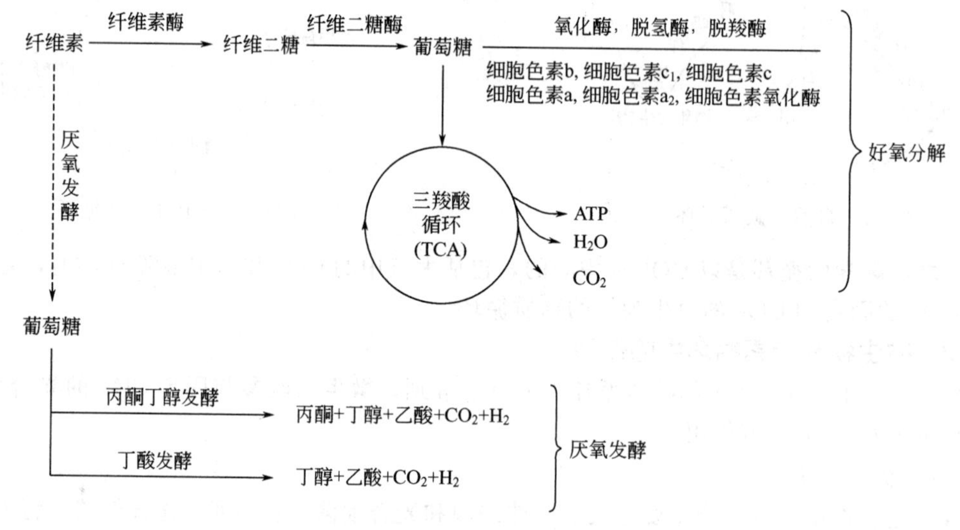

图9-3 纤维素的分解

(2) 分解纤维素的微生物 分解纤维素的微生物有细菌、放线菌和真菌等。其中细菌以好氧的黏细菌为多,如生孢食纤维菌、食纤维菌及堆囊黏菌等。黏细菌是革兰阴性的化能异氧菌,没有鞭毛,能在固体界面上滑行运动,另外,还有镰状纤维菌和纤维弧菌等。厌氧的纤维素分解菌有产纤维二糖芽孢梭菌、无芽孢厌氧分解菌及嗜热纤维芽孢梭菌等。能分解纤维素的真菌有青霉、曲霉、镰刀霉、木霉及毛霉等。此外,放线菌中的链霉菌属也能分解纤维素。

(3) 纤维素转化和利用的新进展 美国得克萨斯大学新开发的一项成果显示,微生物可将纤维素转化为乙醇和其他生物燃料。如果将实验结果进一步放大应用于生产,可望提供大量运输燃料。根据该成果,一种青色细菌在纤维素存在的条件下,可分泌出葡萄糖和蔗糖,这些简单的糖类可作为生产乙醇的主要原料。因此,青色细菌可望成为生产可再生能源的主力军。

9.2.3.2 半纤维素的转化

半纤维素存在于植物细胞壁中,是由多种戊糖或己糖组成的大分子缩聚物,组成中有聚戊糖(木糖和阿拉伯糖)、聚己糖(半乳糖、甘露糖)及聚己糖醛酸(葡萄糖醛酸和半乳糖醛酸)。一般造纸废水和人造纤维废水中含半纤维素。

(1) 半纤维素的分解过程 半纤维素的分解过程如图9-4所示。

(2) 分解半纤维素的微生物 分解纤维素的微生物大多数能分解半纤维素,如芽孢杆

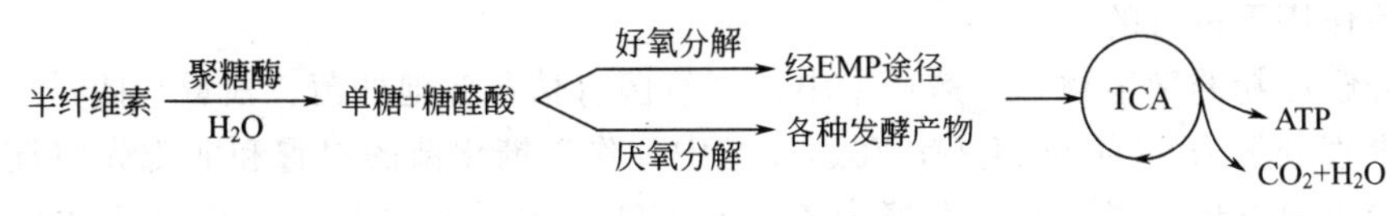

图 9-4　半纤维素的分解过程

菌、假单胞菌及放线菌都能分解半纤维素。霉菌有根霉、曲霉、小克银汉霉、青霉及镰刀霉。另外，土壤微生物分解半纤维素的速度比分解纤维素快。

9.2.3.3　果胶质的转化

果胶质存在于植物细胞壁和植物介质中，它是由D-半乳糖醛酸以α-1,4糖苷键构成的直链高分子化合物，在造纸、制麻废水中含有果胶质。天然的果胶质不溶于水，称为原果胶。

（1）果胶质的水解过程　果胶质的水解过程如下。

$$\text{原果胶}+H_2O \xrightarrow{\text{原果胶酶}} \text{可溶性果胶}+\text{聚戊糖}$$

$$\text{可溶性果胶}+H_2O \longrightarrow \text{果胶酸}+\text{甲醇}$$

$$\text{果胶酸}+H_2O \xrightarrow{\text{聚半乳糖酶}} \text{半糠醛酸}$$

果胶酸、聚戊糖、半乳糖醛酸、甲醇等在好氧条件下分解产物为CO_2和H_2O，在厌氧条件下进行丁酸发酵，产物有丁酸、乙酸、醇类、CO_2和H_2。

（2）分解果胶的微生物　分解果胶的好氧菌有枯草芽孢杆菌、浸软芽孢杆菌、多黏芽孢杆菌及不生芽孢的软腐欧氏杆菌；厌氧菌有蚀果胶梭菌和费新尼亚浸麻梭菌。分解果胶的真菌有青霉、曲霉、木霉、小克银汉霉、芽枝孢霉、毛霉、根霉及放线菌。

9.2.3.4　淀粉的转化

淀粉广泛存在于植物种子（如水稻、小麦、玉米等）和果实之中，用这些物质作原料的工业废水，如淀粉厂废水、酒厂废水、印染废水、抗生素发酵废水、生活污水等均含有淀粉。淀粉分直链淀粉和支链淀粉两类。它们是由葡萄糖分子脱水缩合，以α-D-1,4葡萄糖苷键（不分支）或α-1,6键结合（分支）而成。

（1）淀粉的降解途径　淀粉是多糖，分子式为$(C_6H_{10}O_5)_n$，在微生物作用下的分解过程见图9-5。

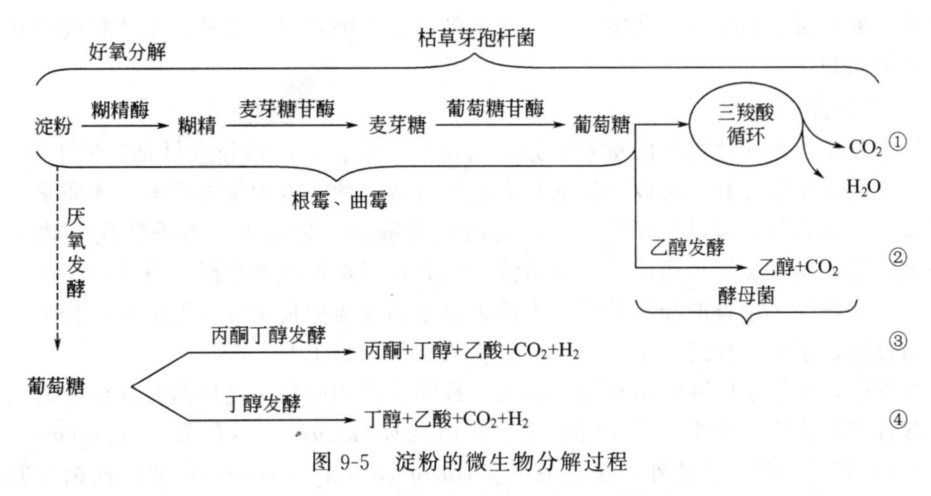

图 9-5　淀粉的微生物分解过程

途径①是在好氧条件下，淀粉水解成葡萄糖，进而酵解成丙酮酸，经三羧酸循环完全氧化为CO_2和H_2。途径②是在厌氧条件下，淀粉发生转化产生乙醇和CO_2。途径③和④是在专性厌氧菌作用下进行的。

(2) 分解淀粉的微生物　在途径①中，好氧菌有枯草芽孢杆菌、根霉和曲霉。枯草杆菌可将淀粉一直分解为CO_2和H_2O；在途径②中，作为糖化菌的根霉和曲霉先将淀粉转化为葡萄糖，接着由酵母菌将葡萄糖发酵为乙醇和CO_2。在途径③中，由丙酮丁醇梭状芽孢杆菌（*Clostridium acetobutylicum*）和丁醇梭状芽孢杆菌（*C. butylicum*）参与发酵。在途径④中，由丁醇梭状芽孢杆菌（*C. butyricum*）参与发酵。

9.2.3.5　脂肪的转化

脂肪是甘油和高级脂肪酸所形成的脂，存在于动植物体内，是人和动物的能量来源，也是许多微生物的碳源和能源。由饱和脂肪酸和甘油组成的，在常温下呈固态的称为脂。由不饱和脂肪酸和甘油组成的，在常温下呈液态的称为油。组成脂肪的脂肪酸几乎都具偶数个碳原子。在毛纺厂废水、油脂厂废水和制革废水中都含有大量油脂。

(1) 脂肪的分解　脂肪首先被水解：

$$\text{脂肪}+3H_2O \xrightarrow{\text{脂肪酶}} \text{甘油}+\text{高级脂肪酸}$$

产物甘油和高级脂肪酸分别进行降解。甘油的转化途径见图9-6。

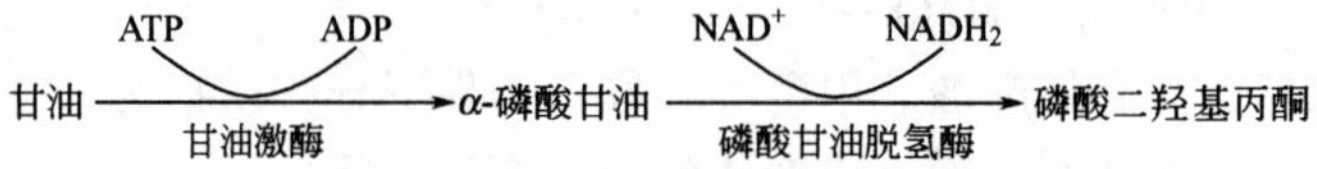

$$\text{甘油} \xrightarrow[\text{甘油激酶}]{ATP \rightarrow ADP} \alpha\text{-磷酸甘油} \xrightarrow[\text{磷酸甘油脱氢酶}]{NAD^+ \rightarrow NADH_2} \text{磷酸二羟基丙酮}$$

图9-6　甘油的转化途径

磷酸二羟基丙酮可经酵解转化成丙酮酸，再氧化脱羧成乙酰CoA，进入三羧酸循环，完全氧化为CO_2和H_2O；或者沿酵解途径逆行生成1-磷酸葡萄糖，进而生成为葡萄糖和淀粉。

脂肪酸通常通过β-氧化途径氧化。首先脂酰硫激酶激活脂肪酸，然后在α、β碳原子上脱氢→加水→再脱氢→再加水，最后在α、β碳位之间的碳链断裂，生成1mol乙酰辅酶A和碳链以及较原来少两个碳原子的脂肪酸。其中，乙酰辅酶A进入三羧酸循环完全氧化成CO_2和H_2O；而剩下的碳链较原来少两个碳原子的脂肪酸可重复β-氧化过程，以至完全形成乙酰辅酶A而告终。

(2) 分解脂肪的微生物　分解脂肪的微生物有细菌中的荧光杆菌、绿脓杆菌、灵杆菌等以及真菌中的青霉、白地霉、曲霉、镰刀霉及解脂假丝酵母等。此外，某些放线菌和分枝杆菌也可分解脂肪。

9.2.3.6　木质素的转化

木质素是植物木质化组织的重要成分，稻草秆、麦秆、芦苇和木材是造纸工业的原料，木材也是人造纤维的原料。所以，造纸和人造纤维废水均含有大量木质素。木质素化学结构十分复杂，一般认为它是以苯环为核心带有丙烷支链的一种或多种芳香族化合物（如苯丙烷、松伯醇等）经氧化缩合而成的，经碱液加热处理后可形成香草醛、香草酸、酚、邻位羟基苯甲酸、阿魏酸、丁香酸和丁香醛。木质素是植物残体中最难分解的成分，分解速度极其缓慢，据报道，玉米秸秆进入土壤后6个月木质素仅减少1/3。

自然界中，木质素的降解是真菌、细菌、放线菌及相应微生物群落共同作用的结果，其中真菌起着主导作用，有担子菌亚门中的干朽菌（*Merulius*）、多孔菌（*Polyporus*）、伞菌（*Agaricus*）等的一些种。此外，厚孢毛霉（*Mucor chlamydosporus*）和松栓菌（*Trametes pini*）以及假单胞菌的个别种也能分解木质素。微生物分解木质素的速率缓慢，并且在好氧条件下比在厌氧条件下快，真菌比细菌快。

9.2.3.7　烃类物质的转化

石油中含有烷烃（体积分数为 30%）、环烷烃（体积分数为 46%）及芳香烃（体积分数为 28%）。与石油有关的产业，是环境中烃类化合物的主要来源。

（1）烷烃的转化　能氧化甲烷的微生物大多为专一的甲基营养性细菌，如甲烷氧化弯曲菌（*Methylosinnus*）、甲基胞囊菌（*Methylocystis*）、甲基球菌（*Methylococcus*）等。

甲烷的氧化途径如下：

$$CH_4 \rightarrow CH_3CH \rightarrow HCHO \rightarrow HCOOH \rightarrow CO_2$$

对于乙烷、丙烷、丁烷的转化，可以通过依靠甲烷生长的细菌进行共氧化，转变成相应的酸类或酮类，也有的微生物可以直接转化成乙烷和丙烷。

对于高级烷烃，其转化较为复杂，主要降解途径是在好氧条件和加氧酶参与下，烷烃的末端甲基生成伯醇后，再先后生成醛和脂肪酸，后者通过 β 氧化途径进入三羧酸循环，最后彻底降解成水和二氧化碳。

（2）芳香烃化合物的转化　芳香烃有酚、间甲酚、邻苯二酚、苯、二甲苯、异丙苯、异丙甲苯、萘、菲、蒽及 3,4-苯并芘等，炼油厂、焦化厂、煤气厂、化肥厂等的废水均含有芳香烃。

微生物能在不同程度上对芳香烃化合物进行分解。好氧菌代谢苯环化合物的途径的共同点是苯环化合物首先在氧分子及酶的作用下形成邻苯二酚或其衍生物的共同代谢中间体，然后再进一步经过氧分子及开环酶的作用，使其形成直链的分子，最后再分解进入 TCA 循环。

酚和苯的分解菌有荧光假单胞菌、铜绿色假单胞菌及苯杆菌。苯、甲苯、二甲苯和乙苯可被甲苯杆菌分解。分解萘的细菌有铜绿色假胞菌、诺卡菌、小球菌、无色杆菌、分枝杆菌等。分解菲的细菌有菲杆菌、菲芽孢杆菌巴库变种和菲芽孢杆菌古里变种。荧光假单胞菌和铜绿色假单胞菌、小球菌及大肠埃希菌能分解苯并［α］芘。

9.3　氮素循环

9.3.1　自然界中的氮素循环

自然界氮素蕴藏量丰富，以三种形态存在：分子氮（N_2），占大气体积分数的 78%；有机氮化合物；无机氮化合物（氨氮、亚硝酸盐氮和硝酸盐氮）。尽管分子氮和有机氮数量多，但植物不能直接利用，只能利用无机氮。在微生物、植物和动物三者的协同作用下将 3 种形态的氮相互转化，构成氮循环，其中微生物起着重要作用。大气中的分子氮被根瘤菌固定后可供给豆科植物利用，还可以被固氮菌和固氮蓝细菌固定成氨，氨溶于水生成 NH_4^+ 被硝化细菌氧化成硝酸盐，被植物吸收，无机氮就转化成植物蛋白。植物被动物食用后转化为动物蛋白。动物和植物的尸体及人和动物的排泄物又被氨化细菌转化为氨，氨又被硝化细菌氧化成硝酸盐，再被植物吸收，无机氮和有机氮就是这样循环往复。氮循环包括氨化作用、硝化作用、反硝化作用及固氮作用，见图 9-7。

9.3.2　微生物在氮素循环中的作用

微生物参与自然界氮素循环的所有过程，并在每个过程中起着主要作用。

9.3.2.1　固氮作用

在固氮微生物固氮酶催化作用下，分子态氮被还原成氨和其他氮化物的过程称为固氮作用。自然界有两种固氮方式：一是非生物固氮，即通过闪电、高温放电等固氮，这样形成的

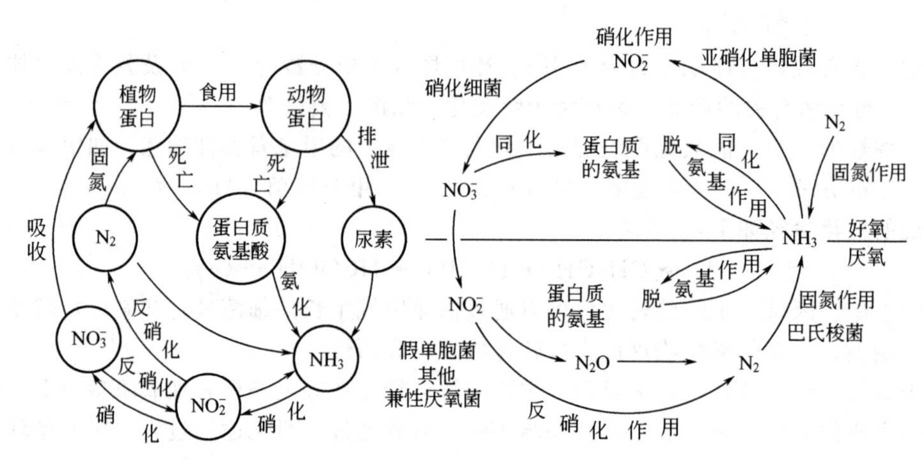

图 9-7　自然界氮的循环

氮化物很少；二是生物固氮，即通过微生物的转化作用固氮，大气中以分子状态存在的氮，主要靠微生物的转化作用而固定成氮化物。

现已发现具有固氮作用的微生物将近 50 个属，主要包括细菌、放线菌和蓝细菌。与固氮微生物共生而具有固氮作用的豆科植物约 600 个属，非豆科植物约 13 个属。根据与高等植物及其他生物的关系，可将微生物的固氮作用分为自生固氮、共生固氮和联合固氮作用三大类。

(1) 自生固氮　自生固氮微生物是指可以在环境中自由生活，能独立进行固氮作用的一类微生物。它们在固氮酶的参与下，将分子态氮固定成氨，但并不将氨释放到环境中，而是合成氨基酸，组成自身蛋白质。只有在死亡以后，当它们的细胞被分解时，才会向环境释放氨，进而被植物吸收利用。自生固氮微生物的固氮效率较低，每消耗 1g 葡萄糖大约只能固定 10～20mg 氮。

① 好氧性细菌。包括固氮菌科（Azotobacteriaceae）中的全部种属和分枝杆菌属（*Mycobacterium*）、螺菌属（*Rothia*）、拜叶林克菌属（*Beijerinckia*）、德克斯菌属（*Derxia*）、氮单胞菌属（*Azomonas*）中的一些种类。它们可利用各种糖、醇、有机酸为碳源，分子氮为氮源，当供给氨气、尿素和硝酸盐时固氮作用停止。

② 兼性厌氧细菌。主要是肠杆菌属（*Enterobacter*）、芽孢杆菌属（*Bacillus*）、克雷伯菌属（*Klebsiella*）中的一些种类，如欧文菌（*Erwinia*）、埃希菌（*Escherichia*）、克氏杆菌（*Klebsiella*）等。

③ 厌氧性细菌。主要是梭菌属（*Clotridium*）中的一些种类，如巴氏固氮梭菌（*Clostridium pasterianum*）能固氮，此外，硫酸还原菌也有固氮作用。近年来，已证明严格厌氧的产甲烷菌中有一些种如巴氏甲烷八叠球菌（*Methanosacrina Barkeri*）等具有固氮活性。

④ 光合细菌。包括红螺菌属（*Rhodospirillum*）、红假单胞菌属（*Rhodopseudomonas*）、着色菌属（*Chromatium*）和绿菌属（*Chlorobium*）中的一些种类，在光照厌氧条件下也能固氮。

⑤ 蓝细菌。主要有念珠藻属（*Nostoc*）、鱼腥藻属（*Anabaena*）、颤藻属（*Oscillatoria*）、筒孢藻属（*Cylindrospermum*）、伪枝藻属（*Scytonema*）、真枝藻属（*Stigonema*）、单歧藻属（*Tolypothrix*）等中的一些种类。它们进行不放氧光合作用，在异形胞中进行固氮。

(2) 共生固氮　与自生固氮微生物不同，共生固氮微生物只有在与其他生物紧密地生活在一起的情况下，才能固氮或才能有效地固氮。它们通过固氮作用合成的氨，除了满足自身需求外，同时向共生体中的其他生物提供可利用的氮源。共生体系的固氮效率比自生固氮体系高得多，每消耗 1g 葡萄糖大约能固定 280mg 氮。

① 根瘤菌。根瘤菌属中的很多种都具有共生固氮的营养特征，如豌豆根瘤菌（*Rhizobium leguminosarum*）、三叶草根瘤菌（*Rh. trifolii*）、菜豆根瘤菌（*Rh. phaseoli*）、苜蓿根瘤菌（*Rh. melitoti*）、大豆根瘤菌（*Rh. japonicumj*）、羽扇豆根瘤菌（*Rh. lupini*）、紫云英根瘤菌（*Rh. astragali*）和豇豆根瘤菌（*Rh. vigna*）等。

根瘤菌与豆科植物共生，形成根瘤共生体。根瘤的形成是一个复杂的过程，豆科植物的根系在土壤中生长发育，刺激相应的根瘤菌在根际大量繁殖；在根瘤菌的影响下，根毛发生卷曲，细胞壁内陷，根瘤菌随之侵入根毛；进入根毛的根瘤菌，大量增殖形成一条侵入线，它沿根毛向内扩展；当侵入线达到皮层时，促使皮层细胞分裂，进而分化、发育成根瘤，并在根的表面形成突起。在根瘤内生活的根瘤菌，成为类菌体形态，不再分裂。类菌体内含有固氮酶，能把分子态氮固定为氨，然后通过根瘤细胞中的酶系统催化转变成谷氨酸，再运送到植物的其他部分。

② 蓝细菌。蓝细菌中的许多种类能与植物共生形成各种共生体。例如，满江红鱼腥藻（*A. azollae*）与水生蕨类植物满江红（红萍）共生形成红萍共生体，念珠藻或鱼腥藻与裸子植物苏铁共生形成苏铁共生体，念珠藻与根乃拉草植物共生形成根乃拉草共生体等。有些蓝细菌还可与真菌共生，形成地衣共生体。

研究证明，在水体中蓝细菌可以和细菌结合进行共生固氮作用，其固氮效率高于单独存在的蓝细菌。蓝细菌以其黏液黏着并包围细菌，细菌利用蓝细菌形成的氧和氨生长，而细菌的这一生命活动有利于蓝细菌的固氮作用。

③ 弗兰克菌。弗兰克菌属（*Frankia*）与非豆科植物共生形成根瘤共生体，能形成根瘤的非豆科植物主要是木本植物，如杨梅属、桤木属和沙棘属等。

（3）联合固氮作用　联合固氮作用是固氮微生物与植物之间存在的一种简单共生现象。它既不同于典型的共生固氮作用，也不同于自生固氮作用。这些固氮微生物仅存在于相应植物的根际，并不侵入根毛形成根瘤，但有较强的专一性，固氮效率比在自生条件下高。如雀稗固氮菌（*Azotobacter paspali*）与点状雀稗联合，生活在根的黏质鞘套内，固氮量可达 15～93kg/(hm^2·a)。另外，水稻、甘蔗以及许多热带牧草的根际，由于与固氮微生物的联合，都有很强的固氮活性。

在水域环境中，共生固氮系统并不普遍，大量的氮主要靠自由生活的微生物固定，在有氧区主要是蓝细菌的作用，在无氧区主要是梭菌的作用。

9.3.2.2　氨化作用

有机氮化物在微生物作用下分解产生氨的过程称为氨化作用。这个过程又称为有机氮的矿化作用。很多细菌、真菌和放线菌都能分解蛋白质及其含氮衍生物，其中分解能力强并释放出 NH_3 的微生物称为氨化微生物。氨化微生物主要有蜡状芽孢杆菌（*Bacillus cereus*）、巨大芽孢杆菌（*B. megaterium*）、枯草芽孢杆酶、神灵色杆菌（*Chromobacterium prodigiosum*）、腐败梭菌（*Clostridium putrificum*），普通变形菌（*Proteus vulgaris*）、荧光假单胞菌等细菌，曲霉属、毛霉属、青霉属、根霉属等真菌和嗜热放线菌等。

9.3.2.3　硝化作用

氨在微生物作用下氧化成硝酸的过程称为硝化作用。硝化作用的整个过程由两类细菌分阶段完成。第一阶段是氨被氧化为亚硝酸，靠亚硝化细菌完成；第二阶段是亚硝酸盐被氧化为硝酸，靠硝化细菌完成。亚硝化细菌主要是亚硝化单胞菌属（*Nitrosomonas*）、亚硝化叶菌属（*Nitrosolobus*）、亚硝化球菌属（*Nitrosococcus*）和亚硝化螺菌属（*Nitrosospira*）中的一些种类；硝化细菌主要有硝化杆菌属（*Nitrobacter*）、硝化螺菌属（*Nitrospina*）和硝化球菌属（*Nitrococcus*）中的一些种类。

参与硝化作用的两类细菌都是革兰阴性无芽孢杆菌，高度好氧，专性化能自养。虽然硝化细菌的纯培养物是化能自养菌，但在生态环境中必须在有机物存在的条件下才能生长活动，这两类细菌对 pH 值表现出不同的适应性：当存在 NH_4^+、pH>9.5 时，硝化细菌被抑制，亚硝化细菌却十分活跃，而在 pH<6.0 时，亚硝化细菌则受到抑制。

当有机肥、有机垃圾、污水等进入土壤时，土壤中的含氮有机物将会大幅度增加，这将导致硝化作用的加剧进行。虽然硝酸盐可以作为氮源被植物吸收同化，但由于它易溶于水，很容易受雨水冲刷而从土壤中渗出，所以，硝化作用对农业生产并非有利，反而会造成氮肥的流失和水体的富营养化。

硝化作用对氧的需求量很高，这一点对污水的净化十分重要。如果污水中的 BOD_5 较高，且含有较多的含氮物质时，其处理过程需要消耗大量的氧，这类污水在处理的开始阶段耗氧量较低，以后逐渐增加。到达饱和点后如有铵盐存在，需氧量还会继续增高。据计算，富含铵盐的污水对氧的需要量是 1mol $(NH_4)_2SO_4$ 需要 4mol O_2，即 28g 氮需要 128g 氧来完成硝化作用。在硝化过程中，有大量的氧被固定到硝酸盐内，因此在处理有机废水时，若充氧能力不足，废水耗氧量又很大时，可以考虑采用投加硝酸盐，使一部分活性污泥微生物利用硝酸盐中的结合态氧，以弥补供氧的不足，从而达到净化污水的目的。据计算，100g 硝酸钾相当于 $40gO_2$。

9.3.2.4 反硝化作用

硝酸盐在微生物作用下还原，释放出分子态氮和一氧化二氮的过程称为反硝化作用，或称为脱氮作用。微生物的反硝化作用一般在厌氧环境中进行，而且需要有机物作为能源。参与反硝化作用的微生物称为反硝化细菌，反硝化细菌主要是异养菌，但也有自养菌。

自养的反硝化细菌能利用硝酸盐中的氧把硫氧化为硫酸，以取得能量来同化 CO_2，如脱氮硫杆菌（*Thiobacillus denitreficans*）。

异养反硝化细菌是利用硝酸盐中的氧来氧化有机底物，这类细菌有专性好氧的，也有兼性厌氧的。前者如铜绿假单胞菌（*Pseudomonas aeruginosa*）和脱氮微球菌（*Micrococcus denitrificans*）等，后者如地衣芽孢杆菌（*Bacillus licheniformis*）和蜡状芽孢杆菌（*B. cereus*）等。

在天然水体中，由于水表层存在溶解氧，所以在该水层只会发生硝化作用。在水底部，水和沉积物之间的界面由于缺氧而发生反硝化作用。反硝化作用在 2～60℃的温度范围内都可以发生，最适温度为 25℃；环境的 pH 值低于 6 时，氮气产生受到抑制，只产生 N_2O，当 pH 值小于 5 时，反硝化作用就会停止发生。

9.4 硫 循 环

硫是生物的重要营养元素，是一些必需氨基酸和某些维生素、辅酶等的成分，其需要量大约是氮素的 1/10。在自然界，硫素以 S、S^{2-}（如硫化物和含巯基有机物）、S^{6+}（硫酸盐）的形式存在，其中硫酸盐约占总硫量的 10%～25%，有机态硫占 50%～75%。植物一般只能以无机盐类作为养料，因此硫素各种形态的循环转化对生物圈的维持非常重要。

9.4.1 自然界中的硫循环

自然界中三种状态的硫即单质硫、无机硫化物及含硫有机化合物在化学和生物作用下相互转化，构成硫的循环，如图 9-8 所示。在水生环境中，硫酸盐或通过化学作用产生，或来自污（废）水，或是由硫细菌氧化硫或硫化氢产生。硫酸盐被植物、藻类吸收后转化为含硫有机化合物，如含—SH 基的蛋白质，在厌氧条件下进行腐败作用产生硫化氢，硫化氢被无色硫细菌氧化为硫，并进一步氧化为硫酸盐，硫酸盐在厌氧条件下被硫酸盐还原菌（如脱硫弧菌）还原为硫化氢，硫化氢又能被光合细菌用作供氢体，氧化为硫或硫酸盐。这样就构成了自然界的硫素循环。

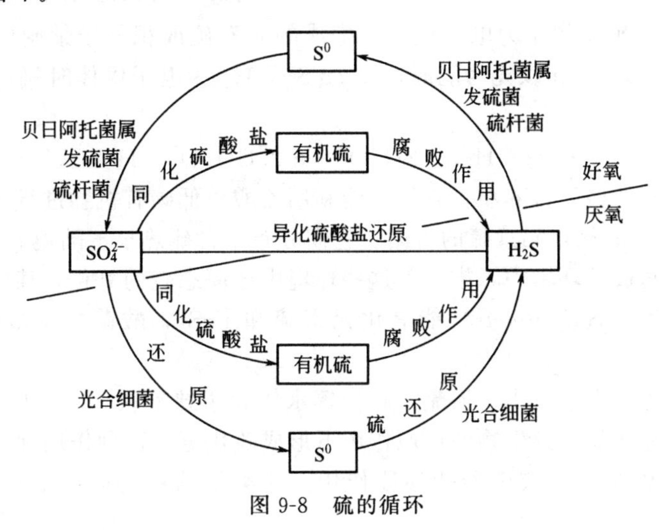

图 9-8　硫的循环

9.4.2 微生物在硫循环中的作用

微生物参与硫素循环的各个过程，并在其中发挥着非常重要的作用，主要包括脱硫作用、硫化作用和反硫化作用。

9.4.2.1　含硫有机物的脱硫作用

动物、植物和微生物机体中含硫有机物主要是蛋白质，蛋白质中含有许多含硫氨基酸，如胱氨酸、半胱氨酸、甲硫氨酸等。含硫有机物经微生物分解形成硫化氢的过程称为脱硫作用。凡能将含氮有机物分解产氨的氨化微生物都具有脱硫作用，相应的硫化微生物也可称为脱硫微生物。其分解过程一般为：

$$含硫蛋白质 \rightarrow 含硫氨基酸 \rightarrow NH_3 + H_2S + 有机酸$$

含硫蛋白质经微生物的脱硫作用形成的 H_2S，如果分解不彻底，会有硫醇如硫甲醇（CH_3SH）暂时积累，而后再转化为 H_2S，在好氧条件下通过硫化作用氧化为硫酸盐后，作为硫营养为植物和微生物利用。在无氧条件下，可积累于环境中，一旦超过某种浓度可危害植物和其他生物。

9.4.2.2　无机硫的转化

（1）硫化作用　在有氧条件下，某些微生物可将 S、H_2S、FeS_2、$S_2O_3^{2-}$、$S_4O_6^{2-}$ 等还原态无机硫化物氧化生成硫酸，这一过程称为硫化作用。

凡能将还原态硫化物氧化为氧化态硫化合物的细菌称为硫化细菌。具有硫化作用的细菌种类较多，主要包括化能自养型细菌、厌氧光合自养细菌类和极端嗜酸嗜热的古菌类等。

① 化能自养型细菌类的典型代表是硫杆菌属（*Thiobacillus*）细菌。它们为革兰阴性杆菌，多半在细胞外积累硫，有些菌株也在细胞内积累硫。在有氧条件下，硫被氧化为硫酸，

使环境的 pH 值下降至 2 以下，同时产生能量：

$$H_2S+0.5O_2 \longrightarrow S+H_2O$$

$$S+1.5O_2+H_2O \longrightarrow H_2SO_4$$

硫杆菌广泛分布于土壤、淡水、海水、矿山排水沟中，有氧化硫硫杆菌（*Thoibacillus thiooxidans*）、排硫杆菌（*Thiobacillus thioparus*）、氧化亚铁硫杆菌（*Thoibacillus ferro-oxidoans*）、新型硫杆菌（*Thoibacillus novellus*）等，它们均为好氧菌。还有兼性厌氧的脱氮硫杆菌（*Thoibacillus denitrificans*）。

② 厌氧性光合自养型的紫硫细菌和绿硫细菌。这群细菌在还原 CO_2 时，以 H_2S、S、$S_2O_3^{2-}$ 等还原态无机硫化物作为电子供体，生成的元素硫或积累于细胞内或排出胞外。而着色菌属（*Chromatium*）在以光为能源，以 H_2S 或 H_2 为电子供体时氧化生成的是硫酸而不是元素硫。

$$2CO_2+H_2S+2H_2O \longrightarrow 2[CH_2O]+H_2SO_4$$

着色菌属并不是严格的自养型，它们也能利用乙酸等低碳有机物进行光能异养代谢。

③ 极端嗜酸嗜热的氧化元素硫的古菌。它们分布于含硫热泉、陆地和海洋火山爆发区、泥沼地、土壤等一些极端环境中，推动着这些环境中还原态硫的氧化，某些种具有很强的氧化能力，如硫化叶菌（*Sulfolobus*）能氧化元素硫和 FeS_2，酸菌（*Acidianus*）能氧化元素硫。

（2）反硫化作用　土壤淹水、河流、湖泊等水体处于缺氧状态时，硫酸盐、亚硫酸盐、硫代硫酸盐和次亚硫酸盐在微生物的还原作用下形成硫化氢，这种作用称为反硫化作用，亦称为异化型元素硫还原作用或硫酸盐还原作用。这类细菌称为硫酸盐还原细菌或反硫化细菌。

硫酸盐还原细菌是一类严格厌氧的具有各种形态特征的细菌，也有少数古菌，现已发现 27 个属细菌中的一些种具有还原硫酸盐的能力。典型代表如脱硫弧菌属（*Desulfovibrio*）、脱硫肠状菌属（*Desulfotomaculum*）等。它们可以利用各种有机物或 H_2 作为电子供体，以元素硫或硫酸盐做电子受体，将元素硫或硫酸盐还原生成 H_2S。大多数为有机营养型，有机酸特别是乳酸、丙酮酸等或者糖类、芳香族化合物等都可被用作碳源和能源。少数为无机营养型，可以 H_2 为电子供体，此时部分电子流向硫酸盐，部分电子流向 CO_2 合成活性乙酸再转换成细胞碳。反硫化作用的化学反应式如下：

$$4H_2+2H^++SO_4^{2-} \longrightarrow S^{2-}+4H_2O+2H^+$$

$$C_6H_{12}O_6+3H_2SO_4 \longrightarrow 6CO_2+6H_2O+3H_2S$$

在海洋沉积物、淹水稻田土壤、河流和湖泊沉积物、沼泥等富含有机质和硫酸盐的厌氧生境和某些极端环境中有硫酸盐还原细菌存在。当土壤中 H_2S 累积过多时，可对植物根系产生毒害，尤其在早春低温时，形成的 H_2S 使水稻秧苗久栽不发。水域中 H_2S 过多可毒死鱼类等需氧生物，且水质发出恶臭，弥漫于空气中，令人不适，甚至出现中毒症状。

9.5 磷素循环

磷在生命活动中具有极为重要的作用，它是生物遗传物质核酸和细胞膜磷脂的重要组成成分，在生物细胞能量代谢的载体物质 ATP 的结构元素中不可或缺。

9.5.1 自然界的磷素循环

磷在土壤和水体中以含磷有机物（如核酸、植素及卵磷脂）、无机磷化合物（如磷酸钙、磷酸钠、磷酸镁及磷灰石矿石）及还原态 PH_3 三种状态存在。磷是一切生物的重要营养元素，它不仅是生物细胞的组成成分，而且在遗传物质的组成和能量的贮存中都需要磷。然而，植物和微生物不能直接利用含磷有机物和不溶性的磷酸钙，必须经过微生物分解转化为溶解性磷酸盐才能被植物和微生物吸收利用。当溶解性磷酸盐被植物吸收后变为植物体内的含磷有机物，动物食用后变成动物体内的含磷有机物，动物和植物尸体在微生物作用下分解转化为溶解性的偏磷酸盐（HPO_4^{2-}），HPO_4^{2-} 在厌氧条件下被还原为 PH_3，以此构成磷的循环，见图 9-9。

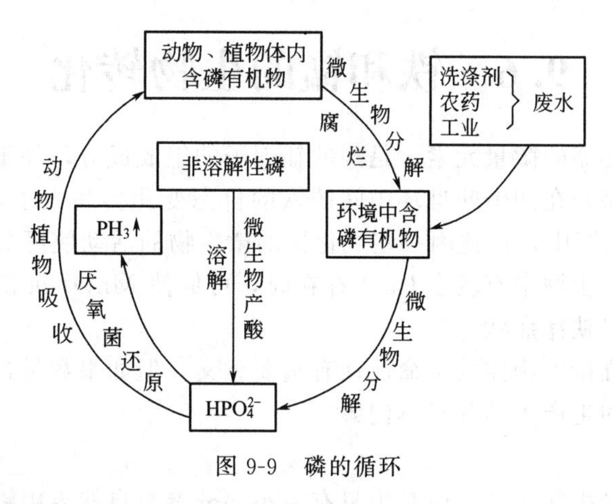

图 9-9　磷的循环

9.5.2　微生物在磷素循环中的作用

9.5.2.1　有机磷的微生物分解

动物、植物、微生物体内的含磷有机物有核酸、卵磷脂和植素，它们均可被微生物分解，能产生核酸酶、核苷酸酶和核苷酶，将核酸水解成磷酸、核糖、嘌呤或嘧啶。

（1）核酸　各种生物的细胞含有大量的核酸，它是核苷酸的多聚物。核苷酸由嘌呤碱或嘧啶碱、核糖和磷酸分子组成。核酸在微生物核酸酶的作用下被水解成核苷酸，核苷酸又在核苷酸酶的作用下分解成核苷和磷酸，核苷再经过核苷酶水解成嘧啶（或嘌呤）和核糖。生成的嘌呤继续分解，经脱氨基生成氨。例如，腺嘌呤经脱氨酶作用产生氨和次黄嘌呤，次黄嘌呤再转化为尿酸，尿酸先氧化成尿囊素，再水解成尿素，尿素分解为氨和二氧化碳。

（2）卵磷脂　卵磷脂是含胆碱的磷酸酯，它可被微生物卵磷脂酶水解为甘油、脂肪酸、磷酸和胆碱，胆碱再分解为氨、二氧化碳、有机酸和醇。能分解有机磷化物的微生物有蜡状芽孢杆菌（*Bacillus cereus*）、蜡状芽孢杆菌蕈状变种（*B. cereus var. mycoides*）、多黏芽孢杆菌（*B. polymyxa*）、解磷巨大芽孢杆菌（*B. megaterium var. phosphaticum*）和假单胞菌（*Pseudomonas* sp.）。

（3）植素　植素是由植酸（肌醇六磷酸酯）和钙、镁结合而成的盐类。植素在土壤中分解很慢，经微生物的植酸酶分解为磷酸和二氧化碳。植酸酶是催化植酸及其盐类水解成肌醇与磷酸或磷酸盐的一类酶的总称。该酶由 phyA 和 phyB 基因编码，目前已构建许多基因工程菌并得到高效表达，在提高饲料中有机磷的利用率方面已发挥了重要作用。

9.5.2.2　无机磷的微生物转化

在土壤中存在难溶性的磷酸钙，它可以和异养微生物生命活动产生的有机酸和碳酸以及硝酸细菌和硫细菌产生的硝酸和硫酸等作用生成溶解性磷酸盐。可溶性无机磷可直接被植物、藻类及微生物利用于生命活动而固定为有机磷。这一部分的数量是很少的，而自然界中大多数的无机磷是存在于岩石中的难溶性和不溶性磷，这些无机磷不能被植物和大多数的微生物所利用。只有少数微生物如芽孢杆菌属和假单胞菌属的一些种可以通过它们的生命活动将难溶性无机磷转化为可溶性状态，然后被植物和其他微生物所利用。硅酸盐细菌可分解磷灰石、正长石、玻璃等，产生水溶性的磷盐和钾盐。硅酸盐细菌又叫钾细菌，如胶质芽孢杆菌（*Bacillus mucilaginosus*）等。

对于微生物的溶磷机制提出了不同的假说，主要是认为微生物通过呼吸作用产生的二氧化碳溶于水后形成碳酸和形成的其他有机酸都可溶解难溶性的无机磷，还有微生物吸收阳离子时将质子交换出来，有利于不溶性磷的溶解。

9.6 铁和锰的生物转化

铁和锰是生物体必需的微量元素，是酶的辅因子的组成成分，如细胞色素的辅基就是铁卟啉的衍生物，依靠螯合在四个卟啉环中间的铁的价态变化传递电子，催化氧化还原反应。在 pH 值为 7 以上的土壤中，往往因一些氧化锰的微生物的活动使可溶性锰氧化而沉淀。锰的氧化可以由铜加强，土壤中有较多 Cu^{2+} 存在时，可促使 MnO_2 沉积，以致不能为植物所利用，而使植物呈现出缺锰症状。

尽管铁和锰对于维持生物体的生命活动有重要意义，但如果数量过大，将会引起严重的环境污染，影响人们的生产生活和身体健康。

9.6.1 铁循环

铁在地壳中的含量极其丰富，但其中只有一小部分参与自然界中铁元素的循环。铁的循环主要是指不溶性高铁离子（Fe^{3+}）与可溶性亚铁离子（Fe^{2+}）间进行的氧化还原反应，见图 9-10。

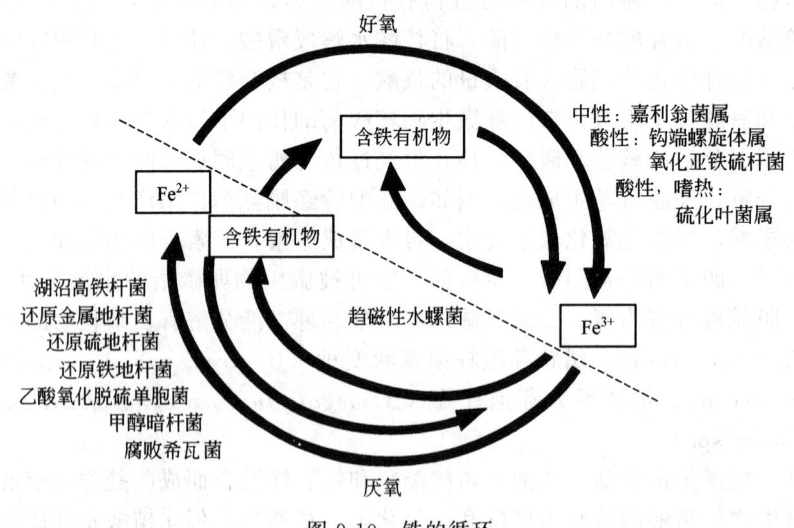

图 9-10 铁的循环

9.6.1.1 Fe^{3+} 的还原与溶解

环境中的高铁化物是沉淀性的，微生物可通过新陈代谢产生的酸类物质使之溶解；再者微生物可通过分解有机质降低环境的氧化还原电位，从而使高铁还原成亚铁化物而溶解。例如，在通风不良的条件下易发生以下反应：

$$Fe_2O_3 + 3H_2S \longrightarrow 2FeS + 3H_2O + S$$

$$FeS + 2H_2CO_3 \longrightarrow Fe(HCO_3)_2 + H_2S$$

9.6.1.2　Fe^{2+} 的氧化和沉淀

所有生物的生长都需要铁，而且要求溶解性的二价铁。在 pH 值中性和有氧时，二价铁可氧化为高价铁；无氧时，主要以二价铁的形式存在。

自然界的铁细菌在生命活动中能引起亚铁化合物氧化成高铁化合物而沉淀，主要有铁锈嘉利翁菌（*Gallionella ferruginea*）、多孢泉发菌（*Crenothrix polyspora*）、纤发菌属（*Leptothrix*）、球衣菌属（*Sphaerotilus*）等。

一些化能异氧的硫化细菌如氧化亚铁硫杆菌、氧化亚铁铁细菌、氧化亚铁钩端螺旋菌（*Leptospirillum ferrooxidans*）等也能在酸性有氧条件下氧化一种结晶态的硫化亚铁而产生硫酸和亚铁离子，并进一步把亚铁离子氧化成三价铁离子。

铁锈嘉利翁菌在水体和给排水系统中可形成大块氢氧化铁：

$$2FeSO_4+3H_2O+2CaCO_3+1/2O_2 \longrightarrow 2Fe(OH)_3+2CaSO_4+2CO_2$$

$$4FeCO_3+6H_2O+O_2 \longrightarrow 4Fe(OH)_3+4CO_2+\text{能量}$$

9.6.2　锰循环

锰元素是生物体必需的微量元素，是生物体许多酶反应体系的辅助因子。自然界的锰主要以氧化锰的形式存在，微生物可促使不同氧化形式的锰进行转化，如图 9-11 所示。氧化锰的细菌有共生生金菌属（*Metallogenium*）、土微菌属（*Pedomicrobium*）、纤发菌属（*Leptothrix*）等，它们同时也能氧化铁。它们广泛分布于湖泥、淡水湖浮游生物和南半球土壤中，能将氧化的锰、铁产物积累，包裹在细胞表面或累积于细胞内。一般为好氧菌，化能有机营养或寄生在真菌菌丝体上，氧化来自各种含 Mn^{2+} 的锰矿沥滤的锰化合物。此外，能氧化锰的细菌还有鞘铁菌属（*Siderocapsa*）。

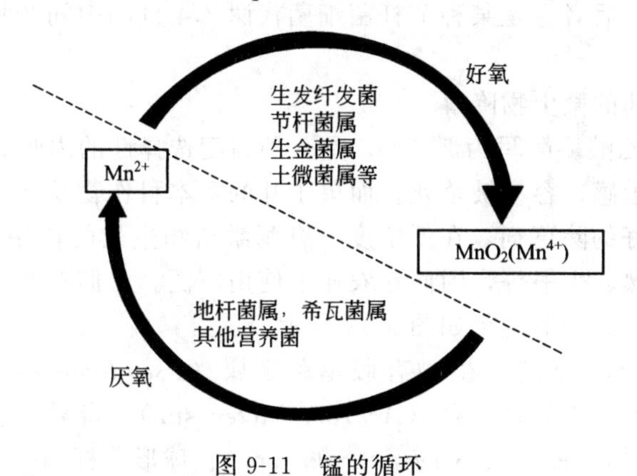

图 9-11　锰的循环

9.7　微生物对有毒物质的降解与转化

微生物对有毒物质的降解和转化主要包括合成有机物，如农药、合成洗涤剂、塑料、多氯联苯、腈等，以及无机有毒物，如重金属离子等。

9.7.1　对合成有机物的降解作用

9.7.1.1　微生物对化学农药的降解

随着农业的发展，农药已经成为农业生产必不可缺少的杀虫剂。目前世界上农药总产量每年已达到 200 万吨以上，农药的品种约有 520 余种，最常使用的只有几十种。但是，农药过量和不适宜地使用造成了环境污染，给人类带来了严重的危害。

有很多农药在土壤中是十分稳定的，像有机氯农药DDT、氯丹、七氯艾氏剂、狄氏剂等都很难被微生物降解，有的农药可在土壤中保持数年甚至几十年不被分解。由于这些具有毒性的农药在土壤里大量的积累，会导致环境的严重污染，进而给人们带来极大的危害，所以，近年来开展微生物降解农药的研究在全世界已成为一门热门课题。

(1) 降解有机农药的微生物　由于农药性质和分子结构的特殊，其生物降解过程比较复杂，往往需要不同种属微生物的共代谢作用来完成。环境中有机农药的生物降解虽然也有植物、土壤微型动物和藻类等生物的作用，但最主要的降解者是细菌和真菌。参与农药降解的微生物种类很多，作用能力较强的细菌有假单胞杆菌属（*Pseudomonas*）、黄极毛杆菌属（*Xanthomonas*）、黄杆菌属（*Flavobacterium*）、节杆菌属（*Arthrobater*）、农杆菌属（*Agrobacterium*）、棒状杆菌属（*Corynebacterium*）、芽孢杆菌属（*Bacillus*）、梭状芽孢杆菌属（*Clostridium*）；真菌有交链孢霉属（*Alternavia*）、曲霉属（*Aspergillus*）、芽枝霉属（*Cladosporium*）、镰刀酶属（*Fusarium*）、小丛壳属（*Glomerella*）、毛霉属（*Mucor*）、青霉属（*Penicillum*）、木霉属（*Frichoderma*）；放线菌有小单胞菌属（*Micromonospora*）、诺卡菌属（*Nocardia*）及链霉菌属（*Streptomyces*）。它们的每个种都能作用于一个或多个农药分子。由此可见，降解农药的微生物在自然界中广泛存在而非特殊种类。

(2) 微生物对有机农药的降解作用　微生物对农药的降解机理主要为矿化作用和共代谢。

有些微生物以农药为唯一碳源、能源，直接利用或通过产生诱导酶进行降解（有脱卤、脱烃、水解、氧化、还原、裂解等生化反应）；许多微生物通过共代谢作用使农药降解，特别是结构复杂的农药多靠此种方式得以转化消失。如2,4,5-T都可以通过共代谢作用转化成为3,5-二氯邻苯二酚；后者也是某种节杆菌细菌代谢2,4-D的中间产物，进而可被一种无色杆菌属细菌所共代谢。

(3) 典型有机农药的微生物降解

① 2,4-二氯苯氧乙酸。简写为2,4-D，是一种高度选择性的内吸式除草剂，一般阔叶双子植物对2,4-D最为敏感，容易被杀死。而单子叶的禾本科作物及杂草抗药力较大。在高浓度下2,4-D是一种良好的除草剂，在低浓度下有刺激植物生长的作用，可以用来防治落花、落果、倒伏和促进早熟、生根等，因而在农业上使用广泛。人们对2,4-D的微生物降解性的研究较多，也较为深入。降解途径如图9-12所示。

目前已知能降解2,4-D的微生物有假单胞菌属（*Pseudomonas* sp.）、枝动菌属一种（*Mycoplana* sp.）、无色杆菌属一种（*Achromobacter* sp.）、奇异黄杆菌（*Flavobacterium peregrinum*）、棒杆菌属一种（*Corynebacterium* sp.）、球形节杆菌（*Arthrobacter globiformis*）、节杆菌属一种（*Arthrobacter* sp.）、聚生孢噬纤维菌（*Sporocytophaga congregata*）等细菌，诺卡菌属一种（*Nocardia* sp.）、绿色产色链霉菌（*Streptomyces viridochromogenes*）等放线菌，还有真菌黑曲霉（*Aspergillus nige*）等。以上各种微生物对苯氧乙酸的代谢速率和程度各有不同，除黑曲霉仅能把羟基引入芳香环外，其余都能完全地或近乎完全地降解苯氧乙酸，使其失去芳香环的结构，并使分子上的氯以无机氯的形式释放出来。

有研究表明，用好氧活性污泥法来分解去除2,4-D时，处理系统中必须保证有足够的生物量才能取得明显的效果。如果基质浓度为500～1000mg/L，所需污泥浓度（MLSS）为2～4g/L。

② 4,4-二氯二苯三氯乙烷。即DDT，化学性质稳定，结构复杂，非常难以被微生物降解，长期滞留在环境中，并可以通过食物链蓄积于人体中，是一种危害严重的环境污染物。它在土壤中的半衰期平均为3年以上，在使用十年以后，仍然有5%～10%残留在土壤中。

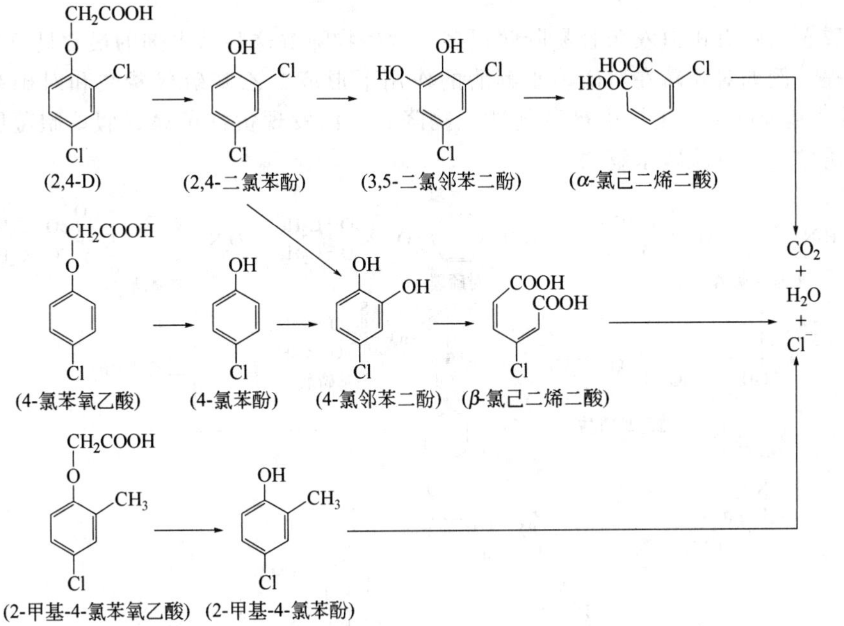

图 9-12　2,4-D 的微生物降解途径

目前知道很多种微生物能转化 DDT。据统计，以下 10 属共 23 种细菌能在厌氧条件下对 DDT 发生不同程度的脱氯作用：假单胞菌属（*Pseudomonas*）6 个种，欧文菌属（*Erwinia*）4 个种，黄单胞菌属（*Xanthomonas*）4 个种，芽孢杆菌属（*Bacillus*）3 个种，无色杆菌属（*Achromobacter*）1 种，以及产气气杆菌（*Aerobacter aerogenes*）、根癌土壤杆菌（*Agrobacterium tumefaciens*）、巴氏芽孢梭菌（*Clostridium pasteurianum*）、密执安棒状杆菌（*Corynebacterium michiganense*）和左氏库特菌（*Kurthia zopfii*）。其中，假单胞菌属、欧文菌属和黄单胞菌属的 14 个菌种的脱氯作用最为活跃。在好氧条件下，产气杆菌（*Aerobacter aerogenes*）也能缓慢地将 DDT 脱氯，生成二氯二苯二氯乙烯（DDE）。

美国人在实验室用氢单胞杆菌（*Hydrogenomonas*）和镰刀霉属中的尖孢镰刀菌（*Fusarium oxysporum*）共同培养，可将 DDT 全部降解，产生氯化物和二氧化碳，而单独的培养时，不能全部降解。这也说明了降解 DDT 还需要种群间的联合作用。

③ 六六六。即 1,2,3,4,5,6-六氯环已烷，简写为 BHC，是一种有机氯杀虫剂，对人、畜急性毒性较低，但如果经常接触或食用有六六六残留的食物，可以通过富集作用对人体健康造成危害。

六六六是较为稳定的农药，难以被微生物降解。但近年来研究表明，土壤中存在分解六六六的微生物，在厌氧条件下分解速度较快。如在高温积水条件下，六六六在 1 个月内可完全消失；在干旱土壤中，它可以保留 3～11 年之久；在温润土壤中蜡状芽孢杆菌（*Bacillus cereus*）可将六六六脱氯。

直肠梭菌（*C. rectum*）通过共代谢也能降解六六六，不过需要提供蛋白胨类物质它才能使六六六降解。日本松村等用 354 个菌株做分解六六六的试验，发现有 71 个菌株有分解六六六的能力，其中活性最强的是恶臭假单胞细菌（*Pseudomonas putida*）。

④ 有机磷农药。有机磷农药是醇类与磷酸结合的酯类化合物，或者是磷酸与其他有机酸结合而形成的酸酐类化合物，具有高效的杀虫效力。有机磷农药在环境中具有很强的稳定性，属剧毒高残留农药。环境中的细菌、真菌和藻类等微生物都可参与有机磷农药的生物降

解过程。

有机磷农药较有机氯农药容易降解很多。微生物降解这些杀虫剂的最常见反应机制是脂酶水解过程。例如对硫磷在对硫磷水解酶的作用下形成二乙基硫代磷酸和对硝基苯酚（图9-13），对硝基苯酚可在土壤中被其他微生物降解。已发现黄杆菌属、假单胞菌属的一些菌株均可经诱导生成对硫磷水解酶。

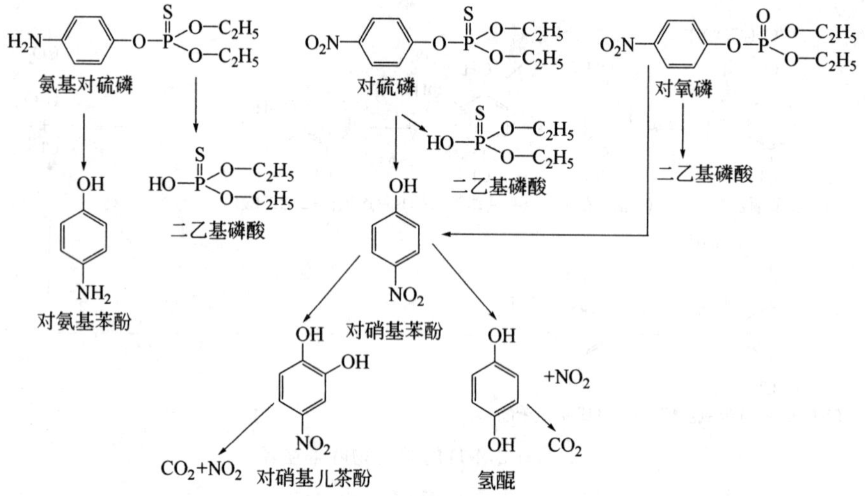

氨基对硫磷 对硫磷 对氧磷

二乙基磷酸 二乙基磷酸 二乙基磷酸

对氨基苯酚 对硝基苯酚

CO_2+NO_2 对硝基儿茶酚 氢醌 $+NO_2$ CO_2

图 9-13 对硫磷的微生物降解途径

马拉硫磷是另一种常见有机磷农药，在环境中的生物降解过程包括水解和去甲基两种途径。例如，假单胞菌（*Pseudomonas*）可以使马拉硫磷水解生成马拉硫磷单羧酸，然后形成马拉硫磷二羧酸；而绿色木霉（*Trichoderma viride*）可使马拉硫磷发生去甲基作用，生成去甲基马拉硫磷。参与马拉硫磷降解的微生物有假单胞菌（*Pseudomonas*）、根瘤菌（*Rhizobium*）、节杆菌（*Arthrobacter* sp.）、绿色木霉（*Trichoderma viride*）、青霉（*Penicillum*）、丝核菌（*Rhizoctonia*）、曲霉（*Aspergillus*）、黄单胞菌（*Xanthomonas*）、丛毛单胞菌（*Comamonas*）和黄杆菌（*Flavobacterium*）等。

9.7.1.2 微生物对合成洗涤剂的降解

洗涤剂是人工合成的高分子聚合物，目前，在世界范围内已广泛应用，除了用于日常生活外，还用于纤维、纺织、造纸、食品、皮革、金属洗涤等工业生产。由于洗涤剂难以被微生物降解，导致洗涤剂在自然界中蓄积数量急剧上升，不仅污染了环境，而且也破坏了自然界的生态平衡。因此，洗涤剂是目前最引人注目的环境污染的公害之一。

合成洗涤剂的主要成分是表面活性剂，根据其在水中的电离性状可分为阴离子型、阳离子型、非离子型与电解质型 4 类。我国现在主要的产品是阴离子型的烷基苯磺酸钠型洗涤剂，一般称中性洗涤剂，对环境影响最为严重。阴离子表面活性剂包括合成脂肪酸衍生物、烷基磺酸盐、烷基苯磺酸盐、烷基磷酸酯、烷基苯磷酸盐等；阳离子型主要是带有氨基或季铵盐的脂肪链缩合物，也有烷基苯与碱性氮原子的结合物；非离子型是一类多羟化合物与烃链的结合产物，或是脂肪烃和聚氧乙烯酚的缩合物；两性电解质型则为带氮原子的脂肪链与羟酰、硫或磺酸的缩合物。

合成洗涤剂基本成分除表面活性剂外尚含有多种辅助剂，一般为三聚磷酸盐、硫酸钠、碳酸钠、羟基甲基纤维素钠、荧光增白剂、香料等，有时还有蛋白质分解酶。

合成洗涤剂在环境中的降解速度除取决于微生物及其作用条件外，还与表面活性剂的化学结构有关。早期应用的表面活性剂为丙烯四聚物型烷基苯磺酸盐（ABS），由于它的烃链上带有多个甲基，而且具有稳定的 4 级碳原子（即直接和 4 个碳原子相连的碳原子），对化学反应和生物反应都有很强的抵抗，所以很难被微生物降解，在环境中残留时间长。为了使合成洗涤剂易被微生物降解，人们改变了洗涤剂的结构，制成了较易被微生物降解的洗涤剂，即直链型烷基苯磺酸盐（LAS），由于减少了支链，使其直链部分易于分解，生物降解性大大提高。在条件适宜的情况下，LAS 一周内可生物降解 90%以上，而 ABS 在经驯化的菌种作用下的降解也不超过 40%。LAS 在微生物作用下，可以通过烷基氧化、苯环裂解、脱磺酸作用以及微生物的共代谢作用得到降解。

从土壤、污水和生物污泥中分离到能以表面活性剂为唯一碳源和能源的微生物，主要是假单胞菌（*Pseudomonas*）、邻单胞菌（*Plesiomonas*）、黄单胞菌（*Xanthomonas*）、产碱杆菌（*Alcaligenes*）、微球菌（*Micrococcus*）、诺卡菌（*Nocardia*）等。固氮菌属中，除拜氏固氮菌外，都能在表面活性剂的分解中发挥积极作用。在含有去垢剂的污水中培养固氮菌具有积极意义，因为固氮作用增加了水中的有机氮，而有机氮化物可促进其他微生物的生长，从而可以提高去垢剂的降解速率。微生物对去垢剂的降解能力依赖于降解质粒的存在，与 LAS 降解有关的酶，如脱磺基酶和芳香族环裂解酶的编码基因均位于质粒上。

9.7.1.3　微生物对塑料的降解

塑料作为一种人工合成的高分子聚合物，已在人们的生产和生活中得到广泛应用。尤其是作为包装、盛器的塑料和农用塑料薄膜，往往使用后或老化后即被废弃，大量进入环境，造成了所谓的“白色污染”。由于塑料具有生物惰性，很难被微生物降解，可以在环境中长期残留。

目前发现有些微生物可分解塑料，但分解速度十分缓慢。微生物主要作用于塑料制品中所含有的增塑剂。聚氯乙烯塑料中含高达 50%的增塑剂，当增塑剂为癸二酸酯时，在土壤中放置 14 天后，约有 40%的增塑剂被微生物降解。由于增塑剂的代谢变化可使增塑剂的物理性质发生改变，但对于塑料聚合物本身的降解是相当困难的。据资料介绍，塑料聚合物先经受不同程度的光降解作用后，生物降解就容易得多。经光解后的塑料成为粉末状，如果相对分子质量降到 5000 以下，便易被微生物利用。经光解的聚乙烯、聚丙烯、聚苯乙烯的分解产物中有苯甲酸、CO_2 和 H_2O，光解后的聚丙烯塑料及聚乙烯塑料在土壤微生物类群的作用下，约一年后即可完全矿化。

9.7.1.4　多氯联苯的微生物降解

多氯联苯（PCB）是人工合成的有机氯化物，作为稳定剂其用途很广，如润滑油、绝缘油、增塑剂、热载体、油漆、油墨等中都含有 PCB。PCB 对皮肤、肝脏、神经、骨骼等都有不良影响，且是一种致癌因子。1968 年日本的“米糠油事件”就是由于人群食用了污染 PCB 的米糠油而引起的。PCB 极其稳定，耐酸碱、耐腐蚀，具有化学稳定性、绝缘性、不燃性、耐热性和高的电解常数等特点，在环境中很难分解。

已有大量研究证明，微生物能够降解 PCB。1978 年，一位在美国工作的日本科学家从威斯康星一湖泊采集的污泥样本中分离到两种能“吃”多氯联苯的细菌，它们是产碱杆菌（*Alcaligenes* sp.）和不动杆菌（*Acinetobacter* sp.）。这两种细菌都能分泌一种特殊的酶，把 PCB 转化为联苯或对氯联苯，然后吸收这些分解产物，排出苯甲酸或取代苯甲酸，再由环境中其他微生物进一步降解。美国有三位科学家采集并分析了赫德森河河底的淤泥，也发现在富含 PCB 的河床淤泥中有专门分解和消耗剧毒 PCB 的厌氧细菌，并从海洋生境中获得了既能降解 PCB 同类化合物，又能代谢 PCB 本身的微生物。

PCB作为一种诱导因子，能诱使微生物群落的结构和功能发生变化。研究人员对假单胞菌（*Pseudomonas* sp.）、沙雷菌（*Serratia* sp.）、芽孢杆菌（*Bacillus* sp.）等的野生型菌株进行诱变处理，获得了能把PCB矿化为二氧化碳和水的突变菌株，并从降解PCB的细菌中分离到了编码降解酶的质粒。

9.7.1.5 微生物对氰（腈）类化合物的降解

氰（腈）类化合物主要存在于石油化工、人造纤维、电镀、煤气、制革和农药厂排放的废水中，因毒性很大会严重污染环境。氰（腈）化合物在生物体内可抑制细胞色素氧化酶，阻碍血液对氧的运输，使生物体缺氧窒息死亡，是一类剧毒性环境污染物。当浓度为0.05mg/L时，水中的鱼就会中毒死亡；人只要吸入一滴（约50mg）的氢氰酸蒸气就会立即死亡；口服0.1～0.3g的KCN或NaCN也会立即致命。

能降解氰（腈）类的微生物都是好氧性的，目前还没有发现能降解氰（腈）化合物的厌氧性微生物，因为氰（腈）化合物分子中没有氧的成分。有机腈化物较无机氰化物易于生物降解。无机氰化物的降解途径如下。

$$HCN \longrightarrow HCNO \begin{cases} \nearrow NH_3 \longrightarrow NO_2 \longrightarrow NO_3 \\ \searrow HCOOH \longrightarrow CO_2 + H_2O \end{cases}$$

有机腈的分解机制如下。

$$R—C\equiv N \rightleftharpoons R—CH(OH)═NH \longrightarrow R—CO—NH_2 \longrightarrow NH_3 + R—COOH \longrightarrow CO_2 + H_2O$$

研究证明许多微生物可以转化分解氰（腈）化合物，如假单胞杆菌属（*Pseudomonas*）、诺卡菌属（*Nocardia*）、茄病镰刀霉（*Fusarium solani*）、绿色木霉（*Trichoderma viride*）、裂腈无色杆菌（*Achromobacter nitriloclastes*）和黏乳产碱杆菌（*Alcaligenes viscolactis*）等，对氰均有不同程度的分解能力。因此，虽然氰（腈）化合物是剧毒物质，但经过驯化的活性污泥处理含氰（腈）废水仍可获得显著效果。

9.7.2 对无机污染物的转化

9.7.2.1 汞污染与转化

（1）自然界中的汞与汞污染　汞是自然环境里的一种天然成分，广泛分布于自然界中，一般含量极低。地表水含汞量不到0.1μg/L，海水中汞含量在0.1～1.2μg/L之间，大气中含量为0.001～50μg/m^3，土壤中含量平均为0.1μg/L。汞在自然界主要以元素汞（Hg）和硫化汞（HgS）形式存在，汞在自然界的本底值并不高。

由于汞在工业上的广泛应用，人类对自然界汞的开采量逐年增多。如生产电池、路灯、继电器等都需要汞；生产氯乙烯塑料和乙醛也都要用氯化汞作催化剂；很多化学农药中亦含有汞。因此，工农业生产是造成环境汞污染的主要原因。

20世纪50年代初期，日本和瑞典曾因汞污染而发生了严重的公害事件。日本水俣湾的渔民，食用了含有高度富集甲基汞的鱼和贝类而造成汞中毒症，表现出不可治愈的致命性神经性紊乱，人们称这种病为水俣病。水俣病是甲基汞中毒引起的。甲基汞来源于一家氮肥公司，这家公司把含有大量无机汞的废水排入水俣湾，无机汞在海底沉积，经细菌作用转化为甲基汞，甲基汞比无机汞的毒性更强，又易溶解于脂肪，能比无机汞更为迅速地渗入生物体的细胞内，与蛋白质中的巯基结合抑制了生物体内的酶活性。甲基汞经水生生物的富集作用和食物链的放大作用，在鱼体内的浓度要比在海水中的浓度高出上万倍。人食用了这些鱼之后，汞又在人体内富集，最终导致了水俣病的发生。汞的无机化合物对动植物有很强的毒性，如氯化汞、硫化汞和一些含汞的农药等。络合的有机汞对动植物毒性更强。有机汞一般具有很强的抗微生物降解作用，因此可以在环境中长期存留，其生物学转化速率十分缓慢。

（2）汞的生物学转化　在自然环境中，微生物对汞的转化主要是指汞的甲基化和甲基汞的还原。

① 汞的甲基化。在自然环境中，有些微生物可把元素汞和离子汞转化为甲基汞和二甲基汞。

$$Hg—Hg^{2+}—CH_3Hg^{+}\text{或}Hg—Hg^{2+}—CH_3HgCH_3$$

在酸性条件下，一些含有甲基维生素 B_{12} 的微生物，在细胞内甲基转移酶的作用下促使甲基转移而形成甲基汞。甲基汞有剧毒，其毒性比单质汞高出许多倍。产甲烷细菌具有将元素汞和离子汞转化为甲基汞的能力。由于甲基汞对微生物毒性很强，而产甲烷细菌又常存在于含无机汞较多的水体底部淤泥中，因此，产甲烷细菌的活动使受汞污染水域的汞害大大加剧。此外，匙形梭状芽孢杆菌（*Clostridium cochlearium*）、荧光假单胞杆菌（*Pseudomonas fluorecens*）、草分枝杆菌（*Mycobacterium phiei*）、大肠杆菌（*E. coli*）、产气肠杆菌（*E. aerogenes*）和巨大芽孢杆菌（*Bacillus megatherium*）等都能把单质汞转化成甲基汞。若在培养基里存在半胱氨酸和维生素 B_{12} 可使无机汞转化为甲基汞的能力提高。在某些真菌菌丝体中如黑曲霉（*Aspergillus niger*）、啤酒酵母（*Saccharomgces cerevisiae*）、粗糙链孢霉（*Neurospora crassa*）中也发现有甲基汞的存在。

② 甲基汞的还原作用。在被污染的河泥中存在一些抗汞细菌，能把甲基汞和离子汞还原成单质汞，亦可把甲基汞、乙基汞转化为单质汞和甲烷。

日本已分离出一种抗汞细菌，属于假单胞菌属（*Pseudomonas* K62），这种细菌能把甲基汞吸收到细胞内，在体内转化为元素汞。大肠杆菌亦可将离子汞转化为元素汞。

日本正在研究利用该假单胞菌和大肠杆菌将离子汞转化为元素汞的能力，用来处理含汞废水。菌体可吸收含汞废水中的甲基汞、乙基汞、硫酸汞、硝酸汞等水溶性的汞化合物，并将它们还原为元素汞，然后将菌体收集起来。细菌体内的元素汞一部分蒸发，可用活性炭吸收；另一部分汞可与细菌体共同沉积在反应器底部再加以回收，此方法汞的回收率可达80%以上。图 9-14 为汞在自然环境中的微生物转化模式。

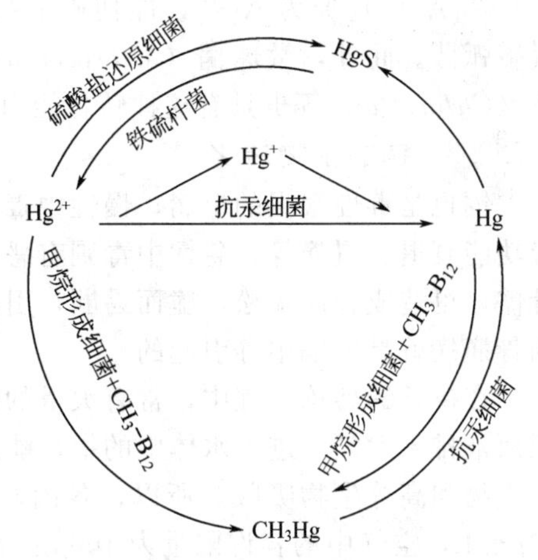

图 9-14　汞在环境中的生物转化

1976 年美国人 Chakrabarty 采用质粒（plasmid）转移培养出抗汞能力很强的超级菌（superbug），他利用假单胞菌做实验材料。某些假单胞菌具有降解汞的能力，但降解能力很弱。如腐臭假单胞菌（*Ps. putida*）只能忍耐小于 2mg/L 的汞，超过这个浓度就要死亡。Chakraberty 把嗜油假单胞菌降解辛烷质粒 OCTP 转移到腐臭假单胞菌的质粒上，得到了新的抗汞质粒，称为 MER 质粒。带有 MER 质粒的细菌具有高度的抗汞能力，能在含汞浓度为 50～70mg/L 的 $HgCl_2$ 溶液中生长，这种超级菌可以用来处理含汞废水。

9.7.2.2　砷的生物转化

砷是一种毒性很强的金属元素，能使人与动物的中枢神经系统中毒，使细胞代谢酶系失去作用，还发现有致癌作用。无机的亚砷酸离子比五价砷酸盐离子毒性更强。砷广泛用于冶金、农药、染料制造、木材保存及医药制品中，人类在应用砷的过程中，不可避免地造成大量含砷污染物进入环境。砷污染对水体、大气和土壤影响很大。例如，由于水体污染，我国台湾西部海岸的部分地区出现的黑足病，就是饮用含砷过高的井水引发的。大气中砷的含量过高，可导致人出现贫血、皮肤角质化等病变。

微生物可通过两个作用即甲基化作用和氧化还原作用来转化砷。

（1）砷的甲基化作用　砷也和汞一样，能发生甲基化作用。参与砷的甲基化的微生物较多，其中以真菌为主，如帚霉（*Gliocladium*）、曲霉（*Aspergillus*）、毛霉（*Mucor*）、镰孢霉（*Fusarium*）、青霉（*Penicillium*）等。有人已分离到了3种真菌即土生假丝酵母（*Candida humicola*）、粉红黏帚霉（*Gliocladium roseum*）和一种青霉（*Penicillium*），能使单甲基砷酸盐和二甲基亚砷酸盐形成三甲基砷。经研究证明，产甲烷杆菌属（*Methanobacterium*）和脱硫弧菌（*Desulfovibrio*）也能把砷酸盐转化为甲基砷。

目前发现有很多生物和微生物能将工农业排放的含砷污水和污泥中的砷转化为三甲基砷，并在许多生物体内发现了甲基砷化合物，而且生物合成率很高。

（2）As^{3+}及As^{5+}之间的转化

① As^{3+}氧化成As^{5+}。当往土壤中施入含As^{3+}的药剂后，As^{3+}会逐渐消失而有As^{5+}的产生，同时消耗一定的氧。

$$\underset{\text{亚砷酸钠}}{4NaAsO_2}+3O_2+2H_2O \longrightarrow \underset{\text{砷酸钠}}{4NaHAsO_4}$$

能引起转化作用的微生物为一些异养微生物，其中有假单胞菌属（*Pseudomonasdaceae*）、黄杆菌属（*Flavobacterium*）、节杆菌属（*Arthrobacter*）、无色杆菌属（*Achromobacter*）及产碱杆菌属（*Alcaligenes*）等。

② As^{3+}还原为As^{5+}。能使砷酸盐还原为毒性更强的亚砷酸盐的微生物有甲烷细菌、脱硫弧菌。此外，微球菌（*Micrococcus*）、毕赤酵母菌（*Pichia guillermondii*）以及小球藻（*Chlorella*）等也具有这种转化能力。

9.7.2.3　镉的生物转化

镉也是毒性很强的金属，慢性中毒表现为头痛、乏力、鼻黏膜萎缩、肺呼吸机能下降、肾功能衰退、胃痛等。急性中毒则有恶心、呕吐、头痛腹痛等症状。镉能在体内妨碍钙进入骨骼，可造成骨质疏松，脆而易断，引起所谓骨痛病。日本在20世纪50年代发生在富山县的骨痛病就是由镉中毒引起的。

在矿石的熔炼过程中，常有大量的镉排出。镉也是汽油添加剂的重要成分，随着汽油消耗而被排入大气。进入水体中的镉，能通过食物链而被富集放大，也能以元素形式直接被浮游生物和高等生物吸收。所以，各国对饮用水中镉的浓度均有严格限定，一般容许浓度为10μg/L，空气中的容许限量为$100\mu g/m^3$。

一些微生物对镉有吸收和转化作用。例如，蜡状芽孢杆菌、大肠埃希菌和黑曲霉等，在含有Cd^{2+}的培养基上生长时，体内能浓缩大量的镉；假单胞杆菌的变异株，不仅能使镉甲基化，而且在有维生素B_{12}的参与下，能将无机二价镉化物转化生成少量的挥发性镉化物。

9.7.2.4　铅的生物转化

铅在地球上分布很广，用途也非常广泛，主要用作电缆、蓄电池、铸字合金和防放射线材料，也是油漆、农药、医药的原料。铅化物可造成环境污染。铅被人体吸收后，蓄积于骨骼、肝脏和肾等器官组织中，会引起乏力、食欲下降、腹泻、手脚麻痹以及脑功能受损等症状，严重时也可致死亡。

微生物可使铅甲基化，产生四甲基铅$(CH_3)_4Pb$，四甲基铅具有挥发性。纯培养的假单胞菌属、产碱杆菌属、黄杆菌属及气单胞菌属中的某些种，能将乙酸三甲基铅转化生成四甲基铅，但不能转化无机铅。

此外，自然界中有的微生物对铅有一定的抗性，如具铅抗性质粒的金黄色葡萄球菌对无机铅具有很强的抵抗力，可生活在有铅的环境中。节杆菌可在铅矿表面生长繁殖。

思考题

1. 说明微生物在碳素循环中的作用。

2. 说明自然界中氮素循环的过程以及微生物在氮素循环中的作用。

3. 脱氨作用、硝化作用和反硝化作用是氮素循环的重要转化过程，根据所掌握的知识，讨论这些重要转化作用对有机污水生物处理的指导意义。

4. 说明微生物在自然界硫素循环中的作用。

5. 磷素是生物的必需元素，在自然界也大量存在，为什么在多数环境中磷却是植物和藻类生长的限制性因素?

6. 自然界中有许多微生物参与铁、锰的转化过程，试就铁、锰转化造成的危害进行讨论。

7. 微生物对人工合成有机物和有毒重金属都有一定的降解和转化作用，这在环境污染治理中有什么积极意义? 试讨论之。

第 10 章　废水生物处理的微生物学原理

废水生物处理是借助微生物使废水得到净化的一类方法和过程。在废水生物处理装置中微生物主要以活性污泥（activated sludge）或者生物膜（biofilm）的形式存在。

10.1　废水生物处理的基本原理

废水生物处理的净化原理概括起来说，就是通过微生物酶的作用，将废水中的污染物氧化分解。在好氧条件下污染物最终被分解成 CO_2 和 H_2O；在厌氧条件下污染物最终形成 CH_4、CO_2、H_2S、N_2、H_2 和 H_2O 以及有机酸和醇等（图 10-1）。因此废水生物处理是基于微生物的营养、代谢和结构特征产生的一种处理方法。

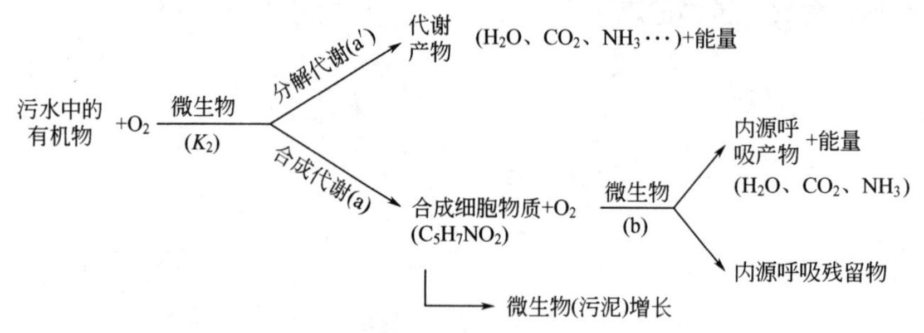

图 10-1　微生物降解污水中有机物的过程

对于理解废水生物处理，首先要明白废水中要去除的污染物必须是可以作为微生物的某一类或几类营养物质，这样微生物才能将其摄取体内，进一步在酶的作用下将这些物质分解和转化。在这一过程中要保证微生物是活着的。另外废水中还要满足微生物对所有营养物质的需求（碳源、氮源、磷源）。其次，微生物体内的酶要能正常发挥作用，对摄入物质才能够进行转化——分解和合成。一般来说，2/3 以上的被摄入的物质都会被分解掉，不到 1/3 部分会被变成新的细胞质。另外，废水中多种微生物生活在一起，既互生互惠也存在竞争、捕食，物质还在食物链当中会被进一步转化。即使微生物自身，还存在内源呼吸，可以将细胞物质进行消耗性分解。最后一点，废水生物处理中数量最多、占净化主角地位的往往是具有菌胶团特殊构造的细菌，它们的菌胶团凝聚黏附或附着上其他细菌、颗粒物和微生物就形成了悬浮在水中较大的絮体（Floc）或者贴附在水中固体物质的表面、成为一层薄膜（即生物膜）。一旦废水搅动停止，这些悬浮水中的微生物群体（絮体）就会自行沉淀下来与水分离。而生物膜本身就固定在物体表面，水流经过就与水分开了。废水生物处理中参与净化的微生物的这些特殊形态结构极大地方便了微生物与水的自行分离，这对于回收活性微生物用于新的废水净化、提高出水水质具有极其重要的意义。净化后出水中携带的微生物本身就是一种“污染物”，构成出水的总 COD、SS、浊度、TN 和 TP。因此，微生物（俗称“泥”）与水分离越彻底，出水中所含微生物的数量就越少，这一点对于活性污泥处理尤为重要。

废水生物处理过程可归纳为三个连续进行的阶段，即絮凝吸附作用、氧化作用和沉淀作用。下面以活性污泥法为例说明这三个作用。

1. 絮凝和吸附作用

吸附作用是发生在微小粒子表面的一种物理化学的作用过程。微生物个体很小，并且细菌也具有胶体粒子所具有的许多特性，如细菌表面一般带有负电荷，而废水中有机物颗粒常带正电荷，所以它们之间有很大的吸引作用。其表面附有的黏性物质对废水中的有机物颗粒、胶体物质有较强吸附能力，对溶解性有机物的吸附能力很小。

实验发现，当活性污泥絮体与废水充分混合后，废水中的有机物可在短时间内迅速减少，这一现象是絮体对有机物的吸附以及有机物向絮体的附聚所致。从废水处理的角度看，颗粒的和胶体的有机污染物一旦黏附于活性污泥，即可通过固液分离的方法，将这些污染物从废水中清除出去。吸附作用是一种物理化学作用，所以它的总吸附量有一个极限，达到此极限后，吸附作用就基本结束。吸附的速度在初期最大，随着时间的推移，吸附速度愈来愈小。

2. 氧化作用

氧化作用是发生在微生物体内的一种生物化学的代谢过程。被活性污泥和生物膜吸附的大分子有机物质，在微生物胞外酶的作用下，水解为可溶性的有机小分子物质，然后透过细胞膜进入微生物细胞内。这些被吸收到细胞内的物质，作为微生物的营养物质，经过一系列生化反应途径，被氧化为无机物 CO_2 和 H_2O 等，并释放出能量；与此同时，微生物利用氧化过程中产生的一些中间产物和呼吸作用释放的能量，合成细胞物质。在此过程中微生物不断繁殖，有机物也就不断地被氧化分解。

微生物对吸附的有机物氧化分解需要较长的时间，有的需要几小时甚至十几个小时才能完成。在微生物吸附有机物的同时，尽管氧化分解作用以相当高的速率进行着，但由于吸附时期较短，氧化分解掉的有机物仅占总吸附量的一小部分，大部分被吸附的有机物需要更长的时间才能全部氧化分解。

3. 沉淀作用

废水中有机物质在活性污泥或生物膜的氧化分解作用下无机化后，处理后水往往排至自然水体中，这就要求排放前必须经过泥水分离。

活性污泥特别是生物膜具有良好的沉降性能，使泥水分离，澄清水排走，污泥沉降至池底。这是废水生化处理必须经过的步骤，也是非常重要的步骤。若活性污泥或脱落的生物膜不能与水分离，则这两种生物处理技术就不可能实现。若泥水不经分离或分离效果不好，由于活性污泥本身是有机体，进入自然水体后将造成二次污染。

10.2　废水生物处理中微生物存在的状态

根据微生物在人工水处理设备中所处状态的不同分为活性污泥和生物膜。

10.2.1　活性污泥

活性污泥法最早于 1914 年由英国人 Arderm 和 Lockett 创建的，近三十多年来，随着对其生物反应和净化机理广泛深入的研究以及该法在生产应用技术上的不断改进和完善，使它得到了迅速发展，目前，活性污泥法已成为城市废水、有机工业废水的有效处理方法和废水生物处理的主流方法。

好氧活性污泥的净化作用有类似于水处理工程中混凝剂的作用，同时又能吸收和分解水中溶解性污染物。其过程分三步：第一步，在有氧的条件下，活性污泥绒粒中的絮凝性微生物吸收废水中的有机物；第二步是活性污泥绒粒中的水解性细菌水解大分子有机物为小分子有机物，同时，微生物合成自身细胞。废水中的溶解性有机物直接被细菌吸收，在细菌体内氧化分解，其中间代谢产物被另一群细菌吸收，进而无机化；第三步，其他的微生物吸收或吞食未分解彻底的有机物。

10.2.1.1　活性污泥中的微生物

活性污泥的组成和性质

① 组成。活性污泥（activated sludge）是一种绒絮状小泥粒，它是由需氧菌为主体的微型生物群，以及有机性和无机性胶体、悬浮物等所组成的一种肉眼可见的细粒。它具有很强的吸附与分解有机质的能力。

细菌是活性污泥中最重要的成员，除一般的球菌、杆菌、螺旋菌外，还有许多丝状细菌，随废水性质、构筑物运转条件不同而出现不同的优势菌群。比较多的有产碱杆菌、微杆菌（*Microbacterium*）、丛毛单胞菌（*Comamonas*）、芽孢杆菌（*Bacillaceae*）、假单胞菌（*Pseudomonadaceae*）、柄杆菌（*Caulobacter*）、球衣菌（*Sphaerotilus*）和动胶菌（*Zoogloea*）等，1mL好氧活性污泥中的细菌数一般在10^7～10^8个，其中以革兰阴性细菌为主。

活性污泥中的细菌大多数包埋在胶质中，以菌胶团形式存在。胶质系菌胶团生成菌分泌的蛋白质、多糖及核酸等胞外聚合物。在活性污泥形成初期，细菌多以游离态存在，随活性污泥成熟，细菌增多而聚集成菌胶团，进而形成活性污泥絮状体（floc）。絮状体形成过程称作生物絮凝作用（bioflocculation）。已知的菌胶团形成菌有数十种，其中，生枝动胶菌是最早发现的一种。

菌胶团的作用：a. 吸附和氧化分解有机物。菌胶团是细菌的存在形式，细菌占到活性污泥中微生物总量的99%，一旦菌胶团受到各种因素的影响和破坏，则活性污泥法对有机物去除率明显下降，甚至无去除能力。b. 菌胶团对有机物的吸附和分解，为原生动物和微型后生动物提供了良好的生存环境。c. 具有指示作用。通过菌胶团的颜色、透明度、数量、颗粒大小及结构的松紧程度可衡量好氧活性污泥的性能。新生菌胶团颜色浅、无色透明、结构紧密，则说明菌胶团生命力旺盛，吸附和氧化能力强，再生能力强；老化的菌胶团颜色深，结构松散，活性不强，吸附和氧化能力差。d. 发育良好的活性污泥絮状体具有良好的沉降性能，有利于泥水分离而排出净水。

在活性污泥中常含有酵母和霉菌，它们能在酸性条件下生长繁殖，且需氧量比细菌少，所以在处理某些特种工业废水及有机固体废渣中起到重要作用。但总的来讲，在废水处理中真菌种类并不多，数量也较少，常见的为酵母、假丝酵母、青霉菌和镰刀霉菌，它在活性污泥中的作用估计与凝絮体的形成和活性污泥的膨胀有联系。

在活性污泥处理系统中，有大量的原生动物和微型后生动物，它们以游离的细菌和有机微粒作为食物，因此可以起到提高出水水质的作用。但它们的数量和种类随废水的类型不同而不同，一般处理生活废水的活性污泥原生动物量多于处理工业污染水的活性污泥的原生动物量。原生动物和微型后生动物还可作为指示生物来推测废水处理的效果和系统运行是否正常。如果活性污泥系统运转不正常，出水水质差，则原生动物以游泳型的纤毛类为主，如草履虫（Paramecium）。如果运转正常，出水良好，原生动物则以固着的纤毛类为主，例如钟虫、累枝虫（Epistylis）等，并有后生动物出现，如轮虫、甲壳虫和线虫。

② 性质。因水质和泥龄等不同，活性污泥的外观颜色不同。泥龄较长的好氧活性呈黄褐色，一般为深灰、灰褐、灰白等色，正常情况下几乎无臭味。一旦供氧不足，发生厌氧呼吸，活性污泥就会变黑发臭。

活性污泥的含水率多在99%左右，相对密度为1.002～1.006，絮体的大小为0.02～0.2mm、比表面积为20～100cm^2/mL之间、具有沉降性能；pH在6～7，弱酸性，具一定的缓冲能力。当进水改变时，对进水pH的变化有一定的承受能力。

③ 活性污泥中微生物的浓度和数量。活性污泥中微生物的浓度和数量常用MLSS（混

合液悬浮固体）或 MLVSS（混合液挥发性悬浮固体）来表示。MLSS 为 1L 曝气池混合液中所含悬浮固体的干质量，一般城市废水处理中，MLSS 在 2000～3000mg/L，工业废水在 3000mg/L 左右，高浓度工业废水在 3000～5000mg/L。混合液挥发性悬浮固体（MLVSS）为 1L 混合液中所含挥发性悬浮固体（指能被完全燃烧的物质）的质量，一般城市废水的 MLVSS 与 MLSS 之比在 0.75 左右。

除了上述的一些指标外，为了更好地设计或运行，有时还需掌握活性污泥的另一些参数，如污泥沉降比（SV）、污泥容积系数（SVI）、污泥负荷（L）、污泥龄（T）、溶氧量、污泥回流比等。

10.2.1.2　活性污泥的污泥膨胀和膨胀控制对策

污泥膨胀（sludge bulking）指污泥结构极度松散，体积增大、上浮，难以沉降分离、影响出水水质的现象。基本上目前各种类型的活性污泥工艺都会发生污泥膨胀。污泥膨胀不但发生率高，发生普遍，而且一旦发生难以控制，通常都需要很长的时间来调整。

（1）活性污泥膨胀的致因微生物　通常，活性污泥系统的污泥膨胀是由大量丝状菌的存在而引起的。从污泥膨胀时的生物相看，有丝状菌膨胀与非丝状菌膨胀，以前者为常见。活性污泥丝状膨胀的致因微生物种类很多，常见的有诺卡菌属、浮游球衣菌、微丝菌属、发硫菌属、贝日阿托菌属等。正常活性污泥的絮状体中，仅少量丝状菌作为骨架，而膨胀时的絮状体在镜检下可见许多菌丝伸展至絮状体外，因而使之密度减小，体积加大，难以沉降。

（2）活性污泥膨胀的成因　活性污泥膨胀的成因有环境因素和微生物因素，主导因素是丝状微生物过度生长。

① 温度。构成活性污泥的各种细菌最适生长温度在 30℃左右。菌胶团细菌如动胶菌属的最适生长温度在 28～30℃。10℃生长缓慢，45℃不长。浮游球衣菌最适温度在 5～30℃，生长温度在 15～37℃。与菌胶团和丝状菌的最适温度虽然差别不大，但浮游球衣菌是好氧和微量好氧，能竞争优势生长。

② 溶解氧。菌胶团细菌和浮游球衣菌等丝状菌对溶解氧的需要量差别大。菌胶团细菌严格好氧，浮游球衣菌是好氧菌，但它的适应性强，在微量好氧条件下仍正常生长。贝日阿托菌、发硫菌微量好氧，DO 为 0.5mg/L 时生长最好。温度在 25～30℃的条件下，在有机废水中溶解氧匮乏，丝状细菌优势生长，故很容易引起活性污泥丝状膨胀。

③ 可溶性有机物及其种类。几乎所有的丝状细菌都能吸收可溶性有机物，尤其是低分子的糖类和有机酸。有机物因缺氧不能降解彻底，积累大量有机酸，为丝状细菌创造营养条件，使丝状细菌优势生长。甚至自养的发硫菌也能利用低浓度的乙酸盐。

④ 有机物浓度。在生活废水和食品类等有机废水中，BOD_5 在 100～200mg/L 时往往会使浮游球衣菌的数量增加，浮游球衣菌的数量超过 60%以上，占优势而导致活性污泥丝状膨胀。工业废水生物处理过程中也会发生活性污泥丝状膨胀，如含硫化染料的印染废水和屠宰废水等。

此外，可能还会因 pH 值变化而引起活性污泥丝状膨胀。

（3）控制活性污泥膨胀的对策　对于活性污泥丝状菌膨胀的控制至今还没有一个彻底解决的办法，尽管如此，人们还是在实践中应用着一些控制污泥膨胀的方法，有着一定的效果。

① 采用化学混凝。如投加三氯化铁、硫酸亚铁，使难以沉降的污泥增加混凝沉降的效果，暂时减轻膨胀的程度。

② 投加药剂。如加入次氯酸钠和过氧化氢等以杀死或抑制球衣菌等丝状菌，也有一定效果。由于球衣菌对漂白粉较为敏感，而菌胶团细菌受影响较小，故在投加漂白粉的一段时

间内可以看到菌胶团凝絮体会有所增加，丝状体会发生卷缩，生长受到暂时抑制。

③ 控制溶解氧。曝气池内的溶解氧浓度由供氧和耗氧之间的平衡决定，溶解氧浓度一般应控制在2mg/L以上。

④ 控制有机负荷。活性污泥要保持正常状态，BOD污泥负荷在0.2～0.3kg/(kgMLSS·d)为宜。有资料报道，BOD污泥负荷高，在0.38kg/(kgMLSS·d)以上时，就容易发生活性污泥丝状膨胀。

⑤ 改革工艺。近年来，一些工艺如A-B法、A/O（缺氧-好氧）系统、SBR（即序批式间歇曝气反应器）法等处理工艺可以提高有机物的处理效果，脱氮除磷，还能有效地克服活性污泥丝状膨胀。

10.2.1.3 活性污泥的培养及驯化

活性污泥处理系统是“构筑物＋活性污泥”的系统，成熟的活性污泥是其正常运行的前提，所以，在构筑物中培养活性污泥，是不可或缺的工作过程。当废水成分复杂、浓度不是很高时，活性污泥的培养过程比较简单；但当废水成分复杂、浓度又很高时，活性污泥的培养驯化比较困难。必要时，可以在原废水中加入粪便水，或投加一些已驯化好的活性污泥后再进行调试。各种污、废水活性污泥的培养都可采用间歇式和连续式两种方法。

（1）连续式培养　如果时间充裕，或者引进了与本厂纳污相同的污、废水处理厂的活性污泥作菌种，则可采用连续式培养。

首先，将菌种引入曝气池（占池容积的5%～10%）进行静态曝气培养（俗称闷曝）数天；然后，以较小的稳定流量引入污、废水进行曝气，并将出水排入二沉池。每天提高一次流量，经过不少于1周时间的“流量递增”，至满负荷流量运转时，活性污泥即基本成熟。

（2）间歇式培养　如果引进了与本厂纳污不同的污、废水处理厂的活性污泥作菌种，或想用活性污泥处理其他废水，宜采用间歇式培养。

将稀释后的低浓度废水引入曝气池与菌种混合，曝气23h后沉淀1h，排出上清液（占总体积50%～70%），镜检活性污泥，连续3～7d；此时，若活性污泥生长量明显增加，则调高废水浓度后，重复前述低浓度时的操作；至废水浓度提高到原废水浓度为止，活性污泥即基本成熟，这个阶段也称为驯化。将驯化好的活性污泥改用连续曝气培养，可通过镜检和化学测定分析水质，并据此控制培养进度。当污泥内含有大量菌胶团和固着型原生动物（如钟虫、累枝虫、盖纤虫及轮虫等），则表示污泥成熟，系统可投入生产性运行。

10.2.2 生物膜法

生物膜是由微生物群体组合成的黏状物，生物膜生长于固着物的表面，由菌胶团和丝状菌组成。生物膜法已广泛用于石油、印染、制革、造纸、食品、医药、农药、化纤等工业废水的处理。近年来，由于生物膜法比活性污泥法具有生物密度大、耐污力强、动力消耗较小、不存在污泥回流与污泥膨胀因而运转管理较方便等特点，用生物膜法代替活性污泥法的情况不断增加。

10.2.2.1 生物膜处理废水的原理

当有足够数量的有机营养物、矿物盐和溶解氧时，微生物在填料的表面繁殖，逐步形成菌膜，由于扩散作用，氧和营养物质通过膜供微生物吸收利用（图10-2）。当膜长到一定厚度就会妨碍这种扩散，水中的氧和营养物质不能通到内层，生物膜开始分层，表层是好氧层，而内层由于缺氧形成厌氧层。新形成的厌氧层内，好氧菌死亡溶解，成为兼性厌氧菌和厌氧菌的营养。当内层膜营养耗尽，厌氧微生物也大量死亡溶解，于是生物膜内层不能支撑表面的生物群体，大块的生物膜脱落。生物膜脱落而造成的更新面又会形成新的生物膜。另外少量的生物和一些小块生物膜，由于水的冲刷或气泡振动，不断离开生物膜进入水中，这就是膜的脱落和更新。膜的脱落和更新对生物膜的活性有积极的作用，可以使生物膜保持稳定的生物活性。脱落的膜沉淀后被排出系统。脱落和更新对水质也有一定的影响，增加了水的浊度。

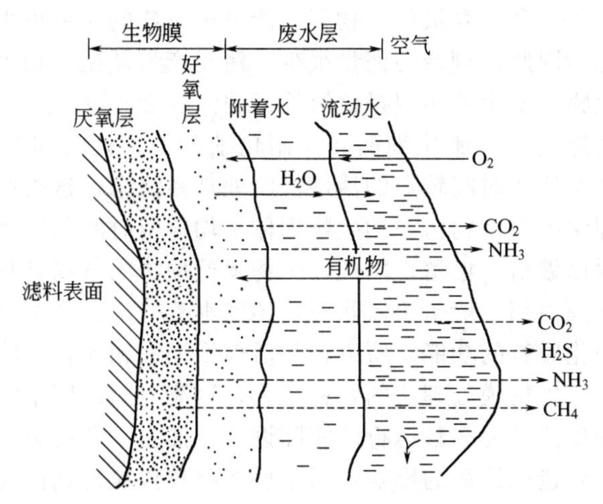

图 10-2　生物膜对废水的净化作用

10.2.2.2　生物膜中的生物

生物膜中包括大量细菌、真菌、原生动物、藻类和后生动物，还能栖息一些增殖甚慢的肉眼可见的无脊椎动物，但生物膜主要系由菌胶团和丝状菌组成。微生物群体所形成的一层黏膜状物质即生物膜，附于载体表面，一般厚 1～3mm，经历一个初生、生长、成熟及老化剥落的过程。

生物膜中常见的微生物　生物膜中微生物群体包括好氧菌、厌氧菌和兼氧菌，还有真菌、藻类、原生动物以及蚊蝇的幼虫等生物，在生物滤池中兼氧菌常占优势。无色杆菌属、假单胞菌属、黄杆菌属以及产碱杆菌属等是生物膜中常见的细菌。在生物膜内，常有丝状的浮游球衣菌和贝日阿托菌属，在滤池较低部位还存在着硝化菌如亚硝化单胞菌属（*Nitrosomanas*）和硝化杆菌属（*Nitrobacter*）。生物膜中常见的真菌有镰孢霉、白地霉、枝孢霉、酵母等。霉菌是有机质的积极分解者，但有时过度发展，可引起滤池堵塞。常见的藻类有席藻、丝藻、毛枝藻等丝状藻类，以及小球藻、硅藻等单胞藻类，它们多存在于生物膜表面见光处。原生动物也活跃地生活在生物膜表面，以菌类为食，可以减除滤池堵塞。

生物滤池中肉眼可见的动物种类很多，其中最重要的是滤池蝇。滤池蝇幼虫吞食生物膜，可抑制生物膜的过度发展，并可使生物膜疏松；可是它的成虫经常出没滤池周围，骚扰人群甚至携带病菌，传染疾病。

10.2.2.3　生物膜法的主要特征

（1）生物多样性高，能存活世代时间较长的微生物　生物膜处理法的各种工艺，都具有适于微生物生长栖息、繁衍的环境条件。生物膜上的微生物不会受到像活性污泥那样强烈的搅拌冲击，宜于生长增殖。生物膜固着在滤料或填料上，其生物固体平均停留时间（污泥龄）较长，因此在生物膜上能够生长世代时间较长、比增殖速度很小的微生物，如硝化细菌等。在生物膜上还可能大量出现丝状菌，但不会发生污泥膨胀。线虫类、轮虫类以及寡毛虫类的微型动物出现的频率也较高。在日光照射到的部位能够出现藻类，在生物滤池上，能够出现像苍蝇（滤池蝇）这样的昆虫类生物。生物种类的多样性及其关系的复杂性，使生物膜构成了较为稳定的生态系统结构，比活性污泥更能承受环境条件的变化。

(2) 食物链长　在生物膜上生长繁育的生物中，营动物性营养的种类所占比例较大，微型动物的存活率高。这就是说，在生物膜上能够栖息高营养水平的生物，在捕食性纤毛虫、轮虫类、线虫类之上还栖息着寡毛类和昆虫。因此，在生物膜上形成的食物链要长于活性污泥上的食物链。食物链长，高营养级的生物多，能量被消耗的比例也大，所产生的污泥大部分可被生物本身所消化，因此，剩余污泥量很少。污泥产量低是生物膜处理法各种工艺的共同特性，实验证明，生物膜发生的污泥量比活性污泥法少 20%左右。

(3) 具有较强的脱氮能力　硝化细菌和亚硝化细菌的世代时间都比较长，增殖速度较小，在一般生物固体平均停留时间较短的活性污泥处理系统中，这类细菌比较容易被冲出而流失。而在生物膜处理法中，生物污泥的生物固体平均停留时间与废水的停留时间无关，硝化细菌和亚硝化细菌得以繁衍、增殖。因此，生物膜处理法的各项处理工艺都具有一定的硝化功能，而且，在生物膜内部一般呈厌氧状态，还发生着一定程度的反硝化作用，采取适当的运行方式能具有反硝化脱氮的功能。所以，与活性污泥法相比，生物膜的氮去除率更高。

(4) 操作运行稳定　生物膜处理法的各种工艺，对流入的原废水水质、水量的变化都具有较强的适应性，这种现象已为多数运行的实际设备所证实，即使有一段时间中断进水，对生物膜的净化功能也不会造成致命的影响，通水后能够较快地得到恢复。

(5) 污泥沉降性能好，宜于固液分离　由生物膜上脱落下来的生物污泥，所含动物成分较多，相对密度较大，而且污泥颗粒个体较大，沉降性能良好，宜于固液分离。但是，如果生物膜内部形成的厌氧层过厚，在其脱落后，将有大量的非活性的细小悬浮物分散于水中，使处理水的澄清度降低。

(6) 易维护，能耗低　与活性污泥处理系统相比，生物膜处理法中的各种工艺都是比较易于维护管理的，无须污泥回流，而且像生物滤池、生物转盘等工艺，还都是节省能源的，动力费用较低，去除单位质量 BOD 的耗电量较少。

活性污泥法是利用悬浮在水中的微生物处理废水，而生物膜是利用固着在介质表面的微生物处理废水，但它们同为好氧处理方法，各有优缺点。从生物膜法的基本形式生物滤池来看，它的优点是耗能少，维持费用低，运转管理方便，抗毒物冲击能力强，产生污泥量少。但它的缺点是规模不能太大，如果废水处理厂的处理能力超过 5 万立方米废水的规模，生物膜法占地太多，就不大适合土地紧缺地区使用。

10.2.2.4　生物膜的培养

生物膜培养是生物膜法发挥实际净化功能的基础。生物膜培养又称挂膜，挂膜方法可分为自然挂膜法、活性污泥挂膜法和优势菌挂膜法三种。

(1) 自然挂膜法　自然挂膜法是一般城市废水生物膜法处理时常用的挂膜方法。其过程是在生物滤池中注入污、废水，用泵推动其低速封闭循环 3～7d 之后，对生物滤池慢速连续进出水。如果在 15～20℃水温条件下培养，需 30～50d，生物膜即培养成熟。

(2) 活性污泥挂膜法　活性污泥挂膜的过程是：引进适量的处理生活废水或工业废水的活性污泥注入生物滤池作菌种，再将本厂的污、废水注入与其混合，然后按自然挂膜的程序进行挂膜。一般而言，活性污泥挂膜法都可以缩短挂膜时间，使系统提前进入常规运行。

(3) 优势菌挂膜法　优势菌挂膜的过程与活性污泥挂膜的过程完全相同，所不同的是优势菌挂膜引进的菌种是优势菌，活性污泥挂膜引进的菌种是活性污泥。所谓优势菌，是指对待处理的废水有很强的降解能力的菌种。优势菌可以是从自然环境或废水处理装置中筛选、分离的菌种，也可以是通过遗传育种获得的菌种，甚至可以是通过基因工程构建的超级菌。优势菌挂膜最终形成的是包含优势菌的生物膜。

10.2.2.5　生物膜法处理废水的类型

生物膜法根据其所用设备不同可分为生物滤池、塔式滤池、生物转盘、生物接触氧化法和生物流化床等。

（1）生物滤池　生物滤池一般由滤池、布水装置、滤料和排水系统组成。滤池一般用砖或混凝土构筑而成，滤池深度一般在 1.8～3m 之间，池底有一定坡度，处理好的水能自动流入集水沟，再汇入总排水管。滤料层上有布水装置，下有排水系统。生物滤池分为普通生物滤池和高负荷生物滤池。

（2）塔式滤池　塔式生物滤池亦称生物滤塔，是一种新型的高负荷生物滤池。现在运行的塔式生物滤池一般高达 8～24m，直径 1～3.5m。废水自上而下滴落，水量负荷高，滤池内水流紊动强烈，从而使废水、空气、生物膜三者的接触非常充分，大大地加快了污染物质的传质速度。

（3）生物转盘（RBC）　生物转盘以圆盘作为生物膜的附着基质，圆盘在电机的带动下缓慢转动，一半浸没于废水中，一半暴露在空气中，在废水中时生物膜吸附废水中的有机物，在空气中时生物膜吸收氧气，进行分解反应，如此反复，达到净化废水的目的。

（4）生物接触氧化法　生物接触氧化法是将滤料（常称作填料）完全淹没在废水中，并需曝气的生物膜处理废水的方法。在曝气池中安装固定填料，废水在压缩空气的带动下，同填料上的生物膜不断接触，同时压缩空气提供氧气。在液、固、气三相接触中，废水中的有机物被吸附和分解。与其他生物膜法一样，其生物膜也包括挂膜、生长、增厚和脱落的过程。脱落的老化生物膜在固-液分离系统中得到去除。

10.3　废水厌氧生物处理的微生物学原理

厌氧生物处理（anaerobic biological treatment）法具有节能、运转费低、能产生沼气能源等特点，因而在处理高浓度有机废水中被普遍采用。厌氧处理废水是在无氧条件下进行的，是由厌氧微生物作用的结果。厌氧微生物在生命活动过程中不需要氧，有氧还会抑制或杀死这些微生物。这类微生物分两大类群，即发酵细菌（产酸菌）和产甲烷菌。废水中的有机物在这些微生物联合作用下，通过酸性发酵阶段和产甲烷阶段，最终被转化生成 CH_4、CO_2 等气体，同时并使废水得到净化。

10.3.1　厌氧生物处理原理

厌氧生物处理时，微生物对有机物的转化分为水解、产酸和甲烷形成三个阶段。

（1）厌氧水解阶段　将复杂的有机物水解为单糖，再降解为丙酮酸；将蛋白质水解为氨基酸，脱氨基成有机酸和氨，脂类水解为各种低级脂肪酸和醇。

（2）产酸阶段　产酸阶段的作用菌可分为两大类，一类降解大分子聚合物产生酸，如丙酸、丁酸、乳酸、琥珀酸和乙醇、乙酸等，这些产物除乙酸以外，还是不能作为甲烷细菌产甲烷的基质。另一类微生物把这些低分子产物再进一步分解成为甲烷菌能利用的基质，如甲酸、甲醇、乙酸、CO_2 和 H_2 等简单的一碳化合物。

在①、②阶段，以梭状芽孢杆菌属（*Clostridium*）、拟杆菌属（*Bacteroides*）、双歧杆菌属（*Bifidobacterium*）占优势。兼性厌氧的有变形杆菌属（*Proteus*）、假单胞菌属（*Pseudomonas*）、链球菌属（*Streptococcus*），另外还有黄杆菌属、产碱杆菌属、产气杆菌和大肠菌类。

（3）产甲烷阶段　乙酸、氢气、碳酸、甲酸和甲醇等被甲烷菌利用被转化为甲烷以及甲烷菌细胞物质，参与作用的有奥氏甲烷菌（*Methanobacillum omelianski*）、巴氏甲烷八叠球菌（*Methanos arcina barkeri*）和万尼氏甲烷球菌（*Methanococcus vannielii*）等。

经过这些阶段大分子的有机物就被转化为甲烷、二氧化碳、氢气、硫化氢等小分子物质和少量的厌氧污泥。

10.3.2 厌氧生物处理的特点

同好氧处理法相比，厌氧处理法具有许多明显的优点：

① 有机负荷高，去除率高。可以直接处理高质量浓度的有机废水，不需要大量水稀释。能明显地降低废水中有机污染物的质量浓度，BOD去除率可达90%以上，COD去除率为70%～90%。

② 能降解许多在好氧条件下难以降解的合成化学品。如偶氮染料和含氯农药等。

③ 能源动力消耗少，且产能多。厌氧处理的动力消耗只及活性污泥法的1/10，产生的甲烷气可以作为能源利用。

④ 剩余污泥量少。一般仅为好氧处理污泥的1/10～1/6，只有5%的有机碳转化为生物量，并且易于脱水，因此污泥处理量小，处理费用低。

⑤ 设备投资少，运行费用低。不需价格较高的曝气等设备，并可节省动力运行费用支出，温度较高的废水用高温厌氧处理，可减少降温费用。

⑥ 厌氧污泥可长期贮存，为季节性或间歇式运行提供方便。

但是厌氧处理也有很明显的缺点，主要有以下几个方面：

① 污泥增加缓慢，对毒物敏感，启动时间长，一般第一次启动要花8～12周的时间。

② 出水水质一般达不到排放标准。由于进水污染物的质量浓度高，即使去除率很高，也难以达到排放标准，故还需进一步处理。

③ 操作控制较为复杂。特别是初次启动操作，需对操作人员进行一定的技术培训。

④ 沼气易燃，要有安全措施防止爆炸事故。

10.3.3 厌氧活性污泥的培养

培养的方法与好氧活性污泥方法类似，进水量由小到大，进水有机物浓度由低到高，每提高一次浓度，要维持稳定一段时间才可改变浓度。当处理浓度达到设计值，并形成颗粒状污泥时，即成为成熟的厌氧活性污泥，可投入正常运行。

思 考 题

1. 污水生物处理的原理是什么？

2. 根据微生物生长状态，污水生物处理有哪几类？其中的微生物如何称呼？根据微生物呼吸方式，污水生物处理又分为哪几类？

3. 什么是活性污泥？与自然界的河底淤泥有什么异同点？活性污泥中细菌和原生动物各有什么作用？

4. 生物膜有什么特点？其组成分为哪几层？废水生物处理同一构筑物的不同位置上的生物膜里的微生物不同，为什么？

5. 废水厌氧生物处理与好氧处理有什么不同？废水厌氧生物处理中物质分解经历了哪几个阶段？主要产物是什么？

第 11 章　废水生物脱氮除磷

11.1　脱氮除磷的目的和意义

氮和磷是生物的重要营养源。但水体中氮、磷量过多的危害是引起水体富营养化。蓝藻、绿藻等大量繁殖后引起水体缺氧，产生毒素，进而毒死鱼、虾等水生生物和危害人体健康，使水源水质恶化。不但影响人类生活，还严重影响工农业生产。根据国家环保部 2006 年的统计，我国河流主要污染物为有机物、氨氮和石油类物质等。湖泊污染也很严重，多数湖泊水体富营养化，在几大湖泊中尤以太湖、巢湖和滇池富营养化程度最为严重。

藻类生长的限制因素是水体的氮和磷含量。一般认为，水体中总磷达到 0.02mg/L、无机氮达到 0.3mg/L 以上时，藻类就会过度生长，出现富营养化。

在好氧生物处理中，生活污水经生物降解，大部分的可溶性含碳有机物被去除。其中有 25%的氮和 19%左右的磷被微生物吸收合成细胞，通过排泥得到去除，但出水中的氮和磷含量仍未达到排放标准。为了防止水体富营养化，对废水还必须进行脱氮除磷处理。

我国已经实施的水环境质量标准（如地表水环境质量标准、地下水水质标准、海水水质标准等）对氮磷均做出了明确的排放规定。其中地表水和海水的水质标准对不同功能区类别的水域的氮磷标准值均提出了明确要求。此外，颁布实施的部分地方和行业以及城镇污水处理厂污染物排放标准也对氮磷的最高允许排放浓度进行了规定。

11.2　天然水体中氮、磷的来源

含氮物质进入水环境的途径包括自然过程和人类活动两个方面，自然过程主要包括大气降水降尘、非市区径流和生物固氮作用等；人类活动是水环境中氮的重要来源，主要包括未处理或处理过的城市生活污水和工业废水，如化肥、石油炼厂、焦化、制药、农药、印染、腈纶及洗涤剂等生产废水，食品加工、罐头食品加工及洗涤服务行业的洗涤剂废水，城市垃圾渗滤液、大气沉降和地表径流，面源性的农业污染物（包括肥料、农药和动物）如农业施肥（氮）和喷洒农药（磷等）以及禽、畜粪便水。我国城市污水水质浓度见表 11-1。

表 11-1　我国城市污水典型水质浓度　　单位：mg/L

水质指标	COD	BOD_5	SS	TN	NH_4^+-N	TP
高浓度	1000	400	600	100	50	12
中等浓度	450	200	250	40	25	6
低浓度	250	120	150	25	15	4
超低浓度	150	60	100	15	10	2

11.3　废水生物脱氮原理

11.3.1　脱氮原理

污水生物处理中氮的转化包括同化、氨化、硝化和反硝化作用。但是从化合态氮到气态氮进而从根本上去除氮污染物的转化过程主要通过硝化和反硝化过程起作用。硝化作用是指在好氧条件下，将氨氮氧化为亚硝酸盐氮和硝酸盐氮的生化反应；反硝化作用是指在缺氧条件下，将亚硝酸盐氮和硝酸盐氮还原成气态氮（N_2）或 N_2O、NO 的作用。废水生物脱氮是在硝化菌和反硝化菌参与的反应过程中，将氨氮最终转化为氮气而将其从废水中去除的。

11.3.2 参与硝化与反硝化的微生物

11.3.2.1 硝化作用段微生物

亚硝化细菌和硝化细菌的资源丰富，广泛分布在土壤、淡水、海水和污水处理系统。在自然界中，硝化细菌是好氧菌，然而，可以在氧压极低的污水处理系统和海洋沉淀物中分离出硝化细菌，也能从 pH 为 4 的土壤、温度低于－5℃的深海、温度 60℃或更高的温泉及沙漠分离到硝化细菌。

亚硝化细菌和硝化细菌是革兰阴性菌。它的生长速率均受基质浓度（NH_3 和 HNO_2）、温度、pH 值、氧浓度控制。全部是好氧菌，绝大多数营无机化能营养，有的可在含有酵母浸膏、蛋白胨、丙酮酸或乙酸的混合培养基中生长，不营异养，却有个别的可营化能有机营养。在污水处理系统和自然环境中，硝化细菌有附着在表面和在细胞束内生长的倾向，形成胞囊结构和菌胶团。

（1）亚硝化细菌　也称氨氧化细菌、亚硝酸菌。它们都是专性好氧菌，个别在低氧压下能生长。化能无机营养型，氧化 NH_3 为 HNO_2，从中获得能量供合成细胞和固定 CO_2。温度范围 5～30℃，最适温度 25～30℃。pH 范围 5.8～8.5，最适 pH 为 7.5～8.0。有的菌株能在混合培养基中生长，不营化能有机营养，其中的亚硝化单胞菌和亚硝化螺菌能利用尿素作基质，高的光强度和高氧浓度都会抑制其生长。在最适条件下，亚硝化球菌属的世代时间为 8～12h，亚硝化螺菌的世代时间为 24h，含淡黄至淡红的细胞色素。

（2）硝化细菌　也称亚硝酸氧化菌、硝酸菌。大多数硝化细菌在 pH 为 7.5～8.0，温度 25～30℃。亚硝酸浓度为 2～30mmol/L 时化能无机营养生长最好。其世代时间随环境可变，由 8h 到几天。硝化杆菌属（*Nitrobacter*）既进行化能无机营养又可进行化能有机营养，以酵母浸膏和蛋白胨为氮源，以丙酮酸或乙酸为碳源。硝化杆菌属在营化能无机营养生长中，氧化 NO_2^- 产生的能量仅有 2%～11%用于细胞生长，氧化 85～100mol NO_2^- 用于固定 1mol CO_2。在分批培养中，最大产量是 4×10^7 细胞/mL。在进行化能无机营养时的生长比在进行化能有机营养时的快。硝化螺菌属（*Nitrospira*）则相反，在营化能无机营养时的生长比混合营养中的生长慢。前者的世代时间为 90h，后者的世代时间为 23h。硝化杆菌属细胞内的贮存物有羧酶体或叫羧化体（carboxysomes）、肝糖、聚 β-羟基丁酸盐（PHB）、多聚磷酸盐，含淡黄至淡红的细胞色素的菌株。其他硝化细菌也含有类似贮存物，详见表11-2。

（3）硝化过程的生化反应　氨氮被氧化成硝酸的反应是由两组自养型好氧微生物通过两个过程来完成的。第一步先由亚硝酸菌（*Nitrosomonas*）将氨氮（NH_4^+ 和 NH_3）转化为亚硝酸盐（NO_2^-）；第二步再由硝酸菌（*Nitrobacter*）将亚硝酸盐氧化成硝酸（NO_3^-）。硝化作用实际上是由种类有限的自养微生物完成的，然而从生物化学角度看，硝化过程并非仅仅上述的两个过程，它涉及多种酶和多种中间产物，并伴随着复杂的电子（能量）传递。生物硝化的生化反应过程如图 11-1、图 11-2 所示。

硝化细菌的主要特征是生长速率低，这主要是由于氨氮和亚硝酸氧化过程产能速率低所致。对氨氧化菌而言，生长可以表示为：

$$13NH_4^+ + 15CO_2 \longrightarrow 10NO_2^- + 3C_5H_7NO_2 + 4H_2O + 23H^+$$

表 11-2 亚硝化细菌和硝化细菌的一些特征

氧化氨的细菌	菌体大小/μm	(G+C)%	世代时间/h	Ch. A[①] H.[②]	贮存物	细胞色素,色素	pH 范围	温度范围/℃
亚硝化单胞菌属(*Nitrosomonas*)	(0.7～1.5)×(1.0～2.4)	47.4～51.0		Ch. A	多聚磷酸	+,淡黄至淡红	5.8～8.5	5～30 (25～30)
亚硝化球菌属(*Nitrosococcus*)	(1.5～1.8)×(1.7～2.5)	50.5～51	8～12	Ch. A	肝糖,多聚磷酸	+,淡黄至淡红	6.0～8.0	2～30
亚硝化螺菌属(*Nitrosospira*)	(0.3～0.8)×(1.0～8.0)	54.1	24	Ch. A	—	+,淡黄至淡红	6.5～8.5	15～30 (20～35)
亚硝化叶菌属(*Nitrosolobus*)	(1.0～1.5)×(1.0～2.5)	53.6～55.1		Ch. A	肝糖,多聚磷酸	+,淡黄至淡红	6.0～8.2	15～30
亚硝化弧菌属(*Nitrosovibrio*)	(0.3～0.4)×(1.1～3.0)	54		Ch. A			7.5～7.8	25～30 −5[③] +5[④]
氧化亚硝酸的细菌								
硝化杆菌属(*Nitrobacter*)	(0.6～0.8)×(1.0～2.0)	60.1～61.7	8～几天	Ch. A H.	肝糖,多聚磷酸和 PHB	+,淡黄色	6.5～8.5	5～10
硝化刺菌属(*Nitrospina*)	(0.3～0.4)×(2.7～6.5)	57.5		Ch. A	肝糖	+,−	7.5～8.0	25～30
硝化球菌属(*Nitrococcus*)	1.5～1.8	61.2		Ch. A	肝糖和 PHB	+,淡黄至浅红	6.8～8.0	15～30
硝化螺菌属(*Nitrospira*)	0.3～0.4	50		Ch. A			7.5～8.0	25～30

① Ch. A 代表化能无机营养。
② H 代表化能有机营养。
③,④ 为最低生长温度。

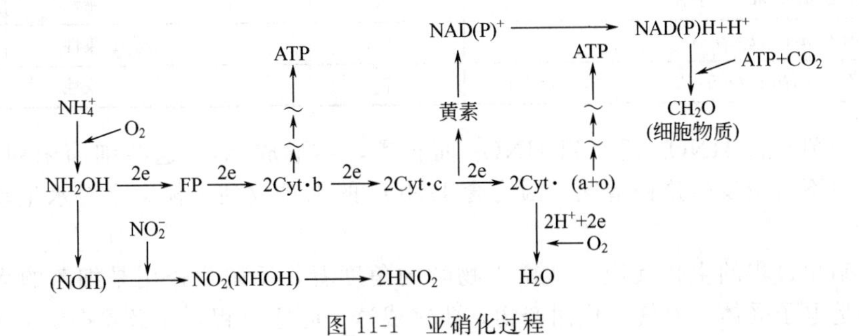

图 11-1 亚硝化过程

FP—黄素蛋白；Cyt—细胞色素；NAD⁺—烟酰胺腺嘌呤二核苷酸；～—高能中间体

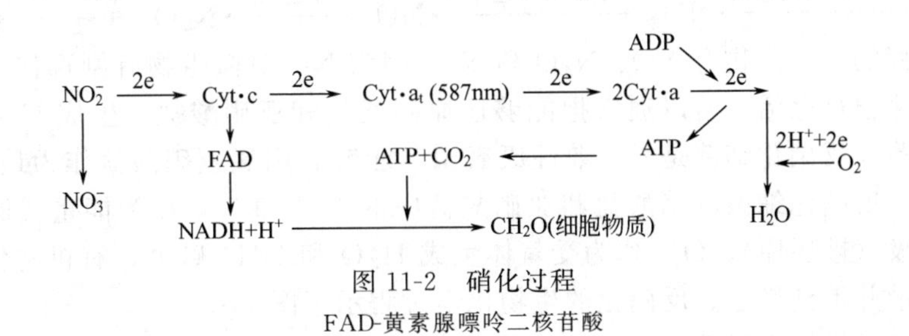

图 11-2 硝化过程

FAD-黄素腺嘌呤二核苷酸

对亚硝酸氧化菌而言，生长可以表示为：

$$NH_4^+ + 5CO_2 + 10NO_2^- + 2H_2O \longrightarrow 10NO_3^- + C_5H_7NO_2 + H^+$$

利用碳酸系统的平衡，总反应为：

$$80.7NH_4^+ + 114.55O_2 + 160.4HCO_3^- \longrightarrow 79.7NO_3^- + C_5H_7NO_2 + 82.7H_2O + 155.4H_2CO_3$$

氧化 1g 的氨氮，需要消耗 4.33gO_2、7.14g 碱度（以 $CaCO_3$ 计）和 0.08g 无机碳，合成 0.15g 新细胞。

11.3.2.2 反硝化作用段细菌

（1）反硝化细菌 反硝化反应是由一群异养型微生物完成的生物化学过程。能够进行反硝化反应的细菌称为反硝化菌。这类细菌属兼性菌，在自然界中几乎无处不在，种类很多，见表 11-3。反硝化细菌大量存在于土壤和污水处理系统中，有变形杆菌属（*Proteus*）、微球菌属（*Micrococcus*）、芽孢杆菌属（*Bacillus*）、无色杆菌属（*Achromobacter*）、气杆菌属（*Aerobacter*）、黄杆菌属（*Flavbacterium*）、产碱杆菌属（*Alcaligens*）、假单胞菌属（*Pseudomonas*）、脱氮假单胞菌（*Ps. denitrificans*）、荧光假单胞菌（*Ps. fluorescens*）、色杆菌属中的紫色色杆菌（*Chromobacterium violaceum*）、脱氮色杆菌（*Chrom. denitrificans*）等。最近发现一些放线菌也具有反硝化作用，如链霉菌属（*Streptomyces*）、嗜皮菌属（*Dermatophilus*）、诺卡菌属（*Nocardia*）。大多数利用有机物在有氧环境下进行好氧呼吸的细菌都可以在无溶解氧但存在硝态氮（NO_2^-、NO_3^-）时利用硝态氮作为受氢体进行无机盐呼吸，发生反硝化作用。

表 11-3 反硝化细菌的种类和若干特性

反硝化细菌	温度/℃	pH	革兰染色	与 O_2 关系	备注
假单胞菌属(*Pseudomonas*)的 6 个种	30	7.0～8.5	—	好氧	
脱氮副球菌属(*Paracoccus denitrificans*)	30		—	兼性	
胶德克斯氏菌(*Derxia gummosa*)	25～35	5.5～9.0	—	兼性	固氮
产碱菌属(*Alcaligenes*)2 个种	30	7.0	—	兼性	兼性营养
色杆菌属(*Chromobacter*)	25	7～8	—	兼性	兼性营养
胶氮硫杆菌(*Thiobacillus denitrificans*)	28～30	7	—	兼性	

有很多细菌只将 HNO_3 还原到 HNO_2 而积累，不形成 N_2，这些细菌未列入上表中。在污水处理中不希望发生这种情况。因为含 HNO_2 的水排放到水体，会对水生动物和环境产生毒害。

（2）反硝化过程的生化反应 从微生物学的角度看，反硝化作用是细菌的无氧呼吸过程，硝酸盐是电子受体，氮气是代谢产物，要完成这一呼吸过程，还必须提供电子供体（反硝化过程电子供体的种类很多，通常为有机物）。反硝化过程如下所示为一多步反应。

$$NO_3^- \xrightarrow{\text{硝酸盐还原酶}} NO_2^- \xrightarrow{\text{亚硝酸盐还原酶}} NO \xrightarrow{\text{NO 还原酶}} N_2O \xrightarrow{N_2O\text{ 还原酶}} N_2$$

反硝化过程的气态产物有 NO、N_2O 和 N_2。因为 NO 对微生物有剧毒作用，以 NO 为最终产物的细菌很难存活，所以通常把能够还原硝酸盐和亚硝酸盐，生成 N_2O 或 N_2 的细菌称为反硝化菌。反硝化细菌是异养兼性厌氧菌，能够利用氧或硝酸盐作为最终电子受体。当氧受限制时，反硝化细菌以硝酸盐和亚硝酸盐中的 N^{5+} 和 N^{3+} 作为能量代谢中的电子受体进行厌氧呼吸（被还原），O^{2-} 作为受氢体生成 H_2O 和 OH^- 碱度，有机物作为碳源及电子供体提供能量并得到稳定。反硝化的生物化学过程示于图 11-3。

以甲醇为电子供体进行反硝化时：

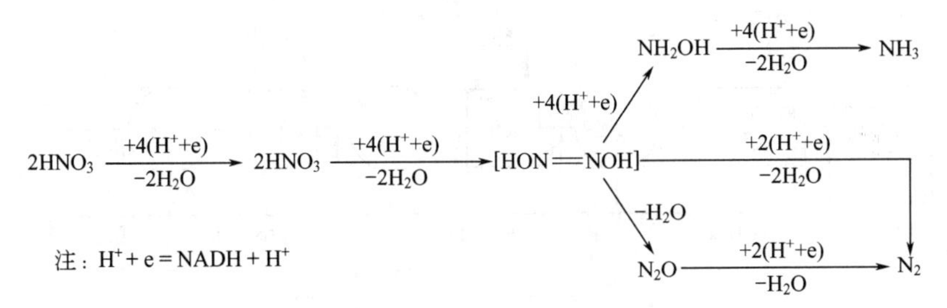

图 11-3 反硝化的生物化学过程

$$1.08CH_3OH+NO_3^-+0.24H_2CO_3 \longrightarrow 0.06C_5H_7NO_2+0.47N_2\uparrow+1.68H_2O+CO_2+OH^-$$

每利用 1g 硝酸盐氮需要消耗 2.47g 甲醇（约合 3.7gCOD），产生 0.45g 新细胞和 3.57g 碱度。

11.4 废水生物脱氮工艺

在废水生物脱氮系统中，不但要去除含碳有机物，还要将废水中的有机氮和氨氮通过生物硝化反硝化作用转化为氮气，最终从废水中除去。生物脱氮包括下面三个过程。

① 同化过程。废水中一部分氨氮被同化为新细胞物质，以废弃污泥形式去除。

② 硝化过程。即硝化菌将氨氧化为硝态氮。

③ 反硝化过程。即反硝化菌将硝态氮转化为一氧化氮、一氧化二氮和氮气（主要为氮气），然后使氮气从废水中释入大气。利用这三个过程进行生物脱氮的工艺流程有三种基本类型，如图 11-4 所示。

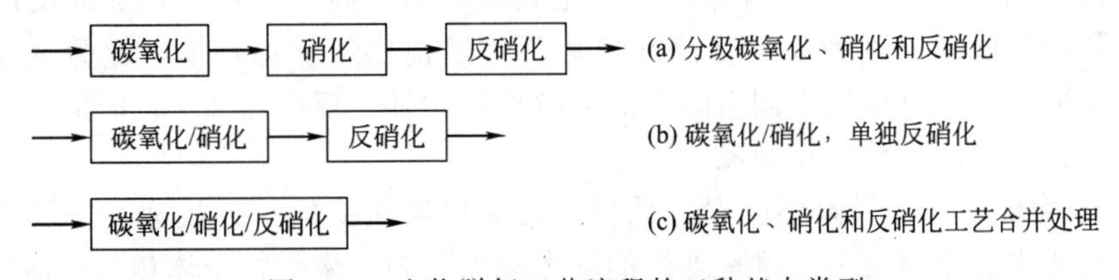

图 11-4 生物脱氮工艺流程的三种基本类型

（1）生物脱氮工艺　生物脱氮方式中，将含碳有机物的氧化、硝化和反硝化在一个活性污泥系统中实现，这是一种单污泥（single-sludge）硝化/反硝化脱氮工艺。所谓单污泥，意味着系统中只有一个泥水分离装置，即只有一个二沉池。单污泥脱氮系统不需要补充外加碳源，利用废水中的含碳有机物或微生物内源代谢产物作为 NO_3^--N 反硝化电子供体。与单污泥脱氮系统相对应还有双污泥脱氮系统。在双污泥（two-sludge）脱氮系统中，好氧反应器和缺氧反应器有各自的泥水分离装置，即有两个二沉池，从而产生两种活性污泥。图11-5所示分别是三污泥（three-sludge）、双污泥和单污泥脱氮系统。

脱氮系统有许多种形式，如以微生物代谢产物为反硝化碳源的 Wuhrmann 工艺、以废水中古碳有机物为反硝化碳源的 Ludzack-Ettinger 工艺、改良 Ludzack-Ettinger 工艺（A/O）、厌氧/缺氧/好氧（A^2/O）工艺、VIP（Virginia Initiative Plant）工艺和 UCT（University of Cape Twon）工艺。这些工艺中只有一个缺氧池（区）。Bardenpho 生物脱氮工艺和改良 UCT 工艺是有两个缺氧池（区）的单污泥脱氮系统。此外还有多缺氧池（区）的单污泥脱氮系统，其他如氧化沟、序批式活性污泥法（SBR）和循环曝气系统（Cyclical Aerated System）。

（2）生物脱氮新理论与新技术

① 同步硝化反硝化。废水生物脱氮工艺通常发生有机物的好氧氧化、硝化和反硝化三

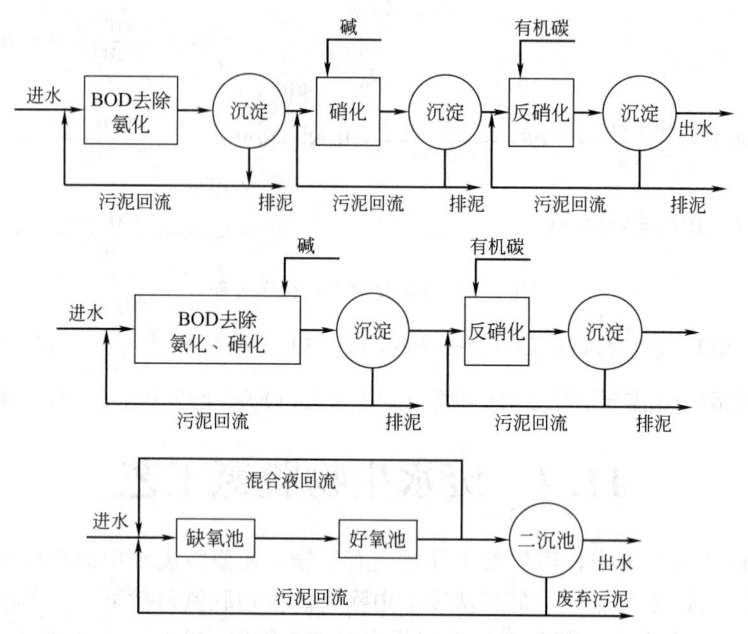

图 11-5 生物脱氮工艺

种不同的生物反应。根据传统的脱氮理论，硝化与反硝化不能同时发生，大多数的生物脱氮工艺都将缺氧区和好氧区分隔开，然而，最近国外有不少试验和报道证明存在同步硝化反硝化现象（Simultaneous Nitrification and Denitrification，SND）。同步硝化反硝化机理如下。

a. 宏观环境理论。在反应器内部，由于充氧不均衡，混合不均匀，形成反应器内部不同区域好氧和缺氧段，分别为反硝化菌和硝化菌作用提供了优势环境，此为生物反应大环境，即宏观环境。除了反应器不同空间上的溶解氧不均外，反应器在不同时间点上的溶解氧变化也可以导致同时硝化反硝化现象。

b. 微观环境理论。缺氧微环境理论是目前已被普遍接受的一种机理，被认为是同时硝化反硝化发生的主要原因之一。这一理论的基本观点认为：微生物个体相对于活性污泥絮体和生物膜厚度非常微小，在活性污泥絮体中，从絮体表面至其内核的不同层次上，由于氧传递的限制原因，氧浓度分布不均匀，微生物絮体外表面氧浓度高，内层氧浓度低。在生物絮体颗粒尺寸足够大的情况下，可在活性污泥絮体内部形成缺氧区。除了活性污泥絮体外，一定厚度的生物膜中同样可存在溶解氧梯度，使得生物膜内层形成缺氧微环境。

c. 生物学理论。由于好氧反硝化菌和异氧硝化菌的存在，使得好氧同时硝化反硝化有了生物学的解释。目前已知的好氧反硝化菌有假单胞菌属（*Pseudomonas* sp.）、粪产杆菌属（*Alcaligenes facealis*）、泛氧副球菌（*Thiosphaera pantotropha*）等。

② 短程硝化反硝化。传统理论认为，实现废水生物脱氮就必须使氨经历典型的完全硝化反硝化过程才能被去除，因此，能否和如何有效地缩短控制脱氮历程成为国内外学者的研究重点和热点。

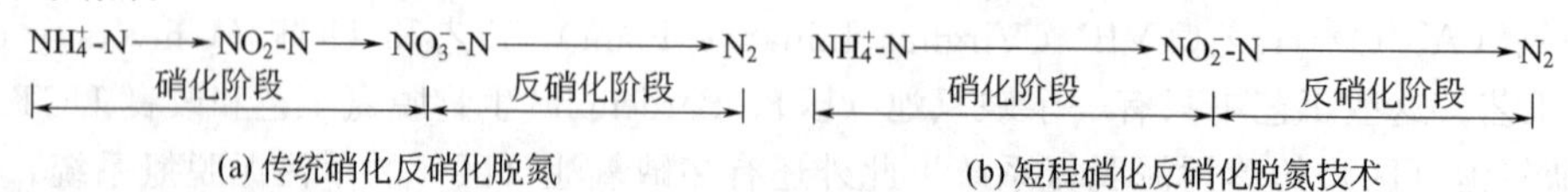

(a) 传统硝化反硝化脱氮　　(b) 短程硝化反硝化脱氮技术

从微生物水平上看，氨氮被氧化成硝酸盐氮是由两类独立的细菌催化完成的，即氨氧化菌（ammonium oxidizer bacteria，AOB）和亚硝酸氧化菌（nitrite oxidizer bacteria，NOB）。这两类细菌的特征有明显差异。对于反硝化菌无论是硝酸盐还是亚硝酸盐均可作为最终受氢体，因而整个生物脱氮过程可以通过 NH_4^+-N→NO_2^--N→N_2 的途径完成，按照此途径进行的脱氮技术定义为短程硝化反硝化生物脱氮技术，短程硝化的标志是有稳定且较高的 NO_2^- 积累。

③ 厌氧氨氧化。厌氧氨氧化工艺是一种新型脱氮工艺。在厌氧条件下，厌氧氨氧化菌以亚硝酸盐为电子受体将氨氮转化为氮气，或者是以氨氮为电子供体将亚硝酸盐还原成氮气。该工艺中亚硝酸盐是一个关键的电子受体。厌氧氨氧化两种可能的机理：a. 在细胞质内，一个被膜包围的复杂酶将氨和 NH_2OH 转化为 N_2H_4，N_2H_4 则在细胞质内被氧化为 N_2；在细胞质内负责 N_2H_4 氧化的同一种酶上的不同部位，利用内部 N_2H_4 氧化为氮气时产生的电子把 NO_2^- 还原为 NH_2OH，见图 11-6（a）。b. 氨和 NH_2OH 在细胞质内被一种膜包围的复杂酶催化为 N_2H_4，N_2H_4 在细胞质内转化为 N_2，产生的电子通过电子传递链传递给细胞质内的亚硝酸还原酶。NO_2^- 还原为 NH_2OH 见图 11-6（b）。

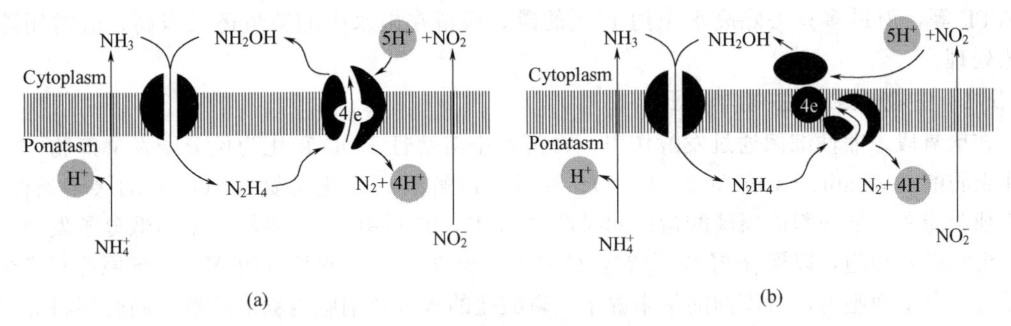

图 11-6　厌氧氨氧化反应中可能的反应机制及酶系统在细胞中的位置

④ EM 脱氮技术。EM 是有效微生物群（effective microorganisms）的缩写，它是基于头领效应的微生物群体生存理论和抗氧化学说，以光合细菌、酵母菌、乳酸菌、放线菌和发酵系的丝状菌群等为主的 5 科 10 属 80 多种有益微生物复合培养而成的一种新型微生物活菌剂。

EM 作为一种优势微生物菌群，在废水生物硝化过程中的作用机理（图 11-7）如下：

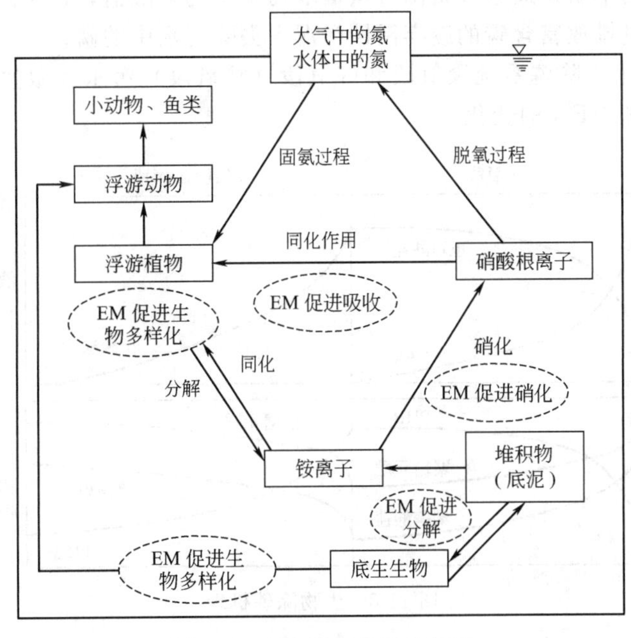

图 11-7　EM 脱氮机理示意图

有氧条件下 $RCHNH_2COOH + O_2 \longrightarrow RCOOH + CO_2 + NH_3$

厌氧条件下 $RCHNH_2COOH + H_2 \longrightarrow RCH_2COOH + NH_3$

进一步转化反应如下：$2NH_3 + 3O_2 \longrightarrow 2HNO_2 + 2H_2O + 619.6kJ$

$$2HNO_2 + O_2 \longrightarrow 2HNO_3 + 201kJ$$

反硝化反应方程为：$NO_3^- + CH_3OH + H_2CO_3 \longrightarrow C_5H_7O_2N + N_2 + H_2O + HCO_3^-$

$$NO_2^- + CH_3OH + H_2CO_3 \longrightarrow C_5H_7O_2N + N_2 + H_2O + HCO_3^-$$

$$C_5H_7O_2N + NO_3^- \longrightarrow CO_2 + NH_3 + N_2 + OH^-$$

11.5 废水生物除磷原理

在普通废水生物处理过程中，微生物去除碳素的同时吸收磷元素用以合成细胞物质和合成 ATP 等，但最多只去除废水中约 19%的磷，残留在出水中的磷量还相当高，故需用除磷工艺处理。

11.5.1 生物除磷的生物学原理

在厌氧段，兼性细菌通过发酵作用，将污水中溶解性 BOD 转化为低分子发酵产物——挥发性脂肪酸（Volatile Fatty Acid，VFA）。在没有溶解氧或氧化态氮（NO_x^-）的厌氧条件下，聚磷细菌能在分解细胞内聚磷酸盐的同时产生 ATP，并利用 ATP 将污水中的低分子发酵产物等有机物摄入细胞，以聚 β-羟基丁酸盐（PHB）、聚 β-羟基戊酸盐（PHV）及糖原等有机颗粒的形式贮存于细胞内，所需的能量来源于聚磷酸盐的水解及细胞内糖的酵解，同时还将分解聚磷酸盐所产生的磷酸排出胞外，这时细胞内还会诱导产生相当量的聚磷酸盐激酶。聚磷酸盐分解后的无机磷酸盐释放至聚磷菌体外，此即观察到的聚磷细菌厌氧释磷现象。

在好氧段，聚磷菌又可利用聚 β-羟基丁酸盐氧化分解所释放的能量来摄取污水中的磷，并把所摄取的磷合成聚磷酸盐贮存于细胞内。一般说来，微生物增殖过程中，在好氧环境下所摄取的磷多于厌氧环境中所释放的磷。

污水生物除磷的本质是通过聚磷菌过量摄取污水中的磷酸盐，以不溶性的聚磷酸盐的形式积累于胞内，通过排放富含磷的废弃活性污泥来去除污水中的磷。

图 11-8 为污水生物除磷系统厌氧段和好氧段（缺氧段）污水和微生物中磷酸盐、聚磷酸盐、PHB、糖原和 VFA 的变化。

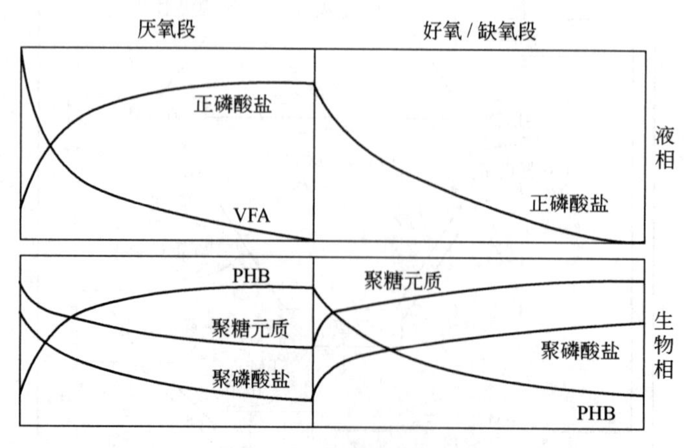

图 11-8 生物除磷机理

活性污泥法生物除磷系统中，厌氧区是聚磷微生物的“生物选择器”。由于聚磷菌能在这种短暂的厌氧条件下优先于非聚磷菌吸收低分子底物（发酵终产物）并快速同化和贮存这些发酵产物，厌氧区为聚磷菌提供了竞争优势。同化和贮存发酵产物的能源来自聚磷的水解以及细胞内糖的酵解，贮存的聚磷为底物的主动运输、乙酰乙酸盐（PHB 合成前体）的形成提供能量，这就使吸收大量磷的聚磷菌群体能在处理系统中得到选择性增殖，并可通过排除高含磷量的废弃污泥达到除磷的目的。

聚磷细菌群体选择性增殖的另一个重要好处是可以抑制丝状菌的增殖，避免产生沉降性能不良的污泥，这就意味着在厌氧/好氧活性污泥法生物除磷工艺中可使曝气池保持较低的 SVI 值。

由于聚磷菌能在厌氧状态下同化发酵产物，具有其他常见细菌不具备的能力，这就意味着聚磷菌在生物除磷系统中具备了竞争优势，厌氧阶段的存在促成了聚磷菌群体的选择性增殖。

在曝气阶段，贮存的底物完全氧化分解，溶解磷超量吸收并以聚磷的形式贮存，底物消耗的结果是聚磷菌总量的增加。

上述机理表明生物除磷系统的除磷率与厌氧阶段细菌正常发酵作用所产生的底物量以及随后的聚磷菌对发酵产物的同化和贮存量直接正相关。

11.5.2 聚磷细菌

既能积累聚磷酸盐又能积累 PHB 的细菌称为聚磷菌（Poly-phosphate Accumulating Organisms，PAOs）。具有聚磷能力的微生物就目前所知绝大多数是细菌。生物除磷早期的研究中，不动杆菌曾被认为是生物除磷过程中最重要、代表性的聚磷菌。但是，现今的研究表明，不动杆菌并不是主要的聚磷菌。在纯培养条件下，不动杆菌在厌氧条件下并不进行磷的释放和有机底物的吸收，只是在好氧条件下以聚磷酸盐的形式贮存磷。迄今为止的报道表明，假单胞菌属、气单胞菌属、放线菌属和诺卡菌属也能贮存聚磷酸盐，但它们大多不属于聚磷菌。从《伯杰氏细菌鉴定手册》查到可聚磷和形成 PHB 的细菌还有很多，见表 11-4。

表 11-4　能合成多聚磷酸盐和 PHB 的细菌

微生物名称	多聚磷酸盐	PHB	多糖类	与 O_2 的关系
深红红螺菌(*Rhodospirillum rubrum*)	+	+	+	光厌氧,暗好氧
沼泽红假单胞菌(*Rhodopseudomonas palustris*)	—	+	+	光厌氧,暗好氧
绿色红假单胞菌(*Rhodopseudomonas viridis*)	—	+	—	光厌氧,暗好氧
嗜酸红假单胞菌(*Rhodopseudomonas acidophila*)	—	+	—	光厌氧,暗好氧
荚膜红假单胞菌[*Rhodopseudomonas capsulate*(*a*)]	—	+	+	光厌氧,暗好氧
着色菌属(*Chlomatium*)	+	+	+	厌氧
囊硫菌属(*Thiocystis*)	+	+	+	厌氧
乙基绿假单胞菌(*Chloropseudomonas ethylica*)	+	—	+	厌氧
格形暗网菌(*Pelodictyon clathratiforme*)	+	—	—	厌氧
贝日阿托菌属(*Beggiatoa*)	+	+	—	好氧,微氧
浮游球衣菌(*Sphaerotilus natans*)	—	+	—	好氧
泡囊假单胞菌(*Pseudomonas vesicularis*)	—	+	—	好氧
勒氏假单胞菌(*Pseudomonas lemoignei*)	—	+	—	好氧
麝香石竹假单胞菌(*Pseudomonas caryophylli*)	—	+	—	好氧,兼性好氧
蜡状芽胞杆菌(*Bacillus cereus*)	+	+	—	好氧,兼性好氧
巨大芽胞杆菌(*Bacillus megaterium*)	—	+	—	好氧,兼性好氧

11.5.3 磷的释放和吸收的生化反应模型

产酸菌在厌氧或缺氧条件下分解蛋白质、脂肪、碳水化合物等大分子有机物为三类可快速降解的基质（S_{bs}）：a. 甲酸、乙酸、丙酸等低级脂肪酸；b. 葡萄糖、甲醇、乙醇等；c. 丁酸、乳酸、琥珀酸等。有研究指出，磷的去除取决于污水中可发酵的易生物降解有机物浓度和厌氧污泥量的比值，即磷的释放取决于进水的性质而不是厌氧状态的形成，甲酸、乙酸、丙酸是可直接被利用的挥发性有机酸，其中乙酸盐的效果最佳，其他有机物必须转化成合适的底物类型之后才能引起磷的释放。

有两种模型被提出来以解释聚磷菌（PAO）释放和吸收磷的生化反应。一种是由Comeau等和Wentzel等分别独自建立起来的模型，而另一种是由Arun等建立的模型。前者称为Comeau-Wentzel模型，后者称为Mino模型。

（1）Comeau-Wentzel模型　图11-9所示为Comeau-Wentzel模型。因为在城市排水管网中存在着发酵过程，所以城市污水中的大多数有机物都以乙酸和短链脂肪酸的形式存在。此外，当污水进入厌氧生物反应器时，兼性异养微生物进行发酵反应产生额外的脂肪酸。如图11-9（a）所示，乙酸（以非离解乙酸形式）通过被动扩散穿过细胞膜。一旦进入到细胞内，即与ATP水解反应耦合，活化成为乙酰辅酶A，同时产生ADP。虽然没有在图中标出，但是ATP也用于维持因运输未离解乙酸的质子而损失的质子传递动力。细胞通过刺激由聚磷酸盐（Poly-P_n）到ATP的再合成，对ATP/ADP比例的降低做出响应。部分乙酰辅酶A经TCA循环被代谢，提供合成PHB所需的还原力（$NADH+H^+$），其余的乙酰辅酶A被转化为PHB，约90%的乙酸碳被贮存在这种多聚物中。如果没有多聚磷酸盐提供ATP再合成所需要的能量，乙酸就会在细胞中积累，乙酸运输就会随之停止，PHB就不会产生。多聚磷酸盐水解形成ATP时就会增加细胞内无机磷酸盐（Pi）的浓度，无机磷酸盐和阳离子（图中未标出）一起被释放到主体溶液中，以维持电荷平衡。

当污水和其中的微生物进入好氧区时，污水中的溶解性有机物少，但PAO含有大量PHB贮存物。此外，污水中的无机磷酸盐丰富，而PAO的聚磷酸盐含量低。因为在好氧区氧是电子受体，所以PAO为了生长，利用贮存的PHB作为碳源和能源，通过电子传递磷酸化产生ATP进行正常的好氧代谢，如图11-9(b)所示。随着ATP/ADP比例增加，多聚磷酸盐的合成受到激励，因而能够从溶液中去除磷酸根和相应的阳离子（未标出），在细胞内重新贮存多聚磷酸盐。因为PHB贮存物的好氧代谢提供了大量能量，使PAO能够吸收在厌氧区释放的全部磷酸盐和污水中含有的初始磷酸盐。

PAO在厌氧区与好氧区之间不断循环，获得了普通异养菌所没有的竞争优势。因为普通异养菌不具有生成和利用多聚磷酸盐的能力，所以它们只是在厌氧区吸收有机物。应该指出的是，虽然多数利用PAO除磷的系统都采用好氧区以生成多聚磷酸贮存物，但是也有一些PAO能够在相应的缺氧条件下利用硝酸盐和亚硝酸盐作为替代电子受体。

（2）Mino模型　Mino模型与Comeau-Wentzel模型非常相似，主要区别在于一种碳水贮存聚合物糖原的作用。如图11-10所示，在Mino模型中，厌氧区从乙酰辅酶A合成PHB所需的还原力来自糖原释放的葡萄糖的代谢。葡萄糖通过ED或EMP途径氧化为丙酮酸盐，从而为乙酸转化为乙酰辅酶A的反应提供一些ATP和为PHB合成提供部分还原力。丙酮酸通过氧化脱羧基转化为乙酰辅酶A和CO_2，所释放的电子也用于PHB合成。因此，所有被吸收的乙酸以及部分来自糖原的碳源都以PHB形式贮存起来。在好氧区，PHB被分解，与Comeau-Wentzel模型一样，为细胞的合成以及将磷酸盐吸收和贮存为多聚磷酸盐提供能量。此外，PHB也用于补充糖原贮存。

11.5.4　除磷工艺现状与发展

按照磷的最终去除方式和构筑物的组成，现有的除磷工艺流程可以分为主流除磷工艺和侧流除磷工艺两类。

侧流工艺以 Phostrip 工艺为代表，该工艺结合了生物除磷和化学除磷，将部分回流污泥分流到厌氧池脱磷并用石灰沉淀，厌氧池不在污水水流的主流方向上，而是在回流污泥的侧流中。

主流工艺的厌氧池设在污水的水流方向，磷的最终去除是通过排放富磷的废弃污泥来实现的。主流活性污泥法生物除磷工艺有多种工艺，包括厌氧/好氧（A/O）生物除磷工艺、同步脱氮除磷的厌氧/缺氧/好氧（A/A/O）工艺、Bardenpho 脱氮除磷工艺、VIP 脱氮除磷工艺、UCT 脱氮除磷工艺、氧化沟工艺、SBR 工艺及 SBR 的各种变形工艺等。

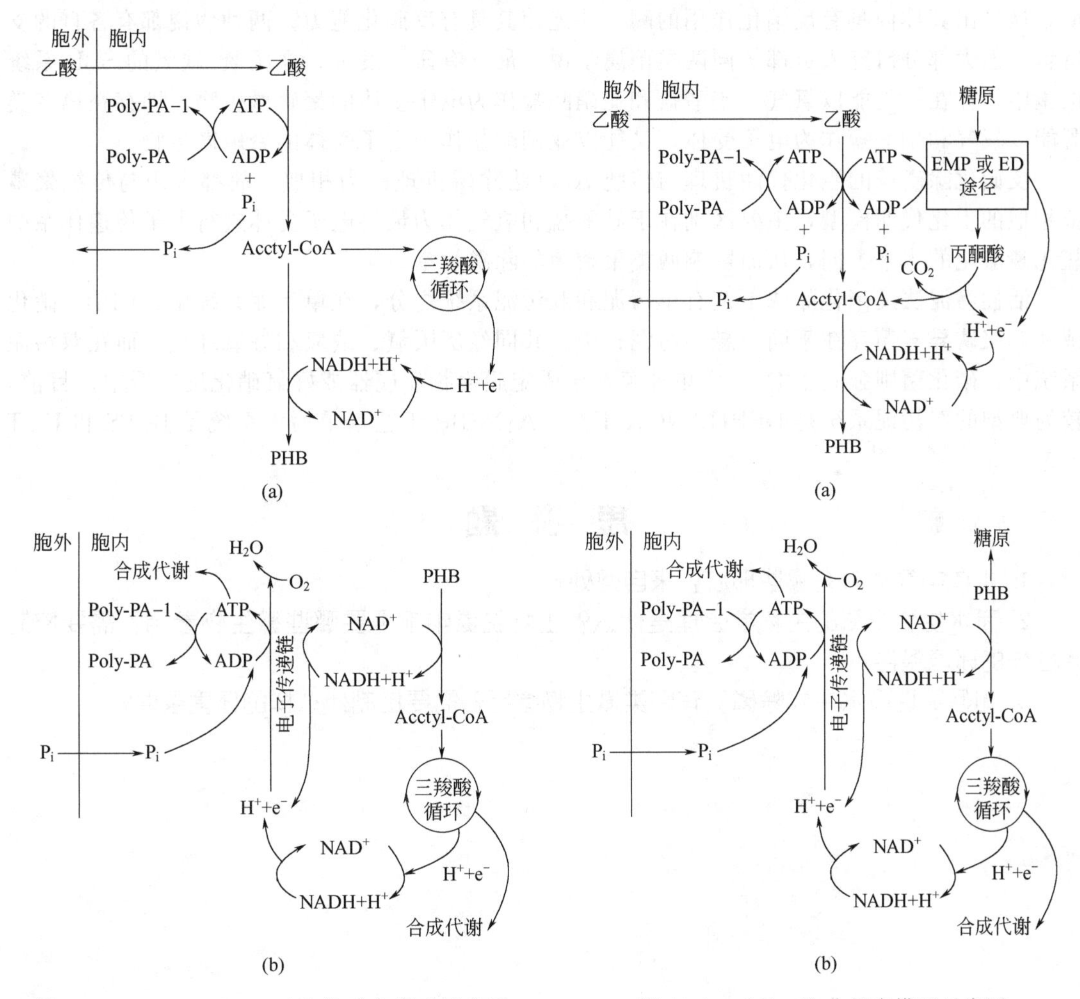

图 11-9　Comeau-Wentzel 生化反应模型示意图
（a）厌氧条件；（b）好氧条件

图 11-10　Mino 生化反应模型示意图
（a）厌氧条件；（b）好氧条件

强化生物除磷工艺的影响因素主要包括温度、pH、进水碳源组分、C/P 比、硝酸盐、溶解氧、厌氧时间以及污泥龄等。

反硝化除磷工艺是用厌氧/缺氧交替环境来代替传统的厌氧/好氧环境，驯化培养出一类以硝酸盐为最终电子受体的反硝化聚磷菌（Denitrifying Phosphorus-removing Bacteria，DPB）为优势菌种，通过 DPB 的代谢作用来同时完成反硝化和过量吸磷过程，从而达到脱氮除磷的双重目的。应用反硝化除磷工艺处理城市污水时不仅可节省碳源和曝气量，缩小反应器体积，而且还可以减少废弃污泥量，即可节省投资和运行费用。

针对反硝化除磷现象，研究者们提出两种假说来进行解释。

① 两类菌属学说。认为生物除磷系统中的PAO可分为两类菌属，一类只能以氧为电子受体，而另一类则既能以氧又能以硝酸盐作为电子受体，因此它们在吸磷的同时能进行反硝化。

② 一类菌属学说。认为在生物除磷系统中只存在一类PAO，它们在一定程度上都具有反硝化能力，至于是否能表现出反硝化能力的关键在于厌氧/缺氧这种环境是否得到强化，如果交替环境被强化的程度较深，则系统中的PAO的反硝化能力较强；反之，则系统中的PAO反硝化能力弱，即不能进行反硝化除磷。只有给PAO创造特定的厌氧/缺氧交替环境，诱导出其体内具有反硝化作用的酶，才能使其具有反硝化能力。两种假说都有各自的支持者，但大部分研究人员都赞同两类菌属学说。最近有研究发现，在厌氧/缺氧的SBR系统试验中，存在一类能以氧气、硝酸盐和亚硝酸盐作为电子受体的聚磷微生物，即存在第三类既能以氧气和硝酸盐作为电子受体，又能以亚硝酸盐作为电子受体的聚磷微生物。

反硝化除磷菌的生化代谢机理与传统A/O法除磷机理极为相似，故都采用与传统聚磷菌相似的生化代谢模型，主要区别在于硝酸盐和氧气作为最终电子受体进行电子传递体系的氧化磷酸化的水平不同，从而影响两类聚磷菌的除磷效率。

活性污泥法反硝化除磷工艺有单污泥和双污泥系统之分，在单污泥系统中，DPB、硝化菌和非聚磷异养菌存在于同一悬浮污泥相中，共同经历厌氧、缺氧和好氧环境。而在双污泥系统中，硝化菌则独立于DPB而单独存在于固定膜生物反应器或好氧硝化反应器中。目前，较为典型的双污泥系统是DEPHANOX工艺、A_2NSBR工艺，单污泥系统是BCFS和UCT工艺。

思考题

1. 水体中氮磷都有哪些形态？来自何处？

2. 废水生物脱氮的生物学原理是什么？生物脱氮中都需要哪些微生物参与？需要控制什么样的环境条件？

3. 如何实现废水生物除磷？有哪类微生物参与？需要控制什么样的环境条件？

第12章　微污染水源水的微生物净化与有害微生物的控制

12.1　微污染水源水的生物净化

地表水源饮用水的常规处理技术混凝—沉淀—过滤—消毒，是100年前人们为保证饮水安全逐渐总结出的成熟的净化工艺。随着工业现代化的迅速发展，尤其是化学工业的突飞猛进，使人工合成的化学物质总数不断增长，每年有数千种新的物质被合成。这些化学物质大部分通过人类活动进入水体，不少有机化合物对人体健康有急性或慢性、直接或间接的影响，如致突变、致畸、致癌、内分泌干扰等。

面临水源水质的变化，常规工艺已显不足，只能去除水中有机物的20%～40%，由于溶解性有机物的存在不利于破坏胶体的稳定性，使浊度去除效果下降，用氯破坏有机物对胶体的干扰会使消毒副产物增长，给健康带来负面影响。

我国地表水源受污染日趋严重，水源水质达不到卫生安全要求，因此迫切需要结合我国国情的实用技术来改进饮用水水质。

生物预处理是指在常规净水工艺前增设生物处理工艺，借助微生物群体的新陈代谢活动对水中有机污染物与氨氮、亚硝酸盐及铁、锰等无机污染物进行初步净化，改善水的混凝性能，减轻常规处理的后续深度处理的污染负荷，延长过滤或活性炭吸附等物化处理工艺的工作周期，最大可能地发挥水处理工艺整体作用，以此降低费用，控制污染，保障水质。

12.1.1　生物预处理的特点

① 能有效去除水中可生物降解有机物。这部分有机物往往相对分子质量小（<1500），可能是形成消毒副产物卤乙酸的主要前体物，也是供水管网中细菌生长的主要营养基质，常规处理工艺难以去除。经生物处理后，水中胶粒ζ电位值降低，易于脱稳，因此可减少后续混凝单元的投药量20%～30%。

② 能有效去除水中氨与亚硝酸盐（一般可达80%以上），并在消毒时将减少氯对氨氮、亚硝酸盐氮的反应，保障水中的有效氯含量而节省氯耗。

③ 还能去除铁、锰、色、嗅及浊度。

④ 较物理、化学净化技术运行费用省。

12.1.2　生物预处理方法

（1）生物过滤　是目前生产上常用的生物处理方法，有淹没式生物滤池（曝气与不曝气）、煤砂、活性炭、活性炭-砂生物滤池及慢滤池等。滤池中装有比表面积较大的颗粒填料，通过固定生长技术在填料表面形成生物膜，水在填料孔隙通过，在不断与生物膜接触过程中，使水中有机物及氮等营养物质被生物膜吸收利用而去除。滤池运行中需补充一定量的空气，为生物生长提供足够的溶解氧，还有助于新老生物膜的更新换代，保证生物膜的高氧化能力。

这种方法的特点是：因具有过滤作用其处理效果稳定、管理方便（只需反冲）、污染物去除效率较高、污泥产量少、受外界环境变化影响较小。但存在产生一定的水头损失（1～

1.5m)；水气异相流时会产生顶托，滤速受限制，而水气同相流时配水系统易发生堵塞；必须设计成正规滤池（要反冲），基建造价稍高。

生物滤池的填料可采用表面粗糙具有一定强度的矿物颗粒或人工烧结的材料，如沸石（天然或活化）、煤、砂、碎石、陶粒（圆粒或粉碎颗粒）等。人工泡沫塑料珠也可利用，但要注意其化学成分，不得含有对人体有害的化学物与渗出物。

(2) 生物塔滤　塔滤需要一定高度（6～8m)，创造良好的通风条件，国外采用塑料制的大孔径波纹板和管式填料，我国常用环氧树脂固化的玻璃钢蜂窝填料。

塔滤的特点是负荷高，产水量大，占地少，对水量、水质突然变化的适应性较强，存在的问题是动力消耗大，运行管理较为不便。

同济大学与上海自来水公司曾用塔滤对黄浦江水进行生产性规模研究，取得有效成果。塔滤在我国给水预处理中未获应用。

(3) 生物接触氧化　生物接触氧化池内设置人工合成填料，水在充氧条件下以一定速度流经填料与填料上的生物膜接触，使污染物得到降解与去除，是介于活性污泥法与生物过滤之间的处理方法。生物接触氧化的特点是处理能力大、水头损失小，池身构造可以简化，基建、运行费较少。存在问题为生物膜增厚后不能仅靠自然脱落，要采取加大气量等措施控制其厚度，当池面积大时布水布气不易达到均匀，填料上较易生长水生动物，此外还应重视排泥的问题。

我国的同济大学、中国市政工程中南设计院对接触氧化技术研究较早，已有生产性的成果。深圳市东深供水局由同济大学设计的世界上规模最大的 $400\times10^4 m^3/d$ 生物预处理工程投产数年，积累了大型工程的一系列经验，上海川沙、南汇等地水厂也都有生物接触氧化池在正常运行。

(4) 生物转盘　生物转盘上的生物膜能周期地运动于空气与水之间，微生物能直接从大气中吸收需要的氧气，使生化反应更为有利地进行。转盘上生物膜生长的表面积大，生物量丰富，容易清理与维护，有较好的耐冲击负荷的能力，运转费用低。

由于盘片材料价格较贵，传动装置易生故障，在我国水处理领域没有得到推广。

(5) 生物流化床　流化床中生物膜是均匀分布的，生物膜与营养基质接触概率的增加导致传质效果改进，基质在液相和生物膜之间的转移加快，从而使生物氧化能够在更快的速度下进行。生物流化床由于动力费用较高，维护管理较复杂，运行中有时出现跑料现象等问题，在我国微污染水源水处理方面尚无应用。

(6) 土地处理系统　利用堤岸过滤或沙丘渗透等系统的土壤中生长的微生物对水进行净化在国外常有应用，并取得好的效果，但在我国由于占地多或土壤性质等原因尚未应用。

(7) 生物陶粒滤池　以页岩矿土为原料，破碎后经1200℃左右高温下焙烧，膨胀成5～40mm的球状陶粒，再经破碎后筛选而成。近年来已焙烧出圆形小陶粒，不需粉碎可以直接使用，与粉碎陶粒相比，滤层孔隙率稍大，水头损失较小，一般粒径在2～5mm或3～6mm。陶粒机械强度好，不易粉碎，表面粗糙易挂膜，堆积容重较轻，便于反冲洗。陶粒价格便宜，圆形陶粒每立方米滤料与优质砂价格相同，破碎的陶粒约600元/t。生物滤池结构同气水反冲滤池，只是增加了一套曝气系统。反冲气系统与平时曝气系统要分开，不能合用。

生物陶粒滤池由清华大学研究用于净化微污染水源水，在多处进行过小试、中试，在蚌埠二水厂、周家渡水厂进行了生产性实验，取得了完整的经验。一般对水中氨氮、亚硝酸盐氮可取得80%、90%的去除率，对水中的有机物 COD_{Cr} 在30%～40%，COD_{Mn} 在15%～20%左右。生物陶粒滤池的滤速控制在4～6m/h，冲洗周期约7d。

此外，有研究者得出结论认为最优化的深度处理饮用水的工艺应该是“常规处理＋臭氧化＋生物活性炭”；也有研究者进行了微污染水源水处理中超声波强化生物降解有机污染物的研究以及利用平板-膜生物反应器恒流运行处理微污染水源水，上述研究都得到了很好的处理效果。

目前，市场上出现了生物活性复合滤料净化微污染水源水技术，该技术采用充氧生物过滤，进行生物氧化去除水中部分有机物，新型滤池截留的悬浮物、脱落的生物膜借助气水反冲洗排除。COD_{Mn}去除率＞20％～25％，NH_3-N 去除率＞50％（原水 NH_3-N 含量不大于 5mg/L），Ames 试验可使水的致突活性明显降低，出水水质满足国家生活饮用水标准，用于改造传统滤池或新建滤池，一般增加水厂工程总造价在 2.3％左右。

12.2　水中的病原微生物及饮用水的消毒

在供给人们生活饮用水时，必须保证水中没有病原微生物。为此，需要知道水中有哪些常见的病原微生物，并学习检验它们的方法。

水中所含微生物来源于空气、土壤、废水、垃圾、死的动植物等，所以，水中微生物种类是多种多样的。进入水体中的病原微生物大多来自人或动物的排泄物，或死于传染病的人或动物，如伤寒杆菌、霍乱弧菌、痢疾杆菌、钩端螺旋体、甲型肝炎病毒、脊髓灰质炎病毒等。病原微生物进入水环境的途径主要有医院废水、家庭废水及城市街道排水等，当它们进入水体后，则以水作为它们生存和传播的媒介。

水体中生存的细菌大多为腐生性细菌（包括大肠菌群），当水被废水、垃圾、粪便污染时，水中细菌的种类和数量将大大增加。一般来说，在远离工厂和居民区的清洁河、湖中，细菌的种类主要是通常生活在清洁水中和土壤中的细菌。在工业区或城市附近，河水受到污染，不但含有大量腐生细菌，还可能含有病原细菌。河水下游离城镇越远，受清洁支流冲淡和生化自净作用的影响越大，细菌数目也就逐渐下降。地下水经过土壤过滤逐渐渗入地下，由于渗滤作用和缺少有机物质，地下水中所含细菌量远远少于地面水，深层的地下水甚至会没有细菌。

12.2.1　水中的病原微生物

12.2.1.1　水中的病原细菌

水中细菌虽然很多，但大部分都不是病原微生物。经水传播的疾病主要是肠道传染病，如伤寒、痢疾、霍乱、肠炎等。

（1）伤寒杆菌　伤寒杆菌主要有三种：伤寒沙门菌（*Salmonella typhi*）、甲型副伤寒沙门菌（*S. paratyphi A*）和乙型副伤寒沙门菌（*S. paraty phi B*）。它们的大小（0.6～0.7）μm×（2～4）μm，不生芽孢和荚膜，借周生鞭毛运动，革兰阴性反应。加热到 60℃，30min 可以杀死，在 5％的石炭酸中可存活 5min。

伤寒和副伤寒是一种急性传染病，特征是持续发烧，牵涉到淋巴样组织，脾脏肿大，躯干上出现红斑，使胃肠壁形成溃疡以及产生腹泻。感染来源为被感染者或带菌者的尿及粪便，一般是由于与病人直接接触或与病人排泄物所污染的物品、食物、水等接触而被传染。

（2）痢疾杆菌　痢疾杆菌主要是指志贺菌属（*shigella*）中的两种菌，它们可引起细菌性痢疾。

① 痢疾志贺菌（*S. dysenteriae*）。大小为（0.4～0.6）μm×（1～3）μm。所引起的痢疾在夏季最为流行，特征是急性发作，伴以腹泻。有时在某些病例中有发烧，通常大便中有

血及黏液。

② 副痢疾志贺菌（*S. paro dysenteriae*）。这种杆菌的大小为0.5μm×（1～1.5）μm，所引起疾病的症状与痢疾杆菌引起的急性发作类似，但症状一般较轻。痢疾杆菌不生芽孢和荚膜，一般无鞭毛，革兰阴性反应。加热到60℃能存活10min，在1%的石炭酸中可存活0.5h。其传播方式主要通过污染的食物和水以及蝇类传播。

③ 霍乱弧菌。霍乱弧菌（*Vibrio cholerae*）大小（0.3～0.6）μm×（1～5）μm，细胞可以变得细长而纤弱，或短而粗，具有一根较粗的鞭毛，能运动，革兰阴性反应，不生荚膜与芽孢。在60℃下能存活10min，在1%的石炭酸中能存活5min，能耐受较高的碱度。

在霍乱的轻型病例中，只出现腹泻。在较严重或较典型的病例中，除腹泻外，症状还包括呕吐、腹疼和昏迷等。此病病程短，重者常在症状出现12h内死亡。霍乱弧菌可借水及食物传播，与病人或带菌者接触也可能被传染，也可由蝇类传播。

以上三种肠道传染病菌对氯的抵抗力都不大，用一般的加氯消毒法都可除去。但有些病原菌采用通常的消毒剂量难以杀死，如赤痢阿米巴对氯的抵抗力较强，需游离性余氯3～10mg/L，接触30min才能杀死。但赤痢阿米巴虫体较大，可在过滤时除去，杀死炭疽菌则需更多的氯量。目前，一般水厂的加氯量只能杀死肠道传染病菌。

除传染病菌外，还有一些借水传播的寄生虫病，如蛔虫、血吸虫等。防止寄生虫病传播的重要措施是改善粪便管理工作，在用人粪施肥前，应经过曝晒和堆肥。在用城市生活废水灌溉前，应经过沉淀等处理，将多数虫卵除去。在水厂中经过砂滤和消毒，可将水中的寄生虫卵完全消除。

12.2.1.2 肠道病毒

肠道病毒（*enterovirus*）归属于小RNA病毒科（*Picornaviridae*），有67个血清型，分型的主要依据为交叉中和试验。与其在同一科和人类致病有关的病毒还有鼻病毒及甲型肝炎病毒。人类肠道病毒包括：脊髓灰质炎病毒（*poliovirus*）有1、2、3三型；柯萨奇病毒（*coxsackievirus*）分A、B两组，A组包括1～22、24型，B组包括1～6型；人肠道致细胞病变孤儿病毒（简称埃可病毒）（enteric cytopathogenic human orphan virus，ECHO）包括1～9、11～27、29～33型；新肠道病毒，为1969年后陆续分离到的，包括68、69、70和71型。

（1）脊髓灰质炎病毒　是脊髓灰质炎的病原体。病毒侵犯脊髓前角运动神经细胞，导致弛缓性肢体麻痹，多见于儿童，故亦称小儿麻痹症脊髓灰质炎病毒。

脊髓灰质炎病毒的生物学性状：球形，直径27nm，核衣壳呈二十面体立体对称，无包膜。基因组为单正链RNA，长约7.4kb，两端为保守的非编码区，在肠道病毒中同源性非常显著，中间为连续开放读码框架。此外，5′端共价结合一小分子蛋白质Vpg，与病毒RNA合成和基因组装配有关；3′端带有polyA尾，加强了病毒的感染性。病毒RNA为感染性核酸，进入细胞后，可直接起mRNA作用，转译出一个约2200个氨基酸的大分子多聚蛋白（polyprotein），经酶切后形成病毒结构蛋白VP1～VP4和功能性蛋白。VP1、VP2和VP3均暴露在病毒衣壳的表面，带有中和抗原位点，VP1还与病毒吸附有关；VP4位于衣壳内部，一旦病毒VP1与受体结合后，VP4即被释出，衣壳松动，病毒基因组脱壳穿入。

病毒对理化因素的抵抗力较强，在污水和粪便中可存活数月；在胃肠道能耐受胃酸、蛋白酶和胆汁的作用；在pH3～9时稳定，对热、去污剂均有一定抗性，在室温下可存活数日，但50℃可迅速破坏病毒，1mol/L $MgCl_2$ 或其他二价阳离子能显著提高病毒对热的抵抗力。

（2）柯萨奇病毒、ECHO病毒和新肠道病毒　这些病毒的形态结构、生物学性状及感染、免疫过程与脊髓灰质炎病毒相似。

柯萨奇病毒、ECHO 病毒识别的受体在组织和细胞中分布广泛，包括中枢神经系统、心、肺、胰、黏膜、皮肤和其他系统，因而引起的疾病谱复杂。致病特点是病毒在肠道中增殖，却很少引起肠道疾病；不同型别的病毒可引起相同的临床综合征，如散发性脊髓灰质炎样的麻痹症、爆发性的脑膜炎、脑炎、发热、皮疹和轻型上呼吸道感染。同一型病毒亦可引起几种不同的临床疾病。

(3) 急性胃肠炎病毒属　胃肠炎是人类最常见的一种疾病，除细菌、寄生虫等病原体外，大多数胃肠炎由病毒引起。这些病毒分别属于四个不同的病毒科：呼肠病毒科的轮状病毒 (*rotavirus*)，杯状病毒科 (*Caliciviridae*) 的 SRSV 和“经典”人类杯状病毒，腺病毒科的肠道腺病毒 40、41、42 和星状病毒科 (*Astroviridae*) 的星状病毒 (*astrovirus*)。它们所致的胃肠炎临床表现相似，主要为腹泻与呕吐。

轮状病毒是 1973 年澳大利亚学者 Bishop 等在急性非细菌性胃肠炎儿童十二指肠黏膜超薄切片中首次发现，是人类、哺乳动物和鸟类腹泻的重要病原体。形态为大小不等的球形，直径 60～80nm，双层衣壳，无包膜，负染后在电镜下观察，病毒外形呈车轮状，故名轮状病毒。其基因组及其编码的蛋白质为双链 RNA 病毒，约 18550bp，由 11 个基因片段组成。每个片段含一个开放读码框架，分别编码 6 个结构蛋白 (VP1、VP2、VP3、VP4、VP6、VP7) 和 5 个非结构蛋白 (NSP1～NSP5)。VP6 位于内衣壳，为组和亚组特异性抗原；VP4 和 VP7 位于外衣壳，VP7 为糖蛋白，是中和抗原，决定病毒血清型，VP4 为病毒的血凝素，亦为重要的中和抗原。VP1～VP3 位于核心。非结构蛋白为病毒酶或调节蛋白，在病毒复制中起主要作用。轮状病毒在粪便中可存活数天到数周，耐乙醚、酸、碱和反复冻融，pH 适应范围广 (pH3.5～10)。在室温下相对稳定，55℃ 30min 可被灭活。

(4) 肝炎病毒　包括甲型肝炎病毒、乙型肝炎病毒、丙型肝炎病毒、丁型肝炎病毒及戊型肝炎病毒、己型肝炎病毒 (HFV)、庚型肝炎病毒 (HGV) 和 TT 型肝炎病毒 (TTV)。

甲型肝炎病毒与戊型肝炎病毒由消化道传播，引起急性肝炎，不转为慢性肝炎或慢性携带者。乙型与丙型肝炎病毒均由输血、血制品或注射器污染而传播，除引起急性肝炎外，可致慢性肝炎，并与肝硬化及肝癌相关。丁型肝炎病毒为一种缺陷病毒，必须在乙型肝炎病毒等辅助下方能复制，故其传播途径与乙型肝炎病毒相同。

12.2.2　生活饮用水的细菌卫生标准及水的卫生细菌学检测

12.2.2.1　大肠菌群

大肠菌群通常作为检验水的卫生指标。肠道正常细菌有三种：大肠菌群、肠球菌群和产气荚膜杆菌群。选作卫生指标的菌群必须符合的要求，一是该细菌的生理习性与肠道病原菌类似，而且它们在外界的生存时间基本一致；二是该种细菌在粪便中的数量较多；三是检验技术较简单。因为大肠菌群（如大肠杆菌，见表 12-1）的生理习性与伤寒杆菌、副伤寒杆菌和痢疾杆菌等病原菌的生理特性较为相似，在外界的生存时间也与上述病原菌基本一致，故选定大肠菌群作为检验水的卫生指标。若由水中检出此菌群，则证明水最近曾受粪便污染，就有可能存在病原微生物。

表 12-1　大肠杆菌及某些病原菌在各种水体中的生存时间　　单位：d

水体	大肠杆菌	伤寒杆菌	甲型副伤寒杆菌	乙型副伤寒杆菌	痢疾杆菌	霍乱弧菌
灭菌过的水	8～365	6～365	22～5	39～167	2～72	3～392
被污染的水		2～42		2～42	2～4	0.2～213
自来水	2～262	2～93		27～37	15～27	4～28
河水	21～183	4～183			12～92	0.5～92
井水		1.5～107				1～92

大肠菌群在人的粪便中数量很大，健康人的每克粪便中平均含5000万个以上，每毫升生活废水中含有大肠菌群3万个以上。检验大肠菌群的技术并不复杂。

目前认为，总大肠菌群和粪大肠菌群是较理想的水体受粪便污染的指示菌。总大肠菌群是对一群需氧及兼性厌氧、在37℃培养24h能分解乳糖产酸、产气的革兰阴性无芽孢杆菌的统称，它们大量存在于人及温血动物粪便中，可作为水体粪便污染指示菌。但总大肠菌群细菌除在人和温血动物肠道内生活外，在自然环境的水和土壤中亦常有分布，因此只检测总大肠菌群数尚不能确切地证明污染来源及危害程度。在自然环境中生活的大肠菌群培养的适宜温度为25℃，在37℃培养时仍可生长，如将温度提高到44.5℃，则不再生长。而直接来自粪便的大肠菌群细菌，习惯于37℃左右生长，将培养温度提高到44.5℃仍可继续生长。凡在44.5℃仍可继续生长的大肠菌群细菌称为粪大肠菌群。如在饮用水中检出粪大肠菌群则表明此饮用水已被粪便污染，可能存在肠道致病微生物。因此可用提高培养温度的方法将自然环境中生长的大肠菌群与粪便中的大肠菌群区分开。

大肠菌群一般包括大肠埃希杆菌（*E. coli*）、产气杆菌（*Aerobacter aerogenes*）、枸橼酸盐杆菌（*Coli citrovorum*）和副大肠杆菌（*Paracoli bacillus*）。

大肠埃希杆菌也称为普通大肠杆菌或大肠杆菌，它是人和温血动物肠道中正常的寄生细菌。一般情况下大肠杆菌不会使人致病，在个别情况下，发现此菌能战胜人体的防卫机制而产生毒血症、腹膜炎、膀胱炎及其他感染。从土壤或冷血动物肠道中分离出来的大肠菌群大多是枸橼酸盐杆菌和产气杆菌，也往往发现副大肠杆菌。副大肠杆菌也常在痢疾或伤寒病人粪便中出现，因此，如水中含有副大肠杆菌，可认为受到病人粪便的污染。

大肠埃希杆菌是好氧及兼性的，革兰染色阴性，无芽孢，大小为（2.0～3.0）μm×（0.5～0.8）μm，两端钝圆的杆菌；生长温度为10～46℃，适宜温度为37℃，生长pH范围为4.5～9.0，适宜的pH为中性；能分解葡萄糖、甘露醇、乳糖等多种碳水化合物，并产酸产气，所产生的CO_2/H_2为2。大肠菌群中各类细菌的生理习性较相似，只是副大肠杆菌分解乳糖缓慢，甚至不能分解乳糖，而且它们在品红亚硫酸钠固体培养基（远藤培养基）上所形成的菌落不同；大肠埃希杆菌菌落呈紫红色，带金属光泽，直径为2～3mm；枸橼酸盐杆菌菌落呈紫红或深红色；产气杆菌菌落呈淡红色，中心较深，直径较大，一般为4～6mm；副大肠杆菌的菌落则为无色透明。

目前，国际上检验水中大肠杆菌的方法不完全相同。有的国家用葡萄糖或甘露醇做发酵试验，在43～45℃的温度下培养。在此温度下，枸橼酸盐杆菌和产气杆菌大多不能生长，培养分离出来的是寄生在人和温血动物体内的大肠菌群。如果43～45℃下培养出副大肠杆菌，常可代表有肠道传染病菌的污染。还有的国家检验水中大肠菌群时，不考虑副大肠杆菌，因为人类粪便中存在着大量大肠杆菌，在水中检验出大肠杆菌，就足以说明此水已受到粪便污染，因此，可采用乳糖作培养基。选择培养温度为37℃，这样可顺利地检验出寄生于人体内的大肠杆菌和产气杆菌。

12.2.2.2 生活饮用水的细菌卫生标准

各种水质细菌卫生标准见表12-2。

中国于2001年颁布的《生活饮用水卫生规范》，对生活饮用水的细菌学标准规定如下。

① 细菌总数每毫升不超过100CFU（colony-forming unit）。

② 总大肠菌群每100mL水样中不得检出。

③ 粪大肠菌群每100mL水样中不得检出。

表 12-2　各种水质细菌卫生标准

水样	细菌菌落数/(CFU/mL)	总大肠菌群数(MPN 法)/(个/L)	标准来源
生活饮用水	≤100	≤3	GB 5749—85
优质饮用水	≤20	≤3	GB 17324—1998
矿泉水	≤5	0/100mL	
游泳池水	≤1000	18	
地表水(Ⅲ类)	≤10000		GB 8978—88
农田灌溉用水	≤10000		GB 5084—85

④ 若只经过加氯消毒便供作生活饮用水的水源水，每 100mL 水样中总大肠菌群 MPN（最可能数）值不应超过 200；经过净化处理及加氯消毒后供作生活饮用的水源水，每 100mL 水样中总大肠菌群 MPN 不应超过 2000。

12.2.2.3　水的卫生细菌学检验

（1）细菌总数的测定　以无菌操作方法用灭菌吸管吸取 1mL 充分混合均匀的水样注入无菌平皿中，倒入融化的（45℃左右）的营养琼脂培养基约 15mL，并立即摇动平皿，使水样与培养基充分混匀，待冷却凝固后，翻转平皿，使底部朝上，在 37℃的温度下培养 24h 以后，数出生长的细菌菌落数，即为 1mL 水样中的细菌总数。

在 37℃营养琼脂培养基中能生长的细菌可以代表在人体温度下能繁殖的腐生细菌，细菌总数越大，说明水被污染得越严重。

（2）总大肠菌群的测定　常用的检验总大肠菌群的方法有两种：发酵法和滤膜法。

① 发酵法。发酵法是测定总大肠菌群的基本方法，此法总体上分三个步骤进行。

a. 初步发酵试验。本实验是将水样置于糖类液体培养基中，在一定温度下，经一定时间培养后，观察有无酸和气体产生，即有无发酵现象，以初步确定有无大肠菌群存在。如采用含有葡萄糖或甘露醇的培养基，则包括副大肠杆菌；如不考虑副大肠杆菌，则用乳糖培养基。由于水中除大肠菌群外，还可能存在其他发酵糖类物质的细菌，所以培养后如发现气体和酸的生成，并不一定能肯定水中有大肠菌群的存在，还需根据这类细菌的其他特性进行更进一步的检验。水中能使糖类发酵的细菌除大肠菌群外，最常见的有各种厌氧和兼性的芽孢杆菌。在被粪便严重污染的水中，这类细菌的数量比大肠菌群的数量要少得多。在此情形下，本阶段的发酵一般即可被认为确有大肠菌群存在，在比较清洁的或加氯的水中，由于芽孢的抵抗力较大，其数量可能相对地比较多，所以本试验即使产酸产气，也不能肯定是由于大肠菌群引起的，必须继续进行试验。

b. 平板分离。这一阶段的检验主要是根据大肠菌群在特殊固体培养基上形成典型菌落、革兰染色阴性和不生芽孢的特性来进行的。在此阶段，可先将上一试验产酸产气的菌种移植于品红亚硫酸钠培养基（远藤培养基）或伊红-亚甲基蓝培养基表面，这一步可以阻止厌氧芽孢杆菌的生长，培养基所含染料物质也有抑制许多其他细菌生长繁殖的作用。经过培养，如果出现典型的大肠菌群菌落，则可认为有此类细菌存在。为做进一步的肯定，应进行革兰染色检验，可将大肠菌群与呈革兰阳性的好氧芽孢杆菌区别开来，若革兰染色阴性，则说明无芽孢杆菌存在。为了更进一步验证，可做复发酵试验。

c. 复发酵试验。本实验是将可疑的菌落再移置于糖类培养基中，观察它是否产酸产气，以便最后确认有无大肠菌群存在。

采用发酵法进行大肠菌群定量计数，常采取多管发酵法，如用 10 个小发酵管（10mL）

和两个大发酵管（或发酵瓶，100mL）。根据肯定有大肠菌群存在的发酵试验中发酵管或发酵瓶数目及试验所用的水样量，即可利用数理统计原理，算出每升水样中大肠菌群的最可能数目（MPN 值），下面是计算的近似公式。

$$\text{MPN}(\text{个/L})=\frac{1000\times\text{得阳性结果的发酵管(瓶)的数目}}{\sqrt{\text{得阴性结果水样体积数}\times\text{全部水样体积数}}}$$

【例 12-1】 今用 300mL 水样进行初步发酵试验，100mL 的水样 2 份，10mL 的水样 10 份。试验结果得在这一阶段试验中，100mL 的 2 份水样中都没有大肠杆菌存在，在 10mL 的水样中有 3 份存在大肠杆菌。计算大肠杆菌的最可能数。

解：

$$\text{MPN}(\text{个/L})=\frac{1000\times 3}{\sqrt{270\times 300}}=10.5\approx 11$$

计算结果一般情况下可利用专门图表查出。

② 滤膜法。为了缩短检验时间，简化检验方法，可以采用滤膜法，用这种方法检验大肠菌群，有可能在 24h 左右完成。

滤膜法通常是用孔径为 0.45μm 的微孔滤膜水样，细菌被截留在滤膜上，将滤膜贴在悬着型培养基上培养，计数生长在滤膜上的典型大肠菌群落数。

滤膜法的主要步骤如下：

① 将滤膜装在滤器上，用抽滤法过滤定量水样，将细菌截流在滤膜表面。

② 将此滤膜没有细菌的一面贴在品红亚硫酸钠培养基或伊红亚甲基蓝固体培养基上，以培育和获得单个菌落。根据典型菌落特性即可测得大肠菌群数。

③ 为进一步确证，可将滤膜上符合大肠菌群特征的菌落进行革兰染色，然后镜检。

④ 将革兰染色阴性无芽孢杆菌的菌落接种到含糖培养基中，根据产气与否来最终确定有无大肠菌群存在。

滤膜上生长的总大肠菌群数的计算公式如下。

$$\text{总大肠菌群菌落数(CFU/100mL)}=\frac{\text{数出的总大肠菌群菌落数}\times 100}{\text{过滤的水样体积(mL)}}$$

滤膜法比发酵法的检验时间短，但仍不能及时指导生产，当发现水质有问题时，这种不符合标准的水已进入管网。此外，当水样中悬浮物较多时，会影响细菌的发育，使测定结果不准确。

为了保证给水水质符合卫生标准，有必要研究快速而准确的检验大肠菌群的方法。国外曾研究用示踪原子法，如用同位素 C^{14} 的乳糖作培养基，可在 1h 内初步确定水中有无大肠杆菌。国外大型水厂还有使用电子显微镜直接观察大肠杆菌的。目前以大肠菌群作为检验指标，只间接反映出生活饮用水被肠道病原菌污染的情况，而不能反映出水中是否有传染性病毒以及除肠道原菌外的其他病原菌（如炭疽杆菌）。因此，为了保证人民的健康，必须加强检验水中病原微生物的研究工作。

(3) 水中病毒的检验　使人致病的病毒都是动物性病毒，具有很强的专性寄生性。可采用组织培养法检验这类病毒，但是所选择的组织细胞必须适宜于这类病毒的分离、生长和检验。目前在水质检验中使用的方法是“蚀斑检验法”。

蚀斑法大致的步骤如下：将猴子肾脏表皮剁碎，用 pH 为 7.4～8.0 的胰蛋白酶溶液处理。胰蛋白酶能使肾表皮组织的胞间质发生解聚作用，因而使细胞彼此分离。用营养培养基洗这些分散悬浮的细胞，将细胞沉积在 40mm×110mm 平边瓶（鲁氏瓶）的平面上，并形成一层连续的膜。将水样接种到这层膜上，再用营养琼脂覆盖。

水样中的病毒会破坏组织细胞，增殖的病毒紧接着破坏邻接的细胞，这种效果在 24～48h 内可以用肉眼看清。病毒群体增殖处形成的斑点称为蚀斑。实验表明，蚀斑数和水样中病毒浓度间具有线性关系，根据接种的水样数，可求出病毒的浓度。

每升水中病毒蚀斑形成单位（plaque-forming unit，PFU）小于 1，饮用才安全。

12.2.3 饮用水的消毒

通常把水中病原微生物的去除称为水的消毒。饮用水的消毒方法很多，把水煮沸就是家庭中常用的消毒方法。集中供水不能使用这种方法。自来水厂常用的方法有加氯消毒、臭氧消毒、紫外线消毒、超声波消毒，目前最常用的是加氯消毒。

12.2.3.1 加氯消毒

氯消毒经济有效，使用方便，应用历史悠久且广泛。但自 20 世纪 70 年代发现受污染水源经氯消毒后往往会产生一些有害健康的副产物，例如三氯甲烷等后，人们便开始重视其他消毒剂或消毒方法的研究，例如，近年来人们对二氧化氯消毒日益重视，但不能就此认为氯消毒会被淘汰。一方面，对于不受有机物污染的水源或在消毒前通过前处理把形成氯消毒副产物的前期物（如腐殖酸和富里酸等）预先去除，氯消毒仍然是安全、经济、有效的消毒方法；另一方面，除氯以外其他各种消毒剂的副产物以及残留于水中的消毒剂本身对人体健康的影响，仍需进行全面、深入的研究。因此，就目前情况而言，氯消毒仍是应用最广泛的一种消毒方法。

（1）氯消毒的原理　氯对微生物的作用效能，在很大程度上与氯的初始剂量、氯在水中的持续时间及水的 pH 有关。氯被消耗用于氧化有机杂质和无机杂质。未澄清水氯化时，可观察到氯的过量消耗。悬浮物把氯吸附在自己身上，而位于絮凝体中或悬浮物小块中的微生物不受氯的作用。在用氯消毒时，水中有机杂质被破坏，例如，腐殖质矿化、二价铁氧化为三价铁、二价锰氧化为四价锰、稳定的悬浮物由于保护胶体的破坏而转化为不稳定的悬浮物等。有时氯化作用产生动植物有机体分解时所形成的具有强烈臭味的卤素衍生物。在氯化被含酚和其他芳香族化合物废水所污染的水时，产生的气味特别稳定和令人不愉快。在含有酚的水中经过 1∶10000000 的稀释，仍然有气味存在。在加热时随着时间的延长气味增浓不消失。有时为破坏芳香族化合物，需增加氯的投放量。

氯化作用在水净化去除细小悬浮物中也起着重大的作用，从而有助于降低水的色度并为澄清和过滤创造了有利的条件。

氯在水中溶解时产生两种酸：盐酸和次氯酸。

$$Cl_2 + H_2O \rightleftharpoons HCl + HClO$$

次氯酸是很弱的酸，它的离解作用与介质的活性反应有关。氯消毒作用的实质是氯和氯的化合物与微生物细胞有机物的相互作用所进行的氧化-还原过程。许多人认为，次氯酸和微生物酶起反应，从而破坏微生物细胞中的物质交换。在所有的含氯化合物中较为有效的药剂是次氯酸。

水中的 HClO 在不同的 pH 下的离解作用（在 20℃情况下）见表 12-3。

表 12-3　pH 对 HClO 解离的影响

pH	4	5	6	7	8	9	10	11
OCl^- 含量/%	0.05	0.5	2.5	21.0	75.0	97.0	99.5	99.9
HClO 含量/%	99.95	99.5	97.5	79.0	25.0	3.0	0.5	0.1

可见，物系中的 pH 越低，在物系中次氯酸含量越高。所以，用氯和含氯物质消毒水时，应在加入碱性药剂之前进行。

在往水中加入含氯物质时，含氯物质水解并形成次氯酸，例如

$$2Ca(OCl)_2+2H_2O \rightleftharpoons CaCl_2+Ca(OH)_2+2HClO$$

$$NaOCl+H_2CO_3 \rightleftharpoons NaHCO_3+HClO$$

或

$$NaOCl+H_2O \rightleftharpoons NaOH+HClO$$

$$Ca(OCl)_2+2H_2O \rightleftharpoons Ca(OH)_2+2HClO$$

的确，盐的水解比游离氯进行得慢些，所以形成 HClO 的过程进行得也比较慢。但是，次氯酸的进一步作用就与气态氯在水中的作用相同了。

(2) 二氧化氯消毒　在水消毒的实践中，人们对二氧化氯有一定的兴趣。二氧化氯比氯具有优越性，如在用二氧化氯处理含酚的水时，不形成氯酚味，因为 ClO_2 可直接氧化酚至醌和顺丁烯二酸。

二氧化氯可以用不同的方法得到，例如，盐酸和亚氯酸钠反应，即

$$5NaClO_2+4HCl = 5NaCl+4ClO_2+2H_2O$$

(3) 氯胺消毒　在氯化含酚杂质的河水时，为避免形成氯酚味和土腥味，采用氨化和氯化作用，往净化的水中加入氨或氨盐以实现氨化作用。投入水中的氯按以下方程式形成氯胺。

$$NH_3+Cl_2 \rightleftharpoons NH_2Cl+HCl$$

氯胺在水中逐渐水解并按下式形成 $NH_3 \cdot H_2O$ 和 HClO。

$$NH_2Cl+2H_2O \rightleftharpoons NH_3 \cdot H_2O+HClO$$

氯胺的慢性水解导致 HClO 逐渐进入水中，以保证比较有效的杀菌作用。

在带有氨化的氯化作用下，先加入氨然后加入氯。氯的剂量按 30min 后在水中的剩余氯不低于 0.3mg/L 和不高于 0.5mg/L 计算，它由氯化作用的试验决定。

理论上为了得到单氯胺，1mg 的氨氮需要 5.07mg 的氯。实际上采用 5～6mg 氯。

氯胺消毒过程的速度比游离氯低，所以水和氯胺接触的持续时间不应该小于 2h。在同时具有氨化和氯化作用下，氯的耗量与单一的氯化作用一样。但是，在消毒含有大量有机物的水时用氯胺是合适的，因为在这种条件下氯耗量大大地降低。

在水的氯化作用时，不发生完全的杀菌作用，在水中还剩有个别保持生命力的菌体，为了消灭孢子形成菌和病毒，要求加大氯的投放量和延长接触时间。

在选择消毒物质时须考虑其中“活性”氯的含量。在酸性介质中，该种化合物相对碘化钾的氧化能力的氯原子量，称为活性氯量。“活性”氯的概念所确定的不是化合物中氯的含量，而是在酸性介质中按碘化钾计的氧化能力，例如，1mol NaCl 中含氯 35.5g，但“活性”氯含量为零，1mol NaClO 中含有 35.5g 的氯，而“活性”氯含量则为 71g。

在含氯物质中活性氯的含量可用式 (12-1) 计算

$$\frac{nM}{M_0}\times 100\% \tag{12-1}$$

式中，n 为含氯物质的分子中次氯酸离子数；M_0 为含氯物质的相对分子质量；M 为氯相对分子质量。

在 $3Ca(ClO)_2 \cdot Ca(OH)_2 \cdot 5H_2O$ 的漂白粉的组成中，活性氯含量为

$$\frac{3\times 71}{545}\times 100\%=39.08\%$$

在决定氯剂量时，必须考虑水对氯的吸收容量和余氯的杀菌效率。

12.2.3.2 臭氧氧化消毒

臭氧是氧的同素异形变体，在通常条件下是浅蓝色气态物质，在液态下是暗蓝色，在固

态下几乎是黑色。在臭氧的所有集聚状态下，在受冲击时能够发生爆炸。臭氧在水中的溶解度比氧高。

在空气中低浓度的臭氧有利于人的健康，特别是有利于呼吸道疾病患者。相对的高浓度臭氧对人的机体是有害的。人在含臭氧 1∶1000000 级的大气中长期停留时，易怒，感觉疲劳和头痛。在较高浓度下，往往还恶心和鼻子出血。经常受臭氧的毒害会导致严重的疾病，生产厂房工作区空气中臭氧的极限允许浓度为 $0.1mg/m^3$。

利用臭氧对水进行消毒起于 20 世纪初期，当时在世界上最大的臭氧处理装置是 1911 年俄国圣彼得堡臭氧过滤站的投产，该装置每天可处理 $50000m^3$ 的饮用水。目前在法国、美国、瑞士、意大利、加拿大以及其他许多国家，为了净化饮用水而建立了多处臭氧处理装置，臭氧氧化过程的高工艺指标，使臭氧用于给水厂具有广泛的前景。

(1) 臭氧的消毒机理　臭氧的杀菌作用与它的高氧化电位及容易通过微生物细胞膜扩散有关，臭氧氧化微生物细胞的有机物而使细胞致死。

由于高的氧化电位（2.067V），臭氧比氯（1.3V）具有更强的杀菌作用。臭氧对细胞的作用比氯快，它的消耗量也明显少。例如，在 0.45mg/L 臭氧作用下经过 2min 脊髓灰质炎病毒即死亡，如用氯剂量为 2mg/L 时，需要经过 3h 才死亡。

经研究确定，在 1mL 原水中含 274～325 个大肠杆菌，臭氧剂量为 1mg/L 时则可使大肠菌数减少 86%，而剂量为 2mg/L 时则可完全消灭大肠杆菌。孢子形成菌比不形成孢子的细菌对臭氧更为稳定。臭氧对于水生生物有致死作用。对于水藻 0.5～1.0mg/L 是足够的致死臭氧剂量。在剂量 0.9～1.0mg/L 时软体动物门饰贝科幼虫死亡 90%，在 3.0mg/L 时完全消灭。水蛭对臭氧是很敏感的，约 1mg/L 剂量死亡。为了完全杀死见水蚤、寡毛虫、水蚤、轮虫，需要约 2mg/L 剂量的臭氧。对臭氧作用特别稳定的是摇蚊虫、水虱，它们在 4mg/L 的臭氧剂量下还不死，但这些有机体同样对氯也是稳定的。

对水的消毒，臭氧的剂量与水的污染程度有关，通常处于 0.5～4.0mg/L 之间。水的浊度越大，水的去色和消毒效果越差，臭氧的消耗量越高。由于污染物质的氧化和矿化，用臭氧消毒的同时使水的气味消失、色度降低和味道改善，例如，臭氧破坏腐殖质，变为二氧化碳和水。

用臭氧消毒效率与季节温度波动关系甚小。

水的臭氧氧化与氯化相比有一系列优点：臭氧改善水的感官性能，不使水受附加的化学物的污染；臭氧氧化不需要从已净化的水中去除过剩杀菌剂的附加工序，如在用氯时的脱氯作用，这就允许采用偏大剂量的臭氧；臭氧可就地制造，为了获得它仅需要电能，且仅采用硅胶作为吸潮剂（为了干燥空气）。

(2) 臭氧的获取与特点　臭氧是由氧按以下方程式形成。

$$3O_2 \rightleftharpoons 2O_3 - 69kcal(288kJ)$$

由热化学方程式可见臭氧的形成是吸热过程。因此，臭氧分子是不稳定的，可自发地分解，这些恰恰说明臭氧比分子氧具有较高的活性。

在自然界打雷放电时会生成臭氧。

工业上，可在臭氧发生器中获得臭氧。空气经过净化和干燥，并通入到臭氧发生器中，在稳定压力下受静放电作用（无火花放电），形成的臭氧-空气混合物与水在专门的混合器中混合。在现代的装置中采用鼓泡或在喷射泵中混合。

但是，与大量消耗高频和高压电能相联系的制取臭氧的复杂性，妨碍了臭氧氧化法的广泛使用，而且，由于臭氧的高锈蚀活性也产生了许多问题。臭氧和其水溶液会破坏钢、铁、铜、橡胶和硬质橡胶。所以臭氧装置的所有零件和输送臭氧水溶液的水管，应由不锈钢和铝制造。在这些条件下，装置和输水管的服务年限由钢制的15～20a变成铝制的5～7a。

含有高于10%臭氧的臭氧-空气混合物或臭氧-氧混合物有爆炸的危险。但是低浓度臭氧的同样混合物在几个大气压下，在加热时、在冲击下和在与微量有机污染物的反应中是稳定的。纯臭氧稳定性较差，即使受到很小的冲击，也会产生很大的爆炸力。随着温度的升高，臭氧分解加速。在干燥的空气中臭氧分解较慢，但在水中较快，在强碱液中最快，而在酸性介质中它是足够稳定的。试验研究表明，在1L蒸馏水中溶解2.5mg臭氧，经过45min能分解掉1.5mg。

臭氧在水中的溶解度，与所有气体一样与其在水面上的分压、水的温度有关。在实践中，在给定温度下，为了测定臭氧的溶解度常常采用在同一温度下臭氧在空气相和液相间的分配系数（R_t）来计算，计算如下。

$$R_t=\frac{\text{在 }t\text{℃时溶解在 1L 水中的 }O_3\text{ 量}}{\text{在 }t\text{℃时在 1L 空气相中所含的 }O_3\text{ 量}}$$

知道分配系数值，在平衡开始时，根据上述公式可以计算在水中臭氧可能的浓度。分配系数值随温度的变化而变化，如果在0℃分配系数等于5，则在25℃时其值等于2.4。

在天然水中臭氧的溶解度和介质的反应速率与溶解于水中物质的数量有关。例如，在水中存在硫酸钙或少量的酸，会增加臭氧的溶解度，而水中含碱时，会大大降低臭氧的溶解度。因此，在臭氧氧化水时，应该考虑介质的酸性，反应应该在接近中性条件下进行。

臭氧的定性观察可以借助于红色石蕊试纸或KI溶液浸泡过的淀粉试纸。臭氧对试纸作用进行以下反应。

$$2KI+O_3+H_2O=2KOH+I_2+O_2$$

在臭氧存在时，两种纸发蓝，即石蕊试纸由于存在KOH而发蓝，淀粉试纸由于存在碘分子而发蓝。

臭氧的定量测定是经过含硼砂（为了造就弱碱性反应）的KI溶液通入一定容量的气体，在这些条件下臭氧按反应式$KI+O_3=KIO_3$完全结合，按形成的碘酸钾的数量测定在气体中臭氧的含量。

12.2.3.3 紫外线消毒

紫外线对细菌的繁殖体、孢子、原生动物以及病毒具有致死作用。波长从200～295nm的射线（紫外线的这个区域称为杀菌区），对细菌具有最强的杀灭作用。紫外线的杀菌作用被解释为紫外线对微生物细胞酶和原生质的影响，导致细胞的死亡。

（1）细菌对紫外线作用的抗性　采用紫外线消毒时，细菌对紫外线作用的抗性具有重要意义，不同种类的细菌对紫外线的抗性是不一样的。为了终止细菌的生命活动，达到指定的消毒程度所必需的杀菌能量作为抗性基准。杀菌程度以单位体积中最终的细菌数P与初始的细菌数P_0的比值P/P_0计算。

在所有被照射的热-伤寒类的细菌中，大肠杆菌具有最大的抗性。因此，大肠杆菌可作为被不形成孢子病菌污染水的处理效果指标。当对含有稳定的孢子形成菌（例如炭疽杆菌）的水进行消毒时，对紫外线照射最不敏感的孢子形成菌的抗性应该是确定照射剂量的标准。照射后残存的细菌数量（个/mL）可按式（12-2）计算。

$$P=P_0e^{-\beta t} \tag{12-2}$$

式中，P_0为细菌的初始数，个/mL；β为试验方法求得的死亡过程常数；e为自然对数底数；t为照射时间，s。

（2）紫外线的杀菌剂量　从生理学的观点看，紫外线区分为三种剂量：①不导致细菌死亡的剂量；②导致该种类细菌大部分致死的最小杀菌剂量；③导致该种类型细菌全部致死的全剂量。

紫外线的最小杀菌剂量，刺激一些在无类似照射下处于静止状态的细菌个体的生长和繁殖，更长时间的照射使细菌死亡。例如，在研究热-伤寒类的菌种中发现，紫外线照射 0.017～0.17s，可引起菌落数的增加（$P/P_0>1$），在个别情况下达到 1.6 倍。当照射持续 0.25～0.83s 时，相对的菌落数减少（$P/P_0<1$），在某些情况下减少至原有的 20%～30%。对消毒对象进行 5s 照射，某些种类的细菌完全死亡。

由石英和透紫外线玻璃制成的水银灯作为紫外线的照射源。电流作用下，水银发出含紫外线丰富的明亮的淡绿-白光。同样，也可采用高压（532～1064kPa）水银石英灯和低压氩-水银灯（4～5.3kPa）。高压灯可得到相对来说不大的杀菌效果，这个不足被它的功率大（1000W）所补偿。低压灯具有较大的杀菌效果，比高压灯约大 1 倍，但其功率不超过 30W，只能用于较小的装置。

地表水源水采用紫外线消毒时，既不会改变水的物理性质，也不会改变化学性质，水味质量仍然不变。这个方法的不足之处是价格高，并因为无持续杀菌作用可能会在随后又受到污染。

12.2.3.4　超声波消毒

不能被人们的听觉器官所感受的、频率超过 20000Hz 的弹性振动称为超声。

（1）超声波的获得　超声波的获得有两种方法，第一种方法是基于压电效应。压电效应是将某些物质的晶体放进电场中时，产生机械变形，成为超声源。为了获得超声振动，采用结晶石英（压电石英）。由结晶体按一定的方式切割成同样厚度的石英片，镶嵌在两块钢片之间，当钢板通电后，石英片就会振动，以此来产生超声波。这种系统可作为强大的超声源。第二种方法是基于磁致伸缩现象。这是利用磁铁体的磁化作用，并且伴随着改变磁铁体线性尺寸和体积的一种过程，效应的值和符号取决于磁场强度和由磁场方向与结晶轴形成的角度（在单晶体情况下）。实践表明，第一种方法比第二种方法更有效。

（2）超声波的消毒原理　超声杀菌作用与超声产生穴蚀作用的能力有关。这种作用是由于超声波在水中的处理对象周围形成由极小的气泡组成的空穴，这种空穴使处理对象与周围介质隔离，并产生相当于几千个大气压的压力，液体的物理状态和超声波频率一起发生激烈变化，从而对超声场内的物质起破坏作用。在超声波作用下，能够引起原生动物和微生物死亡。破坏的效果取决于超声波强度和处理对象的生理特性。

人们推测，细菌的死亡是在超声造成环境改变后，细胞在机械破坏下死亡的，主要是由于引起原生质蛋白物质的分解而使细胞生命功能破坏。水蛭、纤毛虫、剑水蚤、吸虫和其他有机体对超声波特别敏感。事实证明，超声波很容易杀死那些能够给饮用水和工业用水带来极大危害的大型有机体，如用肉眼可见到的昆虫（毛翅类、摇蚊）的幼虫、寡毛虫、某些线虫以及海绵、软体动物的饰贝、水蛭等。这些有机体中的许多种类栖息在给水站的净化构筑物中，在有利条件下繁殖和占据很大的空间。同时，在超声波作用下，也能使海洋水生物区系的动、植物死亡。

试验结果表明，在薄水层中用超声波灭菌，1～2min 内就可使 95%的大肠杆菌死亡。同时，超声波对痢疾杆菌、斑疹伤寒菌、病毒及其他微生物也有良好作用，并且已应用至牛奶灭菌中。

（3）饮用水的加热消毒　把水煮开是最古老的消毒法。这种方法仅限于净化小量的水，如用于食堂、医疗、行政机关等饮用水的消毒。通过一次加热煮沸并不能从水中去除微生物的孢子，因此，煮沸法消毒并不完全可靠。

思 考 题

1. 微污染水源水的生物预处理方法有哪些?
2. 常见的通过水传染的细菌有哪几种?主要的肠道病毒有哪几种?
3. 为什么用大肠菌群作为检验水的卫生指标?
4. 简述发酵法检测水中大肠菌群的过程。
5. 饮用水消毒的方法有几种?试加以分析。

第 13 章　其他废物的微生物处理原理

微生物不仅在污废水生物净化，也在一些有机固体废物（亦称垃圾）的处理和废气净化中起重要作用。下面就对这些处理过程涉及的微生物及其微生物学原理进行介绍。

13.1　有机固体废物生物处理的基本原理

有机固体废物的生物处理是通过各种手段，借助微生物的酶，对有机固体废物进行生物处理，实现其稳定化、无害化与资源化的技术。如细菌、真菌类以及原生动物，在有氧或者厌氧环境下，通过呼吸作用将固体废物中的有机物分解。其过程和在污水中是类似的，区别在于对污、废水的处理，有机物呈溶解态或胶体状态，环境为流体，而对于垃圾的处理，有机物呈固体，微生物只能从表面将有机物逐步分解，会使部分有机物“液化”。

由于微生物对有机固体废物中的有机组分易于生物降解并转化为腐殖肥料、沼气或其他化学转化品，如饲料蛋白、乙醇或糖类，从而达到固体废物无害化、资源化，已成为当前处理有机固体废物的重要手段。其主要的微生物处理方法有堆肥、沼气发酵和卫生填埋等。

13.1.1　有机物体废物的堆肥处理

堆肥是依靠自然界广泛分布的细菌、放线菌、真菌等微生物，人为地将促进可生物降解的有机物向稳定的腐殖质生化转化的微生物学过程。按其需氧程度可区分为好氧堆肥和厌氧堆肥，现代化的堆肥工艺大多是好氧堆肥，这实际上是有机基质的微生物发酵过程。

有机固体废弃物（垃圾）的组分主要是纤维素、半纤维素、脂类、脂肪和蛋白质等。它的理化性质见表 13-1。有的加粪水一起处理，粪水的理化性质见表 13-2。

表 13-1　垃圾的理化性质（所测得数值为占有机和无机成分的百分比）

项目	pH	水分/%	总固体/%	挥发物/%	碳/%	氮/%	速效氮/%	容重/$t\cdot m^{-3}$	孔隙率/%
数值	8	27.84	72.2	19.54	13.4	0.45	0.03	0.45	30

表 13-2　粪水的理化性质

项目	密度	pH	水分/%	总固体/%	挥发物/%	碳/%	氮/%	速效氮/%
数值	1.1	8.8	98.5	1.5	82.3	0.45	0.23	0.2

13.1.1.1　好氧堆肥过程的基本原理

（1）堆肥过程描述　同水处理一样，好氧堆肥是在通气条件下，借好氧微生物使有机物得以降解。好氧堆肥温度一般在 50～60℃，最高可达 80～90℃，故好氧堆肥也叫高温堆肥。

好氧堆肥的基本过程可以描述为：

① 在堆肥过程中，生活垃圾中的溶解性有机物可透过微生物的细胞壁和细胞膜被微生物直接吸收。

② 对于不溶胶体和固体有机物，先附着在微生物体外，依靠微生物分泌的胞外酶分解为可溶性物质，再渗入细胞。

微生物通过自身的生命活动，进行分解代谢（主要是氧化还原过程）和合成代谢（生命合成过程）将一部分被吸收的有机物氧化成简单的无机物，并放出生物生长所需要的能量；将另一部分有机物转化为生物体必需的营养物质，进而合成为新的细胞物质，使微生物生长繁殖，产生更多的生物体，这个过程可用图13-1表示。

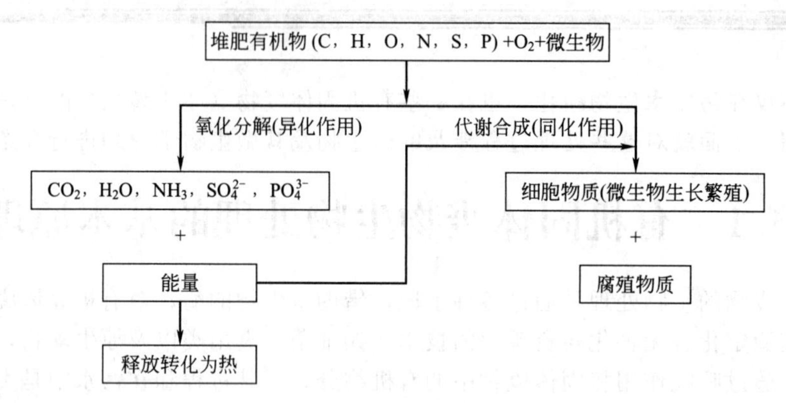

图13-1 微生物代谢过程

堆肥过程中有机物氧化分解总的关系可用下式表示：

$$C_sH_tN_uO_v \cdot aH_2O + bO_2 \longrightarrow C_wH_xN_yO_z \cdot cH_2O(\text{气}) + eH_2O(\text{液}) + fCO_2 + gNH_3 + \text{能量} \tag{13-1}$$

通常情况下，堆肥成品 $C_wH_xN_yO_z \cdot cH_2O$ 与堆肥原料 $C_sH_tN_uO_v \cdot aH_2O$ 之比为0.3～0.5。即

$$\frac{C_wH_xN_yO_z \cdot cH_2O}{C_sH_tN_uO_v \cdot aH_2O} = 0.3\sim0.5 \tag{13-2}$$

这是由于氧化分解后减量化的结果。一般情况，w、x、y、z 可取值范围为：$w=5\sim10$，$x=7\sim17$，$y=1$，$z=2\sim8$。

(2) 堆肥过程中有机物氧化和合成的方程式

① 氧化

a. 不含氮有机物（$C_xH_yO_z$）的氧化

$$C_xH_yO_z + \left(x + \frac{1}{2}y - \frac{1}{2}z\right)O_2 \longrightarrow xCO_2 + \frac{1}{2}yH_2O + Q \tag{13-3}$$

b. 含氮有机物（$C_sH_tN_uO_v \cdot aH_2O$）的氧化。与式（13-1）相同。

② 细胞物质的合成

$$C_xH_yO_z + NH_3 + \left(nx + \frac{ny}{4} - \frac{nz}{2} - 5x\right)O_2 \longrightarrow C_5H_7NO_2(\text{细胞}) + (nx-5)CO_2 + \frac{1}{2}(ny-4)H_2O + Q \tag{13-4}$$

③ 细胞物质的氧化

$$C_5H_7NO_2 + 5O_2 \longrightarrow 5CO_2 + 2H_2O + NH_3 + Q \tag{13-5}$$

以纤维素为例，好氧堆肥中纤维素的分解反应为

$$(C_6H_{12}O_6)_n \xrightarrow{\text{纤维素酶}} nC_6H_{12}O_6(\text{葡萄糖}) \tag{13-6}$$

$$nC_6H_{12}O_6 + 6nO_2 \xrightarrow{\text{微生物}} 6nCO_2 + 6nH_2O + Q \tag{13-7}$$

(3) 好氧堆肥过程的三个阶段　好氧堆肥过程的三个阶段如图13-2所示。

① 升温阶段（15～45℃，1～3d)。升温阶段，亦称中温阶段、产热阶段、起始阶段等。

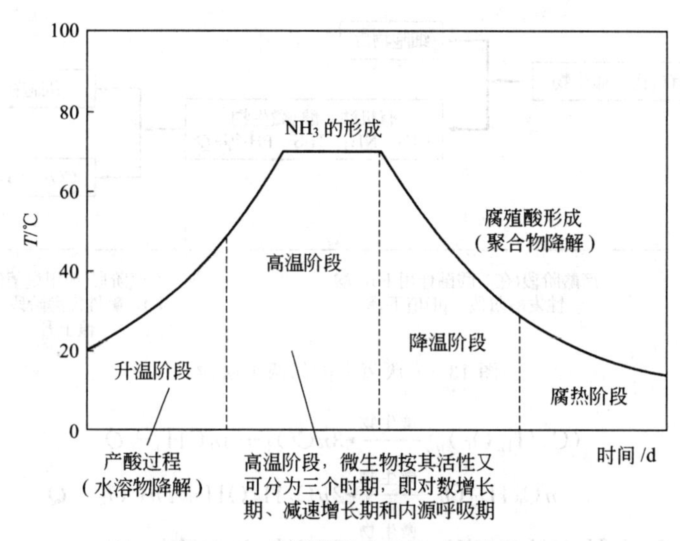

图 13-2　好氧堆肥过程的三个阶段

它是堆肥过程的初期阶段，在此阶段，堆层基本呈 15～45℃的中温，微生物以中温、需氧型为主，嗜温型微生物（嗜温菌）较为活跃，其中最主要的为细菌、真菌和放线菌，细菌特别适应水溶性单糖类，放线菌和真菌则对分解纤维素和半纤维素物质具有特殊功能，这些微生物分解利用堆肥中的可溶性易降解有机物（如葡萄糖、脂肪、碳水化合物）进行旺盛的繁殖。它们在转换和利用化学能的过程中，有一部分变成热能，由于堆料有良好的保温作用，温度不断上升。该阶段大约需时 1～3d。

② 高温阶段（45～65℃，3～8d）。当堆肥温度升到 45℃以上时，即进入高温堆肥阶段。在该阶段，嗜温性微生物受到抑制甚至死亡，取而代之的是嗜热性微生物（嗜热菌）。堆肥中残留的和新形成的可溶性有机物质继续被分解转化，复杂的有机化合物如半纤维素、纤维素和蛋白质开始被强烈分解。通常，在 50℃左右进行活动的主要是嗜热真菌和放线菌；当温度上升到 60℃时，真菌几乎完全停止活动，仅有嗜热性放线菌与细菌在活动；温度升到 70℃以上时，对大多数嗜热菌已不适宜，微生物大量死亡或进入休眠状态。高温阶段的适宜温度通常为 45～65℃，最佳温度为 55℃，需时 3～8d。

与细菌的生长繁殖规律一样，可将微生物在高温阶段生长过程分为三个时期，即对数生长期、减速生长期和内源呼吸期。在高温阶段微生物经历三个时期变化后，堆层内开始发生与有机物分解相对应的另一过程，即腐殖质的形成，此时堆肥化过程逐步进入稳定化状态。

③ 降温阶段或腐熟阶段（＜50℃，20～30d）。在内源呼吸后期，只剩下部分较难分解的有机物和新形成的腐殖质，此时微生物的活性下降，发热量减少，温度下降。在此阶段嗜温性微生物又占优势，对残余的较难分解的有机物做进一步分解，腐殖质不断增多且稳定化，此时堆肥过程进入腐熟阶段，需氧量大大减少，含水率也降低，堆肥物空隙增大，氧扩散能力增强，只需自然通风。该阶段温度通常在 50℃以下，需时 20～30d。

13.1.1.2　厌氧堆肥过程的基本原理

（1）堆肥过程中厌氧发酵的两个阶段　厌氧堆肥是在无氧条件下，借厌氧微生物的作用来进行的。下面用图 13-3 来说明有机物的厌氧发酵分解过程。

（2）堆肥的厌氧分解反应式（以纤维素为例）

$$(C_6H_{12}O_6)_n \xrightarrow{\text{微生物}} nC_6H_{12}O_6\text{(葡萄糖)} \qquad (13\text{-}8)$$

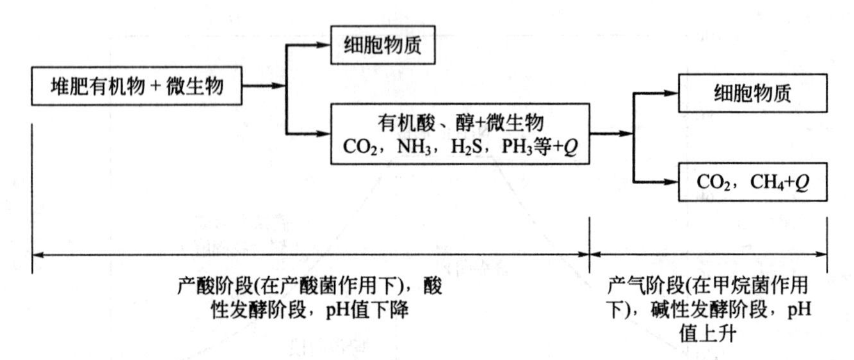

图 13-3　厌氧发酵的两个阶段

$$(C_6H_{12}O_6)_n \xrightarrow{\text{微生物}} 3nCO_2 + 3nCH_4 + Q \tag{13-9}$$

$$nC_6H_{12}O_6 \xrightarrow{\text{微生物}} 2nC_2H_5OH + 2nCO_2 + Q \tag{13-10}$$

$$2nC_2H_5OH + nCO_2 \xrightarrow{\text{微生物}} 2nCH_3COOH + nCH_4 \tag{13-11}$$

总反应式为

$$2nCH_3COOH \xrightarrow{\text{微生物}} 2nCH_4 + 2nCO_2 \tag{13-12}$$

13.1.1.3　堆肥发酵微生物

堆肥的初期有中温好氧的细菌和真菌分解碳水化合物蛋白质脂肪，同时散发热量，使温度升高至 50℃；好热性的细菌放线菌和真菌分解纤维素和半纤维素。温度升高至 60℃，真菌停止活动，继续有好热的细菌和放线菌分解纤维素和半纤维素。温度升高至 70℃，致病菌和虫卵被杀死，此时，一般的嗜热高温细菌和放线菌也停止活动，堆肥腐熟稳定。

13.1.1.4　有机堆肥好氧分解要求的条件

① C∶N 在 25∶1～30∶1 发酵最好，有机物含量若不够，可掺杂粪便。②湿度适当，30℃时，含水量应控制在 45%，45℃时，含水量控制在 50%左右。③氧要供应充分，通气量 0.05～0.2$m^3/(min \cdot m^2)$。④有一定数量的氮和磷，可加快堆肥速率，增加成品的肥力。⑤嗜温菌发酵最适温度 55～60℃，5～7d 能达到卫生无害化。整个发酵过程中 pH＝5.5～8.5，能自身调节，好氧发酵的前几天由于产生有机酸，pH＝4.5～5，随温度升高氨基酸分解产生氨，一次发酵完毕，pH 上升至 8.0～8.5，二次发酵氧化氨产生硝酸盐，pH 下降至 7.5 为中偏碱性肥料。由此看出，在整个发酵过程中，不需外加任何中和剂。⑥发酵周期 7d 左右。

13.1.1.5　堆肥工艺过程

按照目前的工艺特点，堆肥有下列三种分类方式。

(1) 根据微生物对氧气要求的不同，可分为好氧堆肥和厌氧堆肥

① 好氧堆肥。具有对有机物分解速度快、降解彻底的特点。一般一次发酵在 4～12 天，二次发酵在 10～30 天便可完成。由于好氧堆肥温度高，可以灭活病原体、虫卵和垃圾中的植物种子，使堆肥达到无害化。此外，好氧堆肥的环境条件好，不会产生难闻的臭气。目前采用的堆肥工艺一般均为好氧堆肥。但由于好氧堆肥必须维持一定的氧浓度，因此运转费用较高。

② 厌氧堆肥。是依赖专性和兼性厌氧细菌的作用降解有机物的过程，其特点是工艺简单。通过堆肥自然发酵分解有机物，不必由外界提供能量，因而运转费用低，且可对产生的甲烷气体加以利用。其缺点是厌氧堆肥周期长，一般需要 3～6 个月，而且易产生恶臭、占

地面积大，不适合广泛推广应用。

（2）按堆肥过程中物料运动形式，可分为静态堆肥和动态堆肥

① 静态堆肥。将收集的新鲜有机废物分批堆置。堆肥物一旦堆积以后，不再添加新的有机废物和翻动，待其在微生物生化反应完成之后，成为腐殖土后运出。静态堆肥适合于中、小城市厨余垃圾、下水污泥的处理。

② 动态堆肥。又称为连续或间歇式堆肥。采用连续或间歇进、出料的动态机械堆肥装置，具有堆肥周期短（3～7 天）、物料混合均匀、供氧均匀充足、机械化程度高、便于大规模机械化连续操作运行等特点。因此，动态堆肥适合于大中城市固体有机废物的处理。其缺点是动态堆肥要求高度机械化，并需要复杂的设计、施工技术和高度熟练的操作人员，而且一次投资和运转成本均较高。目前，动态堆肥工艺在发达国家已得到普遍的应用。

（3）按堆肥堆制方式分，可分为无发酵装置堆肥和装置式堆肥

① 无发酵装置堆肥。即露天堆肥，物料在开放的场地上堆成条垛或条堆进行发酵。通过自然通风、翻堆或强制通风方式，以供给有机物降解所需的氧气。这种堆肥所需设备简单，成本投资较低。其缺点是发酵周期长，受气候的影响大，有恶臭，常导致蚊蝇、老鼠滋生。这种堆肥仅易在农村或偏远的郊区应用。

② 装置式堆肥。亦称封闭式堆肥或密闭型堆肥，是将堆肥物密闭在堆肥发酵设备中，如发酵塔、发酵筒、发酵仓等，通过风机强制通风提供氧源，或不通风厌氧堆肥。装置式堆肥具有机械化程度高、堆肥时间短、占地面积小、环境条件好、堆肥质量可控制等优点，适用于大规模工业化生产。

13.1.2　沼气发酵

沼气发酵又称厌氧发酵，是指有机物质（如作物秸秆、杂草、人畜粪便、垃圾、污泥等）在厌氧条件下，通过种类繁多、数量巨大、功能不同的各类微生物的分解代谢而被稳定，同时伴随有甲烷和二氧化碳产生的过程。沼气发酵的产物——沼气是一种比较清洁的能源。同时发酵后的渣滓又是一种优质肥料，实践证明，沼肥对不同农作物均有不同程度的增产效果。

13.1.2.1　沼气发酵的基本原理

有机物的厌氧发酵过程可分为液化、产酸和产甲烷三个阶段，三个阶段各有其独特的微生物类群起作用。

（1）液化阶段　由厌氧或兼性厌氧的水解性细菌或发酵细菌起作用，该过程可将纤维素、淀粉等糖类水解为单糖进而形成丙酮酸；将蛋白质水解成氨基酸再形成有机酸和氨；将酯类水解成甘油和脂肪酸，并进一步形成丙酸、乙酸、丁酸、琥珀酸、乙醇、氢气和二氧化碳。本阶段的水解性菌有梭菌属、杆菌属、弧菌属等专性厌氧菌；兼性厌氧菌有链球菌属和一些肠道菌等。

（2）产酸阶段　由产氢产乙酸细菌利用第一阶段产生的各种有机酸分解成乙酸、氢气和二氧化碳。以上两阶段起作用的细菌统称为不产甲烷菌。

（3）产甲烷阶段　由严格厌氧的产甲烷菌群完成。它们只能利用一碳化合物（CO_2、甲醇、甲酸、甲基胺和 CO）、乙酸和氢气形成甲烷，其中约有 30%来自 H_2 的氧化和 CO_2 还原，70%则来自乙酸盐。

在上述三个阶段中，产甲烷菌形成甲烷是关键。其中产甲烷菌是自然界碳素循环中厌氧生物链的最后一个成员，对自然界物质循环关系重大。

13.1.2.2　沼气发酵的影响因素

（1）厌氧条件　产酸阶段的不产甲烷微生物大多数是厌氧菌，需要在厌氧条件下，把复

杂的有机物分解成简单的有机酸等。而产气阶段的产甲烷细菌更是专性厌氧菌，不仅不需要氧，而且氧对产甲烷细菌反而有毒害作用。判断厌氧程度一般用氧化还原电位 Eh 表示。严格厌氧的产甲烷菌要求 Eh 为－300～－350mV；而一些兼性产酸细菌则为－100～＋100mV就能正常生活。为了保证厌氧条件，必须修建严格密闭的沼气池，保证沼气池不漏水、不漏气。

(2) 温度　厌氧消化与温度有密切的关系。一般来讲，池内发酵温度在10℃以上，只要其他条件配合得当就可以开始发酵，产生沼气。不过在一定范围内，温度越高微生物活性越强，不但产气量增大，而且可以加速细菌的代谢使分解速度加快。根据温度不同，可把发酵过程分为常温发酵（低于20℃）、中温发酵（30～36℃）及高温发酵（50～53℃）。

(3) pH　产甲烷微生物细胞内的细胞质 pH 一般呈中性。但对于产甲烷细菌来说，维持弱碱性环境是十分必要的，当 pH 低于 6.2 时，它就会失去活性。因此，在产酸菌和产甲烷细菌共存的厌氧消化过程中，系统的 pH 应控制在 6.5～7.8 之间，最佳范围是 7.0～7.2。为提高系统对 pH 的缓冲能力，需要维持一定的碱度，可通过投加石灰或含氮物料的办法进行调节。

(4) 营养和原料处理　充足的发酵原料是产生沼气的物质基础。各种微生物在其生命活动过程中不断地从外界吸收营养，以构成菌体和提供生命活动所需的能量。同时，在降解有机物质过程中形成许多中间代谢产物。厌氧发酵要求的碳氮比例并不十分严格，原料的碳氮比例为 15∶1～30∶1，即可正常发酵。一般将贫氮有机物（如作物秸秆等）和富碳有机物（如人畜粪尿、污泥等）进行合理配比，从而得到合适的碳氮比。

(5) 搅拌　在常规的发酵池中，发酵液通常自然分为四层，从上到下分别为浮渣层、上清层、活性层和沉渣层。有效地搅拌可以增加物料与微生物接触的机会，使系统内的物料和温度分布均匀，还可以使反应产生的气体迅速排出。对于流体状态或半流体状态的污泥，可以采用其他搅拌、机械搅拌、泵循环等方法；但对于固体状态的物料，通常的搅拌方式往往难以奏效，可以通过循环浸出液的方式替代搅拌。

(6) 接种污泥　厌氧消化中细菌数量和种群会直接影响甲烷的生成。含有丰富沼气微生物数量的污泥叫接种物。在处理废水时，由于废水中含有的沼气菌数量比较少，所以开始时必须接种。不同来源的厌氧发酵接种物，对产气和气体组成有不同的影响。酒厂、屠宰场和城市下水污泥活性较强，可直接作为接种物添加。添加接种物可促进产气过程，提高产气率。也可把现有污水处理厂和工业厌氧发酵罐的发酵液作为“种”使用，可缩短菌体增殖的时间。使用工业废水为原料的沼气池启动时，特别要注意接种。

13.1.2.3　沼气发酵工艺

厌氧发酵工艺类型较多，按发酵温度、发酵方式、发酵级差的不同划分几种类型。使用较多的是按发酵温度划分厌氧发酵工艺类型。

(1) 高温发酵工艺　高温发酵工艺的最佳温度范围是 48～55℃，此时有机物分解旺盛，发酵快，产气量高。物料在厌氧池内停留时间短，非常适合于城市垃圾、粪便和有机污泥的处理。

(2) 中温发酵工艺　发酵温度维持在 30～35℃的沼气发酵，该发酵工艺有机物消化速度快，产气率较高，与高温发酵相比中温发酵所需的热量要少得多。从能量回收的角度，该工艺被认为是较理想的发酵工艺。目前世界各国的大、中型沼气工程普遍采用此工艺。

(3) 常温发酵工艺　常温发酵是指在自然温度下进行的厌氧发酵。该工艺的发酵温度不受人为控制，基本上随外界的温度而变化，因此夏季产气率高，冬季产气率低。其优点是沼气池结构相对简单，造价低。

13.1.3 有机固体废物的卫生填埋

卫生填埋法是在堆肥法的基础上发展起来的，始于 20 世纪 60 年代，其原理与厌氧堆肥相同，都是利用好氧微生物、兼性厌氧微生物和专性厌氧微生物对有机物质进行分解转化，使之最终达到稳定化。

按规范要求，填埋场选址通常在市郊，有机固体废物须分层填埋并压实，每层厚度一般为 2.5～3m，层与层之间须覆土 20～30cm。填埋场底部要铺设水泥层，以防渗滤液渗漏造成地下水污染。为防止渗滤液造成二次污染，须在填埋场底部铺设渗滤液收集管，以便排放和处理。垃圾填埋后，由于微生物的厌氧发酵，会产生 CH_4、CO_2、NH_3、CO、H_2、H_2S 及 N_2 等气体，因此，在填埋场内还需按一定路径铺设排气管道，以收厌氧分解过程中产生的甲烷等气体。

填埋的废弃物分解速度较慢，一般经 5 年发酵产气。填埋坑中微生物的活动过程一般分为以下几个阶段：a. 好氧分解阶段。是垃圾填埋后的初始阶段，由于大量空气的存在，各种好氧微生物比较活跃，垃圾只是好氧分解，此阶段时间的长短取决于分解速度，可以由几天到几个月，好氧分解将填埋层中的氧耗尽以后进入第二阶段。b. 厌氧分解不产甲烷阶段。此阶段微生物利用 NO_3^- 和 SO_4^{2-} 作为电子受体，产生硫化物、N_2 和 CO_2，硫酸盐还原菌和反硝化细菌的繁殖速度大于产甲烷细菌。随着氧化还原电位的不断降低和高分子有机物的不断分解，产甲烷菌逐渐活跃，甲烷的产量逐渐增加，随后便进入稳定产气阶段。c. 稳定产气阶段。此阶段稳定地产生二氧化碳和甲烷等气体。填埋场气体一般含有 40%～50%的 CO_2 和 30%～40%的 CH_4 以及其他气体。所以，填埋场的气体经过处理以后可以作为能源加以回收利用。

填埋场产生的渗滤液，化学组分复杂，含有大量有机酸，氨氮含量高，还含有重金属，须用厌氧-缺氧-好氧生物处理方法综合处理，最后用化学混凝剂混凝、沉淀后再排放到水体，净化程度高。

13.2 废气的微生物处理

大气中的废气来源很多，有各类化工厂、纤维厂、石油化工、发电厂、垃圾焚烧场等的废气和汽车尾气，污水处理厂和垃圾焚烧场均产生臭气。废气中含有许多有毒的污染物，散发挥发性有机污染“三致”物，还有恶臭、强刺激、强腐蚀及易燃易爆的组分，导致空气污染。有些大气污染物可与大气中的其他成分发生化学或光化学反应，形成诸如硫酸烟雾和光化学烟雾等二次污染物，造成严重的公害事件。

13.2.1 废气的处理方法

废气的处理过去常采用物理和化学方法，如吸附、吸收、氧化及等离子转化法。近年来生物净化法也被用于废气处理。如同废水处理一样，生物净化法是经济有效的方法。生物净化有植物净化法和微生物净化法。绿化就是利用植物吸收和转化大气中的污染物，如 SO_2，当然植物最主要是吸收空气中 CO_2。废弃的微生物净化处理是利用微生物的生物化学作用，使污染物分解，转化为无害或少害的物质。

微生物净化法具有设备简单、能耗低、不消耗有用原料、安全可靠、无二次污染等优点，并可就地及时处理各种恶臭污染源的废气。最初对氨气 H_2S 等臭气研究较多，还有甲硫醇（MM）、二甲基硫醚（DMS）、二甲基二硫醚（DMDS）、二甲基亚砜（DMSO）、二硫化碳（CS_2）、SO_2。现在挥发性有机物（VOCs）也成为研究的热点。由于上述物质呈气态，必须先将这些物质溶于水后才能用微生物法处理。废气的组分较单一，不能满足微生物全部营养要求，故需添加营养。

微生物净化气态污染物的装置有生物吸收池、生物洗涤池、生物滴滤池和生物过滤池，生物过滤池应用较多，技术成熟。德国和荷兰建有几百座生物滤池，多数处理食品和屠宰业的废气，处理效果很好。

13.2.2 含硫恶臭污染物及 NH_3、CO_2 的微生物处理

13.2.2.1 含硫恶臭污染物的净化

氧化硫的细菌代谢途径如下。

① 含硫恶臭污染物有 H_2S、甲硫醇（MM）、二甲基硫醚（DMS）、二甲基二硫醚（DMDS）和二甲基亚砜（DMSO、CH_3OSCH_3）。

② 生丝微菌属对 DMSO 代谢的结果是产生 H_2SO_4 和 CO_2，而其中间代谢产物 HCHO 经丝氨酸途径同化、合成细胞物质。

自养性的硫杆菌属（*Thiobacillus*）和甲基型的生丝微菌属（*Hyphomicrobium*）与一般硫化细菌代谢一致。

③ 黄单胞菌属（*Xanthomonas*）。DY44 对硫的代谢独特，它氧化 H_2S 和甲硫醇（MM）不形成 H_2S 或 SO_4^{2-}，而是形成类似于元素硫的聚合物。

④ 食酸假单胞菌（*Psedomonas acidovorance*）。只氧化 DMS 为 DMSO 就不再继续氧化。

⑤ 硫杆菌属（*Thiobacillus*）。既能氧化上述恶臭硫化物，也能氧化 S、$S_2O_3^{2-}$ 和 $S_4O_6^{2-}$。

⑥ 排硫硫杆菌 E6 菌株氧化 DMDS 为 H_2SO_4 和 CO_2。

⑦ 硫杆菌属 ASN-1 菌株氧化 DMS，能利用 NO_2^- 和 NO_3^- 作为最终电子受体，依靠钴胺酰胺（X）（甲基携带剂）引发的甲基转移反应而将其氧化为 HCOOH 和 H_2S。

⑧ 排硫硫杆菌 TK-m 菌株氧化 CS_2 经 COS 和 H_2S，进一步氧化为 H_2SO_4 和 CO_2。

⑨ 氧化硫的杆菌氧化 H_2S、S、$S_2O_3^{2-}$ 和 SO_3^{2-} 为 H_2SO_4。

氧化恶臭硫化物的细菌见表 13-3。

表 13-3 生物处理恶臭硫化物的细菌及其生理特性

微生物名称	营养类型	代谢硫化物活性					最适 pH	最适温度/℃
		H_2S	MM	DMS	DMDS	CS_2		
生死微菌属 *Hyphomicrobium sp. S*	甲基营养	+	+	+	−	−	7	25～30
Hyphomicrobium sp. EG	甲基营养	+	+	+	−	−	7	25～30
Hyphomicrobium sp. 155	甲基营养	+	+	+	−	−	7	25～30
排硫硫杆菌 *Thiobacillus thioparus DW* 44	化能自养	+	+	+	+	−	6.6～7.2	28
Thiobacillus sp. HA 43	化能自养	+	+	+	+	−	4～5	30
Thiobacillus thioparus TK-m	化能自养	+	+	−	−	−	6.6～7.2	30
Thiobacillus thioparus E 6	化能自养	+	+	+	−	+	6.6～7.2	30
Thiobacillus thioparus T 5	化能自养	+	+	−	+	−	6.6～7.2	30
*Thiobacillus sp. ASN-*1	化能自养	+	+	+	−	−	6.6～7.2	30
黄单胞菌属 *Xanthomnas sp. DY* 44	化能异养	+	+	−	−	−		25～27
食酸假单胞菌 *Pseudomonas acidovorans DMR-*11	化能异养	−	−	+	−	−		30

几种恶臭硫化物生物氧化活性的顺序是：H_2S＞MM＞DMDS＞DMS。

13.2.2.2　废气中 NH_3 和 CO_2 的净化

CO_2 大量排放入大气，对人体没有直接毒害作用，但会引起“温室效应”，大量 NH_3 排放入大气也会引起“温室效应”。为此，解决废气中的 CO_2 和 NH_3 非常必要。

单纯含 NH_3 或单纯含 CO_2 的废气可合在一起，调节两者的比例用硝化细菌处理。首先将 NH_3 溶于水，再通入生物滴滤池。同时按氨氧化菌和亚硝酸氧化菌要求的 C∶N 通入 CO_2 和无机营养盐，再通入空气即可运行处理。氨被氧化成 NO_3^-，同时 CO_2 被同化、合成硝化菌的细胞质。

净化 CO_2 除植物外，还可采用对人类有经济价值的藻类。日本开发利用某些海藻在光合作用同化 CO_2 时合成谷氨酸，培养液经过滤除藻体，从滤液中收获得谷氨酸钠。

13.2.2.3　废气中挥发性有机污染物生物处理

废气中挥发性有机污染物包括苯及其衍生物酚、醇类、醛类、酮类和脂肪酸等。挥发性有机污染物中有许多是“三致物”，净化此类污染物受到人们的高度重视。

生物处理挥发性有机污染物时，用得较多的仍是生物滴滤池法。废气先经除尘、调节温度后再进生物滴滤池。降解挥发性有机污染物的微生物主要包括放线菌和真菌。处理苯系有机物的细菌有黄杆菌（*Flavobacterium*）、假单胞菌属（*Pseudomonas*）和芽孢杆菌属（*Bacillus*）。处理温度常控制在 25～35℃，pH＝7～8，湿度 40%～60%，有的控制在 95%以上。营养物的 C∶N∶P＝200∶10∶1，有的按 C∶N∶P＝100∶5∶1 供给营养，气体流速控制在 $500m^3/h$ 以下。据报道，处理负荷为 $70m^3$ 苯乙烯废气/(m^3 填料·h)，停留时间 30s，苯乙烯的去除率可达 96%。

思考题

1. 何谓堆肥法、堆肥化和堆肥？
2. 叙述好氧堆肥的机理。参与好氧堆肥发酵的微生物有哪些？
3. 好氧堆肥的运行条件有哪些？
4. 好氧堆肥法有几种工艺？简述各个工艺过程。
5. 厌氧堆肥和卫生填埋的机理是什么？
6. 为什么废气要处理？其处理工艺有哪些？
7. 恶臭污染物有哪些？分别有哪些微生物处理？叙述其代谢途径。

第 14 章　污染环境的微生物修复

工业生产中有毒有害等污染物的排放，农业生产使用的农药以及化学品在运输和贮藏过程中的泄漏都会导致厂区或者事故发生地及周边的水环境或土壤被污染，海洋石油泄漏就属于这种情况。污染物还可能渗入地下，导致地下水受到污染。

利用生物将土壤、地表水及地下水或海洋中的危险性污染物现场去除或降解的工程技术统称为生物修复。生物修复主要利用天然的或接种的生物，并通过工程措施为生物生长与繁殖提供必需的条件，从而加速污染物的降解与去除。污染物的生物修复是一个新的领域，出现了许多新的技术。就利用微生物分解化合物而言，生物修复既不是新概念也不是新技术。但如对当前广泛存在的地表以下污染源的就地恢复而言，实际上不存在有形的反应器，其运行过程的调控涉及多学科的理论知识。

生物修复的目的是将有机污染物的浓度降低到低于控制限或低于环保部门规定的浓度，这项技术正被用于修复土壤、地下水、受污染的地表水体。生物修复要去除的污染物包括石化产品、多环芳烃、卤代烷烃、卤代芳烃、重金属等，金属虽然不能被生物降解，但生物修复可以通过微生物将其基本转移或降低其毒性。

到目前为止，生物修复技术的种类有很多，但大致可分为原位和异位两类。原位生物修复不需将土壤挖走或就在地下对地下水进行处理，其优点是费用较低但较难严格控制；异位生物修复则需要将污染物质通过某种途径从污染现场运走，这种运输可能会增加费用，但处理过程中便于对修复过程进行控制。

14.1　生物修复技术生物学原理

14.1.1　生物修复

14.1.1.1　背景和发展

广义的生物修复通常是指利用各种生物（包括微生物、动物和植物）的特性，吸收、降解、转化环境中的污染物，使受污染的环境得到改善的治理技术，一般分为植物修复、动物修复和微生物修复三种类型。

狭义的生物修复通常是指在自然或人工控制的条件下，利用特定的微生物降解、清除环境中污染物的技术。

最早的生物修复应用是污泥耕作，即将炼油废物施入土壤，并添加营养，以促进降解碳氢化合物的微生物生长。这之后，采用生物处理技术来处理受有毒有害污染物污染的土壤就逐渐引起人们的重视。

1972 年美国清除宾夕法尼亚州的 Ambler 管线泄漏的汽油是史料所记载的首次应用生物修复技术。开始时生物修复的应用规模很小，处于试验阶段。直到 1989 年，美国阿拉斯加海域受到大面积石油污染以后，才首次大规模应用生物修复技术。生物修复受污染的阿拉斯加海滩的成功，最终得到了环保局的认可，所以说阿拉斯加海滩溢油的生物修复是生物修复发展的里程碑。

欧洲各发达国家从 20 世纪 80 年代中期就对生物修复进行初步的研究，并完成了一些实际的处理工程，结果表明生物修复技术是有效的、可行的。目前德国、丹麦和荷兰在这方面的研究工作处于领先地位，英国、法国、意大利以及一些东欧国家也紧随其后，整个欧洲从事生物修复工程技术的研究机构和商业公司大约有近百个。他们的研究证明，利用微生物分解有毒有害污染物的生物修复技术是治理大面积污染区域的一种有价值的方法。目前已有的研究结果表明，生物修复技术具有以下优点。

① 费用低。生物修复技术是所有处理技术中最便宜的，只是传统物理、化学修复的30%～50%。20 世纪 80 年代末采用生物修复技术处理每立方米的土壤需 75～200 美元，而采用焚烧或填埋处理需 200～800 美元。

② 环境影响小。生物修复只是一个自然过程的强化，其最终产物是二氧化碳、水和脂肪酸等，不会形成二次污染或导致污染物转移，并且可以现场进行，减少运输费用和人类直接接触的机会，达到将污染物永久去除的目标。

③ 最大限度地降低污染物浓度。生物修复技术可以将污染物的残留浓度降到很低，如某一受污染的土壤经生物修复技术处理后，苯、甲苯和二甲苯的总浓度降为 0.05～0.10mg/L，甚至低于检测限度。

④ 处理其他技术难以应用的场地。如受污染土壤位于建筑物或公路下而不能挖掘和搬出时，可以采用原位生物修复技术，因而生物修复技术的应用范围有其独到的优势。

⑤ 生物修复技术可与其他技术联合使用，处理复合污染。

当然，生物修复技术有其自身的局限性：

① 微生物不能降解所有进入环境的污染物，有些化学品不易或根本不能被生物降解，如多氯代化合物和重金属。

② 生物修复需要具体考察，进行生物可处理性研究和处理方案可行性评价的费用要高于常规方法。

③ 有些化学品经微生物降解后，其产物毒性和迁移性与母体化合物相比反而增加，如三氯乙烯厌氧降解后形成的氯乙烯是致癌物。

④ 受各种环境因素的影响较大。

⑤ 有些情况下，生物修复不能将污染物全部去除，因为，当污染物浓度太低不足以维持一定数量的微生物生存时，残余的污染物就会留在土壤或水体中。

14.1.1.2　用于生物修复的微生物

可以用来作为生物修复菌种的微生物分为三大类型：土著微生物、外来微生物和基因工程菌（GBM）。

（1）土著微生物　微生物降解有机化合物的巨大潜力，是生物修复的基础。自然环境中存在着各种各样的微生物，在遭受有毒有害的有机物污染后，实际上就自然地存在着一个驯化选择过程，一些特异的微生物在污染物的诱导下产生分解污染物的酶系，进而将污染物降解转化。

目前，在大多数生物修复工程中实际应用的都是土著微生物，其原因一方面是由于土著微生物降解污染物的潜力巨大，另一方面也是因为接种的微生物在环境中难以保持较高的活性以及工程菌的应用受到较严格的限制，引进外来微生物和工程菌时必须注意这些微生物对该地土著微生物的影响。

当处理包括多种污染物（如直链烃、环烃和芳香烃）的污染时，单一微生物的能力通常很有限。土壤微生态试验表明，很少有单一微生物具有降解所有这些污染物的能力。另外，化学品的生物降解通常是分步进行的，在这个过程中包括了多种酶和多种微生物的作用，一种酶或微生物的产物可能成为另一种酶或微生物的底物。因此在污染物的实际处理中，必须考虑要接种多种微生物或者激发当地多样的土著微生物。土壤微生物具有多样性的特点，任何一个种群只占整个微生物区系的一部分，群落中的优势种会随土壤温度、湿度以及污染物特性等条件发生变化。

（2）外来微生物　土著微生物生长速度缓慢，代谢活性低，或者由于污染物的影响，会造成土著微生物的数量急剧下降，在这种情况下，往往需要一些外来的降解污染物的高效菌。采用外来微生物接种时，都会受到土著微生物的竞争，因此外来微生物的投加量必须足够多，使之成为优势菌种，这样才能迅速降解污染物。这些接种在环境中用来启动生物修复的微生物称为先锋生物，它们所起的作用是催化生物修复的限制过程。

现在国内外的研究者正在努力扩展生物修复的应用范围。一方面，他们在积极寻找具有广谱降解特性、活性较高的天然微生物；另一方面，研究在极端环境下生长的微生物，试图将其用于生物修复过程。这些微生物包括极端温度、耐强酸或强碱、耐有机溶剂等种类。这类微生物若用于生物修复工程，将会使生物修复技术提高到一个新的水平。

目前用于生物修复的高效降解菌大多是多种微生物混合而成的复合菌群，其中不少已被制成商业化产品。如光合细菌（*photosynthetic bacteria*，PSB），这是一大类在厌氧光照下进行不产氧光合作用的原核微生物的总称。目前广泛使用的PSB菌剂多为红螺菌科（Rhodospiri Uaceae）光合细菌的复合菌群，它们在厌氧光照及好氧黑暗条件下都能以小分子有机物为基质进行代谢和生长，因此对有机物具有很强的降解转化能力，同时对硫、氮素也起了很大的作用。目前国内许多高校、科研院所和微生物技术公司都有PSB菌液、浓缩液、粉剂及复合菌剂出售，这些复合菌群在水产养殖水体及天然有机物污染河道的应用中取得了一定的效果。美国CBS公司开发的复合菌剂，内含光合细菌、酵母菌、乳酸菌、放线菌、硝化菌等多种生物，经对成都府南河、重庆桃花溪等严重有机污染河道的试验，对水体的COD、BOD、NH_4^+-N、TP及底泥的有机质有一定的降解转化效果。美国的Polybac公司推出的20多种复合微生物制剂，可分别用于不同种类有机物的降解、氨氮转化等。日本Anew公司研制的EM生物制剂，由光合细菌、乳酸菌、酵母菌、放线菌等共约10个属30多种微生物组成，已被用于污染河道的生物修复。其他用于生物修复的微生物制剂尚有DBC（dried bacterial culture）及美国的LLMO（1iquid live microorganisms）生物制液，后者含芽孢杆菌、假单胞菌、气杆菌、红色假单胞菌等7种细菌。

（3）基因工程菌　现代生物技术为基因工程菌的构建打下了坚实的基础，通过采用遗传工程的手段将降解多种污染物的降解基因转入到一种微生物细胞中，使其具有广谱降解能力；或者增加细胞内降解基因的拷贝数来增加降解酶的数量，以提高其降解污染物的能力。Chapracarty等为消除海上石油污染，将假单胞菌中的不同菌株CAM、OCT、Sal、NAH 4种降解性质粒结合转移至一个菌之中，构建出一株能同时降解芳香烃、多环芳烃、萜烃和脂肪烃的“超级细菌”。该细菌能将浮油在数小时内消除，而使用天然菌要花费一年以上的时间。该菌已取得美国专利，这在污染降解工程菌的构建历史上是第一块里程碑。

R. J. Klenc等从自然环境中分离到一株能在5～10℃水温中生长的嗜冷菌恶臭假单胞菌（*Pseudomonasputida*）Q5，将嗜温菌*Pseudomonasputidapaw*所含的降解质粒TOL转入该菌株中，形成新的工程菌株Q5T。该菌在温度低至10℃时仍可利用质量浓度为1000mg/L的甲苯为异氧碳源正常生长，在实际的应用中价值很高。瑞士的Kulla分离到两株分别含有两种可降解偶氮染料的假单胞菌，应用质粒转移技术获得了含有两种质粒、可同时降解两种染料的脱色工程菌。

尽管利用遗传工程提高微生物生物降解能力的工作已取得了巨大的成功，但是目前美国、日本和其他大多数国家对工程菌的实际应用有严格的立法控制，在美国工程菌的使用受到“有毒物质控制法”（TSCA）的管制。因此尽管已有许多关于工程菌的实验室研究，但至今还未见现场应用的报道。

14.1.1.3　影响生物修复的因素

（1）营养盐　微生物的生长需要维持一定的碳氮磷等营养物质及某些微量营养元素，在生物修复过程中经常会出现缺乏氮、磷等营养而降解甚慢。在治理石油类污染物及缺乏 N、P 的环境中，投加氮、磷盐后能明显促进微生物的生长，加速生物降解作用。

（2）电子受体　环境中的有机物在微生物的作用下被氧化分解时需耗氧，因此在受到严重污染时，水体或土壤中的溶解氧往往消耗殆尽，这时生态系统会遭到破坏，造成食物链中断，物质的转化和循环也随之终止，因此溶解氧水平也是生物修复中的重大影响因素之一。为了增加土壤和水体中的溶解氧，可以采用人工曝气的方式，在紧急情况下也可向污染环境中投加双氧水、过氧化钙类产氧剂，或添加硝酸盐、硫酸盐类电子受体。

（3）pH 值　微生物对环境 pH 值非常敏感，pH 值的变化会对微生物降解污染物的速率和活性产生很大影响。河流的 pH 对于大多数微生物都是合适的，一般不需要进行调节，只有在特定地区才需要对环境的 pH 进行调节。

（4）温度　微生物可生长的温度范围较广，但每一种微生物只在一定的温度范围内生长。一般而言，微生物生长的最佳温度为 25～30℃。通常随着温度的下降，生物的活性也降低，在 0℃时生物活动基本停止。温度决定生物修复的快慢，在实际处理中温度是不可控制的因素，在设计处理方案时应充分考虑温度对生物修复过程的影响。

14.1.2　生物修复的主要方法

根据生物修复中人工干预的程度，可以分为自然生物修复、人工生物修复，后者又可分为原位生物修复、异位生物修复。原位修复技术是指在受污染的地区直接采用生物修复技术，不需将污染物挖掘和运输，一般采用土著微生物，有时也加入经过驯化的微生物，常常需要用各种措施进行强化。常用的原位修复技术有生物培养法、投菌法、土地耕作法、生物通风法、植物修复法。异位修复技术是指将被污染的土壤或地下水从被污染地取出来，经运输后再进行治理的技术，一般借助于生物反应器处理。常用的异位修复技术有反应器处理、制床处理、堆肥式处理、厌氧处理。

14.2　生物修复工程

14.2.1　土壤生物修复

就土壤来说，目前实际应用的生物修复工程技术有三种。

14.2.1.1　原位处理

这种方法是在受污染地区直接采用生物修复技术，不需要将土壤挖出和运输。一般采用土著微生物处理，有时也加入经过驯化和培养的微生物以加速处理，需要用各种工程化措施进行强化，例如，在受污染区钻井，井分为两组，一组是注水井，用来将接种的微生物、水、营养物和电子受体等物质注入土壤中，另一组是抽水井，通过向地面上抽取地下水造成所需要的地下水在地层中流动，促进微生物的分布和营养等物质的运输，保持氧气供应（图 14-1）。通常需要的设备是水泵和空压机。有的系统在地面上还建有采用活性污泥法等手段的生物处理装置，将抽取的地下水处理后再注入地下。

该工艺是较为简单的处理方法，费用较省，不过由于采用的工程强化措施较少，处理时间会有所增加，而且在长期的生物修复过程中，污染物可能会进一步扩散到深层土壤和地下

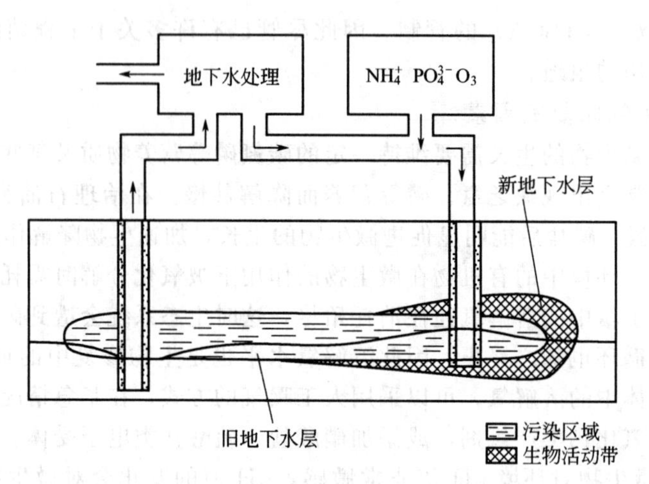

图 14-1 生物修复原位处理方式示意图

水中，因而适用于处理污染时间较长、状况已基本稳定的地区或者受污染面积较大的地区。

生物通风（bioventing）是原位生物修复的一种方式。在这些受污染地区，土壤中的有机污染物会降低土壤中的氧气浓度，增加二氧化碳浓度，进而形成抑制污染物进一步生物降解的条件。因此，为了提高土壤中的污染物降解效果，需要排出土壤中的二氧化碳和补充氧气，生物通风系统就是为改变土壤中气体成分而设计的（图 14-2）。生物通风方法现已成功地应用于各种土壤的生物修复治理，这些被称为“生物通风堆”的生物处理工艺主要是通过真空或加压进行土壤曝气，使土壤中的气体成分发生变化。生物通风工艺通常用于由地下储油罐泄漏造成的轻度污染土壤的生物修复。由于生物通风方法在军事基地成功地应用，美国空军将生物通风方法列为处理受喷气机燃料污染土壤的一种基本方法。

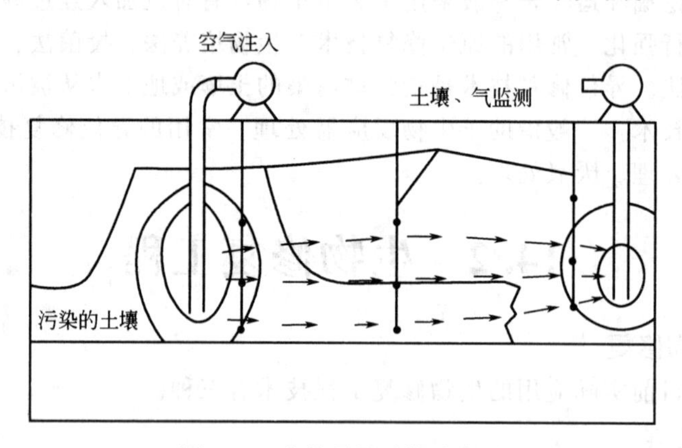

图 14-2 生物通风系统示意图

14.2.1.2 挖掘堆置处理

该法又称处理床或预备床，就是将受污染的土壤从污染地区挖掘起来，防止污染物向地下水或更广大地域扩散，将土壤运输到一个经过各种工程准备（包括布置衬里、设置通风管道等）的地点堆放，形成上升的斜坡，并在此进行生物修复的处理，处理后的土壤再运回原地（图 14-3）。复杂的系统可以带管道并用温室封闭，简单的系统就只是露天堆放。有时首先将受污染土壤挖掘起来运输到一个地点暂时堆置，然后在受污染的原地进行一些工程准备，再把受污染土壤运回原地处理。

堆置式修复是利用传统的积肥方法，将污染土壤与有机废物（木屑、秸秆、树叶等）、

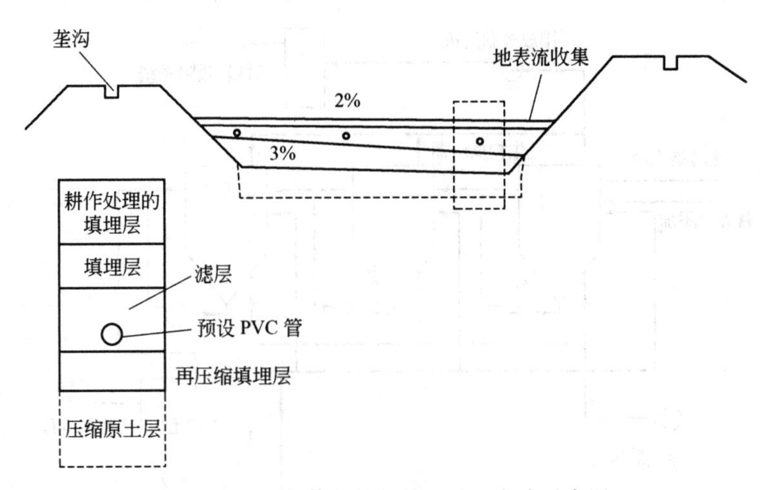

图 14-3　生物修复挖掘堆置处理方式示意图

粪便等混合起来，依靠堆肥过程中微生物的作用来降解土壤中难降解的有机污染物。堆置式修复过程包括调整降解和低速降解两个连续阶段。在第一阶段，微生物活动很强烈，耗氧和降解的速率均很高，要非常注意供氧，可以通过强制通风或频繁混合供氧，但也需注意高温和气味的产生。第二阶段一般不需要强制通风或混合，通常可以通过自然对流供氧。由于微生物活动大量减少、供能减少，所以温度不高，气味不重。第二阶段通常异地进行，以通过某种程度的混合使完全降解的部分再进行降解，但对有毒化合物，会增加物料泄漏的可能和操作接触的危险，所以，一般尽量不进行移动。

这种技术的优点是可以在土壤受污染之初限制污染物的扩散和迁移，减小污染范围。但用在挖土方和运输方面的费用显著高于原位处理方法。另外在运输过程中可能会造成污染物进一步暴露，还会由于挖掘而破坏原地点的土壤生态结构。

14.2.1.3 反应器处理

生物反应器处理污染土壤是将受污染的土壤挖掘起来，与水混合后，在接种了微生物的反应器内进行处理，其工艺类似于污水生物处理方法（图 14-4）。处理后的土壤与水分离后，经脱水处理再运回原地。反应装置不仅包括各种可拖动的小型反应器，也有类似稳定塘和污水处理厂的大型设施。反应器可以使土壤及其添加物如营养盐、表面活性剂等彻底混合，能很好地控制降解条件，如通气、控制温度、控制湿度及提供微生物生长所需要的各种营养物质，因而处理速度快，效果好。

高浓度固体泥浆反应器能够用来直接处理污染土壤，其典型的方式是液固接触式。与已有的土壤修复技术相比，生物泥浆反应器以水相为处理介质，污染物、微生物、溶解氧和营养物的传质速度很快，而且避免了复杂不利的自然环境变化，各种环境条件便于控制在最佳状态，因此反应器处理污染物的速度明显加快。有研究表明，生物泥浆反应器的污染物降解速率是其他修复技术的 10 倍以上。

和前两种处理方法相比，反应器处理的一个主要特征是以水相为处理介质，而前两种处理方法是以土壤为处理介质。

由于以水相为主要处理介质，污染物、微生物、溶解氧和营养物的传质速度快，且避免了复杂而不利的自然环境变化，各种环境条件（如 pH、温度、氧化还原电位、氧气量、营养物浓度、盐度等）便于控制在最佳状态，因此反应器处理污染物的速度明显加快，但其工程复杂，处理费用高。另外，在用于难生物降解物质的处理时必须慎重，以防止污染物从土

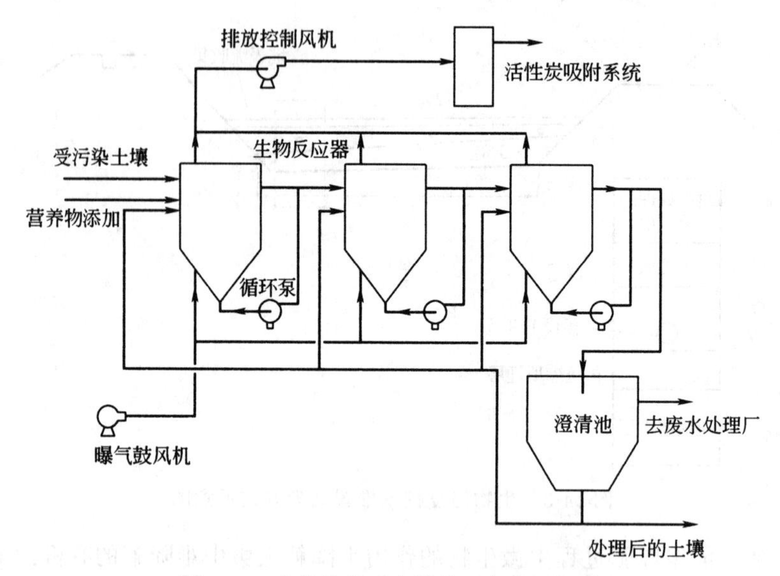

图 14-4　生物修复反应器处理方式示意图

壤转移到水中。

14.2.2　地下水生物修复

（1）原位处理　与土壤基本相同，参见上文所述。

（2）物理拦阻　使用暂时的物理屏障以减缓并阻滞污染物在地下水中的进一步迁移，该方法在一些受有毒有害污染物污染的地点已取得成功的经验。

（3）地上处理　又称为抽取-处理技术，该技术是将受污染的地下水从地下水层中抽取出来，然后在地面上用一种或多种工艺处理（包括汽提法去除挥发性物质、活性炭吸附、超滤臭氧/紫外线氧化或臭氧/双氧水氧化、活性污泥法以及生物膜反应器等），之后再将水注入地层。但实际运行中很难将吸附在地下水层基质上的污染物提取出来，因此这种方法的效率较低，只是作为防止污染物在地下水层中进一步扩散的一种措施。如在生物膜反应器中，用沙作为固定生物膜的载体，以甲烷或天然气为初始基质，能去除高于60%的多氯联苯。

进行地下水生物修复处理时，应注意调查该地的水力地质学参数是否允许向地上抽取地下水并将处理后的地下水返注、地下水层的深度和范围、地下水流的渗透能力和方向，同时也要确定地下水的水质参数如pH、溶解氧、营养物、碱度以及水温是否适合于运用生物修复技术。

14.2.3　地表水体的生物修复

目前，地表水体生物修复的方法主要有：a. 物理方法。包括截污治污、挖泥法、换水稀释法等。b. 化学方法。包括投加除藻剂、投加治磷剂等。c. 设置人工湖、水系综合整治等其他方法。d. 生物方法。包括水体曝气、投加微生物菌剂、种植水生植物、放养水生动物、湿地技术等。与传统的物理修复法和化学修复法相比，生物修复技术具有下列优点：污染在原位被降解解除；修复时间短；操作简便、对周围环境干扰小；费用低，仅为物理化学修复经费的30%～50%；不产生二次污染等。因此，生物方法作为主要手段的生物修复技术，日益成为环保工作者的研究重点和热点。

14.2.3.1　水体曝气

污染水体的生物修复工程能否顺利进行，在很大程度上取决于水体中是否有足够的溶解氧。水体曝气是根据水体受到污染后缺氧的特点，人工向水体中充入空气或氧气，加速水体复氧过程，以提高水体的溶解氧水平，恢复和增强水体中好氧微生物的活力，使水体中的污染物质得以净化，从而改善受污染水体的水质，进而恢复水体的生态系统。上海市环科院于新经港河道内三个断面各设置一个曝气点，并于 1998 年 11～12 月进行了生物修复曝气复氧实验，结果表明：人工曝气大大提高了原先呈厌氧水体的溶解氧，从而刺激了降解有机物的好氧土著微生物的生长，COD_{Cr}去除率达到 10.7%～22.3%，水体色泽由黑或者黑黄色变成乳白色，底泥亦由黑色转为乳白色，沉积物中的微生物由厌氧菌占优势转为兼性菌增多，并出现好氧菌。

14.2.3.2　投加微生物菌剂

生物修复技术作用成功与否，很大程度上与具备降解能力的微生物在水中的数量和生长繁殖速度有关。当污染水体中降解菌很少，而时间又不允许在当地富集培养降解菌时，向水体环境引入降解菌是一种现实的选择。

有效微生物群（EM）是采用独特的发酵工艺仔细筛选出好氧和兼性微生物并加以混合后培养出的微生物群落。应用有效微生物群菌剂修复藻型富营养化的湖泊，可使水体的透明度迅速提高，叶绿素 a 含量明显降低，有效抑制藻类的生长，防止了水华的发生。

14.2.3.3　种植水生植物

植物修复就是利用植物根系（或茎叶）吸收、富集、降解或固定受污染水体中重金属离子或其他污染物，以实现消除或降低污染现场的污染强度，达到修复环境的目的。

自然界可以净化环境的植物有 100 多种，比较常见的水生植物包括水葫芦、浮萍、芦苇、灯芯草、香蒲。可根据不同生态类型水生高等植物的净化能力及其微生物特点，设计建造了由漂浮、浮叶、沉水植物及其根际微生物等组成的人工复合生态系统，对富营养化湖水进行净化。

14.2.3.4　放养水生动物

即“生物操纵”（bio-manipulation），它是人为调节生态环境中各种生物的数量和密度，通过食物链中不同生物的相互竞争的关系，来抑制藻类的生长。

14.2.3.5　人工湿地技术

人工湿地技术利用自然生态系统中物理、化学和生物的三重协同作用，通过过滤、吸附、共沉、离子交换、植物吸收和微生物分解来实现对污水的高效净化。

这种湿地系统是在一定长宽比及底面有坡度的洼地中，由土壤和填料（如卵石等）混合组成填料床，污染水可以在床体的填料缝隙中曲折地流动，或在床体表面流动。同时在床体的表面种植具有处理性能好、成活率高的水生植物（如芦苇等），形成一个独特的动植物生态环境，对有机污染物有较强的降解能力。水中的不溶性有机物通过湿地的沉淀、过滤作用，可以很快地被截留，进而被微生物利用，水中可溶性有机物则可通过植物根系生物膜的吸附、吸收及生物代谢降解过程而被分解去除。随着处理过程的不断进行，湿地床中的微生物也繁殖生长，通过对湿地床填料的定期更换及对湿地植物的收割，将新生的有机体从系统中去除。

14.2.4　海洋石油污染的生物修复

14.2.4.1　海洋石油来源

① 海上油运　石油和炼制油在海上油运过程中主要通过压舱水、洗舱水、油轮事故、油码头的跑、冒、滴、漏以及油船和其他船舶正常操作的油漏等途径排入海中。

② 海上油田　海底石油勘探和生产过程中油井井喷、油管破裂和钻井过程中所产生的含油泥浆等可以造成的海洋石油污染。

③ 海岸排油　陆岸的贮油库、炼油厂将未经处理的含油污水排入海中，从而造成海洋的污染。

④ 大气石油烃的沉降　工厂、船坞、车辆排出的石油烃进入大气，一部分被光氧化，一部分又沉降到地球表面，其中有些落入海洋中。

14.2.4.2 石油污染的危害

石油泄漏后，油膜覆盖于海面，阻断 O_2 和 CO_2 等气体的交换，阻断阳光射入海洋，使水温下降，破坏了海洋中溶解氧的均衡，并且石油在降解过程中会大量消耗海水中的氧，直接导致海水缺氧，影响海洋生物的生长；石油中所含的稠环芳香烃对生物体有剧毒，污染物中的毒性化合物可以改变生物体细胞活性，从而影响海洋渔业的发展。

14.2.4.3 海洋石油污染的生物修复方法

(1) 投加表面活性剂　微生物一般只能生长在水溶性环境中，但是很多石油烃在水中的溶解度甚微，而且以油珠或油滴分离相形式存在，限制了微生物对石油烃和氧气的摄取和利用。通过添加表面活性剂，使油形成很微小颗粒，增加与 O_2 和微生物的接触机会，从而促进油的生物降解。

(2) 提供电子受体　好氧微生物一般以氧作为电子受体，除了溶解氧，有机物分解的中间产物和无机酸根也可作最终电子受体。电子受体的种类和浓度也影响着石油烃污染物生物降解的速度和程度。在石油严重污染的海域，氧可能成为石油降解的限制因子，尤其是在细砂质海滩上，氧的自然迁移一般不能满足微生物新陈代谢所需氧气量。通过一些物理、化学措施增加溶解氧，可以改善环境中微生物的活性和活动状况。

(3) 添加石油降解菌　海洋石油污染的生物修复主要依靠微生物对石油烃的生物降解作用来实现。用于生物修复的微生物有土著微生物、外来微生物和基因工程菌。土著微生物降解污染物的潜力巨大，但生长速度慢，代谢活性低，并且受污染物的影响，土著菌的数量有时会急剧下降。

(4) 添加营养盐　海洋环境中本身就存在能降解石油的微生物，而且石油一旦泄漏进入海洋，还能刺激石油降解微生物的生长和繁殖。如在未受烃污染的海洋环境中，烃降解菌只占全部异养菌的1%或更少；但当污染发生后，烃降解的比例可升至10%。因此海洋土著微生物降解污染物的潜力巨大。

石油中含有微生物能利用的大量碳源，海水中也存在各种无机盐，但是N、P营养的缺乏往往是影响细菌生长繁殖的主要原因。众多实验室和现场研究表明，添加营养盐对石油的生物降解有显著的促进作用，常用的营养盐有水溶性和亲油性两大类。

思考题

1. 什么是生物修复？生物修复与污染处理有什么异同？
2. 生物修复有哪些方法？主要可以用来修复什么污染环境？
3. 生物修复的制约条件有哪些？如何强化生物修复？

第 15 章　环境工程微生物学实验

实验 1　光学显微镜的使用及微生物形态观察

一、实验目的

1. 了解普通光学显微镜的构造和原理，掌握显微镜的操作和保养方法。

2. 观察、识别几种细菌、放线菌、酵母菌、霉菌及藻类的个体形态，学会绘制生物图。

二、显微镜的结构、光学原理及其操作方法

（一）显微镜的结构和光学原理

显微镜是观察微观世界的重要工具。随着现代科学技术的发展，显微镜的种类越来越多，用途也越来越广泛。微生物学实验中最常用的是普通光学显微镜，其结构分机械装置和光学系统两部分。显微镜的结构如图 15-1 所示。

1. 机械装置

（1）镜筒　镜筒上端装目镜，下端接转换器。镜筒有单筒和双筒两种。单筒有直立式（长度为 160mm）和后倾斜式（倾斜 45°）。双筒全是倾斜式的，其中一个筒有屈光度调节装置，以备两眼视力不同者调节使用；两筒之间可调距离，以适应不同瞳距者使用。

（2）转换器　转换器装在镜筒的下方，其上有 3～5 个孔，不同规格的物镜分别安装在各孔下方，螺旋拧紧。

（3）载物台　载物台为方形（多数）和圆形的平台，中央有一通光孔，孔的两侧装有标本夹。载物台上还有移动器（其上有刻度标尺），标本片可纵向（y 轴）和横向（x 轴）移动，可分别用移动手轮调节，以便能观察到标本片不同位置上的目的物。

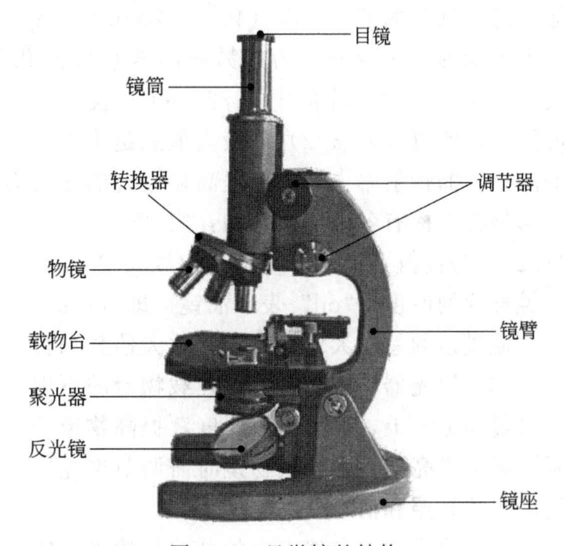

图 15-1　显微镜的结构

（4）镜臂（主体）　镜臂支撑镜筒、载物台、聚光器和调节器。镜臂有固定式和活动式（可改变倾斜度）两种。

（5）镜座　镜座为马蹄形，支撑整台显微镜，其上装有灯源（有的为反光镜）。

（6）调节器　为焦距的调节器（手轮），有粗调节器和微调节器各一个（组合安装）。可调节物镜和所需观察的标本片之间的距离。调节器有装在镜臂上方或下方的两种，装在镜臂上方的是通过升降镜臂来调焦距，装在镜臂下方的是通过升降载物台来调焦距，新型的显微镜多半装在镜臂的下方。

2. 光学系统及其光学原理

（1）目镜　一般的光学显微镜均备有 2～3 个(对)不同规格的目镜，例如，5 倍(5×)、

10倍(10×)和15倍(15×)，高级显微镜除了上述3种外，还有20倍(20×)的。

(2)物镜　物镜装在转换器的孔上，物镜一般包括低倍镜(4×，10×，20×)、高倍镜(40×)和油镜(100×)。物镜的性能由数值孔径(numerical aperture，N. A.)决定，数值孔径(N. A.)$=n\times\sin(\alpha/2)$，其意为玻片和物镜之间的折射率(n)乘以光线投射到物镜上的最大夹角(α)的一半的正弦。光线投射到物镜的角度越大，显微镜的效能越大，该角度的大小取决于物镜的直径和焦距。n为物镜与标本间的折射率，是影响数值孔径的因素之一，空气的折射率(n)=1，水的折射率(n)=1.33，香柏油的折射率(n)=1.52，用油镜时光线入射角($\alpha/2$)为60°，sin60°=0.87。油镜的作用如图15-2所示。

以空气为介质时：N. A. =1×0.87=0.87

以水为介质时：N. A. =1.33×0.87=1.16

以香柏油为介质时：N. A. =1.52×0.87=1.32

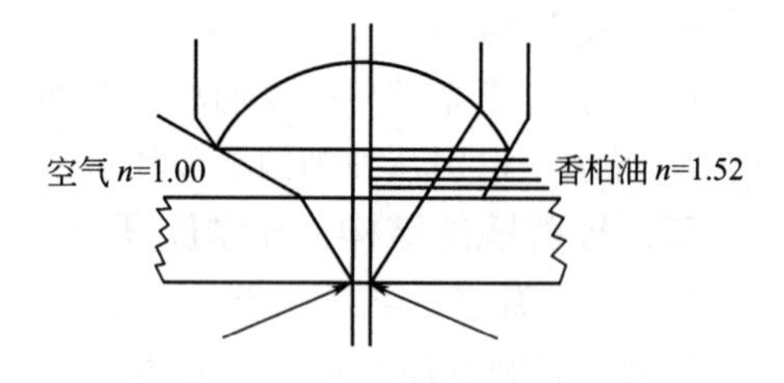

图15-2　油镜的作用

显微镜的性能主要取决于分辨力（resolving power）的大小，也叫分辨率，是指显微镜能分辨出物体两点间的最小距离，可用下式表示：

$$\delta=0.61\times\lambda/\text{N. A.}$$

分辨力的大小与光的波长、数值孔径等有关。因为普通光学显微镜所用的照明光源不可能超过可见光的波长范围（400～770nm），所以试图通过缩短光的波长去提高物镜的分辨力是不可能的。影响分辨力的另一因素是数值孔径，数值孔径又与镜口角（α）和折射率有关，当sin（$\alpha/2$）最大时，$\alpha/2=90°$，就是说进入透镜的光线与光轴成90°角，这显然是不可能的，所以sin（$\alpha/2$）的最大值总是小于1。各种介质的折射率是不同的，所以，可利用不同介质的折射率去相应地提高显微镜的分辨力。

物镜上标有各种字样，如："1.25"、"100×"、"oil"、"160/0.17"、"0.16"等，其中"1.25"为数值孔径，"100×"为放大倍数，"160/0.17"中160表示镜筒长，0.17表示要求盖玻片的厚度。"oil"表示油镜（即oil immersion），"0.16"为工作距离。

显微镜的总放大倍数为物镜放大倍数和目镜放大倍数的乘积。

(3）聚光器　聚光器安装在载物台的下面，反光镜反射来的光线通过聚光器被聚集成光锥照射到标本上，可增强照明度，提高物镜的分辨率。聚光器可上、下调节，它中间装有光圈可调节光亮度，当转换物镜时需调节聚光器，合理调节聚光器的高度和光圈的大小，可得到适当的光照和清晰的图像。

(4）滤光片　自然光由各种波长的光组成，例如只需某一波长的光线，可选用合适的滤光片，以提高分辨率，增加反差和清晰度。滤光片有紫、青、蓝、绿、黄、橙、红等颜色。根据标本颜色，在聚光器下加相应的滤光片。

(二）显微镜的操作方法

1. 低倍镜的操作

① 置显微镜于固定的桌上，窗外不宜有障碍视线之物。

② 旋动转换器，将低倍镜移到镜筒正下方的工作位置。

③ 转动反光镜（有内源灯的可直接使用）向着光源处采集光源，同时用眼对准目镜（选用适当放大倍数的目镜）仔细观察，使视野亮度均匀。

④ 将标本片放在载物台上，使观察的目的物置于圆孔的正中央。

⑤ 将粗调节器向下旋转（或载物台向上旋转），眼睛注视物镜，以防物镜和载玻片相碰。当物镜的尖端距载玻片约0.5cm处时停止旋转。

⑥ 左眼对着目镜观察，将粗调节器向上旋转，如果见到目的物，但不十分清楚，可用细调节器调节，至目的物清晰为止。

⑦ 如果粗调节器旋得太快，使超过焦点，必须从第⑤步重调，不应在正视目镜的情况下调粗调节器，以防没把握地旋转使物镜与载玻片相碰，易损坏镜头。在此过程中，必须同时利用载物台上的移片器，可使观察范围更广。

⑧ 观察时两眼同时睁开（双眼不感疲劳）。使用单筒显微镜时应习惯用左眼观察，以便于绘图。

2. 高倍镜的操作

① 先用低倍镜找到目的物并移至视野中央。

② 旋动转换器，换至高倍镜。

③ 观察目的物，同时微微上下转动细调节钮，直至视野内见到清晰的目的物为止。显微镜在设计过程中都是共焦点的，即低倍镜对焦后，换至高倍镜时，一般都能对准焦点，能看到物像。若有点模糊，用细调节器调节就清晰可见。

3. 油镜的操作

① 先按低倍镜到高倍镜的操作步骤找到目的物，并将目的物移至视野正中。

② 在载玻片上滴一滴香柏油（或液体石蜡），将油镜移至正中使镜面浸没在油中，刚好贴近载玻片。在一般情况下，转过油镜即可看到目的物，如不够清晰，可来回调节细调节钮，就可看清目的物。

③ 油镜观察完毕，用擦镜纸将镜头上的油揩净，另用擦镜纸蘸少许二甲苯揩拭镜头，再用擦镜纸揩干。

三、显微镜的保养

1. 显微镜应放在干燥的地方，使用时应避免强烈的日光照射。

2. 接物镜或接目镜不清洁时，应当用擦镜纸或软绸揩擦。

3. 用完显微镜后，应当立即放到镜匣中。

四、细菌、放线菌及蓝细菌的个体形态观察

（一）仪器和材料

1. 显微镜、擦镜纸、香柏油或液体石蜡、二甲苯。

2. 示范片：细菌、放线菌、酵母菌、霉菌、藻类标本片。

（二）实验内容和操作方法

严格按光学显微镜的操作方法，以低倍、高倍及油镜的次序逐个观察细菌、放线菌、酵母菌、霉菌、藻类标本片，用铅笔分别绘出细菌、放线菌、酵母菌、霉菌、藻类的形态图。

五、思考题

1. 使用油镜时为什么要先用低倍镜观察？

2. 要使视野明亮，除采用光源外，还可采取哪些措施？

实验 2　活性污泥生物相的观察

一、实验目的

1. 进一步熟悉和掌握显微镜的操作方法。

2. 结合活性污泥的观察，认识原生动物、菌胶团的形态。

3. 学习用压滴法制作标本片。

二、实验器皿与材料

1. 器皿：显微镜、载玻片、盖玻片、滴管等。

2. 材料：活性污泥混合液。

三、实验内容和操作方法

（一）主要内容

活性污泥是生物法废水处理的工作主体，由细菌、霉菌、酵母菌、放线菌、原生动物、微型后生动物和废水中的固体物质所组成。本实验主要是观察活性污泥的结构及菌胶团的形态，并辨认活性污泥中原生动物的形态特征和运动方式。

原生动物是一类不进行光合作用的、单细胞的真核微生物。原生动物的形态多种多样，有游泳型的和固着型的两种，游泳型的如漫游虫、楯纤虫等；固着型的如小口钟虫、大口钟虫和等枝虫等。

微型后生动物是多细胞的、比较原始的微型动物。常见的有轮虫、线虫、颗体虫等。

（二）方法和步骤

1. 标本的制备

用压滴法制作活性污泥混合液的标本片，制作方法见图 15-3。用滴管吸取活性污泥混合液一滴，放在洁净的载玻片的中央（如果混合液中污泥较少，可待其沉淀后取沉淀污泥一滴加到载玻片上；如果混合液中污泥较多，则应稀释后进行观察），用干净的盖玻片覆盖在液滴上（注意不要有气泡）即成标本片。

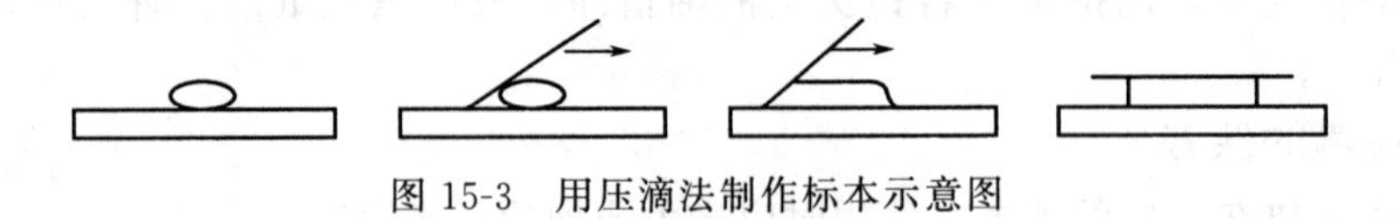

图 15-3　用压滴法制作标本示意图

2. 显微镜观察

用低倍镜和高倍镜观察。样品中的微生物种类丰富，要充分利用显微镜移片夹的移动，注意观察菌胶团、丝状细菌、原生动物和微型后生动物等微生物的组成。

四、思考题

1. 试区别活性污泥中的几种固着型纤毛虫。

2. 用压滴法制作标本时要注意什么问题？

实验 3　微生物直接计数

一、实验目的

1. 了解血球计数板的结构，掌握利用血球计数板计微生物细胞数的原理和方法。

2. 学习测微技术，测量细胞（酵母菌）的大小。

二、实验器皿与材料

显微镜、血球计数板、目镜测微尺、镜台测微尺、移液管、酵母菌液（或其他微生物材料）等。

三、微生物细胞的直接计数

（一）血球计数板的结构

血球计数板（图 15-4）是一块比普通载玻片厚的特制玻片。玻片中央刻有 4 条槽，中央两条槽之间的平面比其他平面略低，中央有一小槽，槽两边的平面上各刻有 9 个大方格，中间的一个大方格为计数室，它的长和宽各为 1mm，深度为 0.1mm，其体积为 0.1mm^3。计数室有两种规格：一种是把大方格分成 16 中格，每一中格分成 25 小格，共 400 小格；另一种规格是把一大方格分成 25 中格，每一中格分成 16 小格，总共也是 400 小格。

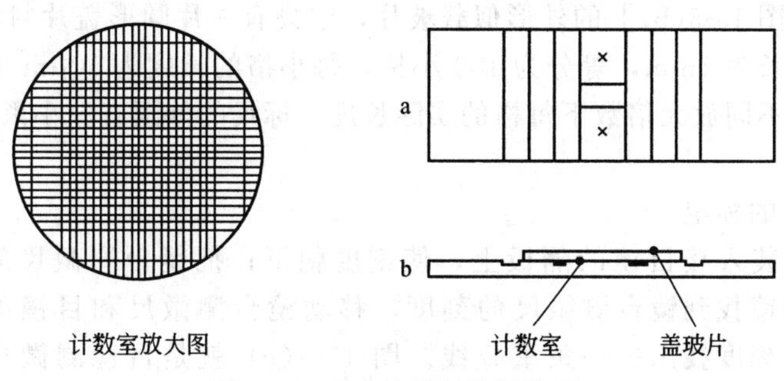

图 15-4　血球计数板的结构图

a—正面图；b—侧面图

（二）血球计数板的细胞计数及计算方法

1. 细胞计数

（1）稀释　将样品稀释至合适的浓度（本实验用酵母菌），一般将样品稀释至每一中格有 15～20 个细胞数为宜。

（2）加被测样品（菌液）至血球计数板　取已洗净的血球计数板，将盖玻片盖住中央的计数室，用细口滴管吸取少量已经充分摇匀的菌液于盖玻片的边缘，菌液则自行渗入计数室，静置 5～10min，待菌体自然沉降并稳定后即可计数。

（3）计数　先用低倍镜寻找小方格网的位置（视野可调暗一些），找到计数室后将其移至视野的中央，再换高倍镜观察和计数。需不断地上、下旋动细调节轮，以便看到计数室内不同深度的菌体。为了减少误差，所选的中格位置应布点均匀，如规格为 25 个中格的计数室，通常取 4 个角上的 4 个中格及中央的 1 个中格共 5 个中格进行计数。为了提高精确度，每个样品必须重复计数 2～3 次。对位于大格线上的酵母菌只计大格的上方及左方线上的酵母菌，或只计下方及右方线上的酵母菌。当样品中的细胞数较少时，一般应将所有的中格计数。

2. 计算方法

先求得每中格菌数的平均值，乘以中格数（16 或 25），即为一大格（0.1mm^3）中的总菌数，再乘以 10^4，则为每毫升稀释液的总菌数，如要换算成原液的总菌数，乘以稀释倍数即可。两种不同规格的血球计数板，计算方法如下：

（1）16×25 的计数板计算公式：

细胞数（mL）＝（100 小格内的细胞数/100）×400×10000×稀释倍数

（2）25×16 的计数板计算公式：

细胞数（mL）＝（80 小格内的细胞数/80）×400×10000×稀释倍数

此方法适用于细胞数较多的样品测定（每毫升 10^5～10^6 以上），当样品中的细胞浓度较低时，须选择其他方法测定，否则因误差太大而影响实验结果。

四、微生物细胞大小的测量

（一）目镜测微尺、镜台测微尺及其使用方法

1. 目镜测微尺

目镜测微尺［图 15-5(a)］是一圆形玻片，其中央刻有 5mm 长的、等分为 50 格（或

100格）的标尺（也有呈网格状的），每格的长度随使用目镜和物镜的放大倍数及镜筒长度而定。使用前用镜台测微尺标定，用时放在目镜内。

2. 镜台测微尺

镜台测微尺［图15-5(b)］的外形似载玻片，中央有一片圆形盖片封固着一具有精细刻度的标尺，标尺全长为1mm，等分为100小格，每小格的长度为10μm（1/100mm），用以标定目镜测微尺在不同放大倍数下每格的实际长度。标尺的外围有一小黑环，便于找到标尺的位置。

3. 目镜测微尺的标定

将目镜测微尺装入接目镜的隔板上，使刻度朝下；把镜台测微尺放在载物台上，使刻度朝上。用低倍镜找到镜台测微尺的刻度，移动镜台测微尺和目镜测微尺使两者的第一条线重叠，顺着刻度找出另一条重叠线。图15-5(c)就是目镜测微尺和镜台测微尺重叠时的情况：图15-5(c)中A（目镜测微尺）上5格对准B（镜台测微尺）上的2格（低倍镜），B的1格为10μm，2格的长度为20μm，所以目镜测微尺上1小格的长度为4μm，再分别求出高倍镜和油镜下目镜测微尺每格的长度。用下式计算目镜测微尺一分格所代表的实际长度：

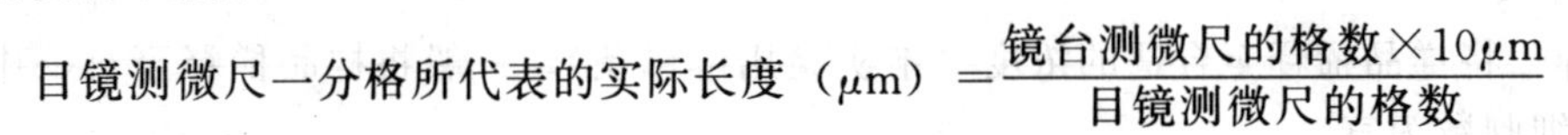

$$目镜测微尺一分格所代表的实际长度（\mu m）=\frac{镜台测微尺的格数\times 10\mu m}{目镜测微尺的格数}$$

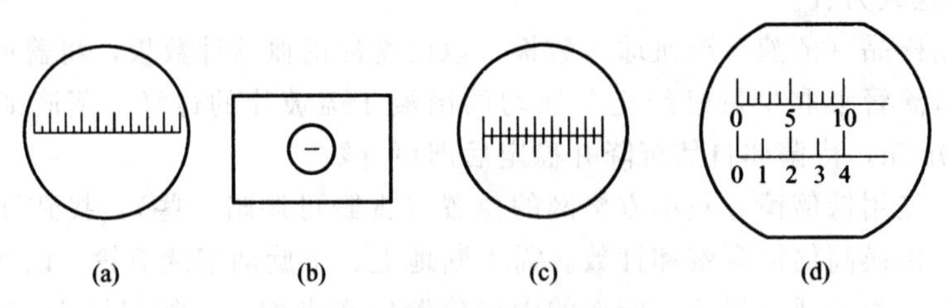

图15-5 目镜测微尺和镜台测微尺

(a) 目镜测微尺；(b) 镜台测微尺；(c) 镜台测微尺的中心部分放大；

(d) 镜台测微尺标定目镜测微尺时两者重叠情景（上为目镜测微尺，下为镜台测微尺）

（二）菌体大小的测量

将镜台测微尺取下，换上标本片（压滴法制作酵母菌液），选择适当的物镜测量目的物的大小，分别找出菌体的长和宽占目镜测微尺的格数，再按目镜测微尺标定的长度计算出菌体的长度、宽度或直径等。在此过程中，如物镜的放大倍数有变化，需按新校核目镜测微尺一分格所代表的实际长度计算。

每一种被测样品需重复测量数次或数十次，取平均值。

五、思考题

1. 当用两种不同规格的计数板测同一样品时，其结果是否相同？
2. 为什么说用血球计数板对细胞计数时的样品浓度一般要求在每毫升10^5～10^6以上？
3. 试分析影响本实验结果的误差来源并提出改进措施。

实验4 细菌的染色

微生物（尤其是细菌）细胞小而透明，在普通光学显微镜下与背景的反差小而不易识别，为了增加色差，必须进行染色，以便对各种形态及细胞结构进行识别。细菌的染色方法很多，按其功能差异可分为简单染色法和鉴别染色法。前者仅用一种染料染色，此法比较简便，但一般只能显示其形态，不能辨别构造。后者常需要两种以上的染料或试剂进行多次染色处理，以使不同菌体和构造显示不同颜色而达到鉴别的目的。鉴别染色法包括革兰染色法、抗酸性染色法和芽孢染色法等，以革兰染色法最为重要。有关革兰染色法的机制和此法的重要意义在细菌的理化性质章节已进行了阐明。

在显微镜下观察微生物样品时，必须将其制成片，这是显微技术中一个重要的环节。常用的方法有压滴法、悬滴法和固定法等。

一、实验目的

1. 了解细菌的涂片及染色在微生物学实验中的重要性。

2. 学会细菌染色的基本操作技术，从而掌握微生物的一般染色法和革兰染色法。

二、染色原理

微生物细胞是由蛋白质、核酸等两性电解质及其他化合物组成。所以，微生物细胞表现出两性电解质的性质。两性电解质兼有碱性基和酸性基，在酸性溶液中解离出碱性基，呈碱性，带正电；在碱性溶液中解离出酸性基，呈酸性，带负电。经测定，细菌等电点（pI）在2～5之间，即细菌在pH为2～5时，大多以两性离子存在，而当细菌在中性（pH=7）、碱性（pH>7）或偏酸性（pH为6～7）的溶液中，细菌带负电荷，所以容易与带正电荷的碱性染料结合，故用碱性染料染色的为多。碱性染料有亚甲蓝、甲基紫、结晶紫、碱性品红、中性红、孔雀绿和番红等。

微生物体内各结构与染料结合力不同，故可用各种染料分别染微生物的各结构以便观察。

三、实验器皿、试剂、材料

1. 器皿

显微镜、接种环、载玻片、煤气灯（或酒精灯）。

2. 试剂

草酸铵结晶紫染液、革兰碘液、体积分数为95%的乙醇、质量浓度为5g/L的沙黄染色液等。

3. 材料

枯草杆菌、大肠杆菌。

四、实验内容和步骤

（一）细菌的简单染色

1. 涂片

取干净的载玻片于实验台上，在正面边角做记号，并滴一滴无菌蒸馏水于载玻片的中央，灼烧接种环，待冷却后从斜面挑取少量菌种（大肠杆菌或枯草杆菌）与玻片上的水滴混匀后，在载玻片上涂布成一均匀的薄层，涂布面不宜过大。涂片过程如图15-6所示。

2. 干燥（固定）

干燥过程最好在空气中自然晾干，为了加速干燥，也可在微小火焰上方烘干。烘干后再在火焰上方快速通过3～4次，使菌体完全固定在载玻片上。但不宜在高温下长时间烤干，否则急速失水会使菌体变形。

3. 染色

滴加草酸铵结晶紫染色液染色1～2min（或石炭酸复红等其他染料），染色液量以盖满菌膜为宜。

4. 水洗

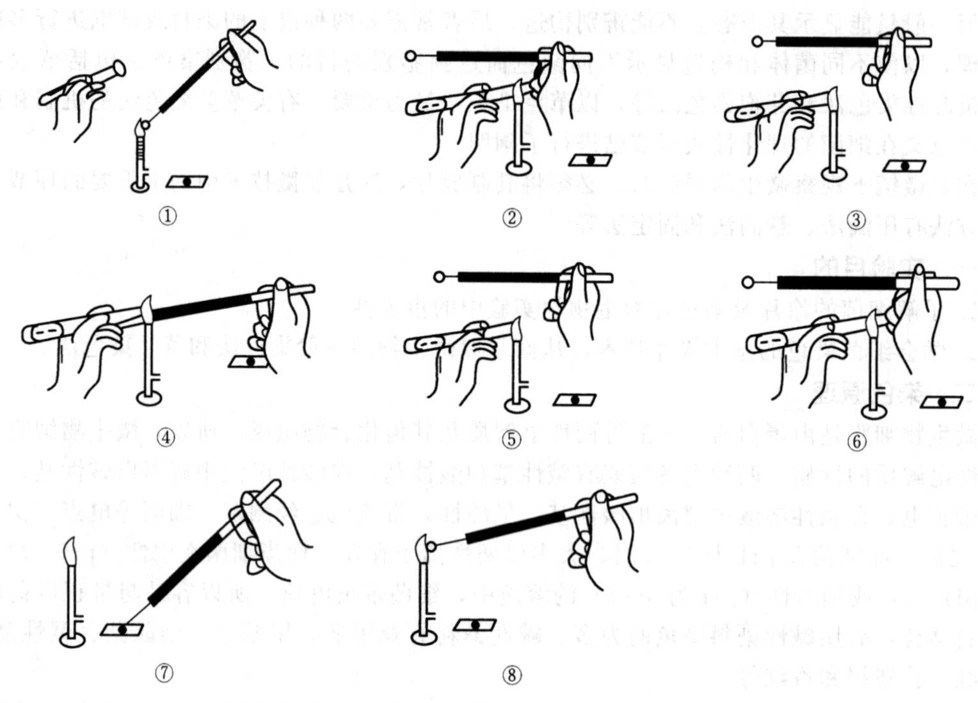

图 15-6　细菌涂片过程

倾去染液，斜置载玻片，用水冲去多余染液，直至流出的水呈无色为止。

5. 吸干

在空气中自然干燥或置酒精灯焰上方用微热烘干。

6. 镜检

按显微镜的操作步骤观察菌体形态，及时记录，并进行形态图的绘制。

（二）细菌的革兰染色

各种细菌经革兰染色法染色后，能区分成两大类，一类最终染成紫色，称革兰阳性细菌（Gram positive bacteria，G^+）；另一类被染成红色，称革兰阴性细菌（Gram negative bacteria，G^-）。染色过程如下。

1. 涂片、固定

同简单染色法。

2. 初染

滴加草酸铵结晶紫染色液染色 1～2min，水洗。

3. 媒染

滴加革兰碘液，染 1～2min，水洗。

4. 脱色

滴加 95%的乙醇后将玻片摇晃几下即倾去乙醇，如此重复，直至流出的液滴中紫色褪尽，随即水洗。

5. 复染

滴加沙黄液（番红），染 2～3min，水洗并使之干燥。

6. 镜检

同简单染色，并根据呈现的颜色判断该菌属是 G^+ 细菌还是 G^- 细菌，也可与已知菌对照。观察时先用低倍镜观察，发现目的物后用油镜观察。

（三）注意事项

1. 涂片所用载玻片要洁净无油污迹，否则影响涂片。

2. 挑菌量应少些，涂片宜薄，过厚重叠的菌体不易观察清楚。

3. 染色过程中勿使染色液干涸。用水冲洗后，应甩去玻片上的残水以免染色液被稀释而影响染色效果。

4. 革兰染色成败的关键是脱色时间是否合适，如脱色过度，革兰阳性细菌也可被脱色而被误染为革兰阴性细菌。而脱色时间过短，革兰阴性细菌会被误染为革兰阳性细菌。脱色时间的长短还受涂片的厚薄、脱色玻璃片晃动的程度等因素的影响。

五、思考题

1. 涂片为什么要固定？固定时应注意什么问题？

2. 革兰染色法中若只做 1～4 步，而不用番红染液复染，能否分辨出革兰染色结果？为什么？

3. 通过学习革兰染色，你认为它在微生物学中有何意义？

实验 5　培养基的制备和灭菌

培养基的种类很多，根据营养物质的来源不同，可分为天然培养基、合成培养基和半合成培养基等。多数培养基的配制是采用一部分天然有机物作碳源、氮源和生长因子，再适当加入一些化学药品，属于半合成培养基，其特点是使用含有丰富营养的天然物质，再补充适量的无机盐，配制十分方便，能充分满足微生物的营养需要，大多数微生物都能在此培养基上生长。本实验配制的培养基就属此类。

一、实验目的

本次实验为实验 6 细菌的分离与纯种培养作准备，实验内容主要包括玻璃器皿的洗涤、包装，培养基的配制及灭菌技术等。

1. 熟悉玻璃器皿的洗涤和灭菌前的准备工作。

2. 了解配制微生物培养基的基本原理，掌握配制、分装培养基的方法。

3. 学会各类物品的包装、配制（稀释水等）和灭菌技术。

二、基本原理

培养基是微生物生长的基质，是按照微生物营养、生长繁殖的需要，由碳、氢、氧、氮、磷、硫、钾、钠、钙、镁、铁及微量元素和水，按一定的体积分数配制而成。调整合适的 pH，经高温灭菌后以备培养微生物之用。

由于微生物种类及代谢类型的多样性，因而培养基种类也多，它们的配方及配制法也各有差异，但一般的配制过程大致相同。

三、实验器皿和材料

高压蒸汽灭菌器、干燥箱、煤气灯、培养皿、试管、刻度移液管、锥形瓶、烧杯、量筒、药物天平、玻棒、玻璃珠、石棉网、药匙、铁架、表面皿、精密 pH 试纸和棉花等；牛肉膏、蛋白胨、NaCl、NaOH 和琼脂等。

四、实验内容

（一）玻璃器皿的准备

1. 洗涤

玻璃器皿在使用前必须洗涤干净。培养皿、试管、锥形瓶等可用洗衣粉加去污粉洗刷并用自来水冲净。移液管先用洗液浸泡，再用水冲洗干净。洗刷干净的玻璃器皿自然晾干或放入干燥箱中烘干、备用。

2. 包装

(1) 移液管的包装　移液管的吸气端用细铁丝（或牙签）将少许棉花塞入构成1～1.5cm长的棉塞，起过滤作用（以防细菌吸入口中，并避免将口中细菌吹入管内）。棉塞要塞得松紧适宜，吸时既能通气，又不致使棉花滑入管内。然后将塞好棉花的移液管的尖端，放在4～5cm宽的长纸条的一端，移液管与纸条约成30°夹角，折叠包装纸包住移液管的尖端［图15-7 (a)］，用左手将移液管压紧，在桌面上向前搓转，纸条螺旋式地包在移液管外面，余下的纸折叠打结。按实验需要，可单支包装或多支包装，待灭菌。

(a) 移液管的包扎

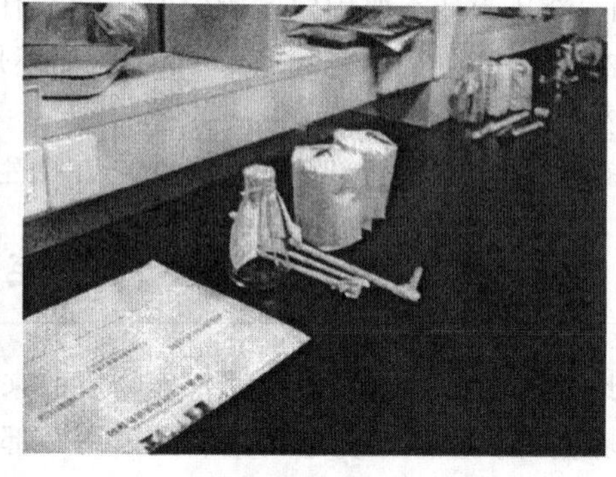

(b) 包扎好的器皿

图15-7　器皿的包扎

(2) 培养皿的包装　培养皿由一底一盖组成一套，用牛皮纸或报纸将10套培养皿（皿底朝里，皿盖朝外，5套、5套相对而放）包好，见图15-7 (b)。

(3) 棉塞的制作　按试管口或锥形瓶口大小估计用棉量，将棉花铺成中间厚、周围逐渐变薄的近正方形，折一个角后（成五边形）卷成卷，一手握粗端，将细端塞入试管或锥形瓶的口内，棉塞不宜过松或过紧，用手提棉塞，以管、瓶不掉为宜，棉塞四周应紧贴管壁和瓶壁，不能有皱折，以防空气微生物沿棉塞皱折侵入。棉塞的直径和长度视试管和锥形瓶的大小而定，一般约3/5塞入管内。必须做到松紧合适、紧贴管壁，拔出时不松散、不变形。现有一些市售的棉塞替代品，如硅胶塞、塑料（耐高温）或不锈钢的套管等，均可使用。

试管、锥形瓶塞好棉塞后，用牛皮纸包裹并用细绳或橡皮筋捆扎好［图15-7 (d)］，放在铜丝篓内待灭菌。

(二) 培养基的配制

培养基是微生物的繁殖基地，通常根据微生物生长繁殖所需要的各种营养物配制而成。其中包括水分、含碳化合物、含氮化合物、无机盐等，这些营养物可提供微生物碳源、能源、氮源等，组成细胞及调节代谢活动。

根据研究目的的不同，可配制成固体、半固体和液体培养基。固体培养基的成分与液体培养基相同，仅在液体培养基中加入凝固剂使呈固态。通常加入质量浓度为15～20g/L的琼脂为固体培养基；加入质量浓度为3～5g/L的琼脂为半固体培养基。有的细菌还需用明胶或硅胶。本实验配制固体培养基，培养基的制备过程如下。

1. 配制溶液

取一定容量的烧杯盛入定量蒸馏水（有时也可用自来水），按培养基配方逐一称取各种成分，依次加入水中溶解。蛋白胨、牛肉膏等可加热促进溶解，待全部溶解后，加水补足因加热蒸发的水量。在制备固体培养基加热融化琼脂时要注意搅拌，避免琼脂糊底烧焦。

2. 调节 pH

一般刚配好的培养基是偏酸性的，故要用质量浓度为 100g/L 的 NaOH 调 pH 至 7.2～7.4。应缓慢加入 NaOH，边加边搅拌，并不时地用 pH 试纸测试，调整至所需的 pH。

3. 过滤

用纱布、滤纸或棉花过滤均可。如果培养基杂质很少或实验要求不高，也可不过滤。

4. 分装

（1）分装锥形瓶　培养基分装量一般以不超过锥形瓶总容量的 3/5 为宜，若分装量过多，灭菌时培养基易沾污棉花而导致染菌。

（2）分装试管　将培养基趁热加至漏斗中。分装时左手并排地拿数根试管，右手控制弹簧夹，将培养基依次加入各试管。用于制作斜面培养基时，一般装量不超过试管高度（15mm×150mm）的 1/5。分装时谨防培养基沾在管口上，否则会使棉塞沾上培养基而造成染菌。

牛肉膏蛋白胨培养基的配方：牛肉膏 0.5g，蛋白胨 1g，NaCl 0.5g，琼脂 2.0g，水 100mL，pH7.2～7.4。

灭菌条件：121℃（相对蒸气压力 0.103MPa），15～20min。

（3）加棉塞、包装后灭菌。

5. 斜面的制作

灭菌后如需制成斜面培养基，应在培养基冷却至 50～60℃时，将试管搁置成一定的斜度，斜面高度不超过试管总高度的 1/3～1/2（图 15-8）。

（三）稀释水的制备

1. 锥形瓶稀释水的制备

取一个 250mL 的锥形瓶装 90mL（或 99mL）蒸馏水，放约 30 颗玻璃珠（用于打碎活性污泥、菌块或土壤颗粒）于锥形瓶内，塞上棉塞，包扎后灭菌。

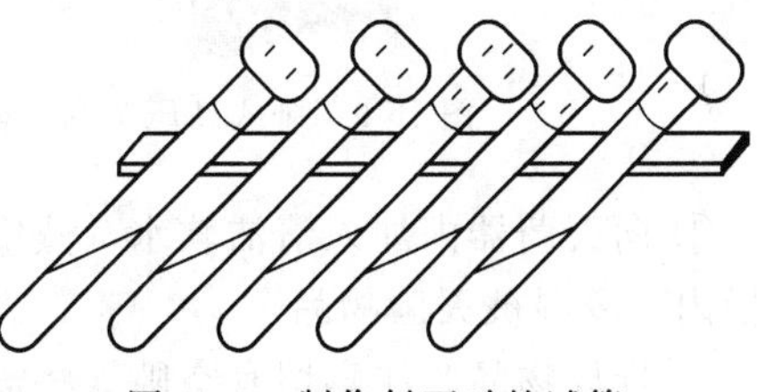

图 15-8　制作斜面时的试管

2. 试管稀释水的制备

另取 5 支 18mm×180mm 的试管，分别装 9mL 蒸馏水，塞上棉塞，包扎后灭菌。

（四）灭菌

因微生物学实验一般都要求对所研究的实验材料进行无自然杂菌的纯培养，所以，实验中所用的材料、器皿、培养基等都要经包装灭菌后才可使用。

灭菌是用物理、化学等因素杀死全部微生物的营养细胞和它们的芽孢（或孢子）的过程；消毒和灭菌有些不同，它是用物理、化学因素杀死致病微生物或杀死全部微生物的营养细胞及一部分芽孢。

灭菌方法有很多，可根据灭菌对象和实验目的的不同采用不同的灭菌方法，包括干热灭菌、加压蒸汽灭菌（湿热灭菌）、间歇灭菌、气体灭菌和过滤除菌等。加压蒸汽灭菌是最常用的方法，与干热灭菌相比，蒸汽灭菌的穿透力和热传导都要更强，且在湿热时微生物吸收高温水分，菌体蛋白很易凝固、变性，灭菌效果好。湿热灭菌的温度一般是在 121℃恒温 15～30min，所达到的灭菌效果需要干热灭菌在 160℃灭菌 2h 才能达到。干热灭菌和高压蒸汽灭菌均属加热灭菌法，现介绍如下。

1. 干热灭菌法

培养皿、移液管及其他玻璃器皿可用干热灭菌。先将已包装好的上述物品放入电热干燥箱中，将温度调至160℃后维持2h，结束时把干燥箱的调节旋钮调回零处，待温度降到50℃左右，将物品取出。此过程中应注意温度的变化，不得超过170℃，避免包装纸烧焦和其他不安全情况。灭菌好的器皿应保存完好，否则易染菌。

灼烧灭菌法也属干热灭菌法，即利用火焰直接把微生物烧死，灭菌迅速彻底，但使用范围有限。

2. 加压蒸汽灭菌法

加压蒸汽灭菌器是能耐一定压力的密闭金属锅，有卧式（图15-9）和立式（图15-10）两种。微生物实验所需的一切器皿、器具、培养基（不耐高温者除外）等都可用此法灭菌。加压灭菌的原理在于提高灭菌器内的蒸汽温度来达到灭菌的目的，灭菌器的加热源有电、煤气等。现在大多使用电热全自动灭菌器，其特点是性能稳定，使用方便、安全。其操作和注意事项如下。

图15-9　卧式高压蒸汽灭菌器

图15-10　立式高压蒸汽灭菌器

① 向灭菌器内加入清洁软水（蒸馏水更好）。水位应不超过水位线标志，以免水进入灭菌桶内，浸湿被灭菌物品。

② 堆放物品并注意留有空隙。将需要灭菌的物品包好后，顺序放在灭菌桶内的筛板上。

③ 盖上盖子。对称地紧固螺栓，注意不宜旋得太紧，以免损坏橡胶密封垫圈。

④ 打开电源预置灭菌温度。通过压力-温度控制器旋钮预置，温度预置范围在105～125℃，顺时针方向旋转旋钮，灭菌温度预置值减小；反之，预置值增大，可根据需要确定预置灭菌温度。

⑤ 设置灭菌时间。按照不同的需要，将计时器旋钮按顺时针方向旋至所需的时间刻度上，当达到预置的灭菌温度时，计时指示灯亮，计时器自动计时。

⑥ 加热，排放冷空气。

⑦ 灭菌。

⑧ 结束（关电源）。此时切忌立即放气，一定要待指针接近“零”位时，再打开放气阀，取出物品，排掉锅内剩余水。

灭过菌的培养基冷却后置于37℃恒温箱内培养24h，若无菌生长则放入冰箱或阴凉处保存备用。

适用于加压蒸汽灭菌的物品有培养基、生理盐水、各种缓冲液、玻璃器皿和工作服等。灭菌所需时间和温度常取决于被灭菌的培养基中营养物的耐热性、容器体积的大小和装物量的多少等因素。除含糖培养基用 0.072MPa（115℃，15～20min）外，一般都用 0.103MPa（121℃，15～20min）。另外对某些不耐高温的培养基如血清、牛乳等则可用巴斯德消毒法、间歇灭菌或过滤除菌等方法。

五、思考题

1. 培养基是根据什么原理配制成的？牛肉膏蛋白胨琼脂培养基中的不同成分各起什么作用？

2. 配制培养基的基本步骤有哪些？应注意什么问题？

3. 简述加压灭菌的原理和方法。

实验 6　细菌的分离与纯种培养

一、实验目的

1. 从环境（土壤、水体、活性污泥、垃圾、堆肥等）中分离、培养微生物，掌握一些常用的分离和纯化微生物的方法。

2. 学会几种接种技术。

二、仪器和材料

1. 实验 5 中准备的无菌物品，包括各种玻璃器皿、培养基、稀释水等。

2. 活性污泥、土壤或湖水 1 瓶。

3. 接种环、酒精灯或煤气灯、恒温培养箱等。

三、细菌纯种分离的操作方法

在自然界和污（废）水生物处理中，细菌和其他微生物杂居在一起。为了获得纯种进行研究或用于生产，就必须从混杂的微生物群体中分离出来。微生物纯种分离的方法很多，归纳起来可分为两类：一类是单细胞（或单孢子）分离，另一类是单菌落分离。后者因方法简便，所以是微生物学实验中常用的方法。通过形成单菌落获得纯种的方法很多，对于好氧菌和兼性好氧菌可采用平板划线法、平板表面涂布或浇注平板法等。其中最简便的是平板划线分离法。

分离专性厌氧菌的方法也很多，如深层琼脂柱法、滚管法等。现有一种厌氧工作台，操作、使用均较方便。厌氧分离培养微生物的关键是创造一个缺氧环境，以利于厌氧菌的生长。

平板划线法是指把混杂在一起的微生物不同种的不同个体或同一种的不同细胞，通过带菌的接种环在培养基表面做多次划线的稀释法，能得到较多的独立分布的单个细胞，经培养后即成单菌落，通常把这种菌落当作待分离微生物的纯种。有时这种单菌落并非都由单个细胞繁殖而来的，故必须反复分离多次才可得到细胞纯菌落的纯种。

平板表面涂布或浇注平板法一般都用样品（活性污泥）稀释液，前者通过三角刮刀将菌液分散在培养基表面，经培养后获得单菌落；后者是将菌液和培养基混合后培养出单菌落。本实验主要进行平板划线法和浇注平板法，浇注平板法也常用于细菌菌落总数的测定。

（一）浇注平板法

1. 取样

用无菌瓶到现场取一定量的活性污泥、土壤或湖水，迅速带回实验室。

2. 融化培养基

加热融化培养基，待用。

3. 稀释水样

将 1 瓶 90mL 和 5 管 9mL 的无菌水排列好，按 10^{-1}、10^{-2}、10^{-3}、10^{-4}、10^{-5} 及 10^{-6} 依次编号。在无菌操作条件下，用 10mL 的无菌移液管吸取 10mL 活性污泥（或其他样品 10g）置于 90mL 无菌水（内含玻璃珠）中，将移液管吹洗 3 次，用手摇 10min（或用混合器）将颗粒状样品打散，即为 10^{-1} 浓度的混合液；用 1mL 无菌移液管吸取 1mL10^{-1} 浓度的菌液于 9mL 无菌水中，将移液管吹洗 3 次，摇匀，即为 10^{-2} 浓度菌液。同法依次稀释到 10^{-6}，稀释过程见图 15-11。

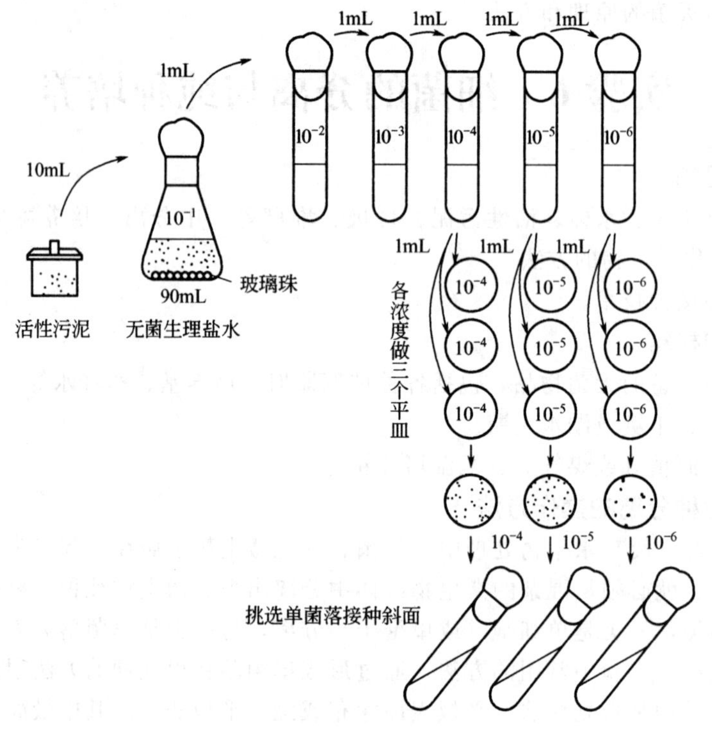

图 15-11　样品稀释、接种过程

4. 平板的制作

(1) 将培养皿（10 套）编号　10^{-4}、10^{-5}、10^{-6} 各 3 套，1 套为空气对照。

(2) 将已稀释的水样加入培养皿　取 1 支 1mL 无菌移液管，从浓度小的 10^{-6} 菌液开始，以 10^{-6}、10^{-5}、10^{-4} 为序，分别吸取 1mL 菌液（或 0.5mL）于相应编号的培养皿内（注：每次吸取前，用移液管在菌液中吹泡使菌液充分混匀）。

(3) 倒平板　将已融化并冷却至 50℃左右的培养基倒入培养皿（10～15mL/皿），右手拿装有培养基的锥形瓶，左手拿培养皿 [图 15-12 (a)]，以中指、无名指和小指托住皿底，拇指和食指将皿盖掀开，倒入培养基后将培养皿平放在桌上，顺时针和反时针来回转动培养

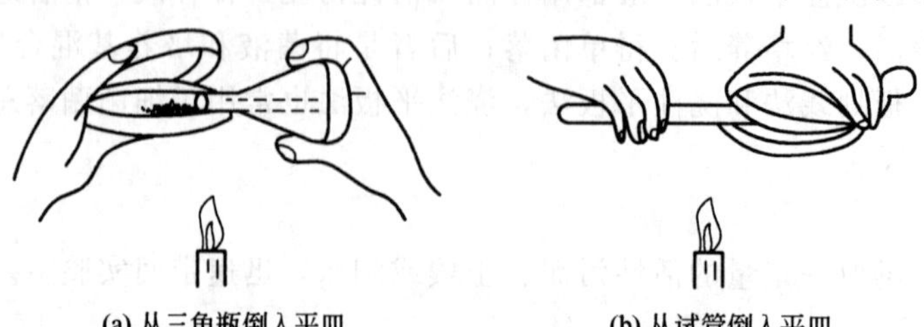

(a) 从三角瓶倒入平皿　　(b) 从试管倒入平皿

图 15-12　倒平板

皿，使培养基和菌液充分混匀，冷凝后即成平板，倒置于 37℃恒温培养箱内培养 24～48h，然后观察结果。将试管内培养基倒入平皿，制平板可按图 15-12（b）操作。

（4）对照样品　倒平板待凝固后，打开皿盖 10min 后盖上皿盖，倒置于 37℃恒温培养箱内培养 24～48h 后观察结果。

（二）平板划线法

划线的形式有多种（图 15-13），但其要求基本相同，既不能划破培养基，又要保证充分分散细胞以获得单菌落，主要步骤如下。

1. 平板的制作

将融化并冷却至约 50℃的培养基倒入培养皿内，使凝固成平板。

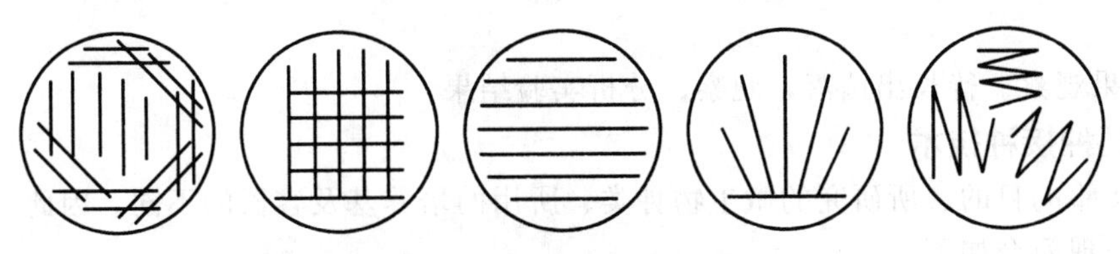

图 15-13　平板划线分离方法

2. 划线

用接种环挑取一环活性污泥（或土壤悬液等其他样品），左手拿培养皿，中指、无名指和小指托住皿底，拇指和食指夹住皿盖，将培养皿稍倾斜，左手拇指和食指将皿盖掀半开，右手将接种环伸入培养皿内，在平板上轻轻划线（切勿划破培养基），划线的方式可取图 15-14 中任何一种。划线完毕盖好皿盖，倒置于 37℃恒温培养箱内培养 24～48h 后观察结果。

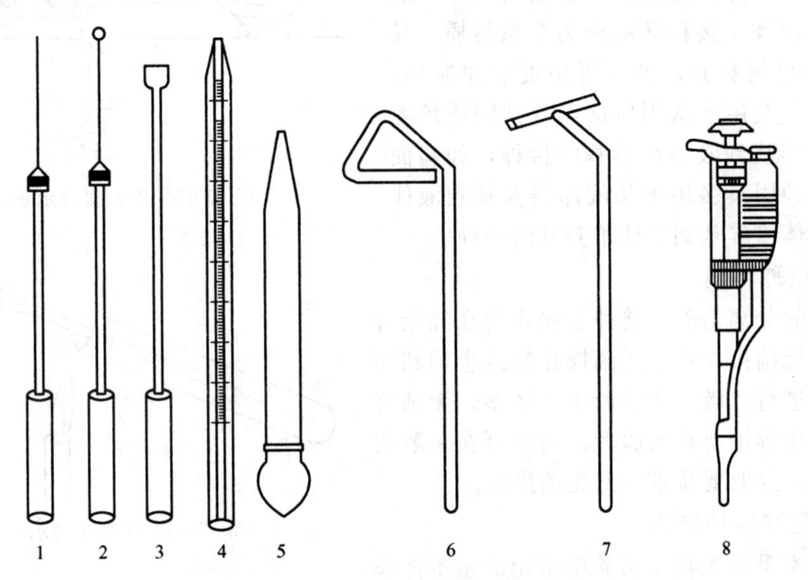

图 15-14　几种常用的接种用具

1—接种针；2—接种环；3—接种铲；4—移液管；
5—滴管；6—三角刮刀；7—刮刀；8—定量移液器

也可先将皿底分区，左手拿皿底，有培养基的一面朝向煤气灯，右手用接种环挑取活性污泥（或土壤悬液等其他样品），先在培养皿的一区划 2～3 条平行线，转动培养皿约 70°角，并将接种环上残菌烧掉，冷却后使接种环通过第一次划线部分做第二次平行划线，同法接着做第三、第四次划线。

（三）平板表面涂布法

平板涂布法与浇注平板法、平板划线法的作用一样，都是把聚集在一起的群体分散成能在培养基上长成单个菌落的分离方法。此法加样量不宜太多，只能在 0.5mL（一般为 0.2mL）以下，培养时起初不能倒置，先正置一段时间等水分蒸发后倒置，主要步骤如下。

① 稀释样品。方法与稀释平板法中的稀释方法和步骤一样。

② 倒平板。将融化并冷却至 50℃左右的培养基倒入无菌培养皿中，冷凝后即成平板。

③ 涂布。用无菌移液管吸取一定量的经适当稀释的样品液于平板上，用三角刮刀在平板上旋转涂布均匀。

④ 培养。送恒温培养箱培养（正置），如果培养时间较长，次日把培养皿倒置继续培养。

⑤ 结果观察。待长出菌落，观察、分析实验结果。

四、几种接种技术

由于实验的目的、所研究的微生物种类、所用的培养基及容器的不同，因此，接种方法也有多种，现简介如下。

（一）接种用具

常用的接种用具有接种针、接种环、接种铲、移液管、滴管、三角刮刀、刮刀和定量移液器等（图 15-14）。接种针和接种环等总长约 25cm，环、针的长为 4.5cm，可用铂金、电炉丝或镍丝制成。上述材料以铂金丝最为理想，其优点是在火焰上灼烧热得快，离火焰后冷得快，不易氧化且无毒。但价格昂贵，一般用电炉丝和镍丝。接种环的柄为金属材质，其后端套上绝热材料套，柄也可用玻璃棒制作。前三种用具一般用于从固体培养基到固体培养基或固体培养基到液体培养基的接种，如斜面接种；后几种用具多用于从液体培养基到液体培养基或液体培养基到固体培养基的接种。

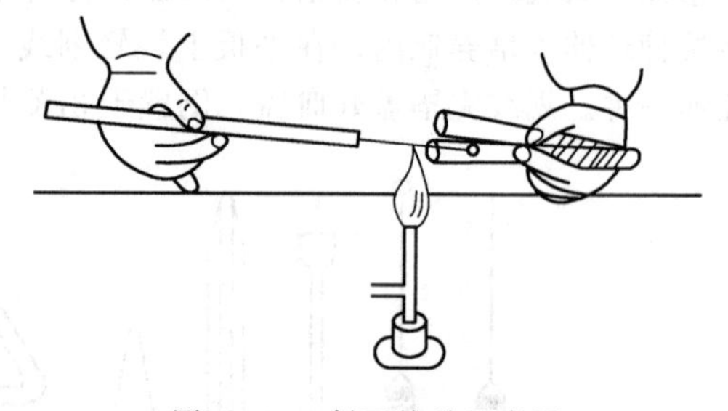

图 15-15　斜面接种示意图

（二）接种环境

微生物的分离培养、接种等操作需在经紫外线灯灭菌的无菌操作室、无菌操作箱或生物超净台等环境下进行。教学实验由于人数多，无菌室小，无法一次容纳所有实验者。所以可在一般实验室内进行，这时要特别注意无菌操作。

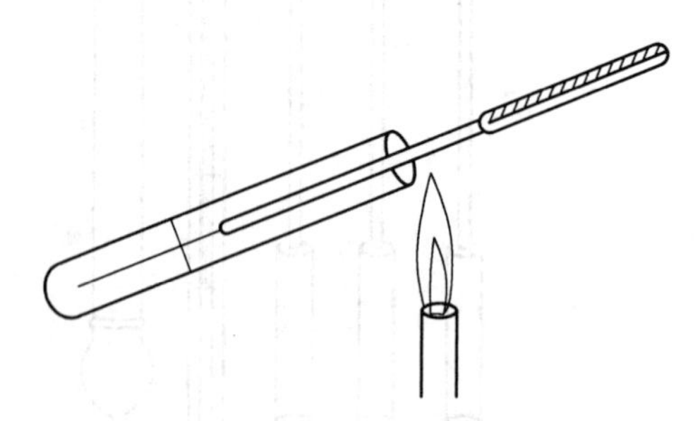

图 15-16　穿刺接种示意图

（三）几种接种技术

接种技术是微生物学实验中常用的基本操作技术。接种就是将一定量的微生物在无菌操作条件下转移到另一无菌的并适合该菌生长繁殖所需的培养基中的过程。根据不同的实验目的和培养方式，可以采取不同的接种用具和接种方法。

1. 斜面接种

这是将长在斜面培养基（或平板培养基）上的微生物接到一支新的斜面培养基上的方法（图 15-15）。

① 准备。接种前将操作台擦净，将所需的物品整齐有序地放在桌上。

② 编号。将试管贴上标签，注明菌名、接种日期、接种人、组别等。

③ 点燃灯。点燃煤气灯（或酒精灯）。

④ 手持试管。将一支斜面菌种（或培养皿菌落）和一支待接的斜面培养基放在左手上，拇指压住两支试管，中指位于两支试管之间，斜面向上，管口齐平。

⑤ 灼烧接种环。右手先将棉塞拧松动，以便接种时易拔出。右手拿接种环，在火焰上将环烧红以达到灭菌的目的（环以上凡是可能进入试管的部分都应灼烧）。

⑥ 接种。在火焰旁，用右手小指、无名指和手掌夹住棉塞将它拔出。试管口在火焰上微烧一周，将管口上可能沾染的少量菌或带菌尘埃烧掉。将烧过的接种环伸入菌种管内，使环端轻触内管壁，冷却后取种，立即转移至待接种试管斜面上，自斜面底部开始向上做“z”形致密划线直至斜面顶端。抽出接种环，试管过火后塞上棉塞，将试管放回试管架。最后再次灼烧接种环，杀灭环上细菌。送培养箱（37℃）培养，待看结果。

2. 液体接种

（1）从斜面培养基到液体培养基的接种方法　与斜面接种的①～③步相同，取种后将沾有菌种的接种环送入液体培养基，使环上的菌种全部洗入培养基中，抽出接种环并灼烧（杀灭环上残留细菌），试管过火后塞上棉塞，将培养液轻轻摇动，使菌体在液体培养基中分布均匀，送培养箱（37℃）培养，待看结果。

（2）从液体培养基到液体培养基的接种方法　操作步骤与斜面接种类似，只是用移液管、滴管等替代接种环作为接种用具，移液管、滴管在使用时不能像接种环那样灼烧，故必须在使用之前灭菌。另外还有一种用定量移液器取种转移法，此接种法在分子生物学实验中广泛应用，因具有快速、微量、简便等特点而备受青睐。

3. 穿刺接种

穿刺接种所用培养基是半固体培养基。穿刺接种法就是用接种针挑取少量菌苔，直接刺入半固体的直立柱培养基中央的一种接种法（图 15-16）。它只适用于细菌和酵母菌的接种培养。与斜面接种所不同的是，接种用具是接种针，取种后在培养基柱中作穿刺（直至接近管底），然后沿穿刺线缓慢地抽出接种针灼烧灭菌，试管过火后塞上棉塞，则接种完毕。

另外，有时也将平板划线法和平板表面涂布等作为接种的方法。

五、注意事项

1. 整个试验过程中一定要做到规范的无菌操作。

2. 当采用 7 位数编码的结果不能被鉴定到种时，即某一编码下可能有几个菌名，这时可进行一些补充试验，如葡萄糖氧化发酵等，就可获得更多位数的编码，再查阅编码本，有时还需要选择有关菌种的其他特征予以区别，直到能鉴定到适当的菌种。

六、思考题

1. 根据实验过程及结果，说明该实验的优缺点。

2. 如果在编码本上查不到被鉴定细菌的菌名，试分析其原因。

实验 7　细菌淀粉酶和过氧化氢酶的定性测定

一、实验目的

通过对淀粉酶和过氧化氢酶的定性测定，加深对酶和酶促反应的感性认识。

二、基本原理

酶是由生物细胞所产生的，具有催化能力的生物催化剂。生物体内一切化学反应几乎都是在酶的催化下进行的。微生物的酶按它所在细胞的部位分为胞外酶、胞内酶及表面酶。本实验对淀粉酶和过氧化氢酶（亦叫接触酶）进行定性测定。

细菌淀粉酶能将遇碘呈蓝色的淀粉水解为遇碘不显色的糊精，并进一步转化为糖。淀粉水解后，遇碘不再显蓝色。

过氧化氢酶能将过氧化氢分解为水和氧。

三、器皿和材料

（一）器皿

试管（15mm×150mm）、试管架、培养皿（ϕ90mm）、接种环。

（二）材料

肉膏胨淀粉培养基、质量浓度 2g/L 淀粉溶液、革兰碘液、体积分数 3%～10%的过氧化氢溶液、生活污水-活性污泥混合液、枯草杆菌和大肠杆菌斜面各 1 支。

（1）肉膏胨淀粉培养基配方　牛肉膏 3g，NaCl 5g，蛋白胨 10g，琼脂 15～20g，淀粉 2g，蒸馏水 1000mL，pH7.4～7.8。灭菌条件：0.103MPa（121℃，15～20min）。

（2）若无活性污泥可用枯草杆菌培养液代替。

四、实验内容和操作方法

（一）生活污水-活性污泥混合液中淀粉酶的测定

1. 取 4 支干净的试管，按 1、2、3、4（对照）编号，放在试管架上备用。

2. 按表 15-1 的顺序在试管中加入各种物质。

表 15-1　生活污水-活性污泥混合液中淀粉酶活性的测定

试管编号	1	2	3	4(对照)
活性污泥/mL	5	10	15	0
蒸馏水/mL	10	5	0	15
淀粉溶液/滴	4	4	4	4
革兰碘液/滴	4	4	4	4

应将上述试管中的各种溶液混合均匀，记录起始时间（加入碘液算起），当加入碘液后，4 支试管中的液体全呈蓝色，此过程中应使试管中的混合液处于均匀的混合状态，否则会影响实验结果。并注意观察、记录蓝色褪去的时间（即淀粉酶和淀粉反应完全的时间）即为终点，计算各试管褪色所需要的时间，分析说明问题。

（二）细菌淀粉酶在固体培养基中的扩散实验

① 将肉膏胨淀粉培养基加热融化，待冷至 50℃左右倒入无菌培养皿内（每皿约 10mL），共倒 3 个，静置待冷凝即成平板。

② 在无菌操作条件下，用接种环分别挑取枯草杆菌、大肠杆菌和活性污泥各一环，分别在 3 个平板上点种 5 个点，倒置于 37℃恒温箱内培养 24～48h。

③ 取出平板，分别在 3 个平板内的菌落周围滴加碘液，观察菌落周围颜色的变化。若在菌落周围有一个无色的透明圈，说明该细菌产生淀粉酶并扩散到基质中，已将培养基中的淀粉水解成了遇碘不显色的物质；若菌落周围为蓝色（无透明圈出现），说明该细菌不产生淀粉酶，培养基中的淀粉遇碘呈蓝色。

（三）过氧化氢酶的定性测定

① 取一干净的载玻片，在上面滴加一滴体积分数为 3%～10%的过氧化氢溶液，挑取一环培养 18～24h 的菌苔，在过氧化氢溶液中涂抹，若有气泡产生的为接触酶阳性（即有过氧

化氢酶），无气泡产生的为接触酶阴性（即无过氧化氢酶）。也可将过氧化氢直接滴加在已接种的斜面上，观察气泡产生与否。

② 把所观察到的现象记录下来，进行分析。

五、思考题

1. 枯草杆菌、大肠杆菌和活性污泥菌落周围呈什么颜色？说明什么问题？

2. 在活性污泥混合液中淀粉酶活性的测定中，如果 1 号管中（5mL 活性污泥）的蓝色一直不能褪去，请分析其原因。

3. 观察两种培养的结果并进行分析。

实验 8　水中细菌总数的测定

细菌菌落总数（colony form unit，菌落形成单位，简写为 CFU）是指 1mL 水样在营养琼脂培养基中，于 37℃培养 24h 后所生长的腐生性细菌菌落总数。它是有机物污染程度的一个重要指标，也是卫生指标。在饮用水中所测得的细菌菌落总数除说明水被生活废弃物污染的程度外，还指示该饮用水能否饮用。但水源水中的细菌菌落总数不能说明污染的来源。因此，结合大肠菌群数以判断水的污染源和安全程度就更全面。

我国现行《生活饮用水卫生标准》（GB 5749—2006）规定：细菌菌落总数在 1mL 自来水中不得超过 100 个。

一、实验目的

1. 学会细菌菌落总数的测定。

2. 了解水质与细菌菌落数之间的相关性。

二、实验原理

细菌种类很多，有各自的生理特性，必须用适合它们生长的培养基才能将它们培养出来。然而，在实际工作中不易做到，所以通常用一种适合大多数细菌生长的培养基培养腐生性细菌，以它的菌落总数表明有机物污染程度。水中细菌总数与水体受有机污染的程度成正相关，因此细菌总数常作为评价水体污染程度的一个重要指标。细菌总数越大，说明水体被污染得越严重。

三、仪器和材料

同实验六。

四、实验内容与操作方法

（一）生活饮用水

以无菌操作方法，用无菌移液管吸取 1mL 充分混匀的水样注入无菌培养皿中，倾注入约 10mL 已融化并冷却至 50℃左右的营养琼脂培养基，平放于桌上迅速旋摇培养皿，使水样与培养基充分混匀，冷凝后成平板。每个水样做 3 个平板。另取一个无菌培养皿倒入培养基作空白对照。将以上所有平板倒置 37℃恒温培养箱内培养 24h，计菌落数。算出 3 个平板上长的菌落总数的平均值，即为 1mL 水样中的细菌总数。

（二）水源水

1. 稀释水样

在无菌操作条件下，以 10 倍稀释法稀释水样，视水体污染程度确定稀释倍数，具体操作如实验 6 的三、（一）。

2. 接种

用无菌移液管吸取3个适宜浓度的稀释液1mL（或0.5mL）加入无菌培养皿内，再倒培养基，冷凝后倒置37℃恒温培养箱中培养。

3. 计菌落数

将培养24h的平板取出计菌落数。

五、菌落计数及报告方法

进行平皿菌落计数时，可用肉眼观察，也可用放大镜和菌落计数器计数。记下同一浓度的3个平板（或2个）的菌落总数，计算平均值，再乘以稀释倍数即为1mL水样中的细菌菌落总数。

（一）平板菌落数的选择

计数时应选取菌落数在30～300/皿之间的稀释倍数进行计数。若其中一个平板上有较大片状菌落生长时，则不宜采用，而应以无片状菌落生长的平板作为该稀释度的平均菌落数；若片状菌落约为平板的一半，而另一半平板上菌落数分布很均匀，则可按半个平板上的菌落计数，然后乘以2作为整个平板的菌落数。

（二）稀释度的选择

① 实验中，当只有一个稀释度的平均菌落数符合此范围（30～300/皿）时，则以该平均菌落数乘以稀释倍数报告（表15-2例1）。

② 当有两个稀释度的平均菌落数均在30～300之间时，则应视两者菌落数之比值来决定，若比值小于2，应报告两者之平均数；若大于2则报告其中较小的菌落数（表15-2例2及例3）。

③ 当所有稀释度的平均菌落数均大于300时，则应按稀释度最高的平均菌落数乘以稀释倍数报告（表15-2例4）。

④ 当所有稀释度的平均菌落数均小于30时，则应按稀释度最低的平均菌落数乘以稀释倍数报告（表15-2例5）。

⑤ 当所有稀释度的平均菌落数均不在30～300之间时，则以最接近300或30的平均菌落数乘以稀释倍数报告（表15-2例6）。

（三）菌落数的报告

菌落数在100以内时按实有数据报告，大于100时，采用两位有效数字，在两位有效数字后面的位数，以四舍五入方法计算。为了缩短数字后面的零数，可用10的指数来表示（表15-2报告方式栏）。在报告菌落数为“无法计数”时，应注明水样的稀释倍数。

表15-2　稀释度选择及菌落总数报告方式

例次	不同稀释度的平均菌落数			两个稀释度菌落数之比	菌落总数/(CFU/mL)	报告方式/(CFU/mL)
	10^{-1}	10^{-2}	10^{-3}			
1	1365	164	20	—	16400	16000或1.6×10^4
2	2760	295	46	1.6	37750	38000或3.8×10^4
3	2890	271	60	2.2	27100	27000或2.7×10^4
4	无法计数	4650	513	—	513000	510000或5.1×10^5
5	27	11	5	—	270	270或2.7×10^2
6	无法计数	305	12	—	30500	31000或3.1×10^4

六、思考题

1. 测定水中细菌菌落总数有什么实际意义？

2. 根据我国饮用水水质标准，讨论你这次的检验结果。

实验 9 水中大肠菌群数的测定

在给水净化工程中，水源水先经处理后才能供给用户。饮用水要求清澈、无色、无臭、无病原菌。因此，自来水在出厂前要做水质的物理化学分析和细菌卫生学检验。本实验结合给水净化工程中的细菌学检验，做大肠菌群数的测定。

大肠菌群数是指每升水中含有的大肠菌群的近似值。通常可根据水中总大肠菌群的数量来判断水源是否被粪便所污染，并可间接推测水源受肠道病原菌污染的可能性。

一、实验目的

1. 了解大肠菌群数的数量指标在环境领域的重要性，学会大肠菌群数的测定方法。
2. 通过检验过程，了解大肠菌群的生化特性。

二、基本原理和方法

人的肠道中主要存在 3 大类细菌：①大肠菌群（G^- 菌）；②肠球菌（G^+ 菌）；③产气荚膜杆菌（G^+ 菌）。由于大肠菌群的数量大，在体外存活时间与肠道致病菌相近，且检验方法比较简便，故被定为检验肠道致病菌的指示菌。

总大肠菌群包括肠杆菌科中的埃希菌属（*Escherichia*，模式种为大肠埃希菌）、柠檬酸细菌属（*Citrobacter*）、克雷伯菌属（*Klebsiella*）及肠杆菌属（*Enterobactet*）。这 4 种菌都是兼性厌氧、无芽孢的革兰阴性杆菌（G^- 菌）。

我国《生活饮用水卫生标准》（GB 5749—2006）中微生物指标由 2 项增至 6 项，增加了大肠埃希菌和耐热大肠菌群等指标，修订了大肠菌群数的指标：饮用水中总大肠菌群[MPN/(100mL) 或 CFU] 不得检出；大肠埃希菌 [MPN/ (100mL) 或 CFU] 不得检出；耐热大肠菌群 [MPN/(100mL) 或 CFU] 不得检出。当水样检出总大肠菌群时，应进一步检验大肠埃希菌或耐热大肠菌群；水样未检出总大肠菌群时，不必检验大肠埃希菌或耐热大肠菌群。

再生水回用于景观水体的水质标准规定：人体非直接接触的再生水总大肠菌群 1000 个/L；人体非全身性接触的再生水总大肠菌群 500 个/L。城市杂用水水质标准：用于冲厕、道路清扫、消防、城市绿化、车辆冲洗、建筑施工，总大肠菌群≤3 个/L。对于那些只经过加氯消毒即供作生活饮用水的水源水，其总大肠菌群平均每升不得超过 1000 个；经过净化处理及加氯消毒后供作生活饮用水的水源水的总大肠菌群平均每升不得超过 10000 个。

大肠菌群的检测方法主要有多管发酵法和滤膜法。前者被称为水的标准分析法，即将一定量的样品接种到乳糖发酵管，根据发酵反应的结果，确证大肠菌群的阳性管数后在检索表中查出大肠菌群数的近似值。后者是一种快速的替代方法，能测定大体积的水样，但只局限于饮用水或较洁净的水，目前在一些大城市的水厂常采用此法。

三、仪器和材料

（一）器皿

显微镜、锥形瓶（500mL）1 个、试管（18mm×180mm）6 或 7 支、大试管（容积 150mL）2 支、移液管 1mL2 支及 10mL1 支、培养皿（ϕ90mm）10 套、接种环、试管架 1 个。

（二）试剂、材料

① 革兰染色液一套：草酸铵结晶紫、革兰碘液、体积分数为 95%的乙醇、番红染液。

② 自来水（或受粪便污染的河、湖水）400mL。

③ 化学药品。蛋白胨、乳糖、磷酸氢二钾、琼脂、无水亚硫酸钠、牛肉膏、氯化钠、质量浓度16g/L的溴甲酚紫乙醇溶液、质量浓度50g/L的碱性品红乙醇溶液、质量浓度20g/L的伊红水溶液、质量浓度5g/L的亚甲基蓝水溶液。

④ 其他。质量浓度100g/LNaOH、体积分数10%HCl（原液为36%）、精密pH试纸（6.4～8.4）等。

四、实验前准备工作

（一）配培养基

1. 乳糖蛋白胨培养基（供多管发酵法的复发酵用）

（1）配方　蛋白胨10g、牛肉膏3g、乳糖5g、氯化钠5g、质量浓度16g/L溴甲酚紫乙醇溶液1mL、蒸馏水1000mL、pH为7.2～7.4。

（2）制备　按配方分别称取蛋白胨、牛肉膏、乳糖及氯化钠加热溶解于1000mL蒸馏水，调整pH为7.2～7.4。加入质量浓度16g/L的溴甲酚紫乙醇溶液1mL，充分混匀后分装于试管内，每管10mL，另取一小倒管装满培养基倒放入试管内。塞好棉塞、包装后灭菌，115℃（相对蒸汽压力0.072MPa）灭菌20min，取出后置于阴冷处备用。

2. 三倍浓缩乳糖蛋白胨培养液（供多管发酵法的初发酵用）

按上述乳糖蛋白胨培养液浓缩三倍配制，分装于试管中，每管5mL；再分装于大试管中，每管50mL，然后在每管内倒放装满培养基的小倒管。塞好棉塞，包装灭菌，灭菌条件同上。

现市场上有售配制好的乳糖发酵培养基（脱水培养基），使用非常方便。

3. 品红亚硫酸钠培养基（即远藤培养基）

该培养基供多管发酵法的平板划线用。

（1）配方　蛋白胨10g、乳糖10g、磷酸氢二钾3.5g、琼脂20g、蒸馏水1000mL、无水亚硫酸钠5g左右、质量浓度50g/L的碱性品红乙醇溶液20mL。

（2）制备　先将琼脂加入900mL蒸馏水中加热溶解，然后加入磷酸氢二钾及蛋白胨，混匀使之溶解，加蒸馏水补足至1000mL，调整pH为7.2～7.4，趁热用脱脂棉或绒布过滤，再加入乳糖，混匀后定量分装于锥形瓶内，包装后灭菌，灭菌条件同上。

4. 伊红-亚甲基蓝培养基

（1）配方　蛋白胨10g、乳糖10g、磷酸氢二钾2g、琼脂20～30g、蒸馏水1000mL、质量浓度20g/L的伊红水溶液20mL、质量浓度5g/L亚甲基蓝水溶液13mL。

（2）制备　按品红亚硫酸钠的制备过程制备。

（3）灭菌条件　0.072MPa（115℃，15～20min）。

与乳糖蛋白胨培养液一样，市场上也有售配制好的伊红-亚甲基蓝培养基（脱水培养基），使用十分方便。

（二）水样的采集和保存

采集水样的器具必须事前灭菌。

1. 自来水水样的采集

（1）取样　先将水龙头用火焰烧灼3min灭菌，然后再放水5～10min后用无菌瓶取样，在酒精灯旁打开水样瓶盖（或棉花塞），取所需的水量后盖上瓶盖（或棉塞），速送实验室检测。

（2）余氯的处理　若经氯处理的水中含余氯，会减少水中细菌的数目，采样瓶在灭菌前须加入硫代硫酸钠，以便取样时消除氯的作用。硫代硫酸钠的用量视采样瓶的大小而定。若是 500mL 的采样瓶，加入质量浓度 15g/L 的硫代硫酸钠溶液 1.5mL（可消除余氯质量浓度为 2mg/L 的 450mL 水样中的全部氯量）。

2. 河水、湖水、井水、海水的采集

河水、湖水、井水、海水的采集要用特制的采样器（采样器种类很多，图 15-17 所示为其中一种），该采样器是一金属框，内装玻璃瓶，其底部装有重沉坠，可按需要坠入一定深度。瓶盖上系有绳索，拉起绳索，即可打开瓶盖，松开绳索瓶盖即自行塞好瓶口。水样采集后，将水样瓶取出，若是测定好氧微生物，应立即改换无菌棉花塞。

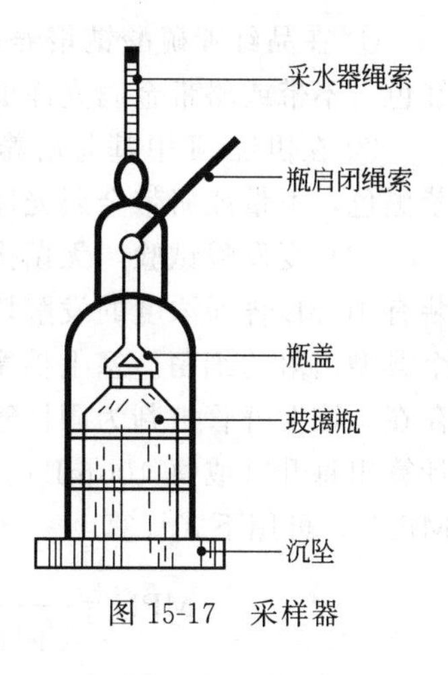

图 15-17　采样器

（三）水样的处置

水样采取后，迅速送回实验室立即检验，若来不及检验应放在 4℃冰箱内保存。若缺乏低温保存条件，应在报告中注明水样采集与检验相隔的时间。较清洁的水可在 12h 内检验，污水要在 6h 内结束检验。

五、测定方法与步骤

（一）多管发酵法

多管发酵法（MPN 法）适用于饮用水、水源水，特别是浑浊度高的水中大肠菌群数的测定。

1. 生活饮用水的测定步骤

(1) 初发酵试验　在 2 支各装有 50mL 三倍浓缩乳糖蛋白胨培养液的大发酵管中，以无菌操作各加入水样 100mL。在 10 支各装有 5mL 三倍浓缩乳糖蛋白胨培养液的发酵管中，以无菌操作各加入 10mL 水样，混匀后置于 37℃恒温箱中培养 24h，观察其产酸产气的情况，见图 15-18。

情况分析：

① 若培养基红色没变为黄色，即不产酸；小倒管没有气体，即不产气，为阴性反应，表明无大肠菌群存在。

② 若培养基由红色变为黄色，小倒管有气体，既产酸又产气，为阳性反应说明大肠菌群存在。

③ 培养基由红色变为黄色说明产酸，但不产气，仍为阳性反应，表明有大肠菌群存在。

④ 若小倒管有气体，培养基红色不变，也不浑浊，是操作技术上有问题，应重做检验。

图 15-18　MPN 法测定大肠菌群的结果

以上结果为阳性者，说明水可能被粪便污染，需进一步检验。

(2) 确定性试验　用平板划线分离，将经培养 24h 后产酸（培养基呈黄色）、产气或只产酸不产气的发酵管取出，无菌操作，用接种环挑取一环发酵液于品红亚硫酸钠培养基（或伊红-亚甲基蓝培养基）平板上划线分离，共 3 个平板。置于 37℃恒温箱内培养 18～24h，观察菌落特征。如果平板上长有如下特征的菌落，并经涂片和进行革兰染色，结果为革兰阴性的无芽孢杆菌，则表明有大肠菌群存在。

① 在品红亚硫酸钠培养基平板上的菌落特征：a. 紫红色，具有金属光泽的菌落；b. 深红色，不带或略带金属光泽的菌落；c. 淡红色，中心色较深的菌落。

② 在伊红-亚甲基蓝培养基平板上的菌落特征：a. 深紫黑色，具有金属光泽的菌落；b. 紫黑色，不带或略带金属光泽的菌落；c. 淡紫红色，中心色较深的菌落。

（3）复发酵试验　无菌操作，用接种环挑取具有上述菌落特征、革兰染色阴性的菌落于装有 10mL 普通浓度的发酵培养基内，每管可接种同一平板上（即同一初发酵管）的 1～3 个典型菌落的细菌。塞上棉塞置于 37℃恒温箱内培养 24h，有产酸、产气者证实有大肠菌群存在，该发酵管被判为阳性管。根据阳性管数及实验所用的水样量，即可运用数理统计原理计算出每升（或每 100mL）水样中总大肠菌群的最大可能数目（most probable number, MPN），可用下式计算：

$$\text{MPN}=\frac{1000\times\text{阳性管数}}{\sqrt{\text{阴性管数水样体积（mL）}\times\text{全部水样体积（mL）}}}$$

MPN 的数据并非水中实际大肠菌群的绝对浓度，而是浓度的统计值。为了使用方便，现已制成检索表。所以根据证实有大肠菌群存在的阳性管（瓶）数可直接查检索表 15-3 即得结果。

表 15-3　大肠菌群数检索表　　单位：个/L

10mL 水量的阳性管数	100mL 水量中的阳性管数			10mL 水量的阳性管数	100mL 水量中的阳性管数		
	0	1	2		0	1	2
0	<3	4	11	6	22	36	92
1	3	8	18	7	27	43	120
2	7	13	27	8	31	51	161
3	11	18	38	9	36	60	230
4	14	24	52	10	40	69	>230
5	18	30	70				

注：1. 水样总量 300mL（2 份 100mL，10 份 10mL）。

2. 此表用于测生活饮用水。

2. 水源水中大肠菌群数的测定步骤一

（1）稀释水样　根据水源水的清洁程度确定水样的稀释倍数，除严重污染外，一般稀释度可定为 10^{-1} 和 10^{-2}，稀释方法如实验 6 中所述的 10 倍稀释法（均需无菌操作）。

（2）初发酵试验　无菌操作，用无菌移液管吸取 1mL10^{-2}、10^{-1}的稀释水样及 1mL 原水样，分别注入装有 10mL 普通浓度乳糖蛋白胨培养基的发酵管中，另取 10mL 原水样注入装有 5mL 三倍浓缩乳糖蛋白胨培养基的发酵管中（如果为较清洁的水样，可再取 100mL 水样注入装有 50mL 三倍浓缩的乳糖蛋白胨培养基发酵瓶中）。置 37℃恒温箱中培养 24h 后观察结果，以后的测定步骤与生活饮用水的测定方法相同。

根据证实有大肠菌群存在的阳性管数或瓶数查检索表 15-4，报告每升水样中的总大肠菌群数。

3. 水源水中大肠菌群数的测定步骤二

（1）稀释水样　将水样作 10 倍稀释。

（2）初发酵试验　于各装有 5mL 三倍浓缩乳糖蛋白胨培养液的 5 个试管中各加 10mL 水样；装有 10mL 乳糖蛋白胨培养液的 5 个试管中各加 1mL 水样；另外装有 10mL 乳糖蛋白胨培养液的 5 个试管中各加 1mL10^{-1}浓度的水样。3 个稀释梯度，共计 15 管。将各管充分混匀，置于 37℃恒温培养箱中培养 24h。

表 15-4　大肠菌群数检索表　　单位：个/L

100mL	10mL	1mL	0.1mL	每升水中大肠菌群数	100mL	10mL	1mL	0.1mL	每升水中大肠菌群数
－	－	－	－	<9	－	＋	＋	－	28
－	－	－	＋	9	＋	－	－	＋	92
－	－	＋	－	9	＋	－	＋	－	94
－	＋	－	－	9.5	＋	－	＋	＋	180
－	－	＋	＋	18	＋	＋	－	－	230
－	＋	－	＋	19	＋	＋	－	＋	960
－	＋	＋	－	22	＋	＋	＋	－	2380
＋	－	－	－	23	＋	＋	＋	＋	>2380

注：1. 水样总量 111.1mL（100mL，10mL，1mL，0.1mL）。
2. ＋：表示有大肠菌群，－：表示无大肠菌群。

接下去的平板分离和复发酵试验的检验步骤与生活饮用水的测定方法相同。根据证实大肠菌群存在的阳性管数查检索表 15-5，即可求得每 100mL 水样中存在的大肠菌群数，乘以 10 即为 1L 水中的大肠菌群数。

（二）滤膜法

滤膜法适用于测定饮用水和低浊度的水源水，此结果是从所用的滤膜培养基上直接数出的菌落数。

1. 实验原理

滤膜是一种微孔薄膜，直径一般为 35mm，厚度 0.1mm，孔径 0.45～0.65μm，能滤过大量水样并将水中含有的细菌截留在滤膜上，然后将滤膜贴在选择性培养基上，经培养后，直接计数滤膜上生长的典型大肠菌群菌落，算出每升水样中含有的大肠菌群数。

2. 仪器与材料

除了需要多管发酵法的仪器和材料以外，还需要过滤器、抽滤设备、无菌镊子、滤膜（直径 3.5cm 或 4.7cm）等。

3. 培养基

（1）品红亚硫酸钠培养基（乙）　蛋白胨 10g，酵母浸膏 5g，牛肉膏 5g，乳糖 10g，磷酸氢二钾 3.5g，琼脂 20g，无水亚硫酸钠 5g 左右，质量浓度 50g/L 碱性品红乙醇溶液 20mL，蒸馏水 1000mL，pH7.2～7.4。

灭菌条件：0.072MPa（115℃，15～20min）。

（2）乳糖蛋白胨培养液（与多管发酵法相同）。

（3）乳糖蛋白胨半固体培养基　蛋白胨 10g，牛肉膏 5g，酵母浸膏 5g，乳糖 10g，琼脂 5g，蒸馏水 1000mL。pH7.2～7.4。

灭菌条件：0.072MPa（115℃，15～20min）。

4. 操作步骤

首先做好准备工作，而后才是过滤水样。准备工作主要是滤膜和滤器的灭菌。滤膜灭菌时，将滤膜放入烧杯中，加入蒸馏水，置于沸水浴中煮沸灭菌（间歇灭菌）3 次，每次 15min，前两次煮沸后需更换蒸馏水洗涤 2～3 次，以除去残留溶剂。

滤器灭菌使用高压灭菌锅 121℃灭菌，相对蒸汽压力 0.105MPa，20min。

过滤水样时，用无菌镊子夹住滤膜边缘部分，将粗糙面向上，贴在滤器上，稳妥地固定好滤器，将 333mL 水样（如果水样中含菌量多，可减少过滤水样）注入滤器中，加盖，打开滤器阀门，在－500Pa 压力下抽滤。水样滤毕，再抽气 5s，关上滤器阀门，取下滤器，用镊子夹住滤膜边缘移放在品红亚硫酸钠培养基平板上，滤膜截留细菌面向上，滤膜应与培养基完全贴紧，两者间不得留有气泡，然后将平皿倒置，放入 37℃恒温培养箱内培养 22～24h 后观察结果。挑取具有大肠菌群菌落特征的菌落（菌落特征见上述多管发酵法）进行涂片、革兰染色、镜检。

表 15-5 大肠菌群的最大可能数（MPN）　　单位：个/（100mL）

出现阳性份数			每 100mL 水样中细菌数的最大可能数	95%可信限值		出现阳性份数			每 100mL 水样中细菌数的最大可能数	95%可信限值	
10mL	1mL	0.1mL		下限	上限	10mL	1mL	0.1mL		下限	上限
0	0	0	<2			4	2	1	26	9	78
0	0	1	2	<0.5	7	4	3	0	27	9	80
0	1	0	2	<0.5	7	4	3	1	33	11	93
0	2	0	4	<0.5	11	4	4	0	34	12	93
1	0	0	2	<0.5	7	5	0	0	23	7	70
1	0	1	4	<0.5	11	5	1	1	34	11	89
1	1	0	4	<0.5	11	5	0	2	43	15	110
1	1	1	6	<0.5	15	5	1	0	33	11	93
1	2	0	6	<0.5	15	5	1	1	46	16	120
2	0	0	5	<0.5	13	5	1	2	63	21	150
2	0	1	7	1	17	5	2	0	49	17	130
2	1	0	7	1	17	5	2	1	70	23	170
2	1	1	9	2	21	5	2	2	94	28	220
2	2	0	9	2	21	5	3	0	79	25	190
2	3	0	12	3	28	5	3	1	110	31	250
3	0	0	8	1	19	5	3	2	140	37	310
3	0	1	11	2	25	5	3	3	180	44	500
3	1	0	11	2	25	5	4	0	130	35	300
3	1	1	14	4	34	5	4	1	170	43	190
3	2	0	14	4	34	5	4	2	220	57	700
3	2	1	17	5	46	5	4	3	280	90	850
3	3	0	17	5	46	5	4	4	350	120	1000
4	0	0	13	3	31	5	5	0	240	68	750
4	0	1	17	5	46	5	5	1	350	120	1000
4	1	0	17	5	46	5	5	2	540	180	1400
4	1	1	21	7	63	5	5	3	920	300	3200
4	1	2	26	9	78	5	5	4	1600	640	5800
4	2	0	22	7	67	5	5	5	≥2400		

注：水样总量 55.5mL（测定 5 管 10mL 水样，5 管 1mL 水样，5 管 0.1mL1∶10 稀释水样，在不同阳性和阴性情况下 100mL 水样中细菌数的最大可能数和 95%可信限值）。

将具有大肠菌群菌落特征、革兰染色阴性的无芽孢杆菌接种到乳糖蛋白胨培养液或乳糖蛋白胨半固体培养基。经 37℃培养，前者于 24h 产酸产气者；或后者经 6～8h 培养后产气者，则判定为大肠菌群阳性。根据滤膜上生长的大肠菌群菌落数和过滤的水样体积，即可计算出每升水样中的大肠菌群数，如过滤的水样体积为 333mL，即将平板上长出的大肠菌群菌落总数乘以 3，得出实验结果。

对于不同来源和不同水质特征的水样，采用滤膜法测定大肠菌群数应考虑过滤不同体积的水样，以便得到较好的实验数据。

六、思考题

1. 测定水中大肠菌群数有什么实际意义？为什么选用大肠菌群作为水的卫生指标？

2. 如果自行改变测试条件进行水中大肠菌群数的测定，该测试结果能作为正式报告采用吗？为什么？

实验 10　空气微生物的检测

一、实验目的

1. 通过实验了解不同环境条件下空气中微生物的分布状况。

2. 学习并掌握检测和计数空气微生物的基本方法。

二、实验器材

1. 采样器

盛有 200mL 无菌水的塑料瓶（500mL）5 个；盛有 10L 水的塑料桶（15L）5 个。

2. 培养基

肉汤蛋白胨培养基、查氏培养基、高氏 1 号培养基，配方见附录三。

3. 其他

恒温培养箱、培养皿、吸管等。

三、操作步骤

（一）过滤法

1. 准备过滤装置

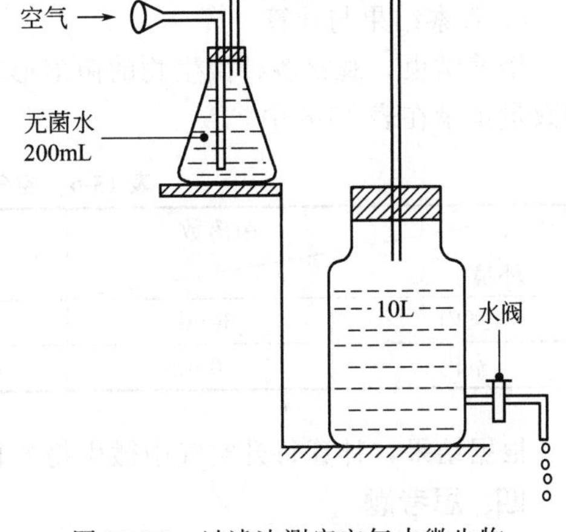

图 15-19　过滤法测定空气中微生物

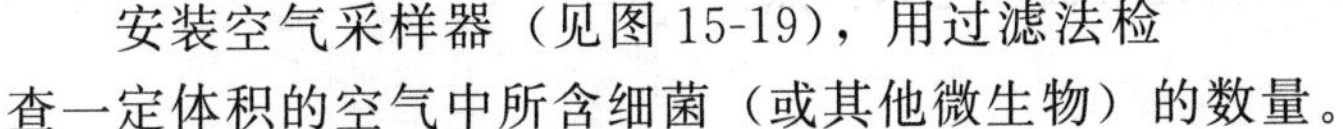

安装空气采样器（见图 15-19），用过滤法检查一定体积的空气中所含细菌（或其他微生物）的数量。

2. 放置空气采样器

按图 15-20 所示，将 5 套空气采样器分放在 5 个点上。

3. 采样

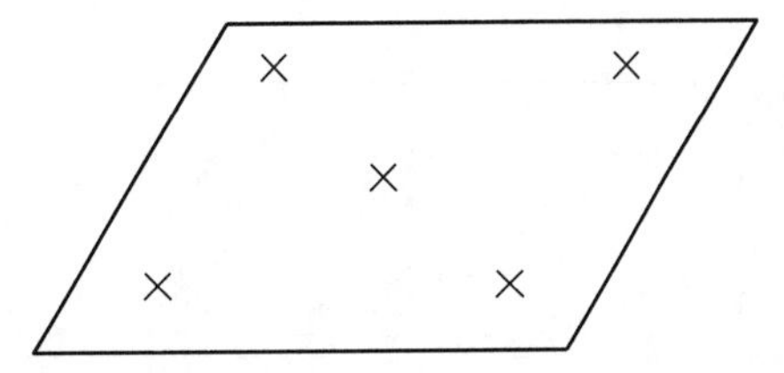

图 15-20　测定空气微生物的五点采样法

打开塑料桶的水阀，使水缓慢流出，这时外界的空气被吸入，经喇叭口进入盛有 200mL 无菌水的塑料瓶（采样器）中，至 10L 水流完后，则 10L 体积空气中的微生物被截留在 200mL 水中。

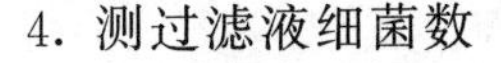

4. 测过滤液细菌数

将 5 个塑料瓶的过滤液充分摇匀，分别从中各吸 1mL 过滤液于无菌培养皿中（平行做 3 个皿），然后加入已融化且冷至 45℃ 的肉汤蛋白胨琼脂培养基，摇匀，凝固后置于 37℃ 恒温培养箱培养。

5. 计数

培养 24h 后，按平板上长出的菌落数，计算出每升空气中细菌（或其他微生物）的数目。

先按下式分别求出每套采样器的细菌数，再求 5 套采样器细菌数的平均值。

$$每升空气中的细菌数=\frac{1mL水中培养所得菌数\times 200}{10}$$

（二）落菌法

1. 倒培养基

将肉汤蛋白胨琼脂培养基、查氏琼脂培养基、高氏 1 号琼脂培养基融化后，各倒 15 个平板，冷凝。

2. 采样

在一定面积的房间内，按图 15-20 的 5 点所示，每种培养基每个点放 3 个平板，打开盖子，放置 30min 或 60min 后盖上盖子。

3. 培养

培养细菌（肉汤蛋白胨琼脂培养基）的培养皿，置于 37℃恒温培养箱培养 24～48h；培养霉菌（查氏琼脂培养基）和放线菌（高氏 1 号琼脂培养基）的培养皿，置于 28℃恒温培养箱培养 24～48h。

4. 观察结果与计算

培养结束，观察各种微生物的菌落形态、颜色，计它们的菌落数。将空气中微生物种类和数量记录在表 15-6 中。

表 15-6　空气中微生物的测定结果

菌落数 环境		细菌	霉菌	放线菌
室内	30min			
室内	60min			

根据结果，计算每升空气中微生物数目。

四、思考题

1. 在空气中微生物的测定中，应从哪几方面确定采样点？
2. 试分析落菌法的优缺点。

附　录

附录 1　常用染色液的配制

一、普通染色法常用染液

（一）吕氏亚甲基蓝液

分别配制溶液 A 和 B，配好后混合即可。

溶液 A：亚甲基蓝（methylenblue，含染料 90%）0.3g，体积分数 95%乙醇 30mL。

溶液 B：KOH0.01g，蒸馏水 100mL。

（二）齐氏石炭酸品红染液

将碱性品红在研钵中研磨后，逐渐加入体积分数 95%乙醇，继续研磨使之溶解，配成溶液 A。将石炭酸溶解于水中配成溶液 B。溶液 A 和溶液 B 混合即成石炭酸品红染色液。使用时将混合液稀释 5～10 倍，稀释液易变质失效，一次不宜多配。

溶液 A：碱性品红（basic fuchsin）0.3g，体积分数 95%乙醇 10mL。

溶液 B：石炭酸 5.0g，蒸馏水 95mL。

二、革兰染液

（一）草酸铵结晶紫液

溶液 A 和溶液 B 混合后，静止 24h 过滤使用。

溶液 A：结晶紫（crystal）2g，体积分数 95%乙醇 20mL。

溶液 B：草酸铵（ammonium oxalate）0.8g，蒸馏水 80mL。

（二）革兰碘液

配置时，先将碘化钾溶于少量蒸馏水中，再将碘溶解在碘化钾溶液中，然后加入其余的水即成。

碘 1g，碘化钾 2g，蒸馏水 300mL。

（三）番红溶液

番红（safranine O，番红花红 O，藏红 O）2.5g，体积分数 95%乙醇 100mL。取 20mL 番红乙醇溶液与 80mL 蒸馏水混匀成番红稀释液。

三、芽孢染色液

（一）孔雀绿染色液

此为孔雀绿饱和水溶液，配制时尽量溶解，过滤后使用。

孔雀绿（malachachite green）7.6g，蒸馏水 100mL。

（二）番红水溶液

番红 0.5g，蒸馏水 100mL。

四、荚膜染色液

（一）石炭酸品红

配法同普通染色液。

（二）黑色素水溶液

将黑色素在蒸馏水中煮沸 5min，然后加入福尔马林作防腐剂。

黑色素 5g，蒸馏水 100mL，福尔马林（体积分数 40%甲醛）0.5mL。

五、鞭毛染色液（方法之一）

染色液配制后必须用滤纸过滤。

溶液 A：钾明矾（potassium alum）饱和水溶液 20mL，质量浓度 20g/L 丹宁酸（tannic acid）10mL，体积分数 95%乙醇 15mL，碱性乙醇饱和液 3mL，蒸馏水 100mL。将上述各液混合，静置 1 日后使用，可保存 1 周。

溶液 B：亚甲基蓝 0.1g，硼砂钠 1g，蒸馏水 100mL。

六、鞭毛染色液（方法之二）

待 $AgNO_3$ 溶解后，取出 10mL 备用，向其余的 90mL $AgNO_3$ 溶液中滴入浓 NH_4OH 形成很浓厚的悬浮液，再继续滴加 NH_4OH，直到新形成的沉淀又重新刚刚溶解为止。再将备用的 10mL $AgNO_3$ 慢慢滴入，则出现薄雾，轻轻摇动后薄雾状沉淀又消失，再滴入 $AgNO_3$ 直到摇动后仍呈现轻微而稳定的薄雾状沉淀为止。如果雾不重，此染剂可使用一周。如果雾重则银盐沉淀出，不宜使用。

溶液 A：丹宁酸（即鞣酸）5g，甲醛（体积分数 15%）2mL，$FeCl_3$ 1.5g，NaOH（质量浓度 100g/L）1mL，蒸馏水 100mL（配好后当日使用，次日效果差，第三日不可使用）。

溶液 B：$AgNO_3$ 2g，蒸馏水 100mL。

七、乳酸石炭酸棉蓝染色液（观察霉菌形态用）

将石炭酸加在蒸馏水中加热，直到溶解后加入乳酸和甘油，最后加入棉蓝使之溶解即成。

石炭酸 10g，蒸馏水 10mL，乳酸（相对密度 1.21）10mL，甘油 20mL，棉蓝（cotton blue）0.02g。

八、聚 β-羟基丁酸染色液

① 质量浓度 3g/L 苏丹黑。

苏丹黑 B（Sudan black B）0.3g，体积分数 70%乙醇 100mL，混合后用力振荡，放置过夜备用，用前最好过滤。

② 褪色剂。二甲苯。

③ 复染液。质量浓度 5g/L 番红水溶液。

九、异染颗粒染色液

甲液：体积分数 95%乙醇 2mL，甲苯胺蓝（toluidine blue）0.15g，冰醋酸 1mL，孔雀绿 0.2g，蒸馏水 100mL。

乙液：碘 2g，碘化钾 3g，蒸馏水 300mL。

先将染料溶于乙醇中，向染料液中加入事先混合的冰醋酸和水，放置 24h 后过滤备用。

附录 2　常用染色方法

一、简单染色法（见实验 4）

二、革兰染色法（见实验 4）

三、芽孢染色法

① 取有芽孢的杆菌制成涂片、干燥、固定。

② 在涂片上滴加质量浓度76g/L孔雀绿水溶液，然后把片子放在火焰上方加热，在加热过程中，勿使染料干掉，需不断地向涂片上添加孔雀绿溶液。使载玻片上出现蒸汽约10min，取下载玻片使其冷却，水洗。

③ 用番红染液复染1min，水洗。

④ 吸干，镜检，芽孢呈绿色，细胞呈红色。

四、荚膜染色法（墨汁背景染色法）

荚膜对染料的亲和力低，常用背景染色（衬托）法，用有色的背景来衬托出无色的荚膜。染色时不能用加热固定，不能用水冲洗，方法如下。

① 涂片。取少许有荚膜的细菌与一滴石炭酸品红在玻片上混合均匀，制成涂片。

② 干燥。在空气中干燥、固定。

③ 染色（背景）。滴一滴墨汁于载玻片的一端，取另一块边缘光滑的载玻片将墨汁从一端刮至另一端，使整个涂片涂上一薄层墨汁，在室内自然晾干。

④ 镜检。镜检结果菌体呈红色，背景为黑色。

五、鞭毛染色法

（一）菌种

在染色前将菌种连续移植2～3次，每16～24h移植一次，培养16～24h。

（二）染色步骤

① 滴加菌液。在一片光滑无伤痕的、无油脂的载玻片上的一端滴一滴蒸馏水，用接种环在斜面上挑取少许菌在载玻片上的水滴中轻沾几下，将载玻片稍倾斜，菌液随水滴缓慢流到另一端，然后平放在空气中自然晾干。

② 涂片干燥后染色。滴加甲液（染色液用附录1第六项的溶液A）染3～5min，用蒸馏水冲洗，将残水沥干或用乙液（染色液用附录1第六项的溶液B）冲去残水后，加乙液染30～60s，并在酒精灯上稍加热，使其稍冒蒸汽而染液不干，然后用蒸馏水冲洗。镜检时应多找几个视野，因有时只在部分涂片上染出鞭毛。菌体为深褐色，鞭毛为褐色。

六、聚β-羟基丁酸染色

① 按常规制成涂片，用苏丹黑染10min。

② 用水冲去染液，用滤纸将残水吸干。

③ 用二甲苯冲洗涂片至无色素洗脱。

④ 用质量浓度5g/L番红复染1～2min。

⑤ 水洗、吸干、镜检。聚β-羟基丁酸颗粒呈蓝黑色，菌体呈红色。

七、异染颗粒染色

① 按常规制成涂片，用异染颗粒染液（附录1第九项）的甲液染5min。

② 倾去甲液，用乙液冲去甲液，并染1min。

③ 水洗、吸干、镜检。异染颗粒呈黑色，其他部分呈暗绿或浅绿色。

附录3　常用培养基的配制

一、肉汤蛋白胨培养基

牛肉膏3g（或5g），蛋白胨10g，蒸馏水1000mL，NaCl 5g，pH7.0～7.2。

灭菌条件：0.103MPa（121℃，15～20min）。

如配制固体培养基，需加质量浓度15～20g/L的琼脂，如配制半固体培养基，需加质量浓度 3～5g/L 的琼脂。

二、LB 培养基

胰蛋白胨 10g，NaCl 10g，酵母膏 5g，琼脂 15～20g，蒸馏水 1000mL，pH7.0。

灭菌条件：0.103MPa（121℃，15～20min）。

三、查氏培养基

$NaNO_3$ 2g，$MgSO_4$ 0.5g，琼脂 15～20g，K_2HPO_4 1g，$FeSO_4$ 0.01g，蒸馏水 1000mL，KCl 0.5g，蔗糖 30g，pH 为自然条件。

灭菌条件：0.072MPa（115℃，15～20min）。

四、马铃薯培养基

马铃薯 200g，蔗糖（葡萄糖）20g，琼脂 15～20g，蒸馏水 1000mL，pH 为自然条件。

灭菌条件：0.072MPa（115℃，15～20min）。

制法：马铃薯去皮，切块煮沸半小时，然后用纱布过滤，再加糖及琼脂，溶化后补充水至 1000mL。

五、淀粉琼脂培养基（高氏 1 号）

可溶性淀粉 20g，$FeSO_4$ 0.5g，KNO_3 1g，琼脂 20g，NaCl 0.5g，K_2HPO_4 0.5g，$MgSO_4$ 0.5g，蒸馏水 1000mL，pH7.0～7.2。

灭菌条件：0.103MPa（121℃，15～20min）。

制法：配制时先用少量冷水将淀粉调成糊状，在火上加热，然后加水及其他药品，加热溶化并补足水分至 1000mL。

六、麦芽汁培养基

（1）制法

① 取一定量大麦或小麦，用水洗净，浸水 6～12h，置 15℃阴暗处发芽，盖上纱布一块，每日早、中、晚淋水一次，麦根伸长至麦粒的两倍时，即停止发芽，摊开晒干或烘干，贮存备用。

② 将干麦芽磨碎，1 份麦芽加 4 份水，在 65℃水浴锅中糖化 3～4h（糖化程度可用碘进行滴定）。

③ 将糖化液用 4～6 层纱布过滤，滤液如混浊不清，可用鸡蛋清法处理：用一个鸡蛋的蛋白加 20mL 水，调匀至生泡沫，倒入糖化液中搅拌煮沸后再过滤。

④ 将滤液稀释到相对密度为 1.036～1.043，pH6.4，再加入质量浓度 20g/L 的琼脂即成。

（2）灭菌条件　0.103MPa（121℃，15～20min）。

七、明胶培养基

蛋白胨肉汤液 100mL，明胶 12～18g，pH7.2～7.4。

灭菌条件：0.103MPa（121℃，15～20min）。

制法：在水浴锅中将上述成分溶化，不断搅拌，调 pH 为 7.2～7.4，如果不清可用鸡蛋澄清法澄清，过滤。一个蛋白可澄清 1000mL 明胶液。

八、蛋白胨培养基

蛋白胨 10g，NaCl 5g，蒸馏水 1000mL，pH7.6。

灭菌条件：0.103MPa（121℃，15～20min）。

九、肉膏胨淀粉培养基

牛肉膏 3g，NaCl 5g，蛋白胨 10g，琼脂 15～20g，淀粉 2g，蒸馏水 1000mL，pH

7.4～7.8。

灭菌条件：0.103MPa（121℃，15～20min）。

十、亚硝化细菌培养基

$(NH_4)_2SO_4$ 2g，$MgSO_4 \cdot 7H_2O$ 0.03g，NaH_2PO_4 0.25g，$CaCO_3$ 5g，K_2HPO_4 0.75g，$MnSO_4 \cdot 4H_2O$ 0.01g，蒸馏水1000mL，pH7.2。

灭菌条件：0.103MPa（121℃，15～20min）。

培养亚硝化细菌2周后，取培养液于白瓷板上，加格利斯试剂甲、乙液各1滴，呈红色证明有亚硝酸存在，发生亚硝化作用。

十一、硝化细菌培养基

$NaNO_2$ 1g，$MgSO_4 \cdot 7H_2O$ 0.03g，K_2HPO_4 0.75g，$MnSO_4 \cdot 4H_2O$ 0.01g，NaH_2PO_4 0.25g，Na_2CO_3 1g，蒸馏水1000mL，pH8.0。

灭菌条件：0.103MPa（121℃，15～20min）。

培养硝化细菌2周后，先用格利斯试剂测定，不呈红色时再用二苯胺试剂测试，若呈蓝色表明有硝化作用。

十二、反硝化（硝酸盐还原）细菌培养基

反硝化细菌培养基有两种配方：

① 蛋白胨10g，KNO_3 1g，蒸馏水1000mL，pH7.6。

② 柠檬酸钠（或葡萄糖）5g，KH_2PO_4 1g，KNO_3 2g，K_2HPO_4 1g，$MgSO_4 \cdot 7H_2O$ 0.2g，蒸馏水1000mL，pH7.2～7.5。

灭菌条件：0.103MPa（121℃，15～20min）。

用奈氏试剂及格利斯试剂测定有无 NH_3 和 NO_2^- 存在。若其中之一或二者均呈正反应，均表示有反硝化作用。若格利斯试剂为负反应，再用二苯胺测试，亦为负反应时，表示有较强的反硝化作用。

十三、反硫化（硫酸盐还原）细菌培养基

乳酸钠（可改用酒石酸钾钠）5g，$MgSO_4 \cdot 7H_2O$ 2g，K_2HPO_4 1g，天门冬素2g，$FeSO_4 \cdot 7H_2O$ 0.01g，蒸馏水1000mL。

灭菌条件：0.072MPa（115℃，15～20min）。

培养2周后，加质量浓度50g/L柠檬酸铁1～2滴，观察是否有黑色沉淀，如有沉淀，证明有反硫化作用。或在试管中吊一条浸过醋酸铅的滤纸条，若有 H_2S 生成则与醋酸铅反应生成PbS沉淀（黑色），使滤纸变黑。

十四、球衣菌培养基

胰蛋白胨1g，琼脂20g，蒸馏水1000mL，pH7.0。

灭菌条件：0.103MPa（121℃，15～20min）。

十五、无氮培养基（培养自身固氮细菌用）

蔗糖10g，KH_2PO_4 2g，$MgSO_4 \cdot 7H_2O$ 0.6g，NaCl 0.1g，$CaCO_3$ 1g，pH7.0～7.2。

灭菌条件：0.103MPa（121℃，15～20min）。

十六、油脂培养基

蛋白胨1g，牛肉膏0.5g，NaCl 0.5g，香油或花生油1g，中性红（体积分数1.6%水溶液）1.5～2.0mL，琼脂2g，蒸馏水100mL，pH7.2。

灭菌条件：0.103MPa（121℃，15～20min）。

配制时注意事项：不能用变质油；油和琼脂加水后先加热，调pH后再加入中性红使培

养基呈红色为止；分装培养基时需不断搅拌，使油脂均匀分布于培养基中。

十七、CMC培养基（培养纤维素分解菌用）

KH_2PO_4 1g，FeCl · $7H_2O$ 0.01g，$CaCl_2$（无水）0.1g，$NaNO_3$ 2.5g，$MgSO_4$ · $7H_2O$ 0.3g，NaCl 0.1g，甲基纤维素钠 10g，蒸馏水 1000mL pH7.2。

灭菌条件：0.103MPa（121℃，15～20min）。

十八、分离、扩增噬菌体试验用培养基

蛋白胨 10g，牛肉膏 5g，酵母浸膏 3g，葡萄糖 1g，蒸馏水 1000mL，pH7.2。

灭菌条件：0.072MPa（115℃，15～20min）。

参考文献

[1] 周群英，高廷耀．环境工程微生物学．第三版．北京：高等教育出版社，2008.
[2] 顾夏声，胡洪营，文湘华，王慧等．水处理微生物学．第四版．北京：中国建筑工业出版社，2006.
[3] 任南琪，马放，杨基先等．污染控制微生物学．哈尔滨：哈尔滨工业大学出版社，2007
[4] 李建政．环境工程微生物学．北京：化学工业出版社，2004.
[5] 韩伟，刘晓烨，李永峰等．环境工程微生物学．哈尔滨：哈尔滨工业大学出版社．
[6] 赵开弘．环境微生物学．武汉：华中科技大学出版社，2009.
[7] 岳莉然，李永峰，韩伟等．环境生物学教程．上海：上海交通大学出版社，2009.
[8] 乐毅全，王士芬．环境微生物学．北京：化学工业出版社，2005.
[9] 林海．环境工程微生物学．北京：冶金工业出版社，2008.
[10] 王国惠．环境工程微生物学．北京：化学工业出版社，2005.
[11] 马文漪，杨柳燕．环境微生物工程．南京：南京大学出版社，1998.
[12] 王家玲．环境微生物学．北京：高等教育出版社，1988.
[13] 彭党聪．水污染控制工程．北京：冶金工业出版社，2009.
[14] 沈萍，陈向东．微生物学．北京：高等教育出版社，2006.
[15] 周德庆．微生物学教程．第二版．北京：高等教育出版社，2002.
[16] 徐亚同．废水中氮磷的处理．上海：华东师范大学出版社，1996.
[17] 沈耀良，王宝贞．废水生物处理新技术——理论与应用．北京：中国环境科学出版社，1999.
[18] 东秀珠，蔡妙英等．常见细菌系统鉴定手册．北京：科学出版社，2001.
[19] 郑平．环境微生物学实验指导．杭州：浙江大学出版社，2005.
[20] 王家玲．环境微生物学实验．北京：高等教育出版社，1988.